国家科学技术学术著作出版基

马氏体耐热钢的应用研究与评价

胡正飞　著

科学出版社

北京

内 容 简 介

马氏体耐热钢具有突出的高温性能和良好的加工性能，是能源动力领域高温高压设备中应用最为广泛的特种钢，也是高温高压设备更新换代的主选材料。马氏体耐热钢具有相似的组织结构，其特殊的板条马氏体组织和二次沉淀强化对材料的高温性能有显著贡献。马氏体耐热钢设备在高温高压条件下长期服役会造成材料性能减退和失效，因此马氏体耐热钢设备寿命评价是设备运行安全和管理重点关注的议题。本书不仅介绍了马氏体耐热钢的一般服役行为和损伤规律，也叙述了国际上有关马氏体耐热钢寿命评价的一般方法、相关寿命理论及其最新进展。

本书注重从材料基础理论和工程应用角度阐述马氏体耐热钢的服役行为。可为耐热钢领域有关材料开发及应用的学者和工程技术人员提供参考，也可为高年级本科生、研究生从事相关领域的学习和研究提供参考。

图书在版编目（CIP）数据

马氏体耐热钢的应用研究与评价 / 胡正飞著. —北京：科学出版社，2018.8

ISBN 978-7-03-057477-0

Ⅰ. ①马…　Ⅱ. ①胡…　Ⅲ. ①耐热钢-研究　Ⅳ. ①TG142.73

中国版本图书馆 CIP 数据核字（2018）第 103681 号

责任编辑：许　健

责任印制：黄晓鸣 / 封面设计：殷　靓

科学出版社 出版

北京东黄城根北街 16 号

邮政编码：100717

http://www.sciencep.com

江苏凤凰数码印务有限公司 印刷

科学出版社发行　各地新华书店经销

*

2018 年 8 月第　一　版　开本：B5（720×1000）

2018 年 8 月第一次印刷　印张：18 3/4

字数：331 000

定价：118.00 元

（如有印装质量问题，我社负责调换）

前　言

在电力、石化、冶金等国民经济基础产业部门，高温高压设备的应用非常普遍，而这些设备的基体材料大多采用耐热合金钢或耐热钢。耐热合金钢或耐热钢是随着社会生产的发展和科技进步的需要而发展起来的一个合金钢领域。随着现代化的热电厂和核电厂的建立，自20世纪90年代以来，以提高热电厂效率和节能减排为目标的 9-12Cr 马氏体耐热钢的开发相继取得了突破性成果，并已经广泛应用到现代热电厂的关键设备中，取得了显著的经济效益和社会效益。

马氏体耐热钢是在含铬量高的合金钢基础上发展起来的耐热钢种。通过合金成分的改善，使材料的高温性能、抗蠕变性能和使用性能等明显提高，满足了电力行业通过提高蒸汽温度和压力来提高热效率这一趋势要求。铬含量高的马氏体耐热钢通过第二相沉淀强化基体，稳定的合金碳化物在晶界沉淀起到强化和稳定晶界的作用。该类马氏体耐热钢使用温度较高，一般可在 600℃左右条件下使用，弥补了低合金耐热钢和奥氏体耐热钢使用温度之间的空白，被广泛应用于火电厂蒸汽管道、过热器，以及核电反应堆部件等。9-12Cr 马氏体耐热钢已经广泛应用于热电厂主要的承压设备或部件，这对保证现代化热电厂运行的高效率、可靠性和灵活性提供了可靠保障。在大幅提高效率的同时，节省了燃料和降低了 CO_2 的排放量。

长期在高温环境下工作是耐热钢的基本要求，耐热钢长期服役在高温环境下，在高温和应力的作用下，材料必然要发生性能和组织退化、产生形变。本书根据马氏体耐热钢的发展历程、材料的性能和组织结构、工程应用和评价等方面，叙述了常见马氏体耐热钢钢种的性能和组织结构特点，介绍了不同马氏体耐热钢钢种的异同以及产生差异的组织结构原因。详细探讨了马氏体耐热钢的蠕变、疲劳和氧化腐蚀等损伤现象及其相关组织结构演变行为。从马氏体耐热钢长期高温高压服役条件下性能和组织结构损伤及失效行为，深入探讨了引起马氏体耐热钢失效机理及其微观结构规律性。通过组织结构和亚结构精细分析，给出了马氏体耐热钢服役寿命与微观结构演变的定量或半定量关系，为马氏体耐热钢的寿命评估提出新的途径。本书特别关注实际工程应用背景下马氏体耐热钢的寿命评价方法和理论，根据实例分析实际工程服役状态下马氏体组织结构演变，包括马氏体分解、合金碳化物粗化及其合金成分、损伤形态等动力学变化规律。结合国际上不同的马氏体耐热钢的寿命评价方法，论述了马氏体耐热钢服役失效行为的影响因素，并从组织结构角度说明了马氏体耐热钢寿命评价的特殊性。

我国电力工业经历了数十年的快速发展，形成了世界上最庞大的装机容量和机组数量。随着设备服役时间的延长，关于设备运行安全、设备寿命和失效问题，特别是对机组运行完整性和安全构成主要威胁的服役损伤行为越来越受到人们的关注。因此，深入研究材料服役行为及其物理机制和规律，发展特殊条件下的马氏体耐热钢失效理论和寿命评价方法，对马氏体耐热钢的工程应用及确保设备安全运行和寿命延长等具有重要意义。本书通过大量文献和关联研究，明晰了马氏体耐热钢在服役条件下的失效规律以及服役失效的影响因素，发展了马氏体耐热钢在极端条件下的失效理论和评价方法，为马氏体耐热钢材料的工程应用、设备安全运行与管理提供物理基础和数据依据。

本书根据本人多年的研究和积累，系统介绍马氏体耐热钢的研究和工程应用实践。本书结构上以马氏体耐热钢组织结构演变与高温性能及其损伤关系为主线，理论上以金属物理、断裂力学等经典理论为基础，阐述马氏体耐热钢的服役行为和组织结构演变之间的关系。内容上结合本领域多年的研究和最新研究进展，理论结合实际，具有实用性。可为从事相关材料领域的开发及应用的科研工作者、工程技术人员提供参考。

感谢国家自然科学基金资助项目(50871076，50771073)和上海市科学技术委员会相关项目的支持，感谢国家科学技术学术著作出版基金对本书的资助。感谢十多年来课题组研究生们的辛勤工作，特别是张振博士贡献了第6章初稿，以及科学出版社王威编辑在组稿和编辑此书中付出的努力。

由于个人学识有限，书中难免存在疏漏和不足，欢迎大家批评指正。

胡正飞

2018年2月

目　录

前言
第1章　耐热合金钢与马氏体耐热钢 …… 1
1.1　火力发电技术的发展及其对材料的要求 …… 1
1.2　耐热合金钢及其应用 …… 4
1.2.1　概述 …… 4
1.2.2　低合金(含1%～3%Cr)耐热钢 …… 5
1.2.3　马氏体耐热钢 …… 7
1.2.4　奥氏体耐热钢 …… 10
1.2.5　其他耐热材料 …… 13
1.3　12Cr马氏体耐热钢 …… 14
1.4　9Cr马氏体耐热钢 …… 14
1.4.1　T/P91 …… 15
1.4.2　T/P92 …… 16
1.5　马氏体耐热钢的发展与未来 …… 17
1.5.1　铁素体耐热钢的发展进程 …… 17
1.5.2　马氏体耐热钢的发展 …… 23
参考文献 …… 27
第2章　马氏体耐热钢的冶金物理基础 …… 33
2.1　马氏体耐热钢的发展背景 …… 33
2.2　合金元素及其作用 …… 34
2.3　马氏体耐热钢的强韧化机理 …… 41
2.4　合金碳化物与析出强化 …… 46
2.4.1　常见的合金碳化物 …… 48
2.4.2　时效处理与析出强化 …… 51
2.4.3　马氏体耐热合金钢强韧化的其他途径 …… 52
2.5　总结 …… 56
参考文献 …… 57
第3章　马氏体耐热钢的性能与应用规范 …… 65
3.1　X20CrMoV12-1马氏体耐热钢 …… 65
3.1.1　X20马氏体耐热钢相关的标准规范 …… 65

3.1.2 X20 的力学性能……68
3.1.3 X20 的蠕变性能……69
3.1.4 X20 的疲劳行为……73
3.1.5 X20 的物理性能……74
3.2 T/P91 耐热钢……75
3.2.1 T/P91 相关的标准规范……76
3.2.2 T/P91 的力学性能……78
3.2.3 T/P91 的物理性能……78
3.2.4 T/P91 的蠕变性能与应用性能……78
3.2.5 T/P91 和 X20 等比较……81
3.2.6 T/P91 钢的应用……83
3.3 T/P92 耐热钢……83
3.3.1 T/P92 相关的标准规范及性能要求……84
3.3.2 T/P92 的力学性能……85
3.4 其他马氏体耐热钢……87
参考文献……94
第 4 章 马氏体耐热钢的组织结构与亚结构……96
4.1 引言……96
4.2 马氏体耐热钢组织结构和亚结构……96
4.2.1 马氏体耐热钢的晶粒度……98
4.2.2 马氏体板条组织……100
4.3 马氏体耐热钢中的第二相及其结构……101
4.4 马氏体耐热钢中的碳化物 $M_{23}C_6$……102
4.5 马氏体耐热钢中的碳氮化合物 MX……104
4.5.1 马氏体耐热钢中的碳氮化合物 MX 及其成分和形态……104
4.5.2 MX 的析出行为……106
4.6 Laves 相……107
4.6.1 概述……107
4.6.2 Laves 相析出和蠕变性能相关性……108
4.6.3 化学成分影响……111
4.7 Z 相……113
4.7.1 Z 相概述……113
4.7.2 化学成分对析出的影响……114
4.7.3 热处理的影响……115
4.7.4 蠕变对 Z 相析出的影响……116

4.7.5 热力学计算结果 ……117
4.8 δ-铁素体 ……121
4.8.1 马氏体耐热钢中δ-Fe 相的产生及其影响 ……121
4.8.2 化学成分对δ-Fe 相体积分数的影响 ……123
4.8.3 加工温度对δ-Fe 相体积分数的影响 ……124
4.9 钢中C含量对碳化物析出行为的影响 ……125
参考文献 ……129
第5章 马氏体耐热钢的长期蠕变性能与服役行为 ……136
5.1 引言 ……136
5.2 蠕变规律和蠕变断裂理论 ……137
5.2.1 蠕变一般规律 ……137
5.2.2 蠕变断裂机制 ……139
5.3 蠕变特性和微观结构关系 ……144
5.3.1 马氏体耐热钢的组织结构状态和蠕变特性 ……144
5.3.2 蠕变和微观结构演变 ……149
5.3.3 蠕变损伤和蠕变断裂 ……156
5.3.4 组织结构演变的模型化 ……158
5.4 实际服役条件下X20耐热钢的性能和组织结构演变 ……162
5.4.1 长期服役X20主蒸汽管道的性能和组织结构 ……162
5.4.2 长期服役X20炉管的损伤行为与环境相关 ……175
5.5 9Cr马氏体耐热钢长期服役条件下的损伤行为 ……182
5.6 工程实际服役条件下蠕变行为的特殊性 ……183
参考文献 ……185
第6章 马氏体耐热钢的疲劳和蠕变-疲劳行为 ……189
6.1 引言 ……189
6.2 马氏体耐热钢的疲劳与蠕变交互作用 ……190
6.2.1 蠕变-疲劳的研究方法 ……190
6.2.2 蠕变-疲劳交互作用的主要影响因素 ……194
6.3 蠕变-疲劳交互作用的组织结构演变和断裂特征 ……202
6.3.1 蠕变-疲劳组织结构演变 ……202
6.3.2 蠕变-疲劳断裂物理特征 ……205
6.3.3 蠕变-疲劳裂纹扩展断裂力学模型 ……207
6.4 蠕变-疲劳寿命预测 ……212
6.4.1 寿命分数模型 ……212
6.4.2 延性损耗模型 ……213

6.4.3 断裂力学模型 ········ 215
参考文献 ········ 217
第 7 章 马氏体耐热钢长期服役组织结构演变与寿命相关性 ········ 223
7.1 铁素体耐热钢组织结构演变与分级物理基础 ········ 223
7.1.1 铁素体耐热钢的微观组织演变分级 ········ 224
7.1.2 碳化物粗化和粗化系数 ········ 225
7.1.3 晶界孔洞形成与分级 ········ 226
7.1.4 蠕变孔洞晶界比例 *A* 参数 ········ 229
7.2 微观组织演变损伤图谱与 Neubauer 分级 ········ 231
7.3 性能减损和结构演变与寿命相关性 ········ 233
7.3.1 关于马氏体耐热钢材料寿命问题的研究 ········ 233
7.3.2 硬度变化和寿命关系 ········ 234
7.3.3 晶格常数 ········ 236
7.3.4 碳化物演变与寿命相关性 ········ 240
参考文献 ········ 244
第 8 章 马氏体耐热钢的寿命评价与失效 ········ 247
8.1 高温蠕变寿命及一些预测理论 ········ 247
8.1.1 持久强度计算及其可靠性问题 ········ 252
8.1.2 Larson-Miller 参数 ········ 255
8.1.3 *Z* 参数 ········ 256
8.2 电站设备运行安全和寿命评估过程分析 ········ 257
8.2.1 电站运行安全与评价方法 ········ 257
8.2.2 设备寿命评价准则和方法比较 ········ 260
8.2.3 寿命评价案例 ········ 263
8.3 马氏体耐热钢异常服役行为和失效现象 ········ 267
8.3.1 焊接区失效 ········ 267
8.3.2 高温氧化 ········ 269
8.3.3 氢脆 ········ 278
8.3.4 异常服役行为及其破坏性 ········ 280
参考文献 ········ 284

第 1 章　耐热合金钢与马氏体耐热钢

能够在高温下工作的钢质材料即为耐热合金钢或耐热钢。根据使用的温度和承受的应力不同以及服役环境的差异，所采用的耐热钢的种类也不同。当然高温是个相对的概念，例如，最早的锅炉及加热炉制造使用的材料是低碳钢，使用温度一般在200℃左右，压力仅为8个标准大气压(atm, 1atm=101325Pa)。后来发展了锅炉钢，如 20G 钢，使用温度一般不超过 450℃，工作压力不超过 60 个标准大气压。自 20 世纪中叶，随着科技进步和社会发展，各类动力装置的使用温度不断提高，工作压力迅速增加。现代耐热钢的使用温度已高达 700℃，使用环境也变得更加复杂苛刻。由此可见，耐热钢的使用温度范围从 200～800℃，工作压力从几十个到数百个标准大气压，工作环境从单纯的氧化气氛，发展到硫化气氛、混合气氛、熔盐以及液态金属等更为复杂的环境。为了满足上述严苛服役环境的要求，耐热钢得到不断发展，从早期的低碳钢、低合金钢发展到目前的多元合金化、多品种的高合金耐热钢，满足了现代动力工业不断发展的需要。

本章主要叙述当前和未来电力工业有关耐热钢材料应用现状及其发展前景，总结近年来相关研究成果。目的是通过比较不同材料的优点和不足，了解高温材料工程应用限制性因素和发展趋势。由于资料来源广泛，尽管有些参数和图表是对针具体研究对象给出的研究结果和结论，但这些资料对了解不同类型材料的发展现状与应用仍具有参考意义。

1.1　火力发电技术的发展及其对材料的要求

回顾半个世纪以来电力工业的发展，采用大容量、高参数是提高火力发电机组效率最直接、最有效的途径。欧美一些主要工业国家对以化石能源为原料的火力发电技术的研究处于领先地位，对超临界和超超临界发电技术的研究和开发仍在有序地进行。所谓超临界(SC)，是指根据热力学定义，水的状态参数达到或超过(22.12MPa，374.5℃)这一临界状态时，在饱和水和饱和水蒸气之间不再有水、汽共存的两相区，不再有不同的饱和水焓和饱和蒸汽焓，水、汽之间没有相应的汽化潜热。当水蒸气的压力和温度大于上述临界状态时称之为超临界状态。而超超临界(USC)是一种商业性称谓，表示发电汽轮机组具有更高的压力和温度。而且世界上不同国家不同公司对超超临界参数的定义也不尽相同。我国应用的超超临界参数定义为压力大于27MPa，温度高于580℃。世界超临界技术的发展可分为三个阶段。

(1) 以美国和德国为代表，早在 20 世纪 50 年代起步就以超超临界参数运行。如世界上运行时间最长的超超临界机组，Eddystone 电厂的 1 号机组，由西屋公司生产的汽轮机，GE公司制造的锅炉，机组的容量为325MW。当今运行参数仍为蒸汽压 33MPa，温度为 607℃/566℃/566℃，两次中间再热机组。由于蒸汽参数超过当时材料技术水平，机组运行的可靠性差，因此美国大规模发展的超临界发电机组运行参数均调整到常规超临界参数(24.1MPa，538℃)。直到 20 世纪 80 年代，这一时期所建立的发电机组一直稳定在这一参数。

(2) 随着材料技术的发展和对水化学认识的不断深入，早期超临界机组所遇到的材料技术和运行可靠性方面的问题得到了很好地解决。在20世纪80年代美国开展对超临界机组优化改造及新技术应用，形成了一批经过验证的设计新方法、新结构，大大地提高了机组的经济性、可靠性和灵活性，使超临界机组的运行可靠性达到亚临界相同水平。同时美国的超临界技术开始向日本和欧洲转让，通过联合开发设计，拥有超临界技术的电厂中出现了一批性能更好的新超临界机组。

在此期间，苏联的超临界技术稳定在(24MPa，540～565℃)参数，并形成了300MW、500MW 和 800MW 不同容量等级的机组。

(3) 20 世纪 90 年代开始，发电机组进入了 600℃超超临界参数发展阶段。国际上对环境保护和全球气候变暖问题的日益关注以及常规超临界技术的成熟和铁素体高温合金钢材料的开发并成功应用，成为了该阶段发电机组发展的基础和驱动力。在保证机组可靠性、高可用率的前提下，西门子、三菱、东芝等发电机组技术公司普遍采用更高的温度。高温高强度材料的成功开发和实际应用使温度参数按 50℉一挡，以 538℃(1000℉)，566℃(1050℉)，593℃(1100℉)递进，温度稳步提高，目前实际应用的最高温度达到主蒸汽 600℃，再热汽 610℃水平。无论功率大小，欧洲和日本建设的新机组进汽温度均提高到 580～600℃。德国和日本的超超临界技术发展始于 1993 年，以西门子为代表的百万千瓦级超超临界机组起步于 1997 年。超超临界机组因其高温高压结构特点，在更高压力、更大单机容量方面具有突出的优势。超超临界技术的发展动力来源于节约一次性能源和环境保护两方面，其中经济性突出地放在首位，热电厂的建设、运行和改造等所采取的措施都是以提高经济效益为主要目标。其次是通过经济杠杆实现环境保护的目的。依据电力企业的经济性评估，通过政府的能源与经济发展规划与政策实现。

经过多年的开发和应用研究，国外已经形成了应用于 566℃以下的 CrMoV 钢、566℃等级的含 2.25%Cr 钢、600℃等级的含 9%～12%Cr 钢等系列标准材料。所有新材料经较低的 538℃开始应用，逐步提高使用温度，目前大部分材料已经应用到 600℃参数的机组中。通过材料应用研究和经验的逐步积累，虽然到 2000 年 600℃参数机组才开始投入运行，但这些材料的应用历史已经超过十年。

我国电力生产能力到 2020 年装机容量将超过 13 亿千瓦，其中火电装机仍然约占 70%。根据 1992 年 5 月联合国总部通过的《联合国气候变化框架公约》和 1997 年 12 月通过的旨在限制发达国家温室气体排放来抑制全球变暖的《京都议定书》，显示出人类对全球气候变化的共同关注。作为发展中大国，我国必须认真对待经济和能源发展可能导致的未来气候变化。我国电力行业燃料以煤为主，而二氧化碳排放量的限制直接影响到电力行业的发展方向。从目前世界火力发电技术水平来看，提高发电机组蒸汽参数，即提高蒸汽的压力和温度是提高火力发电厂效率和降低排放的主要途径。火力发电厂建设将主要是发展高效率高参数的超临界和超超临界火电机组[1,2]。提高蒸汽压力和温度对于提高火力发电厂效率的作用是十分明显的。表 1-1 给出了蒸汽参数与火力发电厂效率、供电煤耗关系[3,4]。可以看出，随着蒸汽压力和温度的提高，电厂的效率在大幅度提高，煤耗大幅度下降，而提高蒸汽参数遇到的主要技术难题是如何解决金属材料的耐高温、抗高压问题。

表 1-1　蒸汽参数与火力发电厂效率、供电煤耗的关系[4]

机组类型	蒸汽压力/MPa	蒸汽温度/℃	电厂效率/%	供电煤耗*/(g/kW · h)
中压机组	3.5	435	27	460
高压机组	9.0	510	33	390
超高压机组	13.0	535/535	35	360
亚临界机组	17.0	540/540	38	324
超临界机组	25.5	567/567	41	300
高温超临界机组	25.0	600/600	44	278
超超临界机组	30.0	600/600/600	48	256
高温超超临界机组	30.0	700	57	215
超 700℃机组	—	>700	60	205

* 供电煤耗用标煤量统计，标煤量是一个统计折算标准，1kg 标煤的发热量为 29307.6kJ。

总之，经济发展对能源的增量要求电力行业建立大型现代化电厂，为提高电厂的热效率和满足环境保护的需要，电力行业一直试图进一步提高发电设备的运行参数。在不增加设备壁厚的前提下，对应用于电站关键设备材料的性能要求也就越来越高，要求所选用的质材具有更高的高温强度、更高的抗蠕变性能、良好的抗氧化性以及良好的加工性能等。所以，为满足电力工业发展的需要，开发新型的耐热钢成为冶金行业面临的任务之一。

1.2　耐热合金钢及其应用

1.2.1　概述

耐热合金钢或耐热钢是合金钢按用途不同的特点进行分类的一个钢种。所谓合金钢是在碳钢的基础上加入一种或多种合金元素的铁基合金，从而改善材料的使用性能或工艺性能。不同的合金元素及其加入量会显著影响钢的性能。高温条件下使用的耐热钢，长期在高温和应力作用下，材料必然发生组织结构演变和形变，所以耐热钢的基本要求就是在高温下有足够高的强度。其次是由于耐热钢的表面和空气、蒸汽及其他高温介质接触，要求材料具有很好的抗氧化性和耐腐蚀性。因此，材料研究重点常常关注耐热钢的高温强度(包括持久强度和疲劳强度)、合金元素对晶界的强化作用以及高温条件下材料的化学稳定性。

在电力、石化、冶金等国民经济基础产业部门，高温高压设备应用非常普遍，这些设备的基体材料大多是耐热合金钢材料。众所周知，长期在高温和一定的应力作用条件下服役，材料的性能和组织结构会发生变化，最终会影响到设备的使用安全和寿命。因此，为确保高温高压设备的安全运行，必须保证使用的材料具有足够的高温持久强度、良好的抗蠕变性和抗疲劳特性、抗高温氧化能力以及良好的加工性能。

耐热钢根据化学成分、组织结构、使用目的等有多种分类方法。按钢中合金元素含量的多少可分为：①低合金耐热钢，在该类耐热钢中含有多种合金元素，但含量都不高，钢中所含合金元素的总量一般不超过 5%，碳含量不超过 0.2%，如低合金镍钢、铬镍钼钢等；②高合金耐热钢，这是一类高合金化的耐热钢，钢中合金元素的总含量可高达30%以上，铬镍奥氏体耐热钢、高铬铁素体耐热钢是具有代表性的高合金耐热钢，在这类耐热钢中碳含量一般较低。

耐热钢在使用状态下由于化学成分及热处理制度的不同，钢的组织结构也明显不同，可分为α-Fe耐热钢、γ-Fe耐热钢、镍基耐热钢及其他耐热钢材料。其中在电力、石化等工业部门使用最广泛的是α-Fe耐热钢，一般使用温度在 550℃以下。α-Fe 耐热钢按组织结构又可分为铁素体耐热钢、珠光体耐热钢和马氏体耐热钢。该类耐热钢具有相对合金含量低、价格低廉、加工性能好、线膨胀系数小及良好的减震性能等特点。在 600℃以上，一般α-Fe 耐热钢会失去强化状态，常常用γ-Fe 奥氏体耐热钢代替。奥氏体耐热钢以 Ni、Cr、Mn、N 等扩大奥氏体相区，稳定奥氏体组织。在钢中还添加其他合金元素起到固溶强化并提高抗氧化和抗腐蚀能力。通过合金碳化物或金属间化合物沉淀强化，奥氏体耐热钢工作温度在 650～800℃范围，根据合金化程度和使用温度可进一步分类。镍基耐热钢是镍基固溶体，其通过金属间化合物强化，因此镍基耐热钢比奥氏体耐热钢具有更高的高温强度。

1.2.2　低合金(含 1%～3%Cr)耐热钢

在室温和工作温度下这类耐热钢的组织是珠光体或珠光体和少量的铁素体。低合金铬钼钢、铬硅钢、铬镍钼钢是这类耐热钢的代表钢种，在蒸汽轮机和锅炉制造中应用极为广泛。

珠光体耐热钢其合金元素总量一般不超过 5%，如 Cr-Mo 钢和 Cr-Mo-V 钢，在 500～600℃具有良好的耐热性、工艺性好、价格低廉，是高温条件下应用最为广泛的结构材料。钢中的 Cr 和 Mo 含量是决定钢的抗氧化能力和热强性的主要因素，因为 Cr 和 Mo 既能固溶强化铁素体，Cr 又对氧的亲和力较大，高温时可在金属表面形成致密的金属氧化物，防止金属连续氧化。Al、Si 等合金元素对抗高温氧化也是有效的，因为它们也能在高温下在金属表面形成 Al_2O_3、SiO_2 等氧化膜。钢中的碳和铬有很大的亲和力，能形成铬的碳化物，因而会降低固溶体中铬的有效浓度，降低高温抗氧化性能，所以应限制钢中的含碳量。如钢中同时含有 V、W、Nb、Ti 等合金元素时，因为它们都能与碳形成稳定的碳化物而起沉淀强化作用，从而提高耐热钢的高温强度，在这种情况下，提高耐热钢的含碳量又是有利的。此外，加入微量元素(如 Re、B、Ti+B 等)，能吸附于晶界，延缓合金元素沿晶界扩散，从而强化晶界，增加钢的热强性能。珠光体耐热钢的基本合金体系有：Cr-Mo 系、Cr-Mo-V 系、Cr-Mo-W-V 系、Cr-Mo-W-V-B 系和 Cr-Mo-V-Ti-B 系等。

低合金耐热钢广泛应用于锅炉和蒸汽发生器部件。特别是温度相对偏低的部件，如过热器和再热器以及水冷壁等，这些地方金属部件服役温度低，受到的蠕变效应相对较小，对金属材料的要求也相对偏低。这类合金钢也应用于蒸汽管道、集管、联箱等厚壁部件。这些部件对材料要求的关键性能有：①在 450℃上具有良好的抗拉强度；②在 550℃上具有很好的蠕变强度；③良好的焊接性能，而且不需要焊前预热；④抗高温蒸汽氧化能力；⑤经表面处理和表面喷涂，具有抗低浓度氮氧化物(NO_x)腐蚀的能力。

在典型的操作压力和温度下，使用具有更高强度的钢可减小结构的壁厚，因此减轻设备的重量和减少投资。通过提高抗氧化能力和加强热传导来提高耐热钢的使用温度。循环操作的热电厂中材料的疲劳性能也越来越引起人们的重视。常见的合金钢化学组分和力学性能如表 1-2 和表 1-3 所示。

表 1-2　低合金(含 1%～3%Cr)耐热钢的化学成分(质量分数)　(单位：%)

钢级 \ 合金元素		C	Mn	P	S	Si	Cr	Mo	V	N	Nb	W	B	Al	Ti
G11	最小值	0.05	0.3	—	—	0.5	1.0	0.44	—	—	—	—	—	—	—
	最大值	0.15	0.6	0.025	0.025	1.0	1.5	0.65	—	—	—	—	—	—	—
G22	最小值	0.05	0.3	—	—	—	1.9	0.05	—	—	—	—	—	—	—
	最大值	0.15	0.6	0.025	0.025	0.5	2.6	1.13	—	—	—	—	—	—	—
G23	最小值	0.04	0.1	—	—	—	1.9	0.05	0.2	—	0.02	1.45	5×10^{-4}	—	—
	最大值	0.1	0.6	0.03	0.01	0.5	2.6	0.3	0.3	0.03	0.08	1.75	6×10^{-4}	0.03	—
G24	最小值	0.05	0.3	—	—	0.15	2.2	0.9	0.2	—	—	—	15×10^{-4}	—	0.05
	最大值	0.10	0.7	0.02	0.01	0.45	2.6	1.10	0.3	0.012	—	—	70×10^{-4}	0.02	0.10
1CrMoV	—	0.25	0.8	0.01	0.02	0.2	1.0	1.0	0.3	0.004	—	—	—	0.01	—

表 1-3　低合金含(含 1%～3%Cr)耐热钢的力学性能

钢级	力学性能			对应钢号
	屈服强度/MPa	抗拉强度/MPa	伸长率/%	
G11	205	415	30	P11/T11/13CrMo44
G22	205	415	30	P22/T22/10CrMo910
G23	400	510	20	P23/T23/HCM2S
G24	580	670	20	T24/7CrMoVTiB10-10

这类应用于大件设备(如水冷壁、锅炉过热器和厚壁部件)制造的耐热合金钢被分级为 G11 钢和 G22 钢，而 1CrMoV 钢一般用作转子材料，通过 Cr 的碳化物来提高材料抗蠕变性能。多年来，此类合金钢的性能几乎没有什么提高，直到 G23 钢或其改进型 2Cr1Mo 钢开发出来，该钢焊接无需焊前热处理。这一应用性能的提高是通过添加 W 和 B 合金元素、减少 C 含量实现的。近年来开发的 G24 钢的组织因含有 V、Ni、Ti、B、W、Mo 等元素进一步细化，该钢具有更突出的抗蠕变性能，在 500℃条件下超过 G23 钢，而 550℃条件下和 G23 钢相当。600℃温度下的蠕变强度介于 G22 钢和 G23 钢之间[5]。

Masuyama 等[6]对 G22 钢和 G23 钢在 500～650℃的蠕变强度研究显示，G23

钢相对于 G22 钢有 50℃优势，如图 1-1 所示。常温下 G23 钢的屈服强度是 G22 钢的 1.8 倍。Nava-Paz 和 Knoedler[7]对它们的抗氧化性研究表明，在(101325Pa，600℃)条件下氧化动力学均为典型的抛物线形态，氧化速度相当，常数为 $5.2\times10^{-11}g\cdot cm^{-2}\cdot s^{-1}$。低合金耐热钢的腐蚀问题受到广泛关注，特别是用于朝向烟气的水冷壁材料，尤其是烟气中因含有低浓度 NO_x 气体而影响明显。而且腐蚀会因为燃气中硫化物、氯化物的形成以及未燃烧碳颗粒沉积在表面而加速[8,9]，腐蚀速度可高达每年 2mm。如果表面能覆盖高 Cr 合金层则能很好地解决这样的高温腐蚀问题[10]。降低影响低合金耐热钢设备寿命的主要方法包括减少高温氧化、减少高温气氛中的 S 和 Cl 含量以及降低热涨落效应，其中降低热涨落效应表现的关键因素是在 Cl 含量(质量分数)达到 0.05%水平以下[11]。

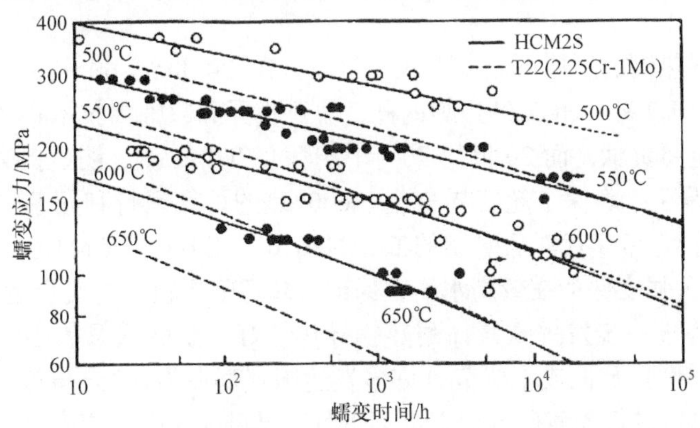

图 1-1　G22 和 G23 低合金铁素体耐热钢蠕变性能比较[6]

为达到燃煤锅炉的高效率和低成本，在超临界电厂中锅炉水冷壁要求使用高强度钢以防止蠕变带来的风险。如能开发出强度更高且使用中无需焊前热处理的材料，这样的材料将具有广阔的应用前景。

1.2.3 马氏体耐热钢

随着西方国家工业化进程和社会发展，为满足火力发电厂提高热效率目的，满足其高温和高压运行的需要，耐热钢得到了长足进步。到 20 世纪中叶，随着超临界(25MPa，563℃)技术的广泛应用，热电机组高温服役材料发展迅猛。其中铁素体耐热钢主要有低合金耐热钢 2.25Cr-1Mo，由 T/P21 到新型 T/P22。奥氏体耐热钢主要有 TP304H、TP347H 等。这些材料在过去全球大容量热电厂建设中起到了至关重要的作用，而且至今仍然广泛应用于电力、石化及高温机械行业。这些耐热钢在工程上得到普遍应用，并随着冶金技术的进步，材料性能和组织结构的稳定性也在不断提高，并实现了材料技术的标准化，很好地满足了当时电力工业发展需要。此后，机组运行参数不断提高和单机容量扩大，进一步促进了更高高温强度耐热钢的发展。在20世纪60年代的初期，欧洲开发了两种蠕变断裂强度较高的钢种，分别是法国和比利时的 EM12、德国的X20CrMoV12-1。其中EM12含9Cr-2Mo，并加入少量V和Nb，因EM12冲击韧性不够高，专门用于小规格钢管制造。而加入 V 的 12Cr1-1Mo 钢、X20CrMoV12-1 则被同时应用于欧洲和世界上许多国家的各类耐热钢管制造。为了满足进一步提高热电机组热效率对耐热钢材料的需要，欧美和日本重新开始对高参数钢的开发研究，重点发展导热系数大、热膨胀系数小的铁素体型马氏体耐热钢。尤其是对含 9%～12%Cr 马氏体耐热钢进行了深入研究，以期替代奥氏体耐热钢，解决奥氏体厚壁钢管导热系数低、热膨胀系数高、易造成热疲劳开裂等问题。

马氏体耐热钢的发展可分以下几个阶段：在 20 世纪 60～70 年代，发展了EM12、X20、HT91、HCM9M 等钢种，对亚临界和超临界技术在热电机组中的运用做出了重要贡献；而20世纪70年代开发的T/P91钢，明显提高了材料的持久强度和可焊性，确保了超临界机组(≤600℃)的可靠运行和超超临界机组的试验建造；20世纪80年代以后研制的T92(NF616)、E911、HCM12A(T/P122)耐热钢，650℃持久强度保持在较高水平，保证了超超临界机组的安全运行；进入 21世纪以来，为进一步发挥铁素体耐热钢导热性好、热膨胀系数小、抗热疲劳性能突出和可焊性强及低成本优势，许多发达国家都在为 620～650℃蒸汽参数机组的锅炉耐热钢进行探索研究，在上述钢种的基础上进一步提高 W 含量并添加Co，发展了NF12，SAVE12等新型钢种。

含铬为 9%～12%的高铬马氏体钢是马氏体耐热钢的代表，在室温下，含9%～12%Cr(9-12Cr)耐热钢的组织结构为马氏体。这类钢具有较明显的淬硬性倾向，加工性能和焊接性能相对较差。但 600℃左右具有较好的热强性，即使达到650℃，这类钢也具有较好的抗氧化性能，因此该类耐热钢广泛地应用于热电厂的发电机组制造。自20世纪90年代以来，该类合金钢无论在力学性能和使用性能方面均取得了长足进步，促进了电力工业的发展。

9-12Cr马氏体耐热钢一般应用于锅炉和汽轮机等部件，包括管道、联箱、转子和汽包箱等，目前实际应用的最高操作温度大约为620℃。一般来说，该类合金钢相对于奥氏体耐热钢而言，具有低热胀系数和高热传导系数，所以具有更好的抗热循环性能。这类合金钢一般应用于运行温度在 620℃左右锅炉中的过热器和再热器管道系统以及联箱、蒸汽管道等厚壁部件，对材料的关键要求有：①在工作温度下良好的蠕变强度和长期组织结构稳定性；②A_{c1}温度和相应的回火温度一致；③良好的焊接性能，较低的IV开裂敏感性；④抗蒸汽氧化能力；⑤相对于奥氏体价格成本明显偏低；⑥在周期性和可变负载条件下性能良好。

从蠕变强度和抗氧化性能角度考虑，这类合金钢具有极高的工作温度，它们是降低热电厂建设成本的关键。这类合金钢也应用于汽轮机中的转子和叶片、蒸汽室以及阀体铸造。希望性能达到：①低周疲劳寿命(LCF>10000)；②高缺陷容限；③蠕变强度(使用温度下 $\sigma_{R,10^5 h}$ >100MPa)；④很低的应力腐蚀(SCC)敏感性；⑤抗高温氧化能力；⑥大尺寸部件的良好铸造和焊接性能；⑦应用于螺栓具有抗应力松弛性。

应用于汽轮机部件铸造材料的其他要求和高温锅炉材料的要求一致。这样发电机组会在不增加成本的基础上使热效率明显提高。无论是应用于锅炉还是汽轮机，主要问题是要求材料具有高的蠕变强度，这要求回火马氏体材料组织具有长期高温稳定性，所以准确了解 9-12Cr 马氏体耐热钢长期应用性能的稳定性及其寿命预测方法十分重要。

为满足提高蒸汽的参数来提高电厂效率，同时控制电站的建设成本的需要，多年来，冶金和电力行业一直致力于新型耐热合金钢的研究开发。特别是 9-12Cr 马氏体耐热钢的成功开发，由于该系列耐热钢具有很高的强韧性、抗蠕变性能以及良好的抗高温氧化和抗腐蚀性能而得到广泛的关注[12-14]。目前热电厂中的关键部件(如蒸汽管线)、锅炉大部分构件大多使用马氏体耐热钢建造。马氏体耐热钢已经成为现代热电厂中关键设备制造及其更新换代的主选材料。

一般地，马氏体耐热合金钢中含有 Cr、Mo、W 或 V 等合金元素，这些合金元素使耐热钢具有很好的抗氧化性、抗腐蚀性，并具有良好的固溶强化作用。同时，这些合金元素是形成碳化物的主要元素，在热处理过程中沉淀析出 MX(M 指 V、Ti、Nb 等合金元素，X 指 C 和 N 元素，而 Mo 和 W 在其中的溶解度很小)和 M_2C(M 主要 Mo 和 W，且 Cr、Fe 等在其中的溶解度很高)。由于这些沉淀合金碳化物质点细小，不易积聚长大，具有良好的沉淀硬化作用，可显著提高材料的蠕变强度。耐热钢在长期高温时效或热处理过程中如存在问题，会出现 M_6C(主要是 Mo 的碳化物)、M_7C_3 或 $M_{23}C_6$(主要是 Cr 的碳化物)等沉淀。由于这些碳化物在高温条件下有明显的粗化倾向，而且一般颗粒尺寸较大，会对材料的性能产生不利影响。

为提高耐热钢材料的强度，通过高合金含量的固溶强化具有一定的效果。但实用的高铬耐热钢一般多采用细小弥散的第二相粒子强化，弥散的第二相强化在更有效地提高强度的同时，可起到钉扎位错、阻碍位错运动而进一步提高耐热钢的强度。9-12Cr 马氏体耐热钢的组织结构研究显示[15-17]，多种类型稳态和亚稳态碳化物(如 MX、M_2C、M_7C_3、$M_{23}C_6$、M_6C)会出现在不同的材料中或同一材料不同的热处理条件下。所以，该类耐热合金钢冶金因素十分复杂[18]。该类马氏体合金钢使用温度较高，一般可在 600℃左右条件下使用，弥补了低合金耐热钢和奥氏体高温钢使用温度之间的空白，被广泛应用于火电厂蒸汽管道、过热器、甚至反应堆部件等。如美国开发的 P91/T91 钢是在 20 世纪 80 年代改进原 9Cr 合金钢基础上所推出的 X10CrMoVNb91 标准化钢种，该钢因含多种合金元素而具有很高的蠕变强度[19]。在欧洲，X20CrMoV12-1 钢(X20 或 F12 钢)具有同样的地位，虽然由于 C 含量的差异，使材料相变点、热处理后材料的力学性能有一定的差异，但这些高 Cr 耐热钢一般具有相似的组织结构[20,21]，经“淬火+回火”处理后，具有典型的含有高密度位错的板条马氏体，在晶界和马氏体板条界有 $M_{23}C_6$ 合金碳化物沉淀，在晶内有弥散的 V/Nb 碳氮化合物 MX、M_2X(M 指金属元素，X 指非金属元素 C、N 等)与基体间呈共格、半共格关系，而起到沉淀强化作用。晶内弥散的碳氮化合物和晶界及马氏体板条界稳定的 $M_{23}C_6$ 碳化物构成的该类合金钢具有良好的高温强度和高温蠕变强度。

9-12Cr 马氏体耐热合金钢以其特有的高温性能，成为 20 世纪 90 年代以来火力发电技术水平提高的关键材料。经“淬火+回火”得到的“马氏体组织+合金碳化物”晶界沉淀的稳定结构，以及其他细小弥散相的强化作用，使得该系列耐热钢具有很好的强韧性、较高的蠕变强度及良好的抗高温氧化性，成为电力行业主要设备不可或缺的材料。

1.2.4　奥氏体耐热钢

奥氏体耐热钢价格要比铁素体钢高得多，具有热膨胀系数大且较低的热传导系数。一般地，奥氏体耐热钢应用于锅炉管高温部件(如过热器和再热器)及其他特殊条件下(如具有明显腐蚀性环境)的单元设备。

奥氏体耐热钢源于 AISI 302 的 18Cr-8Ni，并以此为基础通过添加 Ti、Nb 等合金元素使材料的性能得以不断提高，并根据应用目的不同开发出了多个钢种。其物理基础就是通过增加其他更稳定的合金碳化物沉淀强化相的体积分数取代 Cr 碳化物，同时使更多地 Cr 元素固溶于基体中以改善材料的抗腐蚀性。

像 AISI316 和 AISI304(以下简称 316、304)等奥氏体耐热钢已经广泛应用于大尺寸压力容器构件、热电厂的管道等，有的壁厚超过 25mm。一般主要应用于核工业，应用性能方面主要是关注材料的疲劳问题。对 316 不锈钢的焊接件在高温条件下的疲劳性能研究[22-24]，研究结果表明如很好地控制组分中的 N 含量，则材料的蠕变和疲劳性能很好地满足应用要求。Branco 等[25]报道 316 管道钢从室温到 500℃条件下的疲劳裂纹扩展速度，随温度升高疲劳裂纹扩展速度越快，而且在 500℃条件下疲劳裂纹的扩展主要通过晶界产生和扩展。

253MA(X7CrNiSiNCe21-11)低周疲劳和热机械疲劳行为研究发现[26]，材料在 1000℃的低周疲劳寿命要长于 500～1000℃间的热机械疲劳寿命。裂纹产生和增殖在两者试验中均起源于晶界，而且在热机械疲劳样品中有裂纹产生于内部。相关研究认为，奥氏体耐热钢材料通过第二相粒子提高强度，但第二相粒子的产生会影响材料的疲劳性能。

奥氏体耐热钢应用于许多领域，但由于该材料一般热导率低和热胀系数大，会导致热交变应力而产生疲劳裂纹[27]，所以其应用受制于温度变化和温度梯度变化。自 20 世纪 90 年代以来，着眼于发展高强度铁素体耐热钢以取代奥氏体耐热钢，所开发的铁素体耐热钢不仅成本低、效率高，而且使用温度提高到 620℃，具有良好的焊接性能和较高的断裂韧性。但奥氏体耐热钢仍有一席之地，主要是用在过热器和再热器(SH/RH)管系以提高设备烟气侧的抗氧化性和蠕变性。奥氏体耐热钢在烟气侧的腐蚀问题研究表明[28]，Cr 含量的提高有利于钢的抗腐蚀性提高。

关于奥氏体耐热钢应用的一个重要问题是如何与其他钢种连接。Nath 和 Masuyama[29]讨论了奥氏体和马氏体/铁素体耐热钢钢焊接问题，发现连接处失效问题和试验条件相关。在一般工作条件下，高应力低温区域往往使铁素体母材失效；相对高应力较宽温度范围内，失效发生在焊接奥氏体材料区域；低应力下往往问题出现在焊接面，仅发现一例熔合线出现裂纹。

奥氏体耐热钢相对较高的价格、高热胀系数和低热导率的特点限制了该类材料在现代热电厂中的应用。奥氏体钢进一步发展方向在于两个方面，一是开发出以 Mn 为基体的低价格的奥氏体耐热钢，二是提高奥氏体耐热钢强度使之能够应用于薄壁部件从而提高部件的热传导特性等。

在室温和工作温度条件下该类钢的组织为奥氏体(有时有碳化物析出)。代表性的钢种是含镍高于 8%的铬镍奥氏体耐热钢，如 18Cr-8Ni 耐热钢、Cr25-Ni20 耐热钢等，Cr25-Ni20 耐热钢是高温裂解炉管常用的材料。它们因具有优异的抗氧化性能、良好的冶炼和加工性能以及突出的力学性能，在工业各领域中都获得了极为广泛的应用。

表 1-4 给出了部分奥氏体耐热钢的化学成分。奥氏体耐热钢按含 Cr 量分为 4 类：15Cr、18Cr、25Cr-20Ni 和高 Cr-高 Ni。这些钢种仍在不断发展过程中，早期添加 Ti、Nb 合金元素是从抗腐蚀的角度提高钢的稳定性。在保持稳定的前提下，适当降低 Ti 和 Nb 的含量达到提高蠕变强度的目的。后来加入 Cu 元素，经热处理制度改进和铜富相的形成提高沉淀强化。进一步趋势是添加 0.2%N 和一定量的 W，以进一步增强固溶强度。通过细晶奥氏体耐热钢的开发，进一步提高了钢的抗氧化性和抗烟气腐蚀性，并提高了材料的热强性[30,31]。如 Super304H 是 TP304H 的改进型，添加了 3%Cu 和 0.4%Nb 获得了极高的蠕变断裂强度，600～650℃许用应力比 TP304H 高 30%，这一高强度是奥氏体基体中同时产生 NbCrN、NbC、$M_{23}C_6$ 和细小的富铜相等共同沉淀强化的结果。长期性能试验表明，该钢的组织和力学性能稳定，而且价格相对便宜，是超超临界锅炉过热器、再热器的首选材料。

表 1-4 部分奥氏体耐热钢化学成分(质量分数)[10] (单位：%)

类别	钢号	C	Si	Mn	Ni	Cr	Mo	W	V	Nb	Ti	B	其他
18Cr-8Ni	TP304H	0.08	0.6	1.6	8.0	18.0	—	—	—	—	—	—	—
	Super304H	0.10	0.2	0.8	9.0	18.0	—	—	—	0.40	—	—	3.0Cu,0.10N
	TP321H	0.08	0.6	1.6	10.0	18.0	—	—	—	—	0.5	—	—
	TempaloyA-1	0.12	0.6	1.6	10.0	18.0	—	—	—	0.10	0.08	—	—
	TP316H	0.08	0.6	1.6	12.0	16.0	2.5	—	—	—	—	—	—
	TP347H	0.08	0.6	1.6	10.0	18.0	—	—	—	0.8	—	—	—
	TP347HFG	0.08	0.6	1.6	10.0	18.0	—	—	—	0.8	—	—	—
15Cr-15Ni	17-14CuMo	0.12	0.5	0.7	14.0	16.0	2.0	—	—	0.4	0.3	0.006	3.0Cu
	Esshete1250	0.12	0.5	6.0	10.0	15.0	1.0	0.2	1.0	—	0.06	—	—
	TempaloyA-2	0.6	1.6	14.0	18.0	1.6	—	—	0.24	0.10-20-25Cr	—	—	—
25Cr-20Ni	TP310	0.08	0.6	1.6	20.0	25.0	—	—	—	—	—	—	—
	TP310NbN	0.06	0.4	1.2	20.0	25.0	—	—	—	0.45	—	—	0.2N
	NF707	0.5	1.0	35.0	21.0	1.5	—	—	0.2	0.1	—	—	—
	Alloy800H	0.08	0.5	1.2	32.0	21.0	—	—	—	—	0.5	—	0.4Al
	TempaloyA-3	0.05	0.4	1.5	15.0	22.0	—	—	—	0.7	—	0.002	0.15N
	NF709	0.15	0.5	1.0	25.0	20.0	1.5	—	—	0.2	0.1	—	—
	SAVE25	0.10	0.1	1.0	18.0	23.0	—	1.5	—	0.45	—	—	3.0Cu,0.2N
	HR3C	0.06	0.4	1.2	20	25	—	—	—	0.45	—	—	—
高 Cr-高 Ni	CR30A	0.06	0.3	0.2	50.0	30.0	2.0	—	—	—	0.2	—	0.03Zr
	HR6W	0.08	0.4	1.2	43.0	23.0	—	6.0	—	0.18	0.08	0.003	—

TP347HFG 钢是通过特定的热加工和热处理工艺得到的细晶奥氏体耐热钢。虽然 TP347H 钢经高温正常固溶处理，其许用应力是 18Cr-8Ni 钢种中最高的。然而，过高的固溶温度使其产生粗晶结构，导致蒸汽侧抗蒸汽氧化能力降低。现已开发出一种 TP347H 钢管晶粒再细化工艺，此工艺即使其在高温固溶处理的同时也能获得细晶结构。晶粒的细化是通过在固溶处理工艺中碳化铌的沉淀来完成的。通过这个工艺处理的钢管不但有极好的抗蒸汽氧化性能，而且比 TP347H 粗晶钢的许用应力高 20%以上。TP347HFG 钢的应用很好地降低和控制了蒸汽侧氧化问题，已广泛应用于超超临界机组锅炉过热器、再热器管。

HR3C[32]在日本 JIS 标准中的材料牌号为 SUS310JITB，在 ASME 标准中的材料牌号为 TP310NbN。HR3C 钢是 TP310 热强钢的改良钢种，通过添加合金元素 Nb 和 N，使其蠕变断裂强度提高了 181MPa，正是由于该钢种的综合性能较之 TP300 系列奥氏体钢中的 TP304H、TP321H、TP347H 和 TP316H 的任何一种都更为优良，所以，HR3C 耐热钢比 TP347H 耐热钢乃至新型奥氏体耐热钢 Susper304H 和 TP347HFG 钢具有更好的向火侧抗烟气腐蚀和内壁抗蒸汽氧化性能。图 1-2 给出了奥氏体耐热钢的发展路径及其高温性能。

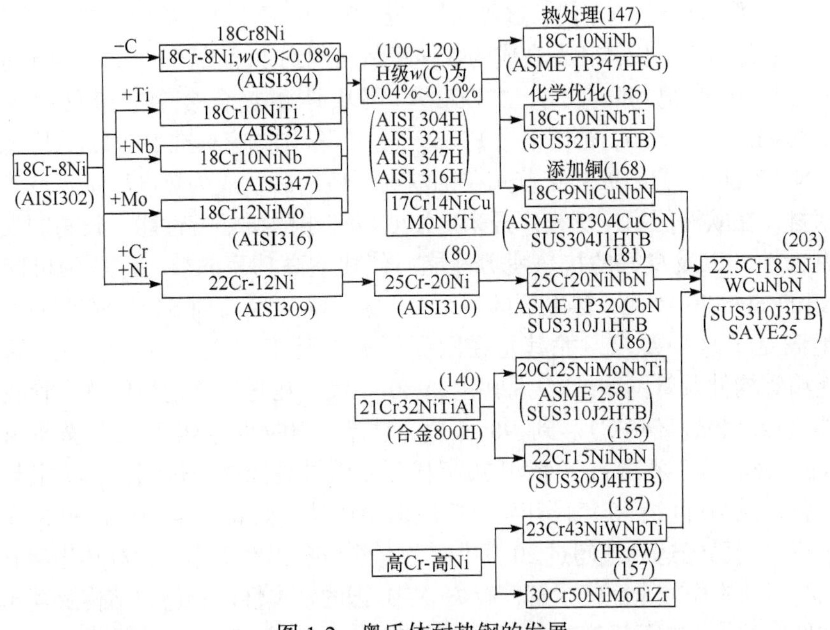

图 1-2　奥氏体耐热钢的发展

(　)中数据为 600℃，10^5h 条件下的设计蠕变强度

1.2.5　其他耐热材料

Ni 基、Co 基合金材料一般仅应用于燃气涡轮机高温部件，如通过锻造、铸造，甚至粉末冶金等方法制造涡轮叶片、涡轮盘、燃烧室等，材料具有更高的疲劳和蠕变强度、低热胀系数等[33-35]。欧盟支持的高效超超临界机组的研发计划（“Thermie 700 计划”）目标是开发新一代粉煤发电机组，蒸汽条件为(38MPa，700℃)，热效率超过 55%，管道系统则需要 Ni 基合金制造，大型构件的建造也需要新技术支持。

尚在开发并用于发电机组高温条件下的材料还有金属间合金[36,37]、氧化物弥散强化合金[38,39]、高温陶瓷材料[40,41]等，这些材料由于采用机械合金化方式进行制备，目前尚难以进行大尺寸构件的制造。

1.3 12Cr 马氏体耐热钢

含铬量高的合金钢已有近百年的历史。早期含 13%Cr(13Cr)的低碳马氏体不锈钢表现出高抗氧化性和耐腐蚀性，但因组织稳定性较差，只用于 450℃以下的汽轮机叶片等。在 13Cr 马氏体不锈钢的基础上进一步合金化发展了 12Cr 马氏体耐热钢。12Cr 马氏体耐热钢由于具有很高的蠕变强度，最早用作喷气式发动机材料[42]。直到20世纪50年代，这种高铬马氏体耐热钢才开始应用于热电厂的蒸汽管道，主要是因为马氏体相变造成的焊接脆断问题到20世纪50年代中期才得到解决[43]。到 20 世纪 60 年代，12CrMoV 马氏体耐热合金钢中最具代表性的 X20CrMoV12-1 钢(X20，德国钢号 F12)，对应于德国国家标准 DIN17175[44]及欧盟标准 EN10216[45]。自 1963 年首先在德国电厂使用后，成为热电厂主蒸汽管道的主要用材，在欧洲国家广泛推广开来。X20 以突出的抗蠕变性能，较高的强韧性和抗腐蚀性，以及良好的抗热疲劳性能，使建造高功率的热电厂成为可能。在 20 世纪的 60～70 年代，热电厂的运行温度从 360℃提高到 540～560℃时，X20 很好地满足了这一要求，尤其是在欧洲国家得到了广泛应用，如锅炉的过热器、连箱等构件及管网系统[46]。20 世纪 80 年代，在丹麦该钢用作蒸汽管线的工况条件是(25MPa，540℃)。到 90 年代，建造 400MW 热电厂时的蒸汽条件是(25MPa，560℃)。我国自20世纪70年代开始引进马氏体耐热钢大型机组与相关技术设备，从20世纪90年代开始推广应用马氏体耐热钢。早期进口的 X20 机组设备运行时间已经达到或超过20万小时，有些至今仍在工作。为对其化学成分、性能和组织结构作较全面的了解，有关 X20 钢的基本性能和组织结构及其相关的技术文件标准等将在后面章节有更详细的叙述。相关文献可参考 DIN、EN 和 ISO 等标准及综合文献[47,48]。

研究表明，提高马氏体耐热钢的抗氧化腐蚀性，提高 Cr 含量是主要手段。所以 12Cr 马氏体耐热钢重新得到人们的关注，近年来开发的 TB12、F12M 和 HCM12 等马氏体耐热钢均是 12Cr 马氏体耐热钢系列钢种。

1.4 9Cr 马氏体耐热钢

9Cr 马氏体耐热钢是在 9Cr-2Mo 基础上，通过合金元素调整开发出来的新型耐热钢钢种。经过四十余年的研究开发和工程应用实践，目前已经成为热电厂建设用量最多的钢种。9Cr 马氏体耐热钢应用已经遍及发电机组主要设备构件，包括各类蒸汽管道、锅炉构件、汽轮机等。其中，T/P91 和 T/P92 是最具代表性的钢种，下面就其发展过程和应用作简短介绍。

1.4.1 T/P91

欧洲在 20 世纪 60 年代的初期，开发了两种蠕变断裂强度较高的钢材，分别是 EM12 和 X20CrMoV12-1。虽然这些钢种在工程上得到广泛的推广应用，但自身仍存在不足。如 EM12 因冲击韧性不够高，无法制造大尺寸厚壁管道。X20 因碳含量高，材料的焊接性能不好。在 20 世纪 70 年代中期，美国能源部为满足快中子反应堆的需要，提出新型候选材料的研究计划。在美国能源部橡树岭国家实验室(Oak Ridge National Labortory，ORNL)和美国燃烧工程公司(Combustion Engineering，CE)冶金材料实验室共同努力下，研制出改进型的 9Cr-1Mo 马氏体耐热钢，即 T/P91 耐热钢。通过多种试验，结果表明在(593℃，10^5h)持久强度达到 100MPa。此后，该实验室还进行了 T/P91、EM12 和 X20 三种材料的比较研究，认为 T/P91 有明显的优点。在 20 世纪 80 年代初期，美国、英国、加拿大等国家先后采用 T/P91 马氏体耐热钢替代 TP321 和 TP304 等奥氏体不锈钢材料制造过热器、再热器。不久列入 ASME 和 ASTM 标准。1987 年法国瓦鲁海克工业公司针对 T/P91、EM12 和 X20 的比较评估研究发表技术报告，紧接着欧洲和日本各自推出成分相同牌号有别的同等级钢种，从 20 世纪 80 年代后期开始，工程上使用 T/P91 取代 EM12、X20 和部分奥氏体不锈钢，在世界范围内取得了广泛应用。Masuyama[49]在这方面有更详细的叙述。

T/P91 钢是在 9Cr-1Mo 基础上，通过降低 C 含量并以部分 N 取代 C，同时添加微量合金元素 Nb、V 等，显著地提高了材料的高温性能，填补了珠光体耐热钢和奥氏体耐热钢之间使用温度在 600～650℃区间高温管道用钢的空白。

由于 T/P91 的高温强度和蠕变强度相对于低合金钢大幅提高，相同运行工况下，工程上比 G22 低合金钢管道壁厚减薄一半，钢材用量减少 40%以上，可节省的材料费、安装费 30%以上。同时因管道自重减轻，支吊架荷重也相应减小，方便了支吊架设计、安装，不但节省支吊架造价，也节省土建费用。因此，T/P91 马氏体耐热钢在热电机组上的工程应用经济效益十分可观。从国内应用来看，国内大多数超超临界机组建造大都采用了 T/P91 钢管。如丹东电厂(2×350MW)、盐城电厂(6×500MW)、聊城电厂(2×660MW)、邹县电厂(2×600MW)、珠海电厂(2×700MW)、上海外高桥电厂(2×900MW)等主汽管道都采用了 P91 钢材。

在世界上其他国家推出了等同于 T/P91 耐热钢，命名为不同钢号。如日本 HCM95、德国 X10CrMoVNb9-1、法国 TUZ10CDVNb09-01 等。而我国以 10Cr9MoVNbN (HT91 和 CP91)等命名，它们的化学成分和 T/P91 基本一致。

1.4.2 T/P92

T/P92 是在 T/P91 基础上研制的新钢种，是日本新日铁钢铁公司在 1987 年研制成功的，即 NF616。为达到提高蠕变强度和许用温度的目的，对 T/P91 的成分做了进一步调整改进。与 T/P91 一样，同样采用复合-多元强化手段。合金成分上加入 V、Nb 和 N 形成碳氮化物弥散沉淀强化，降低 Mo 含量至 0.30%～0.60%。特别是加入 1.50%～2.00%的 W，采用 W-Mo 复合强化，W 和 Mo 的总量达到 1.80%～2.60%。加入微量 B(0.001%～0.006%)元素起到一定的晶界强化作用，从而提高了钢的高温持久强度。由于 B 元素加入会抑制 $M_{23}C_6$ 的长大，相对于 T/P91 钢中 $M_{23}C_6$，高温下 T/P92 中的 $M_{23}C_6$ 长大速度下降，粗化速度减小，从而使钢的高温持久强度随时间下降减缓。

相比于 T/P91，T/P92 也存在一定问题。T/P92 钢中 W 元素的添加，使其在调质处理状态中就产生 Laves 相，尽管最初的析出量很少。但在高温条件下 Laves 相析出速度快，增量大。几千小时后的析出量可与 $M_{23}C_6$ 相当，成为主要强化相。Laves 相是粗化速度较快的第二相，从而影响材料的高温性能。另外，马氏体耐热钢大口径厚壁钢管普遍存在 δ-铁素体，这对 T/P92 钢来说也是一个重要问题。原因是为保证高温氧化性，钢中 Cr 含量往往偏于取中上限，且 W 和 Mo 总量比 T/P91 高出一倍，导致钢的 Cr 当量提高，δ-铁素体易于析出。而 δ-铁素体必然降低钢的长时持久强度。为避免 δ-铁素体的生成，保证钢的成分均匀、不发生偏析是关键。这就提高了钢的冶金过程、钢管的热加工技术要求。

性能上，T/P92 和 T/P91 在 600℃以下的力学性能大致相当。伸长率和断面收缩率在 400℃以下大致相同，400℃以上 T/P92 略低些；时效后 T/P92 的冲击值稍有下降；600℃以上则 T/P92 性能偏高，其持久强度明显高于相应温度下的 T/P91，在 650℃下高出 T/P91 达 50%，表现出更突出的高温持久塑性；T/P92 与 TP347H 的等强温度为 625℃，温度低于 625℃时，T/P92 的持久强度高于 TP347H。T/P92 和 T/P91 一样，具有良好的韧性、可焊性以及加工性能，良好的抗蒸汽氧化性能，具有比奥氏体耐热钢小的热膨胀系数和比奥氏体耐热钢略高的导热系数。T/P92 抗高温腐蚀性能略优于 T/P91。

由于 T/P92 钢性能优良，使用温度可达 650℃，可应用于制造电站锅炉中的高温过热器、再热器，部分替代 TP304H 和 TP347H 奥氏体耐热钢。这对于避免或减少异种钢接头，改善管系的运行性能，具有较大的实际意义。T/P92 钢应用于锅炉的高温度区，作为锅炉管道用钢已经得到工程上充分证明，其应用范围有望进一步拓展。

同样，与 T/P92 基本相同的钢号有 E911、NF616、T/P122 等。

1.5　马氏体耐热钢的发展与未来

耐热钢或耐热合金钢的发展是随着社会生产发展和科技进步需要而发展起来的一个合金钢领域。半个多世纪以来，由于燃气轮机、高参数发电机组技术以及其他高温高压技术的发展，对有关机械零部件的要求越来越高。如火电厂的蒸汽锅炉、蒸汽涡轮，航空工业的喷气发动机，以及航天、舰船、石油和化工等工业部门的高温设备或构件，它们都在高温下承受各种载荷，包括拉伸、弯曲、扭转、疲劳、冲击等。此外，它们还与高温蒸汽、空气或燃气接触，表面易发生高温氧化或气体腐蚀。与常温工作设备的根本不同点在于，高温下长期服役，热力学条件决定材料中会发生合金元素原子扩散过程，并引起组织结构转变。所以要求耐热钢应具有突出的热强性，以及高温下良好的组织结构稳定性和化学稳定性。

从世界范围内的火力发电技术水平看，提高蒸汽的参数，即提高蒸汽的压力和温度是提高火力发电厂效率的主要途径，向高参数、高效率发展是电力工业发展的趋势。随着蒸汽压力和温度的提高，热电厂的效率在大幅度提高，能耗会显著下降。特别是我国电力行业以煤作为主要燃料，二氧化碳排放量的限制直接决定电力行业向高参数方向发展。发电机组提高蒸汽参数遇到的主要技术难题是金属材料耐高温耐高压的问题。对发电关键设备材料的性能要求也越来越高，要求所选用的质材具有更高的高温强度和抗蠕变性能，良好的抗氧化性和加工性能等。

马氏体耐热钢通过合金成分改善，使材料的高温性能、抗蠕变性能和使用性能等明显提高，很好地满足了电力行业通过提高蒸汽压力和温度提高热效率这一趋势要求。

1.5.1　铁素体耐热钢的发展进程

铁素体耐热钢的发展可以分为两条主线，一是纵向的，主要耐热合金元素 Cr 成分逐渐提高，从 2.25Cr 到 12Cr，使用状态下的金相组织从低合金的珠光体发展到含 Cr 量高的 9-12Cr 马氏体组织；二是横向的，通过填加 V、Nb、Mo、W、Co 等合金元素，(600℃，10^5h)条件下的蠕变断裂强度由 35MPa 级向 60MPa、100MPa、140MPa、180MPa 级发展。图 1-3 给出了铁素体耐热钢的现状及发展历程，图 1-4 给出了铁素体耐热钢推荐使用温度。

含铬量高的合金钢已有百年历史。早期的低碳的 13Cr 马氏体不锈钢虽有高的抗氧化性和耐腐蚀性，但组织稳定性较差，只能用作 450℃以下的汽轮机叶片等，在 13Cr 马氏体不锈钢的基础上进一步合金化，发展了 12Cr 马氏体耐热钢[50]。

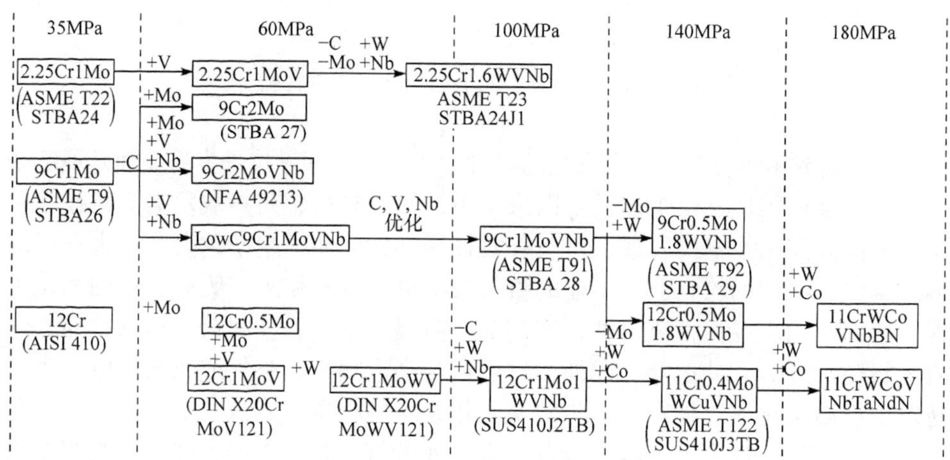

图 1-3　铁素体耐热钢的发展

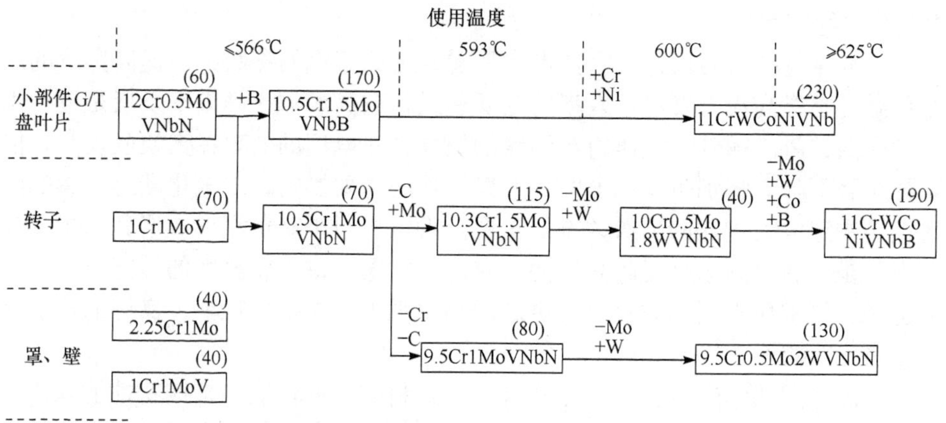

图 1-4　铁素体耐热钢的发展与使用温度

(　)中数据为 600℃、10^5h 条件下的设计蠕变强度(MPa)

随着热电运行参数的不断提升，促进了应用于发电关键设备(如锅炉、蒸汽涡轮、主蒸汽管道)制作的耐热钢飞速发展。

20 世纪 50 年代，电站锅炉钢管大多采用珠光体低合金热强钢，其 w(Cr)≤3%，w(Mo)≤1%。有关典型钢种及最高使用壁温分别为：15Mo，≤530℃；12CrMo，≤540℃；15CrMo，≤540℃；12Cr1MoV，≤580℃；15Cr1Mo1V，≤580℃；10CrMo910，≤580℃。当壁温在 580～700℃之间时，一般都使用奥氏体耐热钢 TP304、TP347，然而由于其价格昂贵、导热系数低、热膨胀系数大、应力腐蚀裂纹倾向等问题存在，不可能被大量采用，故世界各国从 20 世纪 60 年代初开始进行了长达 30 多年的试验研究，开发了适用于温度参数为 580～650℃范围的锅炉用马氏体耐热钢，即改进型的 9Cr-1Mo 钢和 12Cr 马氏体耐热钢。而当壁温超过 650℃时，目前还只能选用奥氏体耐热钢。

为降低建设成本，电厂主要的耐热设备使用的钢材大多数是铁素体/马氏体耐热钢。一般为含有 Cr、Mo、V 等元素的合金钢，该系列合金钢开发和使用已经有数十年历史，含 12%Cr 及少量的 Mo、V 等合金钢，早期的有 X12CrMo91 (P9) [14]和 X20CrMoV12-1[44,51]。最具代表性的 X20CrMoV12-1 钢，在德国电厂使用已经有半个世纪的历史。

如前所述，电力行业有通过提高蒸汽压力和温度，来进一步提高热效率的趋势。这样势必会增加传统材料构建的主蒸汽管线、集箱等主要部件管道的壁厚。但壁厚的增加，不仅给电站建设中的焊接、弯管制作及热处理等带来困难，而且在运行期间，限制生产操作的灵活性，如在开机和停机过程中最大温度梯度的限定要求更高。如不增加管道的壁厚，就要求所选用的管材具有更高的强度和抗蠕变性能，以及良好的抗氧化性和加工性能等。实践证明，早期的 12CrMoV 钢使用条件有一定的局限性，而且工艺性能不佳。如 X20 使用温度超过 550℃，其蠕变性能会显著下降。600℃温度下 10000 小时持久强度不足 550℃条件的一半[21,52]。随使用温度的升高，该材料的蠕变强度迅速下降，难以满足蒸汽温度提高的实际需要[53]。而且在工艺性能方面，焊接困难十分突出[54]。开发新型的耐热钢以满足电力工业发展的需要是冶金行业长期面临的任务之一。

20 世纪 70 年代以来，欧洲、美国和日本等先后开展了旨在提高电厂热效率的研究计划，如图 1-5 所示。由政府和电力行业共同出资，组织研究攻关[56,57,59]。其目标就是为了开发新型耐热合金钢材料，以满足电厂提高运行温度和压力的实际需要。一方面是在已有的 12CrMoV 马氏体耐热钢的基础上，研制新钢种，使用温度可达 625℃以上，承受的压力也上升到 30MPa。另一方面是进一步开发现有的奥氏体耐热钢，将使用温度提高到 650℃。自 20 世纪 80 年代前后，通过对材料的性能和显微组织进行深入实验研究[14,58,59]，包括材料强韧化机理、各种合金元素的具体作用[15,60,61]，以及材料长期性能退化和相关显微结构的变化关系等，明确问题存在的根本原因和物理机制。通过调整材料的合金元素组分，添加微量合金元素等，开发了一系列新型 9-12Cr 高铬马氏体耐热钢，用于制造热电厂的主要设备部件，以适应进口温度提高到 600℃以上的要求。如 20 世纪 80 年代初，美国推出 X10CrMoVNb9-1[11]钢。随着冶炼技术和工艺的提高，进一步降低了合金钢中杂质元素和夹杂，通过调整合金含量，相继开发出多种合金成分相近的耐热合金钢，诸如 NF616、HCM12、AE911 等[62,63]，这些钢种的性能已有较详尽的研究比较[64]。目前，这些新钢种已经应用到欧洲和日本等蒸汽温度为 610℃的热电厂中，使电厂的热效率提高了 8%[65]。由于历史的原因，在这些以 Cr 为主要合金元素的合金钢中，12CrMoV 钢虽有不断被取代的趋势，但当前在役设备中，仍以 12CrMoV 钢的使用最为广泛。正是该钢种的广泛使用，才得到了大家广泛的关注。对此材料的使用性能、材料的失效和评价、具体设备的损伤和寿命评估方面已有不少的研究报道[66-69]。

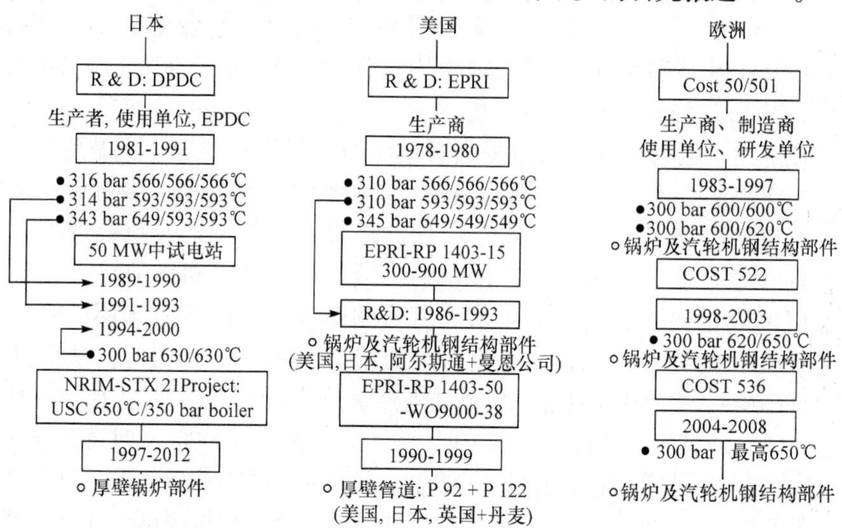

图 1-5　20 世纪 70 年代以来世界上有关热电厂耐热钢研究开发项目与目标[55]

9-12Cr 马氏体耐热钢的应用，使热电厂的热效率提高了 8%，同时在环保方面减少了 20%的 CO_2 排放量[65]。由于新型材料蠕变强度、强韧性、断裂韧性和低周抗疲劳能力等得到提高，并且其加工、焊接等工艺性能得到了明显地改善，相应延长了电厂主要设备的大修周期和检修时间并提高电站安全运行的可靠性，实现了提高效率和降低运行成本的目标。这些新型 9-12Cr 马氏体耐热钢中最具代表性的有美国推出的 T/P91(X10CrMoVNb9.1)[11]、日本推出 P92/T92(NF616M)[70]和 HCM12A(T122)以及欧洲开发的 E911 等。这些新型材料的性能、组织结构等方面先后已有不少论述[12,64]。

高 Cr 耐热合金钢的研究和开发仍在进行之中[71]，通过进一步提高材料的抗蠕变能力、提高强韧性、改进工艺性能和高温抗氧化性能，以适应进一步提高使用温度和操作压力的实际需要。从材料的研究和工程实践来看，如何防止和降低逆回火脆的现象，降低碳化物 $M_{23}C_6$ 的粗化速率，降低杂质元素对材料性能的有害作用是需要解决的主要问题。

新开发的 9Cr 马氏体耐热钢的使用温度已经达到 600℃，10^5h 断裂强度为 100MPa，其强度和持久强度，乃至于使用水平已经接近奥氏体耐热钢的

① 1bar=0.1MPa.

水平[72-74]。该类合金钢中所开发的新品种一般 Cr 含量为 9%，目的是为了得到完全马氏体组织。

在新型 9-12Cr 耐热合金钢 P91/T91、P92/T92 和 E911 等钢种中，对合金元素成分比例作较大调整，添加了 W、Nb、B 和 N 等微量元素，材料的性能得到优化。C 含量降低，增加了微量 N，如此调整有利于加工和焊接。一定的 N 含量也对材料的蠕变强度有明显的贡献[75,76]。微量元素 W、Nb 和 V 等的添加，有利于生成 MX、M_2X 等二次强化相沉淀，提高材料的强度。另外，B 具有强化晶界的作用[60,77]，所以 P91/T91 相对于 X20 蠕变强度提高显著[76,78]。T/P92 和 E911 同 T/P91 相比，合金的含量相近，因增加了 1%左右的 W，材料的蠕变强度得到明显的改善[79]。

常见的高铬耐热合金钢的成分（质量分数）列于表 1-5，根据参考文献[50,53,79]，力学性能比较见表 1-6。

表 1-5　常见的 9-12Cr 钢的合金成分（质量分数）[53,79]　（单位：%）

钢种＼元素	C	Cr	Mo	Ni	Mn	W	V	Nb	B	N	Al	Cu	S	P	Si
X20CrMoV	0.17～0.23	10～12.5	0.8～1.2	0.3～0.8	<1.0	—	0.25～0.35	—	—	—	—	—	<0.03	<0.03	<0.5
EM12	<0.15	8.5～10.5	1.7～2.3	<0.3	0.8～1.3	—	0.2～0.4	0.3～0.55	—	—	—	—	<0.03	<0.03	0.2～0.65
P91/T91	0.08～0.12	8.0～9.5	0.85～1.05	<0.4	0.3～0.6	—	0.18～0.25	0.06～0.1	—	0.03～0.07	<0.04	—	<0.01	<0.02	0.2～0.5
E911	0.09～0.13	8.5～9.5	0.9～1.1	0.1～0.4	0.3～0.6	0.9～1.1	0.18～0.25	0.06～0.1	<0.005	0.05～0.09	<0.04	—	<0.01	<0.02	0.1～0.5
P92/T92	0.07～0.13	8.5～9.5	0.3～0.6	<0.4	0.3～0.6	1.5～2.0	0.15～0.25	0.04～0.09	0.001～0.006	0.03～0.07	<0.04	—	<0.01	<0.02	<0.05
HCM12A	0.07～0.13	10.0～12.5	0.25～0.60	<0.5	<0.7	1.50～2.50	0.15～0.30	0.04～0.10	<0.005	0.04～0.10	<0.025	0.30～1.70	<0.01	<0.02	<0.5

表 1-6　常见 9-12Cr 马氏体耐热钢的性能

钢种	热处理状态	$\sigma_{R,10^5h}$
X20	1h/1050℃+2h/750℃，空冷	59
P91	0.5h/1050℃+1h/750℃，空冷	94
P92	2h/1070℃+2h/775℃，空冷	115
E911	—	118
HCM12A	—	110

不同钢种由于化学成分的差异，材料的显微组织也有一定的区别。通过对

微观结构的比较研究，如对材料中马氏体板条大小、沉淀第二相相结构分析、碳化物的尺寸大小、位错密度等所做的细致研究工作[80-82]。一般认为，X20 经“高温固溶+淬火”处理后为马氏体组织，继而经(2h，750℃)回火处理后，组织结构中马氏体亚结构明显回复，表现为基体组织中位错密度相对下降。所以经热处理后的 12Cr 耐热钢亦称为马氏体-铁素体耐热钢。回火析出的二次沉淀相主要是分布于晶界和马氏体板条界的 $M_{23}C_6$ 碳化物。虽然晶内也有一定细小弥散的碳化物存在，但密度很小，而且形态和分布不均匀。T/P91 耐热钢，由于添加了微量元素 Nb 和 N，热处理后，除基体位错密度有所提高以及分布于晶界主要二次沉淀相 $M_{23}C_6$ 以外，晶内有富含 Nb 或 V 的 MX、M_2X 碳氮化物沉淀。此现象被认为是 T/P91 相对于 12CrMoV 蠕变强度提高的主要原因。T/P92 和 E911 钢中添加了 1%W 和少量的 B，由于前面提到的原因，材料的蠕变强度得到进一步改善。

对 9-12Cr 马氏体耐热钢的研究很多，在材料的工艺性能方面，涉及材料的焊接性能、冷弯或热弯等[20,83-85]。如 Coussement 等[85]对 X20 和其他 12CrMoV 钢不同的焊接参数或条件下焊接性能进行了细致的比较研究工作。从现有的文献来看，在实验室条件下材料的长期性能和组织结构演变行为的研究报道很多，但缺乏工程实际应用条件下有关材料显微结构、材料失效等方面比较细致和系统的研究。

这类合金钢的牌号有 Grade 9，Grade 91，E911，Grade 92，HT 9，F12M 和 HCM12 等。其化学组分和基本性能如表 1-7 和表 1-8 所示。

表 1-7　9-12Cr 马氏体合金钢化学成分(质量分数)　　(单位：%)

合金元素 / 钢种	C	Mn	Si	Cr	Mo	V	N	W	B	其他
Grade 9	0.12	0.45	0.6	9	1	—	—	—	—	—
E911	0.12	0.51	0.2	9	0.94	0.2	0.06	0.9	—	0.25 Ni
Tempaloy F12M	—	—	—	12	0.7	—	—	0.7	—	—
Grade 91	0.1	0.45	0.4	9	1	0.2	0.049	—	—	0.8 Ni
Grade 92	0.07	0.45	0.06	9	0.5	0.2	0.06	1.8	0.004	—
HCM12	0.1	0.55	0.3	12	1	0.25	0.03	1.0	—	—
Grade 122	0.11	0.6	0.1	12	0.4	0.2	0.06	2.0	0.003	1.0 Cu
TAF	0.18	—	—	10.5	1.5	0.2	0.1	—	0.04	0.05 Ni
TB12	0.08	0.5	0.05	12	0.5	0.2	0.05	1.8	0.3	0.1 Ni
NF12	0.08	0.5	0.2	11	0.2	0.2	0.05	2.6	0.004	2.5 Cu
SAVE12	0.1	0.2	0.25	10	—	0.2	0.05	3.0	—	3.0Co, 0.1 Nd
X20CrMoV121	0.20	1.0	0.5	12	1.0	0.3	—	—	—	0.6 Ni
X12CrMoVNbN101	0.12	—	—	10	1.5	0.2	0.05	—	—	—
X12CrMoWVNbN1011	0.12	—	—	10	1.0	0.2	0.05	1.0	—	—
X18CrMoVNbB91	0.18	—	—	9	1.5	0.25	0.02	—	0.01	—

9-12Cr 马氏体耐热钢的组织结构为回火马氏体，良好的抗蠕变性能在于碳化物和氮化物的控制析出。一般来说，要避免出现δ-铁素体组织，该相的存在可能会造成材料的脆性，给结构件制作和应用带来麻烦。

表 1-8　9-12Cr 马氏体耐热钢的室温性能

钢种	力学性能			对等钢号
	屈服强度/MPa	抗拉强度/MPa	伸长率/%	
Grade 9	205	415	30	P9/T9/STBA26
Tempaloy F12M	470	685	18	—
Grade 91	415	585	20	X10CrMoVNb91, P91, T91
Grade 92	440	620	20	P92, T92
HCM12	—	—	—	SUS410J2TB
Alloy 122	400	620	20	HCM12A
X20CrMoV121	495	680	16	—
X12CrMoVNbN101	—	—	—	—
X18CrMoVNbB91	—	—	—	—

1.5.2　马氏体耐热钢的发展

除上述典型的马氏体耐热钢以外，进一步提高材料的热强性和高温抗氧化性，是人们进一步开发新钢种的目标。T/P92（法国 NF616、欧州 E911）和 T122（HCM12A）是目前广泛用于 620℃以下超临界机组的过热器、再热器、主汽和再热汽管道的新型铁素体耐热钢。T/P92 是在 T/P91 基础上，添加 W 并降低 Mo 含量。添加 W 可产生固溶强化和 Laves 相强化作用，蒸汽工作温度可由 600℃提高到 620℃，目前我国正将该钢种用于 1000MW 超临界机组。HCM12 和 HCM12A（T122）是在 12Cr 钢的基础上，参照 T/P92 合金比例添加了奥氏体稳定元素 Cu，其抗蒸汽氧化性能比 T/P92 有明显提高。但是，因 Cr 含量增高而产生的δ-铁素体会影响到高温蠕变强度，故仍限用于 620℃以下蒸汽工作温度。目前高于 620℃蒸汽工作温度时仍多采用奥氏体耐热钢。

德国瓦卢瑞克曼内斯曼钢厂（以下简称瓦卢曼钢厂）研发的 VM12 钢，经过实验室和工业化试制实验，证明 VM12 钢的抗蠕变和抗蒸汽氧化性能是属于 650℃新型铁素体耐热钢，可用于蒸汽温度小于 650℃的超超临界机组的过热器、再热器和主汽管道。VM12 钢是在 T/P91、T/P92 基础上，将 Cr 含量由 9%提高到 12%。由于 Cr 含量的增加，确保了 VM12 钢具有稳定的马氏体组织结构，可避免过量的铁素体出现，同时进一步提高了材料的抗蒸汽氧化性能。因添加奥氏体化元素 Co，提高了材料的蠕变强度。Co 除了能抑制δ-铁素体的形成外，还可延缓马氏体钢组织结构在回火过程中的回复行为，在回火时促进细小二次碳化物的沉淀并延缓碳化物的长大。保留了 T/P91、T/P92 中的 V、Nb、N 等合金元素以获得碳化物($M_{23}C_6$)和氮化物(MN)沉淀强化。和 T/P92、HCM12A 一样添加 W 减少 Mo，并添加 B、Cu 以进一步提高 VM12 钢的蠕变强度。少量的 Cu 可以稳定蠕变强度，抑制δ-铁素体的形成。Co 的熔点比 Cu 要高 400℃以上，Co 元素更低的扩散速率能降低 VM12 钢组织的马氏体转变开始温度 M_s，还能减小热膨胀率，因而更能稳定和强化马氏体组织。和 T/P92 比较，VM12 钢的合金化元素含量更高，因而具有较高的抗拉强度和屈服强度。VM12 钢中的 B 元素可偏聚于 $M_{23}C_6$ 和基体间界面阻止 $M_{23}C_6$ 的长大，并促进 MX 化合物的沉淀。

图 1-6 给出了马氏体耐热钢的基本发展路径和相应的高温蠕变强度。有关超

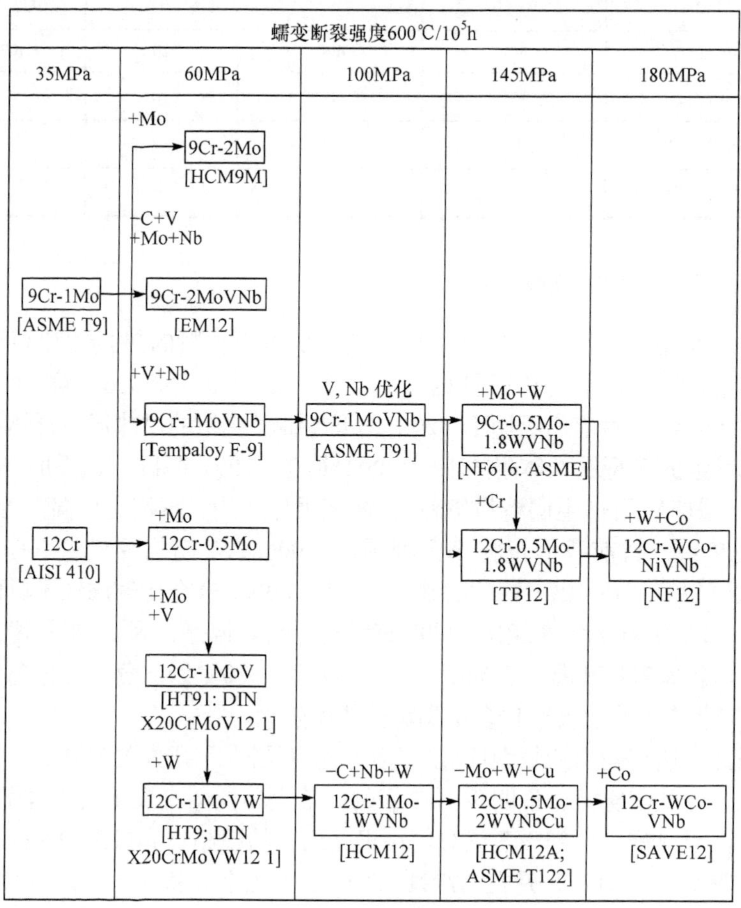

图 1-6　9-12Cr 马氏体耐热钢的发展[86]

临界机组用钢的文章介绍已经有很多。

在过去的 9-12Cr 合金钢开发项目中主要目标是提高材料的蠕变强度。在 P91 基础上，以提高蠕变强度开发的马氏体耐热钢还有 P92、E911、P122 和 TAF 等，这些耐热钢的许用应力如图 1-7 所示。目前蠕变强度最高的合金钢 P92 和 P122 性能如图 1-8 所示。

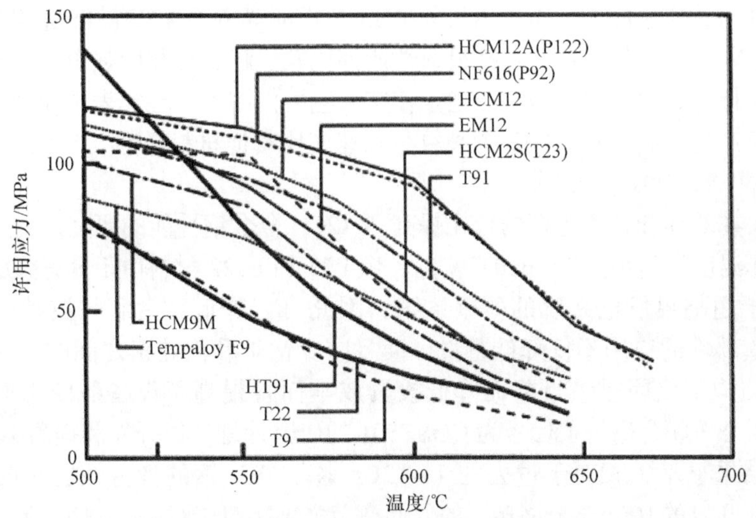

图 1-7　不同马氏体耐热钢的许用应力[86]

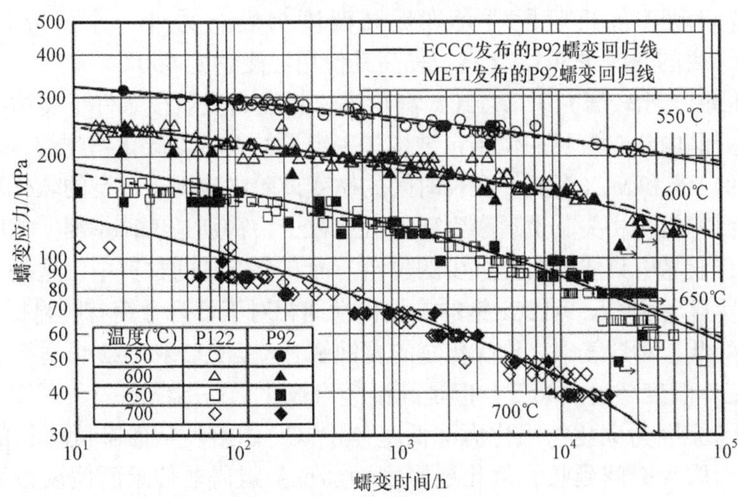

图 1-8　P92 和 P122 马氏体耐热钢断裂强度数据

在 650℃条件下，TAF 强度明显高于 P92[87,88]，但目前也仅应用于小型高速汽轮机部件制造，如轴、叶片和轮。虽然许多人努力开发具有更高强度的该类合金钢，尽管蠕变强度得到明显提高，但因长期稳定性不足而无法得到广泛应用。

人们已经认识到耐热钢的抗氧化性同样制约着材料的最高工作温度。所以，材料的开发集中于发展蠕变强度等价于 P92 钢且含有较高 Cr 成分的耐热钢，以提高材料的抗氧化性。

美国 EPRI 项目 RP1303-50 对多种马氏体耐热钢材料进行比较研究，在材料的抗热冲击、交变应力、裂纹生长和抗 LCF 性能等方面比较了 P91，P92，P122 和 TB12 M 钢。结果显示，这些材料性能都比较优越，在相同热负载下没有出现裂纹，而低合金钢中则有裂纹产生。在交变应力作用下，性能表现和 P91 基本相当，裂纹产生速度一致。P92 深裂纹生长速度比其他材料降低 1.5 倍，T122 和 TB12M 性能和 P91 相当[89]。

过去在欧洲和日本进行的旨在提高 9-12Cr 合金钢性能的研究计划，使厚壁部件工作温度提高到 565～620℃范围。像 P92 和 P122 材料由于具有突出的强度也应用于超临界发电系统的薄壁系统，因此可以降低疲劳和热波动的不良影响。薄壁部件的应用不仅降低重量，而且减少锅炉和汽轮机之间的连接应力，这样的结构不仅因重量下降而降低投资成本而且提高了设备的使用寿命。此后，欧洲公司联合进行了代号为 COST501 的研究计划，以开发和提高 10Cr 钢的性能。结果显示，相对于过去的 11-12Cr 钢，10Cr 钢的疲劳性能有明显的提高[90]。新开发的10Cr合金钢转子的低周疲劳强度相对于过去含1%Cr低合金钢转子有明显的改善[91]。10Cr 合金钢比低合金钢优异的另一特点是膨胀系数小，这样在设备启动和停机阶段可允许提高温度梯度。另外一个研究计划就是 COST522，目的是改进 9-12Cr 钢，提高其使用温度达到 650℃。

Vanstone[92]比较研究了 9-12Cr 涡轮机材料在高温服役条件下显微结构的演变。初始亚晶内包含拉长的位错包结构和一定量的 $M_{23}C_6$ 碳化物颗粒，以及存在细小弥散的 VN 和 M_2X 沉淀。在长时间的蠕变试验中表现出一定的软化现象，认为是和沉淀相粗化相关。也观察到新的沉淀粒子，特别是 Laves 相。相应的位错密度下降，亚晶中只能观察到很少的位错。而在含有 B 的材料中，这些显微结构的变化要明显放缓[93]。9-12Cr 钢的抗氧化性能相对于低合金钢有明显提高[94]。

由于降低了对烟气中三价硫化物的腐蚀敏感性，P92 和 P22 可适于余热锅炉(HRSG)工作温度超过 600℃，但是高温蒸汽氧化仍是问题之一。而且在高温长期服役中，会因为碳化物粗化而降低基体中 Cr 固溶度从而降低材料的抗氧化性。同样，服役时间延长，氧化层厚度增加也会阻碍热传导而使设备表面温度提高。文献[95]对此进行了研究并给出材料的寿命预测模型。

9-12Cr突出的优点是可以提高以粉煤为燃料的电厂热效率和降低成本。这类合金钢相对于同强度的奥氏体钢价格优势显著，该类合金钢具有通过氮化物强化进一步提高性能的潜力。目前日本 NIMS 在进行一个广泛的研究计划，涉及添加合金元素 Ir 和 Pd，这些元素可以进一步稳定和强化马氏体组织，该项研究将会给出此类马氏体钢强度可能达到新的高度。作为工程应用的高温材料，关键要求是低成本和长期性能的稳定性。

以上这些研究工作所取得的成果并能应用到实际工程中去，对高功率热电厂建设，通过取代奥氏体耐热钢降低建设成本意义重大。

参考文献

[1] 纪世东. 发展超超临界发电机组若干技术问题探讨. 电力设备，2003, 4: 27-31.

[2] 环境保护部公告. 火电厂污染防治技术政策. http: //www. sepa. gov. cn[2017-1-10].

[3] 黄毅诚. 大幅度提高煤炭利用率，减少用煤总量. 中国电力报, 2004-02-19.

[4] 刘正东，程世长，王起江，等. 中国 600 火电机组锅炉钢进展，北京：冶金工业出版社，2011.

[5] Arndt J, Haarmann K, Knottmann G, et al. The T23/T24 book-new grades for waterwalls and superheaters. 2nd ed. Boulogne: Vallourec and Mannesman Tubes, 2000.

[6] Masuyama F, Yokoyama T, Sawaragi Y, et al. Development of a tungsten strengthened low alloy steel with improved weldability//Coutsouradis D, Davidson J, Ewald J, et al. Materials for advanced power engineering, Netherlands: Kluwer Academic Publishers, 1994: 173-181.

[7] Nava-Paz J C, Knoedler R. Steamside oxidation properties of high Cr ferritic steels//Lecompte-Beckers J et al. Proc. 6th on Materials for Advanced Power Engineering, Energietecknik, 1998: 451-459.

[8] Hu Z F, He D H, Wu X M. Failure analysis of T12 boiler re-heater tubes during short-term service. Journal of Failure Analysis and Prevention, 2014, 14: 637-644.

[9] 袁超，胡正飞，吴细毛. 热电厂 15CrMo 锅炉管的高温蒸汽氧化研究. 材料热处理学报，2012, 33: 90-95.

[10] Viswanathan R, Bakker W. Materials for ultrasupercritical coal power plants –boiler materials. Journal of Materials Engineering and Performance, 2001,10: 81-95.

[11] Davis C J, James P L, Pinder L W, et al. Effects of fuel composition and combustion parameters on furnace wall fireside corrosion in pulverised coal-fired boilers. Materials Science Forum, 2001, 369-372: 857-964.

[12] Sikka V K, Ward C T, Thomas K C. Proceding Conference on Ferritic Steels for High-temperature Application, Oct.6-18, 1981, Warren. USA: American Society for Metals, 1983: 65-84.

[13] Bendick W, Harrmann K, Wellnitz G, et al. Properties of 9 to 12% chromium steels and their behaviour under creep conditions. VGB Kraftwerkstechnik, 1993, 73:73-79

[14] Coutsouradis D, Davidson J H, Ewald J, et al. Materials for advanced power engineering, Part I. Dordrecht: Kluwer Academic Publications, 1994.

[15] Patriarca P, Harkness S D, Duke J M, et al. U.S. advanced materials development program for steam generators. Nuclear Technology, 1976, 28: 516-537.

[16] Fujita T. Effect of Mo and W on longterm creep rupture strength of 12%Cr heat-resisting steels

Containing V, Nb and B. Transactions ISIJ, 1978, 18: 115-124.

[17] Hede A, Aronsson B. Microstructure and creep properties of some 12% chromium martensitic steels. Journal of Iron and Steel Institute, 1969, 207: 1241-1251.

[18] 田志凌，Steen M. X20CrMoV12.1 钢焊接接头的蠕变行为. 焊接学报, 1992, 13: 79-84

[19] Brithl F, Harrmann K. Kalwa G, et al. Behavior of the 9% chromium steel P91 and long term tests//Proc. Jt. ASME/IEEE Power Generation Conference, Boston MA, Oct., 1990.

[20] Kalwa G, Schnabel E. Umwandlungsverhalten und warmebehandlung der martensitischen stahle mit 9und % chrom. Essen: VGB Werkstoffagung, 1989.

[21] Zschau M, Niederhoff K. Construction of piping systems in the new steel P91 including hot induction bends. VGB Kraftwerkstechnik, 1994, 74: 111-118

[22] Pineau A, Levaillant C. Assessment of high temperature low cycle fatigue life of austenitic stainless steels by using intergranular damage as a correlating parameter//Low cycle fatigue life prediction, ASTM STP 770, American Society for Testing and Materials, 1982: 169-193.

[23] James L A. Fatigue crack growth correlations for austenitic stainless steels in air. Proc. Symposium Predictive Capabilities in Environmentally Assisted Cracking, Miami Beach, Florida: American Society of Mechanical Engineers, 1985: 363-414.

[24] James L A, Mills W J. Fatigue crack propagation behaviour of type 316（16-8-2）weldments at elevated temperature. Welding Journal, 1987, 66: 229-234.

[25] Branco C M, Martins R F. Fatigue behaviour of 316 grade austenitic stainless steel pipes at elevated temperature//Bache M R, Blackmore P A, Draper J, et al. Fatigue & durability assessment of materials, components and structures. Proceeding of 4th International Conference of the Engineering Integrity Society. 2000.

[26] Linde L, Sandstrom R.,Thermal Fatigue of a Heat Resistant Austenitic Stainless Steel. Proceedings of the 5th International Charles Parsons Turbine Conference. 2000: 915-927.

[27] Thornton D V, Mayer K H. Advanced heat resistant steel for power generation//Viswanathan R, Nutting J. Cambridge UK: The University Press, 1999: 349-364.

[28] Ikezhima. Bulletin of the Japanese Institute of Metals, 1983, 22: 5.

[29] Nath B, Masuyama F. Materials Comparisons between NF616, HCM12A and TB12M-1: dissimilar metal welds//Metcalfe E. New steels for advanced plant up to 620℃. London: Oxfordshire, 1995: 114-134.

[30] Sumitomo Metal Industries Ltd. Alloy Design and Properties of Super304H Steel Tube. May 2000.

[31] Teranishi H. Sawaragi Y, Kuboto M, et al. Fine-grained TP347H steel tubing with high elevated-temperature strength and corrosion resistance for boiler applications. The Sumitomo Search, 1989, 38: 63-74.

[32] Nippon steel & Sumitomo Metal. Seamless steel tubes and pipes for boilers. http:// www. nssmc. com/product/catalog-download/pdf/p008[2015-12].

[33] Kasik N, Meyer-Olbersleben F, Rezai-Aria F, et al. Materials for advanced power generation 1998//Lecomte-Beckers J, Schubert F, Ennis P J, Reihe Energietechnik, 1998: 1357-1366.

[34] Mannan S, Patel S, deBarbadillo J. Long term stability of inconel alloys 718, 706, 909 and

waspaloy at 593℃ and 704℃//Pollock T M, Kissinger R D, Bowman R R, et al. Superalloys 2000. Warrendale, PA: The Minerals, Metals and Materials Society, 2000: 449-458.

[35] Evans W J. Optimising mechanical properties in alpha + beta titanium alloys. Materials Science and Engineering A, 1998, 243: 89-96.

[36] Cahn R W. Multiphase intermetallics. Philosophical Transactions of the Royal Society A, 1995. 351: 497-509.

[37] Perrin I J. Design approaches for gamma titanium aluminide alloys//Strang A, Banks W M, Conroy R D, et al. Proc. 5th Int. Charles Parsons Turbine Conference. IOM Communications Ltd, 2000: 148-158.

[38] Onuki J, Nihei M, Funamoto T, et al. Joining of oxide dispersion strengthened Ni based super alloys. Materials Transactions, 2001, 42: 365-371.

[39] Harper M A. Development of ODS exchanger tubing//Quarterly Technical Progress Report, Huntington Alloys, Huntington WV, 2001.

[40] Hack H. Structural material trends in future power plants. Journal of Engineering Materials and Technology, 2000, 122: 256-258.

[41] Ohji T. Long-term tensile creep behaviour of highly heat-resistant silicon nitride for ceramic gas turbines//25th Annual Conference on Composites, Advanced Ceramics, Materials and Structures, Ceramic Engineering and Science Proceedings, 2001, 22: 159-166.

[42] Briggs J Z, Parker T D. The super 12%Cr steels. New York: Clamax Molybdenum Company, 1965: 1-220.

[43] Kauhausen E, Kaesmacher P. Die metallurgie des schweibens warmfester 12%CrMoVW legierter stahle. Schweissen und Schneiden, 1957, 9: 414-419.

[44] Germany Standery: DIN17175, Nahtlose Rohre aus warmfesten Stahken Techniscche Lieferbedingungen, Ma1 1979.

[45] Europen Standery: EN10216-2, Seamless steel tubes for pressure purpose technical delivery conditions, Part 2 : non alloy and alloy steel tubes with specified elevated temperature properties.

[46] Hernas A. Creep resistance of steels and alloys, Gliwice: Silesina Technical University Publisher, 2001.

[47] X20CrMoV12.1 Steel handbook, EPRI, USA, 2006.

[48] Klueh R L, Harries D R. High chromium ferritic and martensitic steels for nuclear applications. ASTM International, 2001.

[49] Masuyama F. Alloy development and materials issues with increasing steam temperature//Proc. 4th Int. Conf. on Advances in Materials Technology for Fossil Power Plants, ASM International, 2005: 35-50.

[50] 戴起勋. 金属材料学. 北京：化学工业出版社, 2005: 159.

[51] Caubo M, Mathonet J. Characteristics and industrial applications of a 9% Cr - 2% No-V-Nb steel for superheater tubes. Revue de Metallurgie, 1969, 66:345-360.

[52] Hald J. Service performance of a 12CrMoV steam pipe steel, Strang A, Cawley J, Greenwood G W. Microstructure of high temperature materials. London: The Institute of Materials, 1998:

173-184.

[53] Fujita T, Advance high chromium ferritic steel for high temperature. Metal Progress, 1986, 8: 33-40.

[54] Schoder H C. Martensitisches schweissen des stahles. X20CrMoV12.1, Schneider and Schneider, 1985, 37: 363-367.

[55] Abe F, Kern T U, Viswanathan R. Creep-resistant steels. Cambridge: Woodhead Publishing, CRC Press, 2008.

[56] Berger C, Mayer K H, Scarlin R B. Neue Turbinenstahle zur Verbesserung der Wirtschaftlichkeit von Kraftwerken. VGB Kraftwerkstechnik, 71st year, Book 7, 1991, 7: 686-699.

[57] Touchton G. EPRI improved coal-fired power plant project//First Int. Conf. on Improved Coal-Fired Plants, Nov.19-21, 1986, Palo Alto, USA.

[58] Thornton D V, Mayer K H. New materials for steam turbines//4th Inter. Charles Parsons Turbine Conf., Advances in Turbine Materials, Design and Manufacturing, Nov. 4-6, 1997, Newcastle upon Tyne, UK.

[59] Lundin L, Andren H O. Atom-probe investigation of a creep resistant 12% chromium steel. Surface Science, 1992, 266: 397-401.

[60] Ernset P. Effect of boron on the mechanical properties of modified 2% chromium steels. ETH Zurich, 1988: 8596.

[61] Vodarek V, Strang A. Effect of nickel on the precipitation processes in 12CrMoV steels during creep at 550℃. Scripta Materialia, 1998, 38: 101-106.

[62] Bendich W, Harrmann K, Ring M, et al. Current state of development of advanced pipe and tube material in Germany and Europe for power plant components//VGB Conference in Cottbus, Germany, Oct. 1996.

[63] Bendick W, Deshayes F, Vaillant J C. New 9-12%Cr steels for Boiler tubes and pipes operating experiences and future development//Viswanathan R, Nutting J. Advanced heat resistant steel for power generation. London: The Institute of Materials, 1999:133-143.

[64] Blum R, Hald J, Bendich W, et al. Newly developed high-temperature ferritic-martensitic steels from USA, Japan and Europe. VGB Kraftwerkstechnik, 1994, 74: 553-563.

[65] Mayor K H, Bendick W, Husemann R U, et al. New materials for improving the efficiency of fossil-field thermal power stations//1988 Int. Joint Power Generation Conf., PWR-Vol.33, Vol.2, ASME 1988, in Baltimore, USA.

[66] Strang A, Vodarek V. Effects of microstructural stability on the creep properties of high temperature martensitic 12Cr steel//Proceedings of the International Conference on Creep and Fracture of Engineering Materials and Structures, Minerals, Metals & Materials Society, Aug. 10-15, 1997: 415-425.

[67] Bashu S A, Singh K, Rawat M S. Effect of heat treatment of mechanical properties and fracture behavior of a 12CrMoV steel. Materials Science and Engineering A, 1990, 127: 7-15.

[68] 刘尚慈. 空洞型蠕变裂纹的形核和长大.中国机械工程学会材料学会第一届年会论文集，1986: 466-469.

[69] Li Y L, Gui Y X, Nao J F, et al, Improvement in heat-treatment process for 12CrMoV steel boil

hanger, Heat Treatment of Metals, 1991, 11: 48-50.

[70] Blum R, Hald J, Bendick W, et al. Newly Developed High Temperature Ferritic-martensitic Steels from USA, Japan and Europa//Int. VGB Conf. on Fossil Fuelled Steam Power Plants with Advanced Design Parameters, June 16-18, 1993, Kolding, Denmark.

[71] Bendick W, Deshayes F, Haarmann K, et al. Current state of development of advance pipe and tube materials in Germany and Europe for power plant components//International Joint Power Generation Conferece, October 1998, Belgium, USA.

[72] Haarmann K, Vaillant J C, Bendick W, et al. The T/P91 book. Vallourec and Mannesmann Tubes, 1999.

[73] Wachte O, Ennis P J. Investigation of the properties of the 9% chromium steel 9Cr-0.5Mo-1.8W-V-Nb with respect to its application as a pipework and boiler steel operating at elevated temperatures. part 1: microstructure and mechanical properties of the basis steel. VGB Kraftwerkstechnik, 1997, 77: 669-713.

[74] Ennis P, Quadakkers W J. High chromium martensitic steels, microstructure, properties and properties and potential for further development. VGB Power Technology, 2001, 81: 87-90.

[75] Battaini P, Dangelo D, Marino G. et al. Interparticle distance evolutionon steam pipes 12%Cr during power plants//Proceeding 4th International Conference on Creep and Fracture of Engineering Materials and Structures, London: The Institute of Materials, 1990: 1039-1054.

[76] Greenfield P. A review of the properties of 9-12%Cr steels for use as HP/IP rotors in advanced steam turbines//Marriott J B, Pithan K. Luxembourg: Commission of the European Communities, 1989: 61-65.

[77] Uggowitzer P J, Anthamatten B, Speidel M O, et al. Development of nitrogen alloyed 12% chromium steels//Viswanathan R, Jaffee R I. Advance in material technology for fossil power plants, ASM International, 1987:181-186.

[78] Hald J. Metallurgy and creep properties of new 9-12%Cr steels. Steel Research, 1996, 67:369-374.

[79] Dugré D, Julien M, Pellicani F, et al. The P91 book. Valburec Indistries, 1992.

[80] Eggler G. The effect of long-term creep on particle coarsening in tempered matensite ferritic steels. Acta Metallurgica. 1989, 37: 3225-3234.

[81] Thomson R C, Bhadeshia H K D H. Carbide precipitation in 12Cr1MoV power plant steel. Metallurgical and Materials Transactions A, 1992, 23: 1171-1179.

[82] Ennis P J, Lipiec A Z, Filemonwicz A C. Quantitative comparison of the microstructure of high chromium steels for advanced power stations//Strang A, Cawlery J, Greenwood G W. Microstructure of high temperature materials. No.2. London: The Institute of Materials, 1998: 135-143.

[83] Kalwa G. Bedeutung der warmefuhrung beimwarmfesten martensitischen stahl X20CrMoV12. 1. VGB Kraftwerkstenchnik, 1990, 70: 1050-1053

[84] Blume H, Speth W E, Bredenbruch K, et al. The production of pipe bends for power stations by the ind uction heating. Energy Development, 1983, 12: 9-15.

[85] Coussement C, Witte M D, Dhooge A, et al. Weldability and high temperature behaviour of

X20CrMoV12.1 and 10CrMo9.10 base material, similar and dissimilar weldments. Part 3 . Revue de la Soudure/Lastijdschrift, 1989, 45: 18-32.

[86] Masuyama F. New developments in steels for power generation boiler//Viswanathan R, Nutting J. Advanced heat resistant steels for power generation. London: The Institute of Materials , 1999: 33-48.

[87] Nippon Steel Corporation. Data Package for NF616 Ferritic Steel, 1993.

[88] Fujita T. Twenty first century electricity generation plants and materials//Proc. Int. Workshop on Development of Advanced Heat Resisting Steels, Yokohama, Japan. Nov.1999.

[89] Rees C J, Skelton R P, Metcalfe E. Materials comparisons between NF616, HCM12A and TB12M-II: thermal fatigue properties//Metcalfe E. New steels for advanced plant up to 620℃, The EPRI/National Power Conference,Swindon: PRI/National Power PLC, 1995: 135-151.

[90] Sheng S, Kern T U. High-strength cast and forged materials for application in steam turbine design//Proceeding 5th Int. Charles Parsons Turbine Conference, London: Maney Publishing, 2000: 207-227.

[91] Thornton D V, Mayer K H. European high temperature materials developed for advanced steam turbines//Advanced Heat Resistant Steels for Power Generation, San Sebastian, Spain: 1998: 349-364.

[92] Vanstone R W. Microstructure in Advanced 9-12%Cr steam turbine steels//Strang A, Cawley J. Quantitative microscopy of high temperature materials. London: IOM Communications, 2001: 355-372.

[93] Spiradek K, Bauer R, Zeiler G. Microstructural changes during the creep deformation of 9% chromium steel//Courtsouradis D, Dividson J H, Ewald J, et al. Proc. of Materials for Advanced Power Engineering, Part I. Dordrecht/Boston/London: Kluwer Academic Publishers , 1994: 251-262.

[94] Sumitomo Metal Industries Ltd, Steam oxidation on Cr-Mo-Steel tubes. 1989, 1443A: 805.

[95] Scarlin R, Cybulsky M, Listman R. Materials for combined cycle plant//Strang A, Banks W M, Conroy R D, et al. Proc. 5th International Charles Parsons Turbine Conference. IOM Communications Ltd, 2000: 188-206.

第 2 章　马氏体耐热钢的冶金物理基础

现代电厂重要的发展方向就是提高运行温度和压力参数，以提高设备运行的热效率和经济效率。高参数发电机组的高效设备与装置要求选用具有更高高温强度的耐热钢，这正是耐热钢发展的动力。马氏体耐热钢就是在这种背景下发展而来的，这类耐热钢不仅具有更高的高温强度，而且具有足够的塑韧性、良好的抗氧化腐蚀能力，以保证高温高压环境下设备长期运行的可靠性。同时材料还应具备良好的焊接、加工性能，以利于设备加工和建造。

2.1　马氏体耐热钢的发展背景

目前电站耐热耐压设备使用的钢材大多是马氏体/铁素体耐热钢。因其组织结构为回火马氏体和少量的铁素体，所以一般称为马氏体/铁素体耐热钢。该系列合金钢一般含有 Cr、Mo、V 等元素，开发和使用已有数十年历史。早期有 X12CrMo91 (P9) 和 X20CrMoV12-1 (X20 或 F12)[1-3]。到了 20 世纪 80 年代初，欧美和日本等国家相继开发出多个含 9%～12%Cr 且成分相近的耐热合金钢钢种，诸如 X10CrMoVNb9-1、NF616、HCM12、AE911 等[4-5]，文献[6]对这些钢种的力学性能和使用性能等进行了比较详尽的研究比较。在这些以 Cr 为主要合金元素的铁素体耐热合金钢中，X20 钢在热电厂中使用的历史最长、最为广泛。

如前所述，电力行业发展趋势是通过提高蒸汽温度和压力进一步提高热效率、经济效率及减少排放。如利用传统材料构建电站主要部件，势必会增加管道的壁厚。壁厚的增加不仅给建设施工中的焊接、弯管制作及热处理等带来困难，而且在运行期间会限制生产操作的灵活性，如在发电设备启停过程中限定最大温度梯度减小。如不增加管道的壁厚，就要求选用具有更高的强度和良好的抗蠕变性能、更好的抗氧化性和加工性能的管材。实践证明，12CrMoV 钢使用条件有一定的局限性，工艺性能不佳，如 X20 使用温度超过 550℃，其蠕变性能会显著下降。600℃温度下 10000 小时持久强度不足 550℃条件的一半[7-8]。随使用温度的升高，材料的蠕变强度迅速下降，难以满足蒸汽温度提高的实际需要[9]。工艺性能方面焊接困难十分突出[10]。原因在于钢中 C 含量超过 0.2%，马氏体转变温度 M_s 相对偏低，焊后残留奥氏体较多而产生明显的残余应力，造成应力开裂的可能性大，故需焊前预热和焊后热处理。为此，X20 钢焊接工艺方面有极为严格的规定，以防脆断事故发生。所以，开发新型的耐热钢一度成为电力、冶金工业在材料开发方面合作的首要任务。

20 世纪 90 年代以来，欧洲、美国和日本等国家先后开展了旨在提高电厂热效率的研究计划。由政府和电力行业共同出资，组织研究攻关[11,12]。其目标就是开发新型耐热合金钢材料，以满足电厂提高运行温度和压力的实际需要。一方面是在已有的 12CrMoV 马氏体耐热钢的基础上，研制新钢种。通过对材料的性能和显微组织进行深入实验研究[13,14]，理解材料强韧化机理、合金元素的具体作用[14-16]、材料性能退化和相关显微结构的变化关系等，明确问题存在的原因。进而通过调整材料的合金元素组分，添加微量合金元素等，开发了一系列新型 9-12Cr 高铬马氏体耐热钢，并成功应用于制造热电厂的主要设备部件，如汽包箱、水箱、再热器和过热器、蒸汽管道、转子等，满足了进口温度提高到 600℃以上的技术要求。相继开发出多种相近的耐热合金钢，诸如 X10CrMoVNb9-1、NF616、HCM12、AE911 等[4,10,17]，这些钢种的性能已有较详尽的研究比较[18]。目前，这些新钢种已经应用到蒸汽温度为 610℃的热电厂中[19]。由于历史的原因，在这些以 Cr 为主要合金元素的合金钢中，12CrMoV 钢虽有不断被取代的趋势，但当前在役设备中，该类耐热钢使用十分广泛。正是该钢种的广泛使用，才得到了大家广泛的关注。对此材料的使用性能和评价方面已有不少的研究报道[20-23]。

新型 9-12Cr 耐热钢的应用，使热电厂的热效率提高了 8%，不仅提高了电站的热效率和经济效益，而且节约了能源，减少了 CO_2 排放[19]。由于新型材料力学性能得到显著提高、工艺性能得到明显改善，相应延长了电厂主要设备的大修周期、提高了电站安全运行的可靠性。这些新型 9-12Cr 马氏体耐热钢中最具代表性的有 T/P91(X10CrMoVNb9-1)[10]、T/P92(NF616M)[24]、HCM12A(T122)和 E911 等。这些新型材料的性能、组织结构等方面先后已有不少论述[11,25]。

2.2　合金元素及其作用

为适应高温高压设备进一步提高使用温度和操作压力的实际需要，马氏体耐热钢仍然在不断研究和开发之中[26]，以改进材料的高温抗蠕变能力、提高强韧性、改善工艺性能和高温抗氧化性能。从材料的研究和使用实践来看，如何降低碳化物 $M_{23}C_6$ 的粗化速率，防止和降低逆回火脆的现象，降低杂质元素对材料性能的有害作用是需要解决的主要问题。

目前主流的 9Cr 马氏体耐热钢蠕变断裂强度已经达到 600℃/10^5h 条件下为 100MPa，其强度和持久强度乃至于使用水平已经接近奥氏体耐热钢的水平[6,28,29]。之所以这些主流的耐热钢一般采用 9Cr，目的是为了得到完全马氏体组织。由图

2-1 可以看出，Cr 含量在 9%左右，α/γ 相转换温度区间较窄，能够完全奥氏体化。Cr 含量过高，材料中易于形成δ-铁素体而产生不利影响。

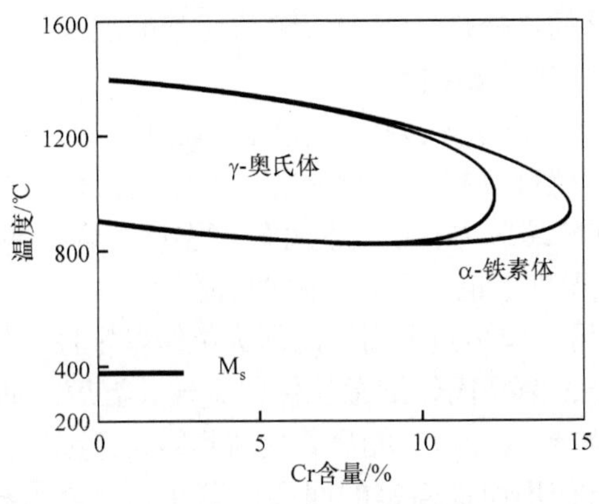

图 2-1　Fe-Cr 相图[27]

常见的高铬耐热合金钢的成分见表 1-5，持久强度见表 1-6。不同钢种由于化学成分的差异，材料的性能和显微组织也有一定的区别。通过对微结构的比较研究[30-32]，一般认为，马氏体耐热钢经“高温固溶+淬火”处理为马氏体组织，进一步经 750℃回火处理后，马氏体亚结构明显回复，位错密度相对下降，析出的主要二次沉淀相是 $M_{23}C_6$ 分布于晶界和马氏体板条界。晶内有少量细小弥散的碳化物存在。T/P91 耐热钢因含有微量元素 Nb 和 N，除基体位错密度有所提高、主要二次沉淀相 $M_{23}C_6$ 分布于晶界外，晶内有富含 Nb 或 V 的 MX、M_2X 碳氮化物沉淀，这是该钢相蠕变强度高的主要原因。T/P92 和 E911 钢中增加了 1%W 和少量的 B，由于同样的原因，材料的蠕变强度得到进一步提高。

多年来通过对不同合金元素作用的深入研究，有关合金元素在钢中的综合作用和相互制约关系取得了一定共识。对大多数合金钢来说，合金元素加入的主要作用是为了容易获得马氏体组织，这是合金钢获得高强度的基本保证。淬火马氏体含有因相变产生的高密度位错，马氏体形成时因原奥氏体晶粒被板界分割为不同区域而细化晶粒。C、N 等间隙原子具有很强的固溶强化效果，使马氏体具有较高的强度和较大的脆性。回火析出的碳化物等构成第二相强化，使韧性得到改善，所以说马氏体相变及其随后的回火处理是合金钢最经济、最有效的强韧化手段。有关组织结构因素对钢的强韧性影响的研究认为，高强度合金钢的强韧化就是充分利用细化晶粒这一根本方法，通过降低有害杂质元素含量、利用多种元素改善基体组织，细化析出的第二相等多种有效手段相结合，以达到强韧化的目的。

有关合金元素在一般合金钢和马氏体耐热钢中的作用得到了广泛关注[33-36]，主要包括以下方面。

(1) 为获得马氏体，对钢的淬透性有一定要求。钢中常用合金元素 Cr、Mn、Mo、Ni、B 等能明显提高钢的淬透性[37]，如锰的加入可以使合金碳化物易于溶解，从而提高钢的淬透性。当然大多数元素的加入量一般都有一定的最佳含量范围，否则可能有不利影响。

(2) 合金元素的其他作用还包括细化奥氏体晶粒，如 Nb、V、Ti、Al 等，加入微量元素(<0.05%)就可以有效细化晶粒，抑制奥氏体再结晶。细化晶粒可以大大提高钢的抗解理断裂应力，使韧脆性转变温度下降。Ni 能改善基体韧性，含镍量高的钢在较低温度下也不会发生脆性断裂[98]。

(3) 合金元素的另一作用是提高钢的回火组织稳定性，使回火析出的碳化物更细小、均匀和稳定，使马氏体细微粒保留到较高温度。如调质钢中加入 V、W、Mo、Cr 等碳化物形成元素，能显著提高其回火稳定性，Si 对渗碳体的析出和长大有强烈的延滞作用而提高钢的回火稳定性。合金元素还会影响第二类回火脆性，如 Cr、Ni 同时存在使回火脆性显著提高，而加入 Mo、Co 等可抑制第二类回火脆性[38]。

(4) 合金元素通过第二相强化，产生二次硬化而得到良好的性能。表 2-1 为几种强化机制可获得最高的强化量，其中晶界强化项假设晶粒细化到 1μm 条件下获得，表中数值显示沉淀强化的强化量最高[39]。

表 2-1　各种强化机制的最大强化量

强化机制	强化量/MPa
固溶强化	500
沉淀强化	2000
晶界强化	600
加工强化	800

(5) 粗化的碳化物等对强韧性有害，易于解理裂纹形核，所以要设法均匀细化。

(6) 非金属杂质元素对韧性相有不利影响，断裂孔洞形核一般与之相关[40]。杂质元素 P、As、Ti 等可造成回火脆性，元素 H 引起氢脆使塑韧性下降。

(7) 合金钢中有一定量的奥氏体可以提高韧性[41,42]，马氏体基体上的残余奥氏体相当于韧性相，裂纹遇到韧性相就难以扩展，可提高 a_K 值和 K_{IC}。

马氏体耐热钢中含有易形成合金碳化物的组成元素 Cr、Mo、V、Nb 等，在回火处理中析出大量的 $M_{23}C_6$ 及细小弥散的合金碳化物 MX、M_2X 等第二相沉淀。不少研究关注于马氏体耐热钢中合金元素的作用[34, 43-45]，如下所述。

1. Cr 和 Mo 元素

Cr 是 9-12Cr 马氏体耐热钢中的主要合金元素，在材料中作用主要分为四个方面：①Cr 元素提高 9-12Cr 马氏体耐热钢的高温抗氧化性和耐蚀性，随着 Cr 含量的增加，钢的耐蚀性按照 *n*/8 规律做跃进式突变，耐热钢在氧化性介质中耐腐蚀能力相应增加。一般在不锈钢中，Cr 含量应高于 12.5%；②Cr 是 9Cr 马氏体耐热钢在回火和时效过程中形成强化相 $M_{23}C_6$ 的必需元素，Cr 会明显影响析出强化反应的温度和合金碳化物的粗化行为，高含量的 Cr 会使合金碳化物粗化行为加快，降低回火过程析出强化反应温度；③Cr 能固溶于基体中起到一定的固溶强化的作用，但 Cr 的固溶强化作用是十分有限的；④Cr 提高材料的淬透性，Cr 降低奥氏体向铁素体和碳化物的转变速度，使 C 曲线明显右移，因此增加 Cr 含量可降低淬火的临界冷却速度，致使钢的淬透性增加并获得空淬效果。

一些研究表明[46,47]，马氏体耐热钢中 Cr 元素的含量不能太高。Cr 降低 M_s 点，Cr 含量的增加会减少空冷后马氏体的含量，降低材料热处理后的组织稳定性。从 Fe-Cr 相图(图 2-1)中可以看出，Cr 含量在 9%左右，α/γ 相转换温度区间较窄，能够完全奥氏体化。Cr 含量超过 12%时，α/γ 相转换温度区间很宽，很难完全奥氏体化，经过固溶处理，难以得到完全马氏体组织，而含有部分铁素体。高铬合金钢在奥氏体化冷却中会残留一定的 δ-铁素体，合金成分偏析也会构成 δ-铁素体。由于成分和结构差异，δ-铁素体和基体间的非共格关系，δ-铁素体的存在则会影响钢的热塑性，降低钢的强度并劣化钢的横向韧性和钢的耐蚀性,明显降低材料的力学性能[48,49]。此外，Cr 含量的增加提高了耐热钢中 Cr 的元素浓度，会导致 $M_{23}C_6$ 的快速长大和 Z 相的形成，对耐热钢的高温抗蠕变性能造成不利的影响。因此马氏体耐热钢中 Cr 含量一般控制在 8%～12%范围。多年来开发并成功应用于实际工程的的马氏体耐热钢以 9Cr 为主，目的是为了得到完全马氏体组织。一些新型的 9Cr 耐热钢的使用温度已经达到 600℃，10^5h 的断裂强度为 100MPa，其强度和持久强度乃至于使用水平已经接近奥氏体耐热钢的水平[6,26,28]。

图 2-2 给出了一般铁素体钢种合金含量对材料强度的贡献。易于形成合金碳化物沉淀的元素，诸如 Cr、Mo、Nb、V、W，以及 B、Si 元素的存在，会有效提高 Cr 的有效当量而易于形成 δ-铁素体。所以，对目前市面上马氏体耐热钢一般控制 Cr 当量在 9%以下，以抑制 δ-铁素体形成[43]。

一般 Cr 还会部分取代合金碳化物 M_2C、MX 中的合金元素，会使碳化物的晶格常数产生变化而接近于α-Fe。所以认为得到的混合组分的合金碳化物沉淀可以改善和保持与α-Fe 间的共格关系[50]而有利于稳定材料的高强度。

马氏体耐热钢中 Mo 元素的作用越来越引起人们的关注。研究表明，Mo 元素能优先溶于固溶体中，9-12Cr 马氏体耐热钢中最重要的固溶强化元素 Cr、Mn 元素加起来的固溶强化作用也不及 Mo 元素强[51]，这种作用在不含 W 元素的 T/P91 耐热钢中表现的更加明显。同时 Mo 元素熔点 2625℃，Mo 元素溶于基体中能显

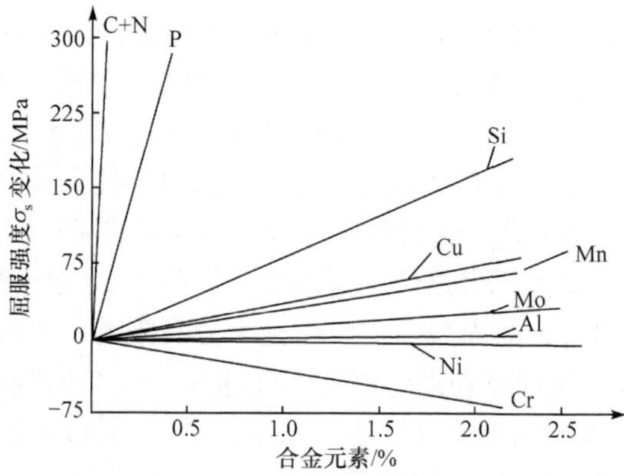

图 2-2　不同合金元素对α-Fe 的屈服强度影响

著提高钢的再结晶温度，即提高 9-12Cr 马氏体耐热钢在高温下的微观结构稳定性，防止马氏体板条结构的过快回复和分解。此外，Mo 元素还能明显增加 9-12Cr 马氏体耐热钢的回火稳定性并在还原介质中促进 Cr 的钝化[52]。但由于过高的 Mo 含量会促进δ-铁素体形成同时降低 M_s点，9-12Cr 耐热钢中 Mo 当量一般取 1.5%[13,53]，即使在后续开发的钢种 P92 和 E911 中减少了 Mo 含量，但仍然保持 Mo 当量[(Mo+1/2W)%]大于 1.5%。

Mo 元素和 W 元素具有固溶强化作用以外，在长期高温蠕变或服役过程中会形成金属间化合物 Laves 相[$(Fe,Cr)_2(Mo,W)$]析出。Laves 相的析出引起基体中 Mo、W 合金元素贫化，造成固溶强化效果下降，而 Laves 相本身的强化效果并不明显，而且粗化的 Laves 相不利于高温强度。马氏体耐热钢的沉淀强化决定其高温稳定性，因此认为 Mo 和 W 对马氏体耐热钢的长期组织结构稳定性没有明显的贡献[54]。

2. V 和 Nb 元素

V 和 Nb 元素在 9-12Cr 马氏体耐热钢中主要作用是与 C、N 元素形成细小稳定的 MX 型碳氮化合物析出相。这些析出相具有钉扎位错、阻止位错运动、提高高温强度和改善蠕变性能的作用，是 9-12Cr 马氏体耐热钢改善高温性能的重要因素。许多有关 MX 相的研究表明[55-57]，V 和 Nb 元素的含量对 MX 的形貌和组成有重要影响。Yamada 等[57]研究结果表明 MX 相分为富 V 型，富 Nb 型以及混合型。Hamada 深入研究了含有 V，Nb 的 MX 相[58]，结果证实这种 MX 沉淀相具有 Nb(C, N)核心和 V 元素构成的双翼(V-Wing)，翼状析出物增大了捕获位错的概率，因而大大提高了持久强度。同时也证实一定的V元素含量是形成这种结构的必备条件。Tsuchida 等[59]研究了正回火处理后的 9Cr1MoVNbN 钢中 VN 和 NbN，他们认为 NbN 在正火时形成，而 VN 在回火时析出，NbN 为 VN 提供了择优形核位置，因为 NbN 与 VN 具有相同的 fcc 晶体结构。

3. C 和 N 元素

在铁素体耐热钢中，C 是除 Cr 外的另一重要元素，也是钢组成的关键元素。C 对提高钢的强度是必要的，两者间表现为线性关系。随着 C 含量的增加，钢的强度和硬度随之提高，但会带来耐蚀性下降、韧性降低和焊接性能降低等不利影响。为了产生马氏体相变，钢中 C 含量一般在 0.1%～1.0%间变动。相关研究表明，二次沉淀强化过程中的 C 含量不超过 0.3%时断裂韧性高，而 C 含量超过 0.2%会使焊接性能下降[29]。C 对钢的耐蚀性是不利因素，这是由于 C 与 Cr 形成碳化物夺取了钢中的铬，使钢的耐蚀性下降。现代的研究表明，9-12Cr 马氏体耐热钢中 C 含量应控制在 0.1%以下，并且根据合金元素进行综合优化设计，C 含量若超过 0.1%，蠕变强度呈下降趋势。Taneike 等[60]研究表明，通过降低 9Cr 钢中的 C 含量可以减少稳定性较差的 $M_{23}C_6$ 的析出，同时使 MX 相在亚晶界和亚晶内析出，从而提高析出相对亚晶界的钉扎作用，上述结论从控制 C 含量角度提出了进一步优化 9-12Cr 马氏体耐热钢性能的方法。

N 的影响类似于 C，在钢中与 V 形成的 VN 沉淀，是一种重要的强化相。在某些条件下 N 还可提高耐蚀性。有些研究都指出，钢中的 N 含量应控制在 0.05%以内。Sawada 等[61]深入研究了 9-12Cr 马氏体耐热钢中 N 含量对材料性能的影响，结果表明，当 N 含量增加到 0.05%以上时，9Cr 耐热钢的蠕变性能显著下降。当 N 元素增加到 0.07%以上时，钢中会有 Cr_2N 相析出，Cr_2N 相占据了部分 MX 相的析出位置，且颗粒尺寸大于 MX 相，因此间接削弱了 MX 相的强化效果。同时考虑到相变驱动力问题，当 N 元素含量高于 0.05%时，N 元素含量的提高使 MX 相在蠕变过程中更易长大，同时 9-12Cr 马氏体耐热钢中更容易产生 Z 相。因此综合考虑 9-12Cr 马氏体型耐热钢中 N 元素含量应控制在 0.05%以下。

4. W 和 B 元素

W 元素是 T92 和 E911 耐热钢中的另一重要合金元素。研究表明耐热钢中加入 W 同时减少 Mo，保持 Mo 当量[(Mo+W/2)%]在 1.5%左右时，依然能保持 Mo、W 的固溶强化作用。大量研究数据证实耐热钢中 W 和 Mo 元素复合加入对提高钢的蠕变性能比单独加入等量的 W 或 Mo 元素要优越[63]。Abe 的研究[63,64]表明一定的 W 元素能抑制 $M_{23}C_6$ 的长大，但这种作用还无法从动力学角度解释。Tsuchida[65]详细研究了加入 W 引起耐热钢持久强度提高的原因有两个方面，一是 W 元素能提高 VN 相中 Nb 元素的含量，增加了 VN 的点阵常数，从而增加了 VN 相周围共格应变，提高了耐热钢高温蠕变性能；二是 W 元素可以在亚晶界生成膜状 Laves 相阻碍晶界和亚晶界的移动从而提高蠕变性能。此外，有关 T92 研究[52,53]也表明，钢中含 W 元素 Laves 相的分散度和颗粒平均直径小于不含 W 元素的 Laves 相，长期蠕变过程中，这种 Laves 尺寸较为稳定，平均直径甚至小于 $M_{23}C_6$ 相，强化作用明显。因此 T92 耐热钢中 W 元素对高温蠕变性能起到了积极作用。

有关蠕变演变行为研究表明，W 元素的存在会明显延缓马氏体组织亚结构的回复行为。TAF650 和 T/P91 蠕变试验比较表明，前者因 W 元素的存在，蠕变强度提高，蠕变应变趋缓，相应蠕变过程中马氏体板条粗化速度和板条内位错密度下降明显减缓。认为是和板条界形成 Laves 相沉淀的钉扎作用相关[42]。

相对于 T91 耐热钢，T92、E911 耐热钢添加了微量元素 B。一些研究[66,67]已表明 B 元素对提高耐热钢性能有益：首先，B 元素能取代 $M_{23}C_6$ 中部分 C 元素，形成 $M_{23}(C,B)_6$，起沉淀强化作用。在高温下 $M_{23}(C,B)_6$ 比 $M_{23}C_6$ 细小，且 B 元素能促使 M_7C_3 向 $M_{23}C_6$ 转变；其次，B 元素抑制马氏体向奥氏体的转变，具有稳定马氏体结构的作用；最后，B 元素能够明显细化晶界，通过阻碍晶界的移动和降低晶界能，阻碍晶界的再结晶，从而提高材料的蠕变强度[18]。

5. 其他元素(Ni, Mn, Si, Co, Re, Cu 等)

Ni 和 Mn 元素的加入主要是保证 9-12Cr 马氏体耐热钢具有较好的淬透性，但较高含量的 Ni 和 Mn 会明显降低 M_s 点，冷却时会导致残余奥氏体的形成，从而得不到完全马氏体组织，使时效后的强度降低。此外，研究表明 Ni 和 Mn 元素增加其他合金元素在铁素体中扩散系数，导致 $M_{23}C_6$ 长大[44]。因此，Ni，Mn 元素含量必须在一定范围内。Si 元素能提高耐热钢的抗氧化性，但 Si 元素同样增加合金元素在铁素体中扩散系数，会促使 $M_{23}C_6$ 快速长大和 Laves 相的产生[30]。

Co 作为新型耐热钢中的添加元素，其作用主要包括[68]：Co 能抑制高铬铁素体钢高温淬火下 δ-Fe 的生成。这对含 W 钢种的发展尤为重要。W 取代部分 Mo 强化作用，高温淬火下 δ-Fe 的形成也越来越不可避免；Co 提高钢的居里温度，高的居里温度有利于耐热钢保持其自身的铁磁性和高的扩散能垒，间接抑制析出相的长大，保证析出相的稳定性。

Cu 元素的加入具有抑制 δ-Fe 形成的作用，但也会在材料回火中易于形成富 Cu 的 Laves 相[43]。如同 Mo、W、V、Nb、B、Si 等元素一样，Cu 元素同样会提高 Cr 当量，易于形成δ-铁素体，同时高温蠕变过程中 Cu 元素会促进棒状 Laves 相析出。Cu 有利于含 W 马氏体耐热钢的高温蠕变强度，这和 Cu 元素的存在有利于提高 W 的固溶强化作用有关[43]。此外，Re 的加入起到净化晶界的作用[44]。

总之，9-12Cr 马氏体耐热钢是在充分认识各种元素的合金化机理和作用的基础上研制出来的，各种合金元素的比例不仅取决于自身对材料性能的影响，而且取决于与其他合金元素的相互作用，目前针对 9-12Cr 马氏体耐热钢合金元素的研究和改进设计还在继续，例如添加 Co 和 Re 元素进一步改进 9-12Cr 马氏体耐热钢的高温蠕变性能。合金化机理的研究还将进一步深入。

常见的 9-12Cr 马氏体耐热合金钢 T/P91、T/P92 和 E911 等钢种中，由于主要合金元素 C、Cr、Mo 和 Mn 等成分比例作较大调整，加入了 W、Nb、B 和 N 等微量元素，并对杂质元素 P、S、Si 和 Al 等含量在产品标准上做出严格的限制，如 T/P91 美国标准有 ASME-SA-213 和 ASME SA-335M，国内相似标准号为 GB5310，材料的性能得到保证和优化。虽然 C 含量明显降低，但增加了微量的 N，如此调整虽影响材料的强度，但有利于加工和焊接；而微量元素 W 和 Nb 和 V 等的添加，有利于生成 M_2X、MX 等二次强化相沉淀，提高材料的强度，另外，B 元素具有强化晶界的作用[69]。一定的 N 含量对材料的蠕变强度有明显的贡献[70,71]，如 P91/T91 相对于 X20 降低了 C 含量，虽使材料的强度有所下降，但增加了微量元素 Nb、N，提高了材料的蠕变强度[72]。T/P92 和 E911 同 P91/T91 相比，合金的含量相近，只是增加了 1%左右的 W，但材料的蠕变强度得到了明显的改善。一方面是因为 W 具有显著的固溶强化作用，另一方面是由于 W 的添加，降低了碳化物 $M_{23}C_6$ 的粗化速度，并且有助于改善材料的焊接性能[5]。这些也是多年来高铬耐热钢领域所取得的重要研究成果。

2.3 马氏体耐热钢的强韧化机理

广义上说，合金钢均是通过调整化学组分、采用强韧化处理工艺使强度有明显提高的钢[2]。用作结构材料的高强度钢既要求有高强度又要有好的韧性，强度是指材料对塑性变形或断裂的抵抗力，是材料的变形或断裂所需要的应力度量，一般把材料强度(主要指屈服强度)提高的过程称为强化。韧性是指材料对断裂的抵抗力，即材料达到断裂时所需的能量量度，使材料韧性提高或在强度提高的同时韧性不下降或下降很少的过程叫韧化。高强度结构钢既具有高强度，又有好的韧性，材料产生塑性变形所需的应力越高，其强度越高。工程上，含有缺陷的金属材料强化途径是在金属中增加位错密度并设法阻止位错运动，即通过在金属中引入大量缺陷来阻止位错运动以达到强化目的。工程上合金钢强化常采用合金化、热处理和变形等手段。由于实际材料中缺陷的存在破坏了金属原子间的键合强度发挥，所以工业应用材料的强度水平远远未达到金属可能有的最大强度。钢材的强化机制在许多教材和文献中有论述[73-75]。马氏体耐热钢作为一种特殊的马氏体钢种，是特殊钢的一个分支，要求具有热强性和热稳定性。“高温淬火+回火”的热处理方式，其强化机制包括固溶强化、第二相析出强化和马氏体强化等微观强化机制。

1. 固溶强化

固溶强化是利用间隙或置换溶质原子提高固溶体强度的方法，Pickering[76]认为置换型溶质对强度总的贡献与溶质浓度 C 的关系为：

$$\sigma \propto \theta C^{1/2} \tag{2-1}$$

其中θ为错配度，间隙原子浓度 C 对强度影响表达式为[77]：

$$\Delta\sigma \propto C_i^n \tag{2-2}$$

实践证明，由于C、N等元素在α-Fe中引起不对称的点阵畸变所产生的强化远大于置换溶质(如Cr、Ni、Mn、Si、Mo等元素)引起的球面对称畸变(约10～100倍)。但前者对铁素体基体强化作用大，对韧性和塑性损害明显，后者对强化作用平缓增加而不降低韧性和塑性。不同合金元素的固溶强化效果差异明显，图2-2给出了部分合金元素对α-Fe的固溶强化影响。

相对于其他合金钢而言，马氏体耐热钢更重要的是高温强化和高温抗氧化性。马氏体耐热钢中主要的合金元素Cr含量达到或超过9%，不仅是形成主要合金碳化物的合金元素，而且是主要固溶体强化元素，特别是对马氏体耐热钢高温抗氧化性有重要贡献。相关研究表明，9-12Cr马氏体耐热钢的抗氧化性能相对于低合金钢也有明显提高[78]，在560℃下9Cr耐热钢表面结垢速度只是低合金钢的一半，Cr含量提高到12%的材料的抗氧化性提高更明显。

有人认为，尽管9Cr耐热钢暴露在大气中的抗氧化性很好[79]，合金钢应采用11Cr以进一步提高材料的抗氧化性。Husemann[80]研究认为，抗蒸汽氧化最佳成分是钢中最低Cr含量为11%。Nakagawa等[81]认为，9Cr和12Cr钢在600℃条件下的抗氧化性能都很好，但在650℃条件下应采用Cr含量高的合金钢。在模拟含有碱性硫化物烟气环境下，9Cr耐热钢明显比12Cr耐热钢抗腐蚀性差。在600℃和630℃条件下，E911、Grade 92(9Cr)、HCM12、NF12性能比较显示[82]，LMP图显示，9Cr耐热钢均强度不足。烟气侧管道表面经10^5h运行腐蚀深度达到0.6 mm。而且由于结垢厚度增加，热传导降低，造成壁温升高，在很大程度上没有发挥新型合金钢高强度提高作用。

Abe等[83]研究了9Cr耐热钢中添加微量合金元素后在600℃和650℃温度下的抗氧化性。Si元素的添加，可提高材料的抗氧化性，但弱化了碳化物沉淀。在含有0.5%Si元素基础上添加微量Ti或Y(0.05%)，合金钢的抗氧化性能可进一步得到提高，合金钢中添加Si元素作用进一步得到证实。12Cr马氏体耐热钢在煤气发生器中的应用研究表明，450℃腐蚀气氛下含0.19%Si和含2%～3%Si的HCM12钢比较，后者的抗腐蚀性显著改善，而含4%Si时12Cr钢的抗腐性可提高 10～20 倍[84]。需要注意的是，以上结论仅是高温下得出的结论，在停车期间没有相应的研究结果。进一步研究工作是希望提高材料的抗氧化性并希望达到 X20 水平。在 9Cr 3.3W 合金钢中添加 Pd 研究[85]发现，材料在超过 650℃时抗蠕变性能显著提高，抗氧化能力提高到 750℃。当然，这些试验研究尚需进一步深入。

2. 第二相析出强化

第二相析出强化也称为沉淀强化或二次析出强化，是过量合金元素溶入α-Fe 中形成过饱和固溶体，然后通过回火时效处理，使过饱和固溶体析出新相而强化，是结构钢最常用强化方法。如含碳合金钢回火过程产生合金碳化物析出强化、时效马氏体钢利用合金元素在时效过程中形成金属间化合物沉淀起到强化作用。

第二相强化的本质在于第二相质点阻碍位错运动，按沉淀相沉淀序列，即在平衡相出现之前的不同阶段，一般认为有三种机制：

(1) Mott-Nabarro 理论[86]，认为沉淀粒子或溶质原子的偏聚团和基体间的晶格错配引起的内应力是强化的原因。对共格应变引起的强化增量表达为[87]：

$$\Delta\sigma = 6\mu(rf)^{1/2}\varepsilon^{3/2} / b \tag{2-3}$$

其中，μ为沉淀粒子的切变模量，r 为粒子半径，f 为粒子的体积分数，ε为错配度函数。显示 r、f、ε越小，其强化作用越小，体现在沉淀早期阶段，强化作用不大。

(2) Kelly-Nicholson 理论[88]，认为位错切过可变形的共格或半共格沉淀粒子时，将产生所谓的“化学强化”。位错线的切过会在粒子的边缘形成宽度为 b 的台阶，从而增加粒子的表面积，增加的强化量为切割粒子所做的功：

$$\Delta\sigma = 2\sqrt{b}f\gamma_s / \pi r \tag{2-4}$$

式中 γ_s 为粒子与基体间的界面能。当细小的沉淀粒子为有序结构的金属间化合物时，位错线的切过使粒子内部出现新界面而产生额外强化量：

$$\Delta\sigma = 2f\gamma_d / b \tag{2-5}$$

其中 γ_d 为粒子内部新界面无序程度参量。可以看出，共格或半共格粒子的 r 越小，f、γ_s、γ_d 越大，则其强化作用也就越强。这是达到时效峰值前的强化原因。

(3) Orowan 理论[89]，在沉淀粒子较大时，其与基体界面为非共格关系，且强度高，位错线难以切过，位错线在外力作用下绕过第二相质点留下位错环的机制。位错绕过第二相质点的运动阻力而引起强化量增加[90]：

$$\tau = \frac{\mu b}{\lambda}\ln\frac{r}{b} \tag{2-6}$$

其中μ为切变模量，λ为质点距离。可见粒子间的有效间距小，强化效应大。粒子的形状明显影响强化效应，相同的体积分数下，针状或片状的粒子由于使λ变化，强化量是球状的一倍[91]。高弥散度、细小的第二相质点有很高的强化作用，随着绕过位错数量的增加，质点周围留下的位错环越多，质点间距越小，位错弯曲所需的应力越高，宏观上表现为形变强化现象，这是两相合金强化的主要因素。

马氏体正火或淬火后形成典型的板条马氏体结构。在回火处理过程中，在晶界和马氏体板条界有形态比高的条片状 $M_{23}C_6$ 沉淀，在晶内有弥散的碳氮化合物 MX、M_2X 起到沉淀强化作用。晶内弥散分布的碳氮化合物和晶界及马氏体板条界稳定的 $M_{23}C_6$ 碳化物使该类合金钢具有良好的高温强度和高温蠕变强度。一般地，9-12Cr 马氏体耐热钢是通过 $M_{23}C_6$ 在晶界沉淀来强化晶界的，一般具有相似的组织结构[92,93]。$M_{23}C_6$ 碳化物是合金钢中稳定性最高的沉淀相，作为与晶界紧密结合的第二相，可以成为位错和晶界及亚晶界的钉扎点，减少晶界有效长度，减弱晶界上的应力集中，因此，晶界有适当的沉淀粒子可以提高材料的蠕变性能。显微结构观察显示，马氏体耐热钢材料高温长期性能的下降与晶界碳化物的粗化、不稳定的强化相溶解相关，晶界粗化的碳化物会成为微裂纹的形核地点[94,95]。晶界严重粗化的碳化物，具有弱化晶界的作用[96]。晶内析出的碳氮化合物 MX、M_2X，随着马氏体耐热钢的发展和微量合金元素的调整，T/P91 晶内细小弥散析出相相对于早期的 X20 钢更明显。T/P92 中的碳氮化合物 MX、M_2X 析出相密度亦大于 T/P91 而且更为稳定。显然，晶内细小第二相析出行为明显影响到材料的蠕变性能和高温稳定性。

3. 马氏体强化与位错强化

位错强化是因为位错运动由于受阻而强化。位错密度 ρ 引起流变应力增加 $\Delta\tau$ 服从 Bailey-Hirsch 关系：

$$\Delta\tau = \mu \boldsymbol{b} \rho^{1/2} \tag{2-7}$$

其中μ为切变模量，$\boldsymbol{b}$ 为柏氏矢量。

马氏体耐热钢通过高温淬火形成具有高位错密度的板条马氏体组织结构，位错密度可高达到 $10^{14}cm^{-2}$[97,98]。

4. 晶粒细化

因晶界阻碍位错的运动而得到强化。满足 Hall-Petch 提出的关系式[99]：

$$\sigma \propto d^{-1/2} \tag{2-8}$$

d 为晶粒直径。

细化铁素体晶粒能提高塑性变形的流变应力、断裂应力和加工硬化率，并增加断裂时总的应变[100]，铁素体晶粒大小取决于原奥氏体晶粒大小和铁素体形核、长大速度。经典理论认为，晶粒细化是既能提高强度又能提高韧性的唯一方法，晶粒细化还可使韧-脆性转变温度降低。

马氏体耐热钢作为特殊钢种，工程应用环境一般处于高温高压条件下，强调材料应当具有高温抗蠕变性能和高温性能的稳定性。高温性能要求材料不能片面的追求晶粒度强化作用，因为过于细小的晶粒度产生过大的晶界面积而不利于高温稳定性。从马氏体的组织来说，马氏体材料的力学性能和原奥氏体晶粒度关系并不具有十分密切的关联度，因为马氏体耐热钢的强度不仅与晶粒度相关，还和亚晶结构或马氏体板条的宽度相关[101]。

对于合金钢的韧化研究远少于对强化的探讨。材料的韧化尚无明确的定义，物理意义上是对形变和断裂的综合描述。与应力集中和减弱、能量集中和消散、材料加工硬化、裂纹形核和扩散相关。塑性变形量和加工硬化效应较大的材料才具有高的韧性，各种强化方法对材料的韧塑性各有不同的影响：

(1) 位错具有双重影响，一方面位错塞积令裂纹形核，而另一方面位错在裂纹尖端塑性区内移动可以缓释尖端的应力集中。

(2) 晶界是位错运动的障碍而限制塑性变形范围，因此使形变均匀化，细化晶粒可以提高材料韧性。马氏体板条束间大角度晶界与通常晶界有相同的作用，阻碍裂纹扩展。马氏体板条束宽度、铁素体晶界尺寸和韧脆性转变温度 T 之间呈近似直线关系[73]：

$$T \propto -d^{-1/2} \tag{2-9}$$

(3) 固溶强化中的间隙原子在能够明显提高钢的强度以外，会严重降低塑性和韧性[102]，而置换式溶质原子对韧性影响不明显[73]。

(4) 第二相质点形状、大小及其分布对材料塑性有很大影响。共格第二相质点产生的应力场可以改变裂纹尖端应力分布状态而利于塑性变形，而且会使滑移带变短，防止过大的应力集中，这种情况下第二相质点主要作用是强化，而对塑性和韧性影响不大[103]。而第二相质点很小时位错可以切断质点，基体中的位错较易在第二相断面集中形成裂纹，使塑性和韧性降低[104]。非共格第二相质点沉淀于晶界或亚晶界时降低表面能，在界面附近易于裂纹形核和扩展而降低塑韧性[105]。

总之，金属的强韧化就是利用晶粒细化、位错强化、固溶强化和第二相质点强化等机理，通过合金化和热处理而获得理想组织结构而达到强韧化目的。

合金钢的强韧化不是单一机制决定的，而是几种机制共同作用的结果。大部分钢的强化增量尚不能定量计算，仅限于定性分析。

2.4 合金碳化物与析出强化

一般认为，多数合金钢的高强度是通过析出强化取得的[106]，而析出强化反应是和强化相析出紧密相关的。析出强化过程就是过饱和固溶体产生新相沉淀的过程，这些研究从多个侧面探索了析出强化反应的相变过程及其对材料性能的影响。

对固溶体的研究目的是通过合金设计，达到可控制合金碳化物的析出、长大和粗化行为，进而提高钢的强韧性，设计开发强度更高的合金钢。图 2-3 给出了与马氏体耐热钢相关的合金相图。

合金钢产生析出强化是与合金碳化物的析出紧密相关的。到目前为止，研究马氏体耐热钢的回火或时效析出行为比较深入，对合金碳化物的析出形态、大小、取向、组分及变化及其和性能相关性都做了不少研究。一般来说，析出的合金碳化物的类型是与合金元素及碳含量的多少相关，原子的尺寸因素是合金碳化物形成的主要原因[107]。

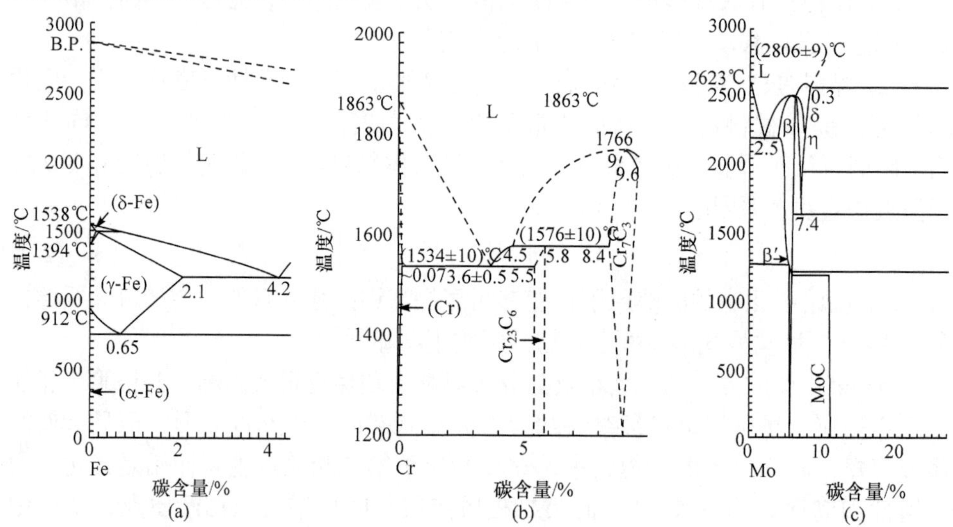

图 2-3 与马氏体耐热钢相关的合金相图

合金碳化物的结构与合金元素及其在元素周期表中的位置有一简单的对应关系[108]，具体见表 2-2。一般无外乎以下几个晶体结构类型：

(1) 立方结构(NaCl 型)：MC、M_6C、$M_{23}C_6$；

(2) 六方或正交结构：M_2C；

(3) 正交结构：M_3C、M_7C_3、Fe_2C。

其中 M 是指合金碳化物中的金属元素，以某一金属元素为主，有两种或两种以上金属元素。由于合金钢中固溶一定量的其他合金元素，所以沉淀的合金碳化物中的金属一般不是单一元素，而是溶入多种元素。很明显，多元合金碳化物相对稳定性强。

表 2-2　过渡族金属的碳化物周期关系

族周期	Ⅳ	Ⅴ		Ⅵ	Ⅶ	Ⅷ	
3	TiC	VC	V_2C	$Cr_{23}C_6$ Cr_7C_3 Cr_3C_2	$Mn_{23}C_6$ Mn_7C_3 Mn_3C	ξ-Fe_3C Fe_3C　Fe_2C	Co_3C Co_2C　Ni_3C
4	ZrC	NbC	Nb_2C	Mo_2C　MoC	正方	六方	正交
5	HfC	TaC	Ta_2C	W_2C　WC			

族周期	Ⅳ	Ⅴ		Ⅵ	Ⅶ	Ⅷ		
3	TiC	VC	V_2C	$Cr_{23}C_6$ Cr_7C_3 Cr_3C_2	$Mn_{23}C_6$ Mn_7C_3 Mn_3C	ξ -Fe_3C Fe_3C Fe_2C	Co_3C Co_2C	Ni_3C
4	ZrC	NbC	Nb_2C	Mo_2C　MoC	正方	六方	正交	
5	HfC	TaC	Ta_2C	W_2C　WC				

由表 2-2 可知，第Ⅳ族元素形成的是立方结构的碳化物，第Ⅴ族元素 V 可形成立方相的 MC 或六方结构的 M_2C，而 Nb、Ta 形成 M_2C，第Ⅵ、Ⅶ族的 Cr 和 Mn 易形成复杂结构的合金碳化物，Mo 和 W 是形成 M_2C 的重要元素。从结构来说，对称性低的碳化物稳定性亦差。

一般地，合金钢中的 Fe 元素不和第一类易形成立方结构合金碳化物的金属元素形成三元合金碳化物，而与第二类形成六方结构合金碳化物的金属元素在碳化物中互溶，且与这类金属形成三元立方结构的合金碳化物。Fe 元素与同属第三类易形成正交结构合金碳化物的金属元素不形成新结构的合金碳化物，但与二元合金碳化物间互溶(Fe_3C、Ni_3C、Co_3C 等)。相同结构的合金碳化物是否互溶，取决于原子的尺寸因素，金属元素尺寸相差小则容易互溶。当然有时化合价或电子因素亦十分重要，而且电子因素影响各过渡元素形成碳化物的能力，如元素 d 层电子数少，和 C 或 N 等间隙原子亲和力大，形成碳化物愈容易。热处理的温度不同，则析出的碳化物相的种类及各类型碳化物的量有区别。另外，时效过程中还会发生不同类型的合金碳化物之间的相互转化，或相同类型、不同形貌之间的转化。

高强度合金钢中重要的时效强化相是合金碳化物，而合金碳化物对合金的强化作用主要取决于其类型、数量、大小，与基体点阵间的失配度及其过时效的转变因素相关。碳化物一般具有硬且脆的特性，作为第二相强化质点，阻碍位错运动而起到强化作用，在这方面已有不少研究总结[104,109]。

合金碳化物的形态、尺寸大小与分布对力学性能起到重要作用，弥散强化作用可由 Orowan 原理解释。Ashby[110]对合金碳化物的强化量作如下表述：

$$\Delta\sigma = 2G\left(\frac{d}{d-2r}\right)\ln\left(\frac{d-2r}{2\boldsymbol{b}}\right) \tag{2-10}$$

其中，G 为剪切模量，r 平均粒子半径，$\boldsymbol{b}$ 柏氏矢量，d 平均粒子间距。

弥散相的体积分数表达为：

$$f = \frac{r^2}{(d/2)^2} \tag{2-11}$$

可见，细小弥散相的强化量高。图 2-4 显示了合金碳化物大小与强化量的关系，表明强化量与合金碳化物尺寸大小成反比，细小碳化物强化量高于大的碳化物。

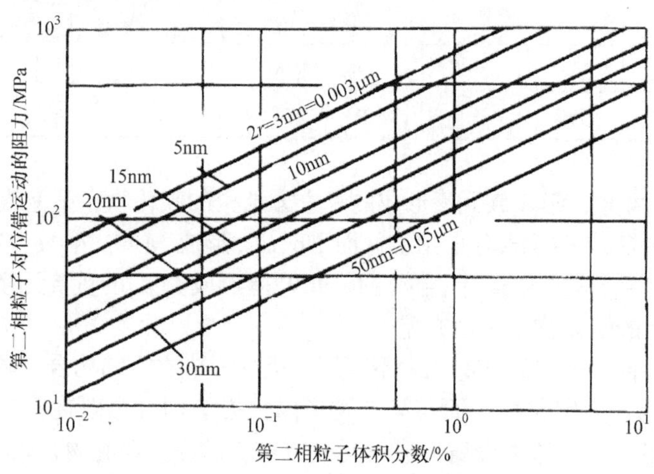

图 2-4　沉淀相大小及体积分数与位移阻力关系

2.4.1　常见的合金碳化物

在合金钢中最常见的碳化物有：MC、M_2C、M_3C、M_7C_3、M_6C、$M_{23}C_6$ 等，这些主要的合金碳化物的结构列于表 2-3 中。

表 2-3　几种主要的合金碳化物及其结构[112]　(单位：Å)

	渗碳体 Fe_3C	Cr_7C_3	$Mo_2C(W_2C)$	$Cr_{23}C_6$	M_6C	VC
对称性	正交	正方	六方	立方	立方	立方
空间群	*Pnma*	*P31c*	—	*Fm3m*	*Fd3m*	*Fm3m*
单胞	a=4.523	a=4.52	a=3.0	a=1.066	a=11.06～11.4	a=4.12～4.16
	b=5.089	b=6.99	—	—	—	—
	c=6.742	c=12.1	c=4.7	—	—	—
单胞中原子数	12Fe4C	28M12C	6M3C	92M24C	96M16C	4V4C

M_3C 富铁碳化物，正交结构渗碳体(结构见图 2-5)一般为 Fe_3C，Mo_3C 同形态且互溶，Ni 和 Co 有一定量的溶入，它们与 Fe 原子间无亲和作用，仅取代 Fe 原子。Cr 在 M_3C 中的溶入量很高，可达 20%左右。

M_2C 是富 Mo 或 W 的合金碳化物，是合金钢中主要的强化相。M_2C 一般认为是六方结构，但不同材料中沉淀的 M_2C，结构可能有差异。特别是 C 原子所处的间隙占位问题存在明显争议。图 2-6 为结构模型之一。此相中会溶入较高含量的 Cr，原子数比可达 30%以上，而 Fe 的溶入量较少。M_2C 在形态上一般表现为针状。M_2C 与基体间的取向关系满足 P-S 关系：

$$(0001)_{M_2C}//(011)_\alpha$$

$$[2\bar{1}\bar{1}0]_{M_2C}//[100]_\alpha$$

$$[10\bar{1}0]_{M_2C}//[100]_\alpha$$

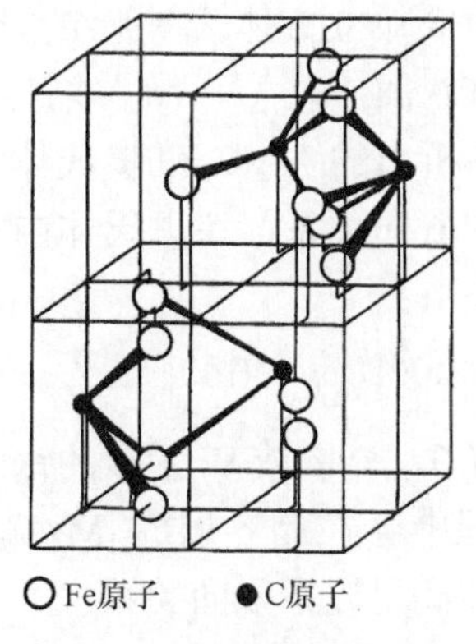

图 2-5　渗碳体 Fe_3C 结构

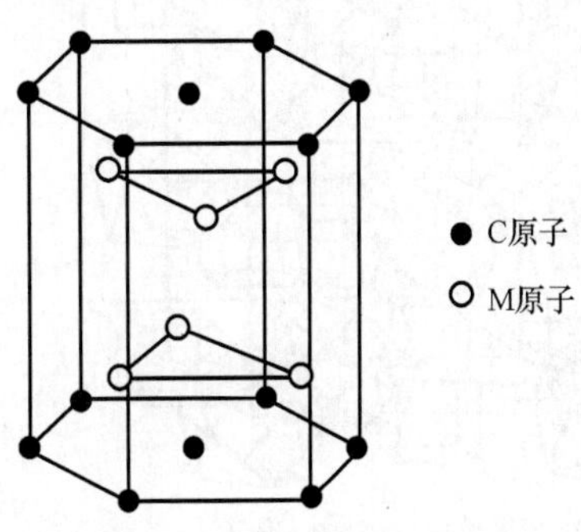

图 2-6　M_2C 结构图

M_7C_3：为富 Cr 相的碳化物，Fe 和 Mn 的溶入量可以很大，实际上 Cr、Fe 和 Mn 都易构成 M_7C_3 碳化物，但 Mo、W 的溶入量较少。M_7C_3 在高合金钢中是重要的碳化物。早期的研究认为 M_7C_3 为六方结构[111]，而对合金钢中 M_7C_3 的衍射进一步确认为复杂的正交结构[104]，单胞中含有28个金属原子和12个碳原子，晶体学参数为(a=4.523Å，b=6.99Å，c=12.21Å)，结构如图 2-7 所示。从形貌上来说，M_7C_3 在不同的材料中、不同的热处理状态、甚至同一样品的不同区域的 M_7C_3 的形貌有很大的差异[104]。而且作为亚稳态的碳化物，其稳定性和其组分有很大的关系，随着合金钢中的 C/Cr 原子数比增大，形成的 M_7C_3 倾向增大，而且其稳定性也大大增加。

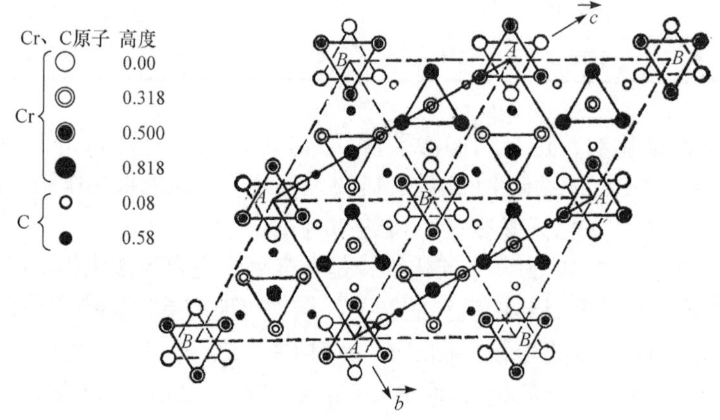

图 2-7　M_7C_3 结构图

$M_{23}C_6$：也是富 Cr 相的碳化物，Fe 可取代部分 Cr 原子而溶入。无 Cr 的 Mo 钢或 W 钢中也可形成 $Fe_{21}M_2C_6$ 结构。$M_{23}C_6$ 为复杂的面心立方结构，如图 2-8 所示，单胞中有 96 个金属原子和 24 个 C 原子，又可分为 8 个立方体，单胞结点交替为立方体或立方八面体。

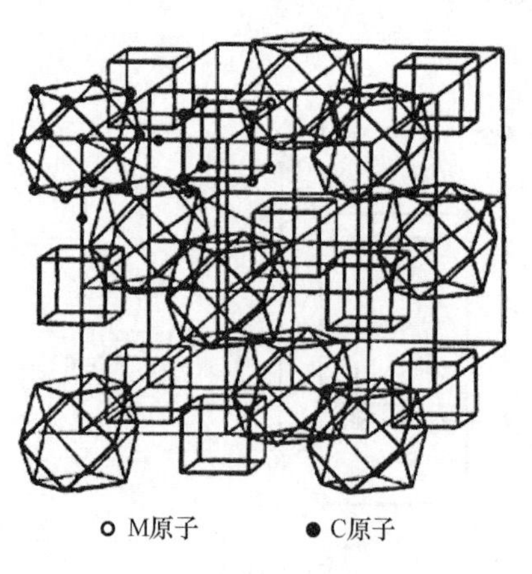

图 2-8　$M_{23}C_6$ 结构

合金钢中析出的 $M_{23}C_6$ 和奥氏体、马氏体存在一定的取向关系，在奥氏体内析出时有以下取向关系：

$$\{100\}_{M_{23}C_6}//\{100\}_{\gamma}$$

许多含有 Cr、Mo 或 W 元素的钢中，在回火时效处理中会在晶界形成 $M_{23}C_6$[113,114]相，与α-Fe 间满足以下取向关系：

$$(100)_{M_{23}C_6}//(100)_{\alpha}$$

$$[011]_{M_{23}C_6}//[001]_{\alpha}$$

M_6C：一般为三元合金碳化物，如C、Fe和Mo，也会溶入一定量的Cr、Co等其他元素，取代其中的Fe。M_6C为复杂的面心立方结构，如图2-9。与α-Fe间满足以下K-S取向关系：

$$(\bar{1}\bar{1}1)_{M_6C}//(011)_{\alpha}$$

$$[011]_{M_6C}//[\bar{1}1\bar{1}]_{\alpha}$$

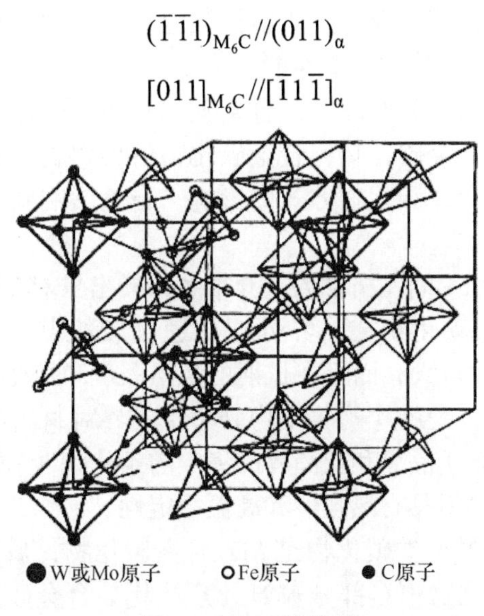

图2-9　M_6C结构图

MC：第一类元素会形成NaCl结构的MC相，形成MC相的主要合金元素有Ni、Ti、V等，亦会溶入Fe、Cr、Mo等。在奥氏体中析出为细小的方片状，在位错、晶界或相界附近形核。在回火处理中对析出强化有一定贡献，与基体α-Fe取向关系为[115]：

$$\langle 100\rangle_{MC}//\langle 100\rangle_{\alpha}$$

$$(100)_{MC}//(100)_{\alpha}$$

2.4.2　时效处理与析出强化

马氏体耐热钢工程应用已经几十年，许多人作过评述[48,116]，普遍认为回火过程出现的析出强化现象是由析出的$M_{23}C_6$碳化物和其他类型碳化物造成的。

对回火马氏体铁素体钢来说，随回火温度的升高，韧性上升而强度下降。回火初期马氏体先析出ε碳化物。随回火温度的升高，ε碳化物被渗碳体取代，理论上讲由于弥散的渗碳体的作用，α-Fe得到强化，但由于渗碳体在回火中迅速粗化，难以人为控制渗碳体细小弥散，这种强化作用迅速下降。而合金元素存在对回火过程有着深刻的影响，回火过程的相转变得到控制，回火处理得到进一步强化，即析出强化现象。

合金元素影响强化的过程主要是取代渗碳体形成合金碳化物。合金碳化物的形成焓都大于渗碳体，所以比渗碳体稳定，在热处理过程中取代渗碳体或易于析出。合金元素的作用主要是产生析出强化反应，并影响钢的冶金特性和力学性能，控制析出强化以控制钢的性能。

一般地，合金钢的回火处理中，合金碳化物在渗碳体形成后才开始析出，渗碳体回溶或转化为合金碳化物，合金碳化物析出明显受到原来的渗碳体分布状态及渗碳体转化为合金碳化物方式的影响，自然影响到合金碳化物的形核、尺寸分布和长大机理。

$M_{23}C_6$碳化物与α-Fe 间晶格常数差异很大，析出只能在缺陷处，如晶界或亚晶界处。相对来说，碳化物在晶界处粗化速度较快[117]。回火马氏体组织中$M_{23}C_6$ 碳化物一般尺寸较大，而且在长期的高温服役和蠕变过程中会进一步长大和粗化。理论上而言，大尺寸的碳化物分布于晶界对材料的硬度和强度不利。但对耐热钢而言，分布于晶界和亚晶界的稳定的条片状 $M_{23}C_6$碳化物对稳定晶界有利，因此马氏体耐热钢具有热强性和高温稳定性。

马氏体耐热钢中另一类碳化物是 MX 合金碳化物，属于 Nb、V 或 Ti 的碳化物，是 MC 合金碳化物中 C 部分被 N 元素取代的合金碳(氮)化合物。MX 一般是尺寸细小的弥散相，和α-Fe 铁素体之间呈共格半共格关系，对提高蠕变性能有明显的作用。在 X20 和 T/P91 中形成了分别富含 Nb 和 V 元素的两类 MX[118,119]。由于 W、N 和 Ti 等微量元素的添加，有利于形成密度更高的晶内析出相，对改善蠕变性能有利[120]。

M_2X 属于 Cr、Mo 或 W 的碳(氮)化物，其合金化使之与基体之间有较小的错配度，并能在马氏体中形成。由于大小和分布均匀，所以能保持细小弥散。如对 Cr_2N 的研究认为[41]，此类合金碳化物和 MX 具有相似的作用，有利于蠕变性能的提高。

2.4.3　马氏体耐热合金钢强韧化的其他途径

为保证或提高 9-12Cr 马氏体耐热钢的性能，人们从钢的冶炼工艺、材料的纯净度、材料的成型加工等方面进行了探讨。

提高材料的纯度是改善钢的强韧性的有效办法。众所周知，合金钢的性能与材料的纯净度是紧密相关的，杂质的存在会严重影响材料的强韧性[121,122]。马氏体耐热钢对材料的纯净度有严格要求，除主要元素之外，其余元素包括 P、S、Ti、Al、Zr 等在内含量要求较低，有一定的标准要求，如 ASEM S213 或 GB5310 等标准，实际成品的杂质含量应低于这些标准要求。

在冶金方法上，T/P91、T/P92 一般采用转炉与炉外精炼及真空炉熔炼方法，以除气、脱硫、去夹杂和精炼，有效控制有害元素和夹杂量，提高钢的品质。控制合金钢中夹杂物的形态，增大夹杂物颗粒间的间距是提高材料韧性的方法之一，从而改善材料组织，提高材料的韧性。热加工方面，除产品尺寸的高精度要求以外，应严格控制热处理条件。

通过热处理得到单一马氏体组织和相应的碳化物析出是马氏体耐热钢获得高温强度的保证。经适当热处理后，材料的强韧性达到最佳配和，不仅要求较高的常规力学性能，还要求在长期的高温高压条件下具有良好的高温蠕变持久性能和稳定性。为充分挖掘材料力学性能的潜力，人们对该钢的热处理工艺、组织和性能进行了系统的试验研究。马氏体耐热钢一般在 1040℃以上加热淬火或正火处理，以保证合金元素和碳化物固溶和均质化，然后空冷或油冷获得板条马氏体组织。根据工件工作温度及性能选取合理的回火温度和时间，一般应避开 400～600℃回火脆性区，回火后采用空冷或油冷。

过去人们一直认为 Cr 含量的增加会起到固溶强化作用和析出强化作用，从而有利于提高材料的蠕变强度。由图 1-3 和表 1-5 给出的不同时期马氏体耐热钢的发展及其强度提高可以看出，并非 Cr 含量越多高蠕变性能越好，除合金元素差异因素以外，这和材料中是否生成δ-铁素体相关。相同条件下，Cr 含量越高，铁素体越多，材料的蠕变强度越低。

为提高马氏体耐热钢的高温性能，人们试图利用热处理工艺达到目的，这一方法应当是经济环保的方法[123]。热处理的目的在于细化原奥氏体晶粒和马氏体组织，有利于析出细小弥散第二相，达到提高材料性能的目的。马氏体耐热钢“正常正火+回火”处理，晶粒度一般要求大于 4 级，正常在 6 级以上。晶粒度大小一般在 30μm 左右，马氏体板条宽带在 1μm 以下。如对 9Cr 马氏体耐热钢的热处理研究[124]，在奥氏体化升温过程中，升温速度会显著影响奥氏体晶粒大小和均匀性，存在一个奥氏体体化温度和升温速度窗口，升温速度过快及温度偏高都会引起奥氏体晶粒的异常长大行为。但也有人认为[127,128]，奥氏体化升温速度对板条组织有影响，但对原奥氏体晶粒度影响不明显，也不会产生明显的晶粒异常长大。降低降温速度没有明显影响晶粒度大小，但显著细化马氏体亚结构的板条尺寸。这些现象都是和奥氏体与马氏体相变过程相关。也有人进行两次正火处理，晶粒度显著细化[129]，平均晶粒度从 26μm 下降到 12μm，材料的冲击强度提高，韧脆性转变温度下降 15℃。

采用淬火-再分配(quenching and partitioning, QP)热处理工艺是近年来提出的热处理新方法[130]，热处理过程包括三个阶段：①将完全奥氏体化后的钢淬火至某一温度(quenching temperature, QT)，该温度低于马氏体相变的开始温度 M_s，高于马氏体相变结束温度 M_f。马氏体相变未发生完全，钢中残存未转变奥氏体；②将钢在一定温度(partitioning temperature, PT)下保温一定时间。如 PT 温度等于QT温度，称为一步QP，如PT温度高于QT温度，称为两步QP。保温过程中，C原子从转变的马氏体向残存未转变奥氏体中迁移再分配，使未转变奥氏体的含碳量升高；③保温后的钢冷却至室温。冷却过程中因残存的奥氏体高含碳量导致其稳定性提高，室温下部分被保存下来称为残余奥氏体。QP热处理工艺可以有效地增加残余奥氏体的含量，从而有利于后期形变诱发马氏体的形成，提高钢的强度和韧性，称之为“相变诱发塑性效应(transformation induced plasticity, TRIP)”[129]。这种先进的热处理工艺主要应用在TRIP钢中。许林青[126]利用QP热处理工艺研究了T92钢发生的两次马氏体相变。第一次马氏体相变未发生完全，以残余奥氏体的形式保留在原奥氏体晶粒内。当从PT温度冷却至室温过程中未转变奥氏体发生二次马氏体相变。在保温过程中C原子发生从马氏体向奥氏体再分配转移。C的扩散再分配现象使未转变奥氏体中的C含量增加，不仅引起奥氏体的稳定性提高，第二次马氏体相变的开始温度和结束温度均有所下降，重要的是奥氏体中C含量的增加使二次马氏体晶核密度升高，从而有效地细化二次转变的马氏体板条结构。

也有人将形变热处理工艺沿用到马氏体耐热钢中，过去的研究表明，形变引起的储存能越高，退火引起的晶粒尺寸越小。图2-10给出了材料形变储存能和退火组织变化关系。形变热处理包括奥氏体再结晶区形变、奥氏体未再结晶区形变。前者是在高于正火温度下形变，形变过程奥氏体组织发生动态再结晶；后者变形往往在正火热处理温度以下形变，难以发生动态再结晶，产生大量的形变组织，包括位错和形变带。经过弛豫过程的回复和再结晶转变，马氏体转变后得到相对稳定、均匀的细化马氏体组织。当然，组织细化和形变量、形变速度、温度及冷却速度等密切相关。研究表明[122,130-132]，形变量会显著影响马氏体耐热钢的组织结构，晶粒和亚晶细化显著。因为形变量越大，形变储存

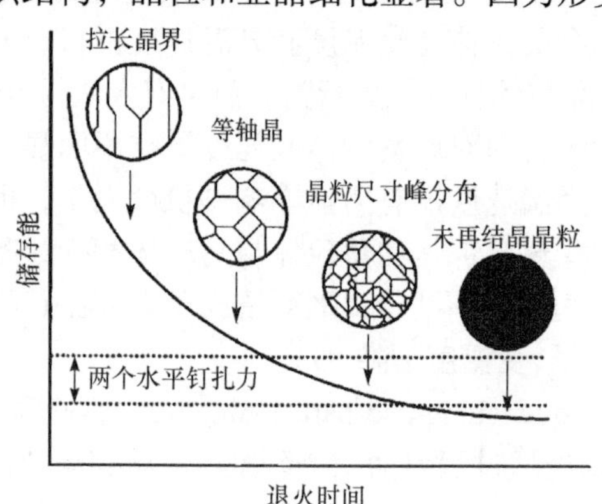

图2-10　形变储存能与退火组织变化关系[127]

能越高，在热处理及相变中引起晶粒度显著下降，提高位错密度，也更有利于细小的强化相析出沉淀并影响其析出形态分布和组分。如 T91 形变热处理，在适当的温度和形变量下，马氏体晶粒尺寸和板条明显细化，提高了材料的综合性能[133]。当然，特殊的热处理方式，包括形变热处理可以得到细化的马氏体组织结构，但热处理显著改变了马氏体耐热钢板条结构的规整性和组织结构均匀性，如此组织结构变化对耐热钢的高温长时蠕变性能及高温性能稳定性的影响尚缺乏研究，有待于进一步探索。

从反应热力学和动力学角度分析，过饱和介稳态马氏体回火或时效处理发生沉淀反应导致析出强化，沉淀反应受控于热力学及动力学状态。时效处理的目的就是在于协调这两种状态的平衡，以获得最大二次析出沉淀量，达到预期强化目的。一般地，沉淀强化的机理是共格应变，沉淀析出量多少、尺寸大小和分布主要受到时效温度和时间的影响。相对较低温度下时效产生的沉淀尺寸偏小且均匀，强化效果好，而温度偏高时效会迅速形成非共格沉淀质点，强化效果下降。

如上所述，马氏体的析出强化是由于在较高温度时效时晶界有 $M_{23}C_6$ 析出，晶内有细小弥散的亚稳态合金碳化物 MX 析出所致。晶内析出相是在具有良好塑韧性的时效马氏体上析出，但沉淀相的进一步长大和粗化会与基体脱离共格关系，甚至发生回溶或相转变而降低材料的高温性能。所以在合金设计中，确保材料在时效时间增加时合金碳化物的热力学稳定性和抗粗化能力是重点关注的问题之一。因此了解合金钢中相变、组织结构和性能关系，探索材料中主要相平衡关系是很重要的，如 MX 与α两相间平衡关系的建立。

对马氏体耐热钢来说，合金设计的重要内容是确保析出强化相热力学稳定性，并具有高温抗粗化能力。所以，有关合金元素作用及冶金热力学研究应集中于沉淀相的析出动力和粗化阻力两方面讨论沉淀析出和粗化行为。根据扩散相变理论，MX 等弥散析出相的长大粗化过程应是替位原子体扩散长大机制，而不是通过界面、晶界或位错扩散通道长大的。事实上，由于 C 的扩散可以是间隙方式，其扩散速度远大于合金元素的体扩散速度，自然合金碳化物的长大是由合金元素体扩散控制。根据扩散相变的 LWS 经典理论[134,135]，粗化过程为多组元扩散控制，对经典理论进行改进，但得到的结果仍和经典理论一致。结果表明 M_2C 粗化不仅与合金中碳化物形成元素相关，而且有一最佳合金含量，使其粗化阻力最大。运用 Thermo-Calc 热力学数据库和计算软件[136-139]，有人分别讨论了碳化物的析出动力和粗化阻力与合金元素的关系。结果显示晶内析出的碳化物粗化过程受合金元素体扩散系数的控制，长时间时效仍保持最低粗化动力和最高硬度。

马氏体耐热钢的热力学研究，一定程度上解释了材料的析出强化行为。由于运用的理论模型相对简化，在处理如此较复杂的合金钢系中，没有考虑多组元扩散之间的影响和强化相粒子间的影响，而且缺乏必要的、可靠的热力学数据，所以目前的工作显得比较分散，缺乏可靠性和系统性。

2.5 总　结

综上所述，在 20 世纪 90 年代以来，马氏体耐热钢得到了较广泛深入的研究，将强韧化、高温强度和高温稳定性及抗高温氧化等概念进行了很好的结合，在理论和实践方面都取得了长足进步。在此期间，开发了系列 9-12Cr 马氏体耐热钢并成功地应用到实际工程中去，成为现代热电厂关键设备制造的主选材料。马氏体耐热钢为提高现代热电厂的效率和经济效益及节能减排做出了卓越的贡献。马氏体耐热钢管材或结构件通过“正火+时效处理”，形成回火板条马氏体组织和碳化物强化相，起到延缓亚结构回复，增强材料高温抗蠕变性能作用。在过去的研究中，涉及到材料高温性能及组织结构、高温蠕变与疲劳特性、材料加工性能和高温形变等，利用 SEM、TEM 等手段研究了时效析出特征及其演变行为。人们采用了多种手段探索了马氏体耐热钢材料热强性机理，总的来说，马氏体相变强化是高强度的前提，析出强化是热强性的基础，固溶强化是热稳定性和抗氧化性的保证。从微量合金元素的影响角度看，人们尝试了 V、Nb、W、Ta、Co、Cu 和 Si 等元素存在对马氏体耐热钢的性能和组织结构影响，这些研究结果为材料性能改善和新材料的开发做了有益的物理探索。马氏体耐热钢的组织结构相似，均为板条马氏体组织或含少量的铁素体，晶粒度大小、板条组织形态因结构的薄件和厚件、热处理方式的不同等产生比较明显差异。因研究对象和条件差异，不同的研究报道也存在明显的个体差异。马氏体耐热钢材料中的碳化物形态和类型相似，但因碳化物合金成分、尺寸和密度的变化，一定程度上影响着材料的高温强度。

工程应用状态下的马氏体耐热钢热处理规范相似。一般为 1030～1050℃温度下淬火或正火和 730℃温度附近回火，不同的热处理研究结果在细化晶粒和马氏体亚结构方面结论清晰。尽管热处理和形变相关联的研究报道不少，但目前也仅限于实验室探索。尽管马氏体耐热钢因高温服役的特殊性，从组织结构角度来说，并不是通过晶粒细化提高高温性能。一般来说，耐热钢材料的晶粒度偏大有利于提高材料的抗蠕变性能和抗裂纹扩展能力性能，而晶粒细化有利于提高强度和抗疲劳性能。马氏体耐热钢的晶粒度大小和板条亚结构尺寸应当有个优化的参数有利于发挥其高温性能，这方面的研究有待进一步探索。另外，有关合金热力学研究也十分活跃，特别是大型商用软件应用于相变、析出及演变行为。此方面的工作仍处在运用经典理论对实验结果进行唯象解释，针对马氏体耐热钢实际进行热力学研究需要进一步具体化和系统化，需要做更细致的工作。

参考文献

[1] Patriarch P. U.S. Advanced materials development program for steam generators. Nuclear Technology, 1976, 28: 516-536.

[2] Caubo M, Mathonet J. Properties and industrial applications of 9Cr-2Mo-V-Nb steel in superheater tubes. Revue de Metallurgie, 1969, 66: 345-360.

[3] Sikka V K, Ward C T, Thomas K C. Modified 9Cr-1Mosteel-an improved alloy for steam generator application//Proc. Conf. on Ferritic Steels for High Temperature Applications. Oct.16-18, 1981, Warren, PA/USA, American Society for Metals, 1983:65-84.

[4] Bendick W, Harrmann K, Ring M, et al. Current state of development of advanced pipe and tube material in Germany and Europe for power plant components//VGB Conference in Cottbus, Germany, Oct., 1996.

[5] Bendick W, Deshayes F, Vaillant J C. New 9-12% Cr steels for boiler tubes and pipes operating experiences and future development//Viswanathan R, Nutting J. Advanced heat resistant steel for power generation. London:The Institute of Materials, 1999:133-143.

[6] Ennis P J, Quadakkers W J. High chromium martensitic steels-microstructure, properties and potential for further development. VGB Power Tech., 2001,8: 87-90.

[7] Zschau M, Niederhoff K. Construction of piping systems in the new steel P91 including hot induction bends . VGB Kraftwerkstechnik, 1994,74:142-149.

[8] Hald J. Service performance of a 12CrMoV steam pipe steel// Strang A, Cawley J, Greenwood G W. Microstructure of high temperature materials. London: The Institute of Materials, 1998,2:173.

[9] Fujita T. Advance high chromium ferritic steel for high temperature. Metal Progress, 1986, 8: 33-40.

[10] Kauhausen E, Kaesmacher P. Die metallurgie des schweissens warmfester 12%Cr+Mo-VW legierten stähle. Schweißen und Schneiden, 1957, 9: 414-419.

[11] Berger C, Mayer K H, Scarlin R B. Neue turbinenstahle zur verbesserung der wirtschaftlichkeit von kraftwerken. VGB Kraftwerkstechnik, 71st year, Book 7, July, 1991, 686-699.

[12] Touchton G. EPRI improved coal-fired power plant project//First Inter. Conf. on Improved Coal-Fired Plants. Nov.19-21, 1986, Palo Alto, USA.

[13] Thornton D V, Mayer K H. New materials for steam turbines// Advances in Turbine Materials, Design & Manufacturing. 4th Inter. Charles Parsons Turbine Conf., Nov.4-6, 1997, Newcastle upon Tyne, UK.

[14] Lundin L, Andren H O. Atom-probe investigation of a creep resistant 12% chromium steel. Surface Science, 1992, 266: 397-401.

[15] Ernset P. Effect of boron on the mechanical properties of modified 2% chromium steels. ETH Zurich, 1988: 8596.

[16] Vodarek V, Strang A. Effect of nickel on the precipitation processes in 12CrMoV steels during

creep at 550℃. Scripta Materialia, 1998, 38: 101-106.

[17] Bendick W, Deshayes F, Haarmann K, et al. New 9-12% Cr steels for boiler tubes and pipes: operating experiences and future development. Advanced Heat Resistant Steel for Power Generation, Institute of Materials, 1998, 708: 133-143.

[18] Blum R, Hald J, Bendich W, et al. Neuentwicklungen hochwarmfester ferritisch-martensitischer Stähle aus den USA, Japan und Europa. VGB Kraftwerkstechnik, 1994, 74: 641-652.

[19] Mayor K H, Bendick W, Husemann R U, et al. New materials for improving the efficiency of fossil-field thermal power stations//1988 Inter. Joint Power Generation Conf., PWR-Vol.33, Vol.2, ASME 1988, in Baltimore, USA.

[20] Strang A, Vodarek V. Effects of microstructural stability on the creep properties of high temperature martensitic 12Cr steels//Proceedings of the International Conference on Creep and Fracture of Engineering Materials and Structures Aug.10-15, 1997, Minerals, Metals & Materials Soc(TMS), 1997: 415-425.

[21] Bashu S A, Singh K , Rawat M S. Effect of heat treatment of mechanical properties and fracture behavior of a 12CrMoV steel. Materials Science & Engineering A, 1990, A127: 7-15.

[22] 刘尚慈.空洞型蠕变裂纹的形核和长大. 中国机械工程学会材料学会第一届年会论文集, 1986: 466-469.

[23] Li Y L, Gui Y X, Nao J F, et al. Improvement in heat-treatment process for 12CrMoV steel boil hanger. Heat Treatment of Metals, 1991, 11:48-50.

[24] Blum R, Hald J, Bendick W, et al. Newly developed high temperature ferritic-martensitic steels from USA, Japan and Europa// International VGB Conf. on Fossil Fuelled Steam Power Plants with Advanced Design Parameters, June16-18, 1993, Kolding, Denmark.

[25] Blum R, Hald J, Bendich W, et al. VGB Kraftwerkstechnik. 1994, 74:553-563.

[26] Bendick W, Deshayes F, Haarmann K, et al. Current state if development of advance pipe and tube materials in Germany and Europe for power plant components//International Joint Power Generation Conf. Oct., 1998, in Belgium, USA.

[27] Ennis P J, Czyrska F A. Recent advances in creep-resistant steels for power plant applications. Sadhana, 2003, 28:709-730.

[28] Haarmann K, Vaillant J C, Bendick W, et al. The T91/P91 Book. Vallourec and Mannesmann Tubes, 1999.

[29] Wachter O, Ennis P J. Investigation of the properties of the 9% chromium steel 9Cr-0.5Mo-1.8W-V-Nb with respect to its application as a pipework and boiler steel operating at elevated temperatures. Part 1: microstructure and mechanical properties of the basis steel, VGB Kraftwerkstechnik, 1997, 77: 669-713.

[30] Eggler G. The effect of long-term creep on particle coarsening in tempered martensite ferritic steels. Acta Metallurgy, 1989, 37: 3225-3234.

[31] Thomson R C, Bhadeshia H K D H. Carbide precipitation in 12Cr1MoV power plant steel. Metallurgical Translations A, 1992, 23: 1171-1178.

[32] Ennis P G, Lipiec A Z, Filemonwicz A C. Quantitative comparison of the microstructure of high chromium steels for advanced power stations// Strang A, Cawlery J and Greenwood G W.

Microstructure of high temperature materials. London: The Institute of Materials, 1998,2:135.
[33] 孙宝珍, 等. 冶金工业部钢铁研究总院, 合金钢手册(下册). 北京：冶金工业出版社, 1984.
[34] Irani J J, Honeycombe R W K. Clustering and precipitation in iron-molybdenum-carbon alloys. Journal of Iron Steel Institute, 1965, 203: 826-833.
[35] 吴云书. 现代工程合金. 北京：国防工业出版社, 1983.
[36] Olson G B, Kinkus T J, Moatgomery J S. APFIM study of multicomponent M C carbide precipitation in AF1410 steel. Surface Science, 1991, 246: 238-245.
[37] Vishnevsky C, Steigerwald E A. Influence of alloying elements on the low-temperature toughness of martensite high-strength steels. ASM Translations, 1969, 62: 305-317.
[38] Jr J R L, Stein D F, Turkalo A M, et al. Alloy and impurity effects on temper brittleness of steel. Transactions of the Metallurgical Society AIME, 1968, 242:14-24.
[39] 魏振宇. 马氏体时效钢的强度. 钢铁, 1985:78-80.
[40] Capus J M, Mayer G. The influence of trace elements on embrittlement phenomena in low-alloy steels. Metallurgica, 1960, 62: 133-138.
[41] Webster D. Development of a high strength stainless steel with improved toughness and ductility. Metallurgical Translations, 1971, 2: 2097-2104.
[42] Thomas G. Retained austenite and tempered martensite embrittlement. Metallurgical and Materials Transactions A, 1978, 9: 439-450.
[43] Onizawa T, Wakai T, Ando M, et al. Effect of V and Nb on precipitation behavior and mechanical properties of high Cr steel. Nuclear Engineering and Design, 2008, 238: 408-416.
[44] Sawada K, Takeda M, Maruyama K, et al. Effect of W on recovery of lath structure during creep of high chromium martensitic steels. Materials Science & Engineering A, 1999, 267: 19-25.
[45] Ku B S, Yu J. Effects of Cu addition on the creep rupture properties of a 12Cr steel. Scripta Materialia, 2001, 45: 205-211.
[46] Maruyama K, Sawada K, Koike J. Strengthening mechanisms of creep resistant tempered martensitic steel. ISIJ International, 2001, 41: 641-653.
[47] Orlova A. Microstructural development during high temperature creep of 9%Cr steels. Materials Science & Engineering A, 1998, 245: 39-48.
[48] Klueh R L, Harries D R. High chromium ferritic and martensitic steels for nuclear applications. West Conshohocken, PA: ASTM, 2001.
[49] Briggs J Z, Parker T D. The super 12%Cr steels. New York: Clamax Molybdenum Company, 1965:1-220.
[50] Morikawa H, Komatsu H, Tanino M. Effect of chromium upon coherency between M_2C precipitates and a-iron matrix in 0.1C-10Ni-8Co-lMo-Cr steels. Journal of Electron Microscopy, 1973,22: 99-101.
[51] 朱莉慧, 赵钦新, 顾海澄. 10Cr9Mo1VNbN 耐热钢强化机理研究. 机械工程材料, 1999, 23: 6-8.
[52] 惠卫军, 董瀚, 翁宇庆, 等. Mo 对高强度钢延迟断裂行为的影响. 金属学报, 2004, 40: 1274-1280.
[53] Grobner P J, Hagel W C. The effect of molybdenum on high temperature properties of 9pct Cr

steels. Metallurgical Transactions A, 1980, 11: 633-642.

[54] Hald J. Microstructure and long-term creep properties of 9-12% Cr steels. International Journal of Pressure Vessels and Piping, 2008, 85: 30-37.

[55] Hald J, Korcakova L. Precipitate stability in creep resistant ferritic steels-experimental investigations and modeling. ISIJ International, 2003, 43: 420-427.

[56] Thomas V, Saroja S, Vijayalakshmi M. Microstructural stability of modified 9Cr-Mo steel during long term exposures at elevated temperatures. Journal of Nuclear Materials, 2008, 378: 273-281.

[57] Yamada K, Igarashi M, Muneki S, et al. Creep properties affected by morphology of MX in high-Cr ferritic steels. ISIJ International, 2001, 41: S116-S120.

[58] Hamada K, Tokuno K, Tomita Y, et al. Effects of precipitate shape of high temperature strength of modified 9Cr-1Mo steels. ISIJ International, 1995, 35: 86-91.

[59] Tsuchida Y, Okamoto K, Tokunaga Y. Improvement of creep rupture strength of 9Cr1Mo- VNbN steel by thermo-mechanical control process. ISIJ International，1995, 35: 309-316.

[60] Taneike M, Sawada K, Abe F. Effects of carbon concentration on precipitation behavior of $M_{23}C_6$ carbides and MX carbonitrides in martensitic 9Cr steel during heat treatment. Metallurgical and Materials Transactions A, 2004, 35: 1255-1262.

[61] Sawada K, Taneike M, Kimura K. Effect of nitrogen content on microstructural aspects and creep behavior in extremely low carbon 9Cr heat-resistant steel. ISIJ International, 2004, 44: 1243-1249.

[62] 周顺深. 低合金耐热钢. 上海: 上海人民出版社, 1976.

[63] Abe F. Coarsening Behavior of martensite laths in tempered martensitic 9Cr-W steels during creep deformationk// Sakai T, Suzuki H G. Proc. 4th Int. Conf. on Recrystallization and Related Phenomena, Sendai: The Japan Institute of Metals, 1999: 289-294.

[64] Abe F. Evolution of microstructure and acceleration of creep rate in tempered martensitic 9Cr-W steels. Materials Science & Engineering A, 1997, 234-236:1045-1048.

[65] Tsuchida Y, Okamoto K, Tokunaga Y. Improvement of creep rupture strength of high Cr ferritic steel by addition of W. ISIJ International, 1995, 35: 317-323.

[66] Kobayashi S, Toshimori K, Nakai K, et al. Effect of boron addition on tempering process in an Fe-9Cr-0.1C alloy matensite. ISIJ International, 2002, 42: S72-S76.

[67] Hofer P, Miller M K, Babu S S, et al. Investigation of boron distribution in martensitic 9% Cr creep resistant steel. ISIJ International, 2002, 42: S62-S66.

[68] Katsumi Y, Masaaki I, Seiichi M, et al. Effect of Co addition on microstructure in high Cr ferritic steels. ISIJ International, 2003, 43:1438-1443.

[69] Uggowitzer P J, Anthamatten B, Speidel M O, et al. Development of nitrogen alloyed 12% chromium steels// Viswanathan R, Jaffee R I. Advance in material technology for fossil power plants, ASM International, 1987:181-186.

[70] Battaini P, Dangelo D, Marino G, et al. Interparticle distance evolutionon steam pipes 12%Cr during power plants//Proc. 4th Int. Conf. on Creep and Fracture of Engineering Materials and Structures, London: The Institute of Materials, 1990:1039-1054.

[71] Greenfield P. A review of the properties of 9-12% Cr steels for use as HP/IP rotors in advanced

steam turbines//Marriott J B, Pithan K. Luxembourg: Commission of the European Communities, 1989: 61-65.

[72] Hald J. Metallurgy and creep properties of new 9-12% Cr steels. Steel Research, 1996, 67: 369-374.

[73] Cahn R W. 物理金属学. 北京钢铁学院金属物理教研室译，北京：科学出版社, 1984.

[74] 余宗森, 田中卓. 金属物理. 北京：冶金工业出版社, 1982.

[75] 俞德刚. 钢的强韧化理论与设计. 上海：上海交通大学出版社, 1990.

[76] Pickering F B.Physical metallurgy and design of steels. Applied Science Publishers Ltd, Longdon, 1978.

[77] 俞德钢. 钢的组织强度学—组织与强韧性. 上海：上海科学技术出版社, 1983.

[78] Sumitomo Metal Industries Ltd. Steam Oxidation on Cr-Mo-Steel Tubes, 1989，1443A：805.

[79] Ennis P J, Quadakkers W J. 9-12% chromium steels : application limits and potential for future development// Strang A, Banks W M, Conroy R D. Proc. of the 5th International Charles Parsons Turbine Conference, IOM Communications Ltd, 2000: 265-275.

[80] Husemann R U. Materials and their properties for superheater tubes in power plant with advanced steam conditions. Part 1: new Superheater Materials, VGB Power tech. 1999, 79: 61-64.

[81] Nakagawa K, Kajigaya I, Yanagisawa T, et al. Study of corrosion resistance of newly developed 9-12% Cr steels for advanced units// Viswanathan R, Nutting J.Proc. Advanced heat resistant steel for power generation, IOM Communications Ltd, 1999: 468-481.

[82] Fleming A, Maskell R V, Buchanan L W, et al. Material developments for supercritical boilers and pipework//Strang A. Proc materials in high temperature power generation and process plant. IOM Communications Ltd, 2000: 32-77.

[83] Abe F, Igarashi M, Wanikawa S, et al. R&D of advanced ferritic steels of 650℃ USC boilers// Strang A, Banks W M, Conroy R D. Proc. 5th International Charles Parsons Turbine Conference, IOM Communications Ltd, 2000: 129-142.

[84] Norton J F, Maier M, Bakker M T. Corrosion of 12%Cr alloys with varying Si contents in a simulated dry feed entrained slagging gasifier environment. Materials at High Temperatures, 1997, 14: 81-92.

[85] Igarashi M, Muneki S, Ohgami M. Creep properties of advanced heat-resistant martensitic steels strengthened by L10 type ordered intermetallic phase// Sakuma T, Yagi K. Proc. 8th Int. Conf. on Creep and Fracture of Engineering Materials and Structures, Tsukuba Japan, Nov. 1-5, 1999: 505-512.

[86] Mott N F, Nabarro F R N. Report of a conference on strength of solids. London: Physical Society, 1948: 1-19.

[87] Gerold V, Haberkorn H. On the critical resolved shear stress of solid solutions containing coherent precipitates. Physcia Status Solidi, 1966,16: 675-684.

[88] Kelly A, Nicholson R B. Precipitation hardening. Progress in Materials Science, 1963, 10: 151-391.

[89] Orowan E. Dislocations and mechanical properties// Morris Cohen. Dislocations in Metals, New

York: AIME, 1954: 69-188.

[90] Ashby M F. The theory of the critical shear stress and work hardening of dispersion-hardened crystals//Proc. Second Bolton Landing Conf. on Oxide Dispersion Strengthening, New York: Gordon and Breach, Science Publishers, 1968:143-205.

[91] Kelly P M. The effect of particle shape on dispersion hardening. Scripta Metallurgica, 1972,6: 647-656.

[92] Kalwa G, Schnabel E. Umwandlungsverhalten und warmebehandlung der martensitischen stahle mit 9und% chrom. Essen: VGB Werkstoffagung, 1989.

[93] Zschau M, Niederhoff K. Construction of piping systems in the new steel P91 including hot induction bends. VGB Kraftwerkstechnik, 1994, 74: 111-118.

[94] 胡正飞，杨振国. 电厂用 9-12%Cr 耐热高温合金钢及其发展. 钢铁研究学报，2003，15: 60-65.

[95] Hu Z F, Yang Z G. Identification of the precipitates by TEM and EDS in X20CrMoV12.1 for long-term service at elevated temperature. Journal of Materials Engineering and Performance, 2003, 12: 106-111.

[96] Hu Z F, Yang Z G. An investigation of the embrittlement in X20CrMoV12.1 power plant steel after long-term service exposure at elevated temperature. Materials Science & Engineering A, 2004, 383: 224-228.

[97] Pesicka J, Kuzel R, Dronhofer A, et al. The evolution of dislocation density during heat treatment and creep of tempered martensite ferritic steels. Acta Materialia, 2003, 51: 4847-4862.

[98] Sanchez-Hanton J, Thomson R. Characterization of isothermally aged Grade91 (9Cr-1Mo-Nb-V) steel by electron backscatter diffraction. Materials Science & Engineering A, 2007,460-461: 261-267.

[99] Petch N J. The cleavage strength of polycrystals. Journal of the Iron Steel Institute, 1953, 174: 25-28.

[100] Gladman T, Holmes B, Pickering F B. Work-hardening of low-carbon steels. Journal Iron Steel Institute, 1970, 208: 173-183.

[101] Hu Z F, Wang Q J, Jiang K Y. Microstructure evolution in 9Cr martensitic steel during long-term creep at 650℃. Journal of Iron & Steel Res International, 2012, 19: 55-59.

[102] Jolley W. Effect of manganese and nickel on impact properties of iron and iron-carbon alloys. Journal of the Iron Steel Institute, 1968, 206, 170-173.

[103] 鈴木秀次. 延性と靱性の原子論的基礎づけ// 日本金属学会合编. 钢の强韧化. Kyoto: 日本鉄鋼協会, 1972.

[104] Friedel J. Dislocation. Oxford: Pergramon Press, 1964.

[105] Horn R M, Richie R O. Mechanisms of tempered martensite embrittlement in low alloy steel. Metallurgical Transactions A, 1978, 9: 1039-1053.

[106] Bhat M S, Garrison Jr W M, Zackay V F. Relations between microstructure and mechanical properties in secondary hardening steels. Materials Science Engineering, 1979, 41:1-15.

[107] Hagel W C, Smis C T. Superalloys, New York: Wiley-Interscience, 1972.

[108] 李玉清，刘锦岩. 高温合金晶界间隙相. 北京：冶金工业出版社, 1990.

[109] 《高温合金相图谱》编写组. 高温合金相图谱. 北京:冶金工业出版社, 1979.
[110] Ashby M F. Results and consequences of a recalculation of the frank-read and the orowan stress. Acta Metallurgica, 1966,14: 679-681.
[111] Herbstein F H, Snyman J A. Identification of eckstrom-adcock iron carbide as Fe_7C_3. Inorganic Chemistry, 1964, 3: 894-896.
[112] 桶谷繁雄，电子线回折にわろ金属碳化物の研究. 株式会社ケウネ，1971.
[113] Singhal L K, Martin J W. The nucleation and growth of widmannstätten M23C6 precipitation in an austenitic stainless steel. Acta Metallurgica, 1968,16: 1159-1168.
[114] Kuo K. Carbides in chromium, molybdenum and tungsten steels. Journal of the Iron Steel Institute, 1953, 173: 363-375.
[115] Baker R G, Nutting J. Precipitation Processes in Steels. Iron Steel Institute Special Report, 1959, 64:1-22.
[116] 张斌, 胡正飞. 9Cr 马氏体耐热钢的发展及其蠕变寿命预测. 钢铁研究学报, 2010, 22: 26-31.
[117] Ardell A J. On the coarsening of grain boundary precipitates. Acta Metallurgica, 1972, 20: 601-609.
[118] 胡正飞, 杨振国. 长期高温时效的 F12 耐热合金钢中碳化物形态和组分变化. 金属学报, 2003, 38: 131-136.
[119] Suzuki K, Kumai S, Toda Y, et al. Two-phase separation of primary MX carbonitride during tempering in creep resistant 9Cr1MoVNb Steel. ISIJ International, 2003, 43: 1089-1094.
[120] Abe F, Taneikel M, Sawada K. Alloy design of creep resistant 9Cr steel using a dispersion of nano-sized carbonitrides. International Journal of Pressure Vessels and Piping, 2007, 84: 3-12.
[121] Garrison Jr W M., Moody N R. The influence of inclusion spacing and microstructure on the fracture toughness of the secondary hardening steel AF1410. Metallurgical Transactions A, 1987,18:1257-1263.
[122] Banerji S K, McMahon Jr C J, Feng H C. Intergranular fracture in 4340-type steels: effects of impurities and hydrogen. Metallurgical Transactions A, 1978,9,237-247.
[123] Yan P, Liu Z, Bao H, et al. Effect of tempering temperature on the toughness of 9Cr-3W-3Co martensitic heat resistant steel. Materials & Design. 2014, 54: 874-879.
[124] Danon A, Servant C, Alamo A, et al. Heterogeneous austenite grain growth in 9Cr martensitic steels:influence of the heating rate and the austenitization temperature. Materials Science & Engineering A, 2003,348:122-132.
[125] 严泽生, 刘永长, 宁保群. 高 Cr 铁素体耐热钢相变过程及强化. 北京: 科学出版社, 2009.
[126] 许林青. T92 铁素体钢相变行为及热处理工艺的研究. 天津大学博士学位论文，2013.
[127] Karthikeyan T, Thomas Paul V, Saroja S, et al. Grain refinement to improve impact toughness in 9Cr-1Mo steel through a double austenitization treatment. Journal of Nuclear Materials, 2011,419: 256-262.
[128] Speer J G, Assunção F C R, Matlock D K. The quenching and partitioning process: background and recent progress. Materials Research, 2005, 8: 417-423.

[129] Kobayashi J, Song S M, Sugimoto K I. Microstructure and retained austenite characteristics of ultra high-strength trip-aided martensitic steels. ISIJ International. 2012, 52: 1124-1129.

[130] Chou T S, Bhadeshia H K D H. Grain control in mechanically alloyed oxide dispersion strengthened MA 957 steel. Materials Science Technology, 1993, 9: 890-897.

[131] Zhou X S, Liu C X, Yu L M, et al. Phase transformation behavior and microstructural control of high-Cr martensitic/ferritic heat-resistant steels for power and nuclear plants: a review. Materials Science Technology, 2015, 31: 235-242.

[132] Zhang W F, Su Q Y, Yan W, et al. Precipitation behavior in a nitride-strengthened martensitic heat resistant steel during hot deformation. Materials Science & Engineering A, 2015, 639: 173-180.

[133] 宁保群，刘永长，徐荣雷，等.形变热处理对 T91 钢组织和性能的影响. 材料研究学报, 2008, 22: 191-196.

[134] Lifshitz L M, Shyozov V V. The kinetics of precipitation from supersaturated solid solutions. Journal of Physics and Chemistry of Solids, 1961,19: 35-50.

[135] Wagner C. Theorie der alterrung von nichderschlagen durch umlosen (ostwald-reinfund). Zeitschrift für Elektrochemie, 1961,65: 581-591.

[136] Scieneific Group Thermodata Europen, Solution database, Thermo-Calc Group, 1990.

[137] Foundation for Computationnal Thermodynamics and Thermo Tech Ltd. Steel Database, 1988.

[138] Sundman B, Jansson B, Andersson J O. The Thermo-Calc databank system. Calphad, 1985, 9: 153-190.

[139] Royal Institute of Technology. Division of Computational Thermodynamics. Stockholm,1995.

第3章　马氏体耐热钢的性能与应用规范

在早期的热电工程中，125MW 及 200MW 超高压机组的主蒸汽管道选用10CrMo910钢；20世纪中期，亚临界300MW及600MW机组，其主蒸汽管道选用P22钢，它们都是珠光体耐热钢，最高工作温度为580℃。在社会发展和工程需要的大背景下，马氏体耐热钢通过广泛的基础研究，材料的性能得到显著提高，马氏体耐热钢的工程应用填补了珠光体耐热钢和奥氏体耐热钢之间 600～650℃温度区域高温管道用钢的空白，为热电厂提高运行参数提供了可能性，给20世纪60年代以来热电发展提供了材料基础。在马氏体耐热钢的发展过程中，X20和T/P91由于具有突出的高温性能，是最具代表性的钢种。在T/P91基础上发展的T/P92更具后来优势，但工程应用实践尚有待丰富。本章将对有明确工程应用基础和应用历史、为工程领域广泛接受的典型材料进行比较详尽的介绍。

3.1　X20CrMoV12-1马氏体耐热钢

X20CrMoV12-1(X20)是最早应用于热电厂设备制造、应用历史最为持久、研究最为深入、最为广泛的马氏体耐热钢。

3.1.1　X20马氏体耐热钢相关的标准规范

X20 马氏体耐热钢最早应用于制造发电机组的主蒸汽管道。国内是在 1970年后引入应用于蒸汽管道系统，包括主蒸汽管道和再热管道等。由于马氏体耐热钢的高温蠕变强度高，利用马氏体耐热钢取代珠光体耐热钢的主要优点是材料的工程用量大幅降低。如使用X20取代P22低合金钢材料，可以将管道壁厚降低50%。这样的结果不仅大量减少了电站工程用材，也有利于工程建设的操作，如预热、焊接和焊后热处理能量大幅下降。电站系统启动速度提高、负载增加、以及停机更容易，灵活性提高。X20 在电站管网系统的应用，包括设备制作安装、焊接等，总建设费用方面可节省大约40%[1]。所以，X20 得以在全球推广。

早在20世纪60年代，X20就开始应用于联邦德国等西欧国家的热电厂管网建设，特别是在焊接技术方面的突破[2,3]，为热电厂的推广应用奠定了基础。X20高蠕变性能和抗热疲劳行为在亚临界机组(21.28MPa，565℃)长期服役特性方面表现优异。为应用于转子及其他铸锻件，相继开发了 X20CrMoV12-1、X22CrMoV122-1 等钢种。

目前 X20 及其相当的材料作为标准在不同国家和地区标准号如表 3-1。

表 3-1　不同国家或地区的 X20 系列马氏体耐热钢标准

国家和地区	钢号	标准
德国	X20CrMoV12-1	DIN17175(05/79), DIN17176(11/90)
德国	X20CrMoV12-1	DIN EN 10302
欧盟	X20CrMoV11-1	EN10216-2-(05/2002), EN10222-2(02/2000)
欧盟	X20CrMoV11-1	EN10222-2(02/2000)
欧盟	X20CrMoV12-1	EN10302(05/2002)
英国	762	BS3059 Part 1-1987, Part 2-1990
英国	762	BS3604 Part 1(1990)
匈牙利	12Cr10MoVNi70.47	MSZ4747(19885)
意大利	X20CrMoV1201	UN17660(1977)(失效)
波兰	20H12M1F	PN84024(1975)
罗马尼亚	20VNiMoCr120	ATAS11523(1987)
瑞典	2317	SS142317
捷克/斯洛伐克	422916	CSN/STN422916(1973)
国际标准(ISO)	X20CrMoNiV11-1-1	ISO9329-2(1997)
中国	S47220	GB T 1221
日本	SUH616	JIS G 4311
美国	422	ASTM A 176-99

X20 系列马氏体耐热钢根据不同国家和地区的标准，以及随时代的变迁，标准要求上稍有差异，如表 3-2 给出了 X20 不同标准有关化学成分要求。

表 3-2　有关 X20 马氏体耐热钢不同标准中的化学成分[4]　(单位：%)

标准	钢号	化学成分(质量分数)								
		C	Si	Mn	P	S	Cr	Mo	Ni	V
DIN 17175	X20CrMoV12-1	0.17～0.23	≤0.50	≤1.00	≤0.030	≤0.030	10.00～12.50	0.80～1.20	0.30～0.80～	0.25～0.35
ISO 9327	X20CrMoV11-1	0.17～0.23	≤0.04	0.30～1.00	≤0.035	≤0.030	10.00～12.50	0.80～1.20	0.30～0.80～	0.25～0.35

续表

标准	钢号	化学成分(质量分数)								
		C	Si	Mn	P	S	Cr	Mo	Ni	V
EN 10222-2	X20CrMoV11-1	0.17～0.23	≤0.04	0.30～1.00	≤0.025	≤0.015	10.00～12.50	0.80～1.20	0.30～0.80	0.25～0.35
UNI 7660	X20CrMoNi 1201KG;KW	0.20～0.26	0.15～0.40	0.30～1.00	≤0.040	≤0.030	11.50～12.50	0.70～1.20	0.30～1.00	0.20～0.35
SS142317	2317	0.18～0.24	0.10～0.50	0.30～0.80	≤0.035	≤0.035	11.50～12.50	0.80～1.20	0.30～0.80	0.25～0.35
PN/H 84024	20H12M1F	0.17～0.23	0.10～0.50	0.30～0.80	≤0.035	≤0.035	11.00～12.50	0.80～1.20	0.30～0.80	0.25～0.35
STAS/SR* 11523-87	20VNiMoCr120	0.17～0.23	0.10～0.50	≤1.20	≤0.035	≤0.035	10.00～12.50	0.80～1.20	0.30～0.80	0.25～0.35
CSN/STN** 422916	422916	0.16～0.22	0.10～0.40	0.40～0.70	≤0.035	≤0.030	10.00～11.80	0.90～1.20	0.20～0.60	0.20～0.35
B.S.3059 Part1	762	0.17～0.23	≤0.50	≤1.00	≤0.030	≤0.030	10.00～12.50	0.80～1.20	0.30 0.80	0.25～0.35
B.S.3604 Part1***	762	0.17～0.23	≤0.50	≤1.00	≤0.030	≤0.030	10.00～12.50	0.80～1.20	0.30～0.80	0.25～0.35
MSZ4747	12Cr10MoVNi70.47	0.17～0.23	≤0.50	≤1.00	≤0.030	≤0.030	10.00～12.50	0.80～1.20	0.30～0.80	0.25～0.35
DIN 17240+	X22CrMoV12-1	0.18～0.24	0.10～0.50	0.30～0.80	≤0.035	≤0.035	11.0～12.5	0.80～1.20	0.30～0.80	0.25～0.35

注：* STAS/SR 11523-87 含 0.30%Cu；

** P+S 为 0.05；

*** B.S.3604 Part1 标准还包含: 0.030%Sn, 0.25%Cu, 0.020%Al 等。

X20 马氏体耐热钢一般热加工温度、热处理制度在表 3-3 给出[5]。图 3-1 是 X20 连续冷却转变 CCT 图。

表 3-3 X20CrMoV12-1 热处理制度

加工温度	退火温度	淬火温度	回火温度
850～1100℃	750～780℃	1020～1070℃	730～780℃

对于厚壁件淬火热处理，中间预冷到 100～150℃，以促进得到完全马氏体组织。薄壁件可直至淬火到室温。

对焊接热处理来说，预热温度和不同道次间的预热选择在 400～500℃，焊后退火温度为 740～780℃，退火时间可长达 120min。焊接件的退火保温时间和构件的厚度尺寸相关。构件厚度小于 15mm 为 15min，构件厚度在 15～30mm 的退火保温时间为 30min，构件厚度大于 30mm 退火保温时间为 60min。焊后冷却温度要达到 150℃以下，厚壁件冷却到温度不应低于 100℃，而且冷到该温度应保温 1h 以上。

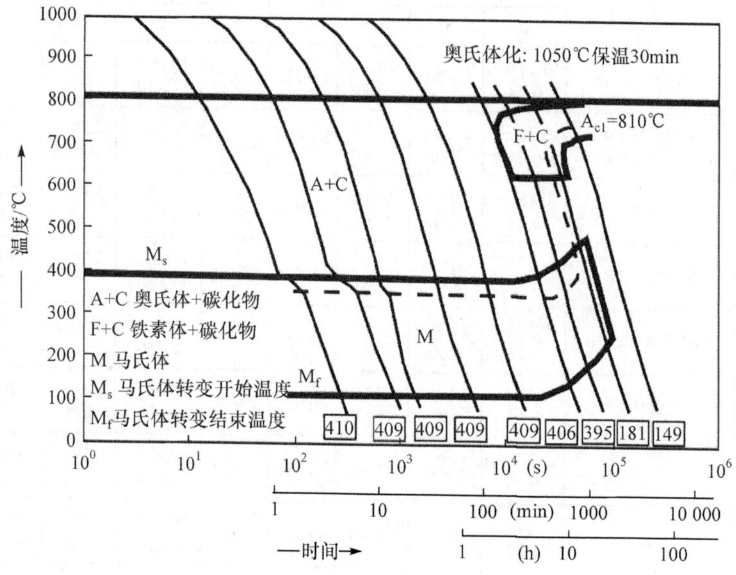

图 3-1　X20 连续冷却转变 CCT 图[6]

3.1.2　X20 的力学性能

X20 相关标准对性能方面的要求主要指标如表 3-4。

表 3-4　X20CrMoV12-1 室温力学性能要求[7]

标准	指定钢号	力学性能						
		厚度/mm	屈服强度/MPa	抗拉强度/MPa	伸长率/%		冲击功/J	
					L	T	L	T
DIN 17175	X20CrMoV12-1 1.4922	⩾16, ⩽60	490	690～840	⩾17	⩾14	⩾48	⩾34
EN 10222-2	X20CrMoV11-1 1.4922	⩽100	500	700～850	⩾16	⩾16	⩾39	⩾27
		>100, ⩽200					⩾31	⩾27
		>250, ⩽300				⩾14	⩾27	⩾24
ISO 9327		⩽100	500	700～850	⩾16	⩾14	⩾39	⩾27
		>100, ⩽⩽200					⩾31	
		>250, ⩽300					⩾27	
ISO 9329-2	X20CrMoNiV11-1	⩾16，⩽60	490	—	⩾17	⩾14	⩾27	⩾35
DIN 17240	X22CrMoV12-1 1.4923	⩾250	600	800～950	⩾14	—	⩾27	—

注：L-纵向，T-横向

实际材料的性能和具体材料的组织结构、化学成分和热处理状态等相关。

图 3-2 给出了 X20 拉伸性能和温度的关系。图中也给出了蠕变强度和蠕变断裂强度。有关欧盟标准对相同形态产品的性能要求一样(表 3-5)。

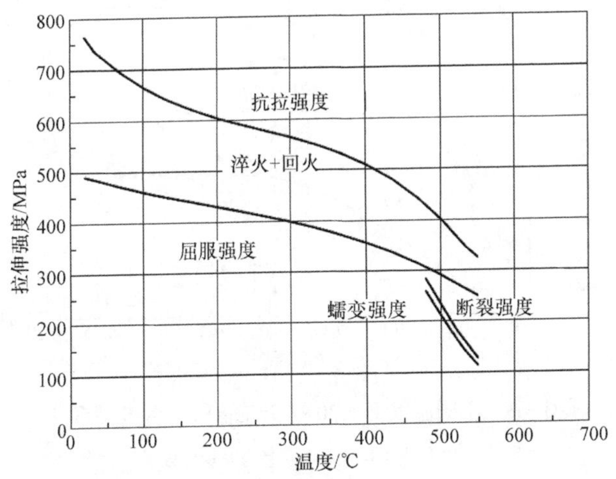

图 3-2　X20 拉伸性能和温度关系[8]

表 3-5　X20 有关构件产品性能的标准要求

德国标准 EN	钢号	产品形态	热处理状态	力学性能			
				屈服强度/MPa	抗拉强度/MPa	伸长率/%	高温温度性/℃
10216-2	X20CrMoV11-1	无缝钢管	淬火+回火	500	700～850	16	580
10222-2	X20CrMoV11-1	合金钢锻件	淬火+回火	500	700～850	16	580
10302	X20CrMoV12-1	锻钢	淬火+回火	500	700～850	16	580

3.1.3　X20 的蠕变性能

材料的蠕变强度定义为确定温度下产生蠕变速度为 10^{-6}/h 或 10^{-5}/h 时的最小应力。一般采用以下两个参数：一是蠕变速度 10^{-5}/h 或总应变为 1%条件下达到 10^4h 寿命应力；另一是蠕变速度为 10^{-6}/h 或总应变为 1%条件下寿命达到 10^5h 对应的应力大小。一般前者为燃气汽轮机参数，后者是蒸汽汽轮机要求。

具体材料或构件的蠕变性能和材料的实际化学成分、热处理状态和组织结构密切相关，其中 C 含量影响明显。X20 中 C 含量达到 0.17%以上时蠕变性能最好，如图 3-3 所示。

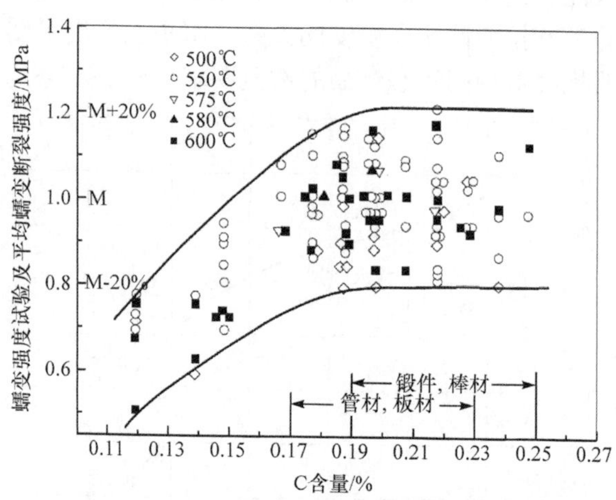

图 3-3　不同温度下 X20 蠕变性能和 C 含量关系[7]

M 代表平均值；C 含量为质量分数

X20 蠕变许用应力如图 3-4，分别对应于 10^4h、10^5h 和 2×10^5h 的平均蠕变断裂强度。在工程设计和实际应用中，需要考虑设计容限。德国 TRD300 推荐的容限如图 3-5 所示。如设备运行温度上需要考虑±10℃波动，相应的许用应力也应考虑调整。图 3-6 是基于 10^5h 小时蠕变断裂试验结果数据得到的安全系数和温度相关性。和 10CrMo910(Grade22 钢和 13CrMo44) 比较，X20 高温性能明显提高。

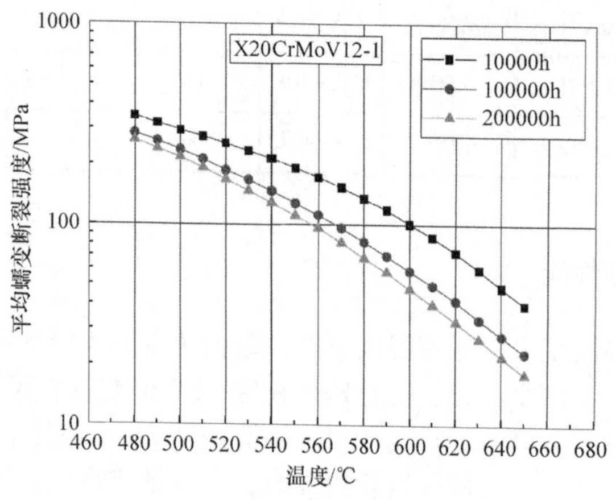

图 3-4　X20 平均蠕变断裂强度[9]

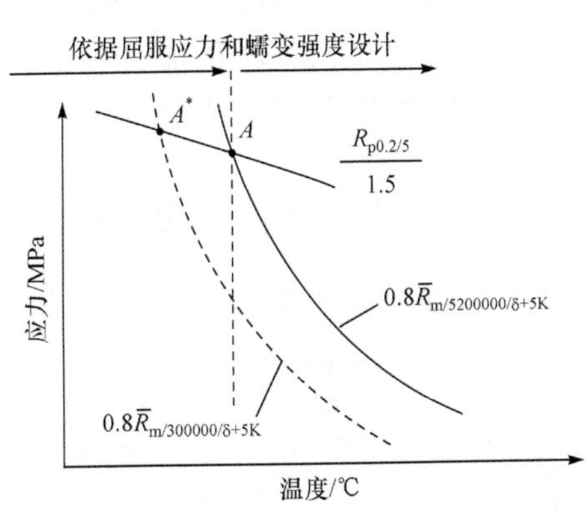

图 3-5　确定温度下的推荐应力设计阈值[10]

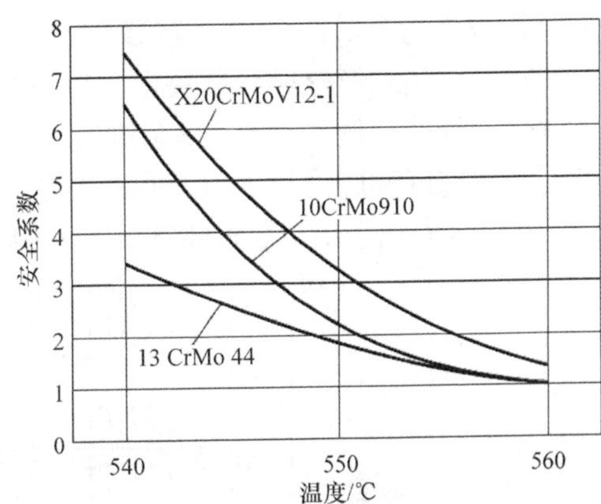

图 3-6　X20 耐热钢在推荐应用温度 550℃ ±10℃范围安全系数

蠕变断裂试验测试材料低应变速度下形变量和断裂时间的关系，用来描述特定温度下材料长时间加载断裂特征。一般高应力及高蠕变速度导致蠕变断裂时间短，对应组织结构变化速度高。研究表明，高温形变过程的时间相关性，短时试验结果和长时试验结果存在根本不同。蠕变断裂强度定义为给定温度下，寿命分别为 10^4h、10^5h 和 2.5×10^5h 下的应力值。蠕变断裂强度和温度、时间相关，图 3-7 是 X20 在 550℃条件下的蠕变断裂强度测试值。

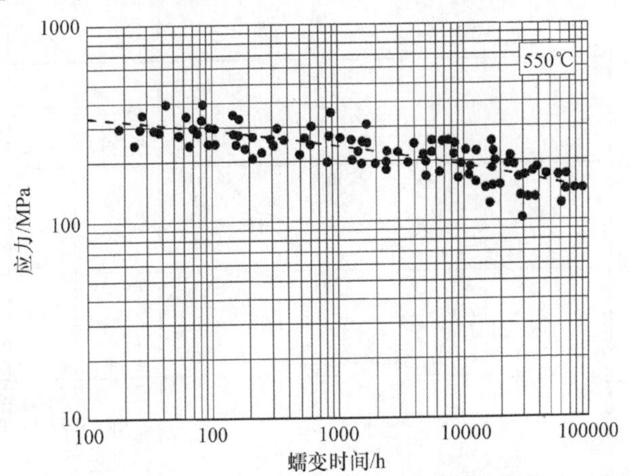

图 3-7　550℃下 X20 的蠕变断裂强度[11]

和一般金属材料断裂方式相似，马氏体耐热钢材料的蠕变断裂同样经历蠕变裂纹形核、长大和扩展过程。对于蠕变裂纹形核和长大的探讨，也类似于材料疲劳裂纹形成概念，一般从连续介质数学模型出发，通过试验和数据分析，了解加载应力参数、裂纹尖端参数(*K*、*J*、CTOD)等，去评价裂纹尖端的应力-应变状态。裂纹形核孕育期决定于样品裂纹尖端状态。实验室利用紧凑拉伸 *C*(*T*)试样进行疲劳裂纹预制或电火花加工预制及凹痕等试样进行研究，图 3-9 给出了蠕变扩展速度和应力集中因子间的关系。

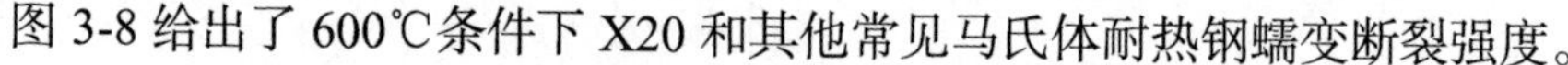
图 3-8 给出了 600℃条件下 X20 和其他常见马氏体耐热钢蠕变断裂强度。

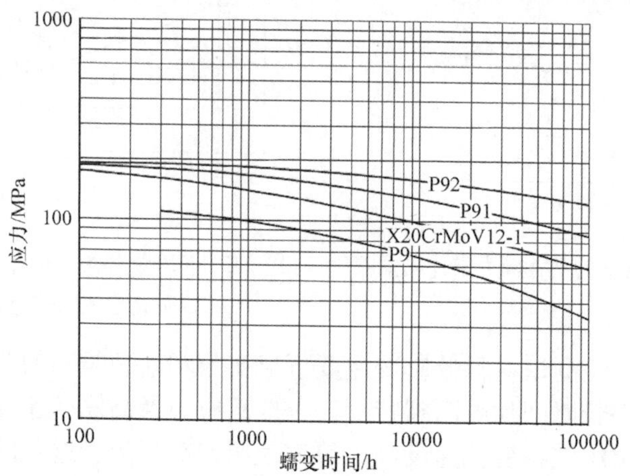

图 3-8　600℃下 X20 和其他马氏体耐热钢的蠕变断裂强度

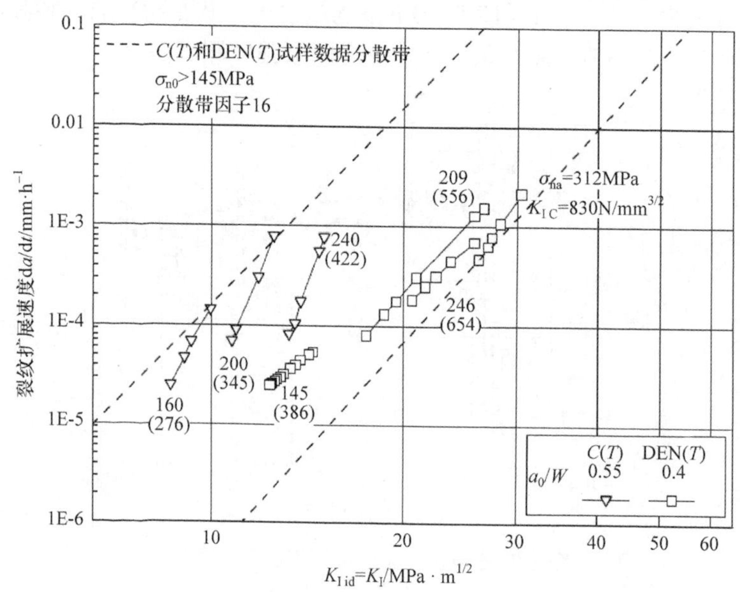

图 3-9　在 550℃下 X20 蠕变裂纹扩展速度和应力集中系数关系[12,13]

对于结构件来说，需要从蠕变裂纹形核时间进行评价，图 3-10 给出一些研究结果。

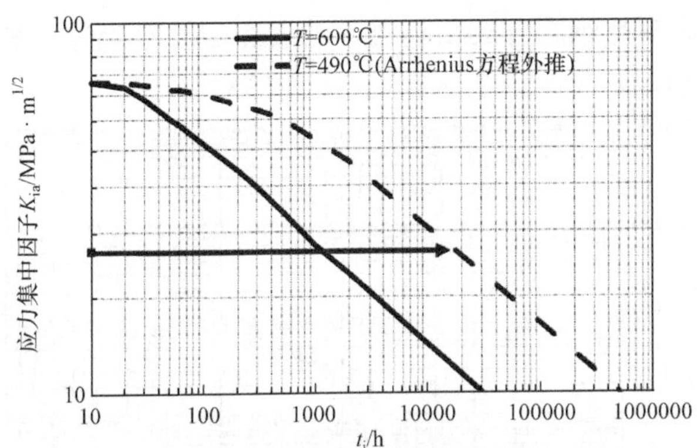

图 3-10　X20 在 550℃下蠕变裂纹形核时间和应力集中系数关系[14]

3.1.4　X20 的疲劳行为

电站机组高温部件也会经受一定的周期性或起伏载荷作用，如锅炉四大管道厚壁部件在起动停机时，由于内部流体温度的急剧变化会引起沿壁厚方向的温差热应力。锅炉在运行期间也往往要处于调峰运行状态。因此，锅炉结构也会承受内部流体压力变化，这些都使得锅炉管道经历低周疲劳运行，从而对材料造成疲劳损伤。所以，在高温度下服役产生的高温蠕变及低周疲劳是电站材料损伤失效的主要原因[15]。特别是高温厚壁件厚度过渡区、几何应力集中区的内表面会产生热疲劳行为。这些构件在短时升温过程中产生张应力，冷却时产生压应力。由此产生疲劳应力可达抗拉强度的 60%～80%，所以升降温过程中要监测和控制升温和冷却速度。由此引起的疲劳裂纹形核并长大到 0.5mm 的宏观工程尺寸，疲劳周次在数百到数千范围，疲劳寿命和总应变幅相关[16]。

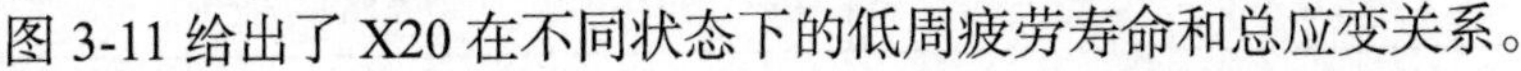

图 3-11 给出了 X20 在不同状态下的低周疲劳寿命和总应变关系。

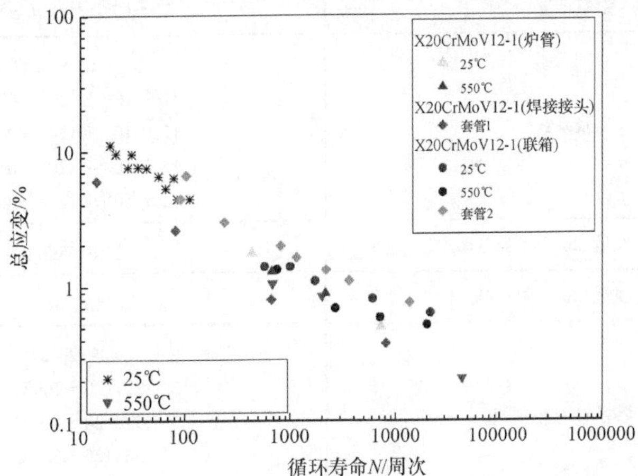

图 3-11　X20 在室温和 550℃高温下的低周疲劳寿命和总应变关系(后附彩图二维码)

X20 马氏体耐热钢在 550℃高温下的疲劳裂纹扩展速度和应力集中因子关系如图 3-12 所示。

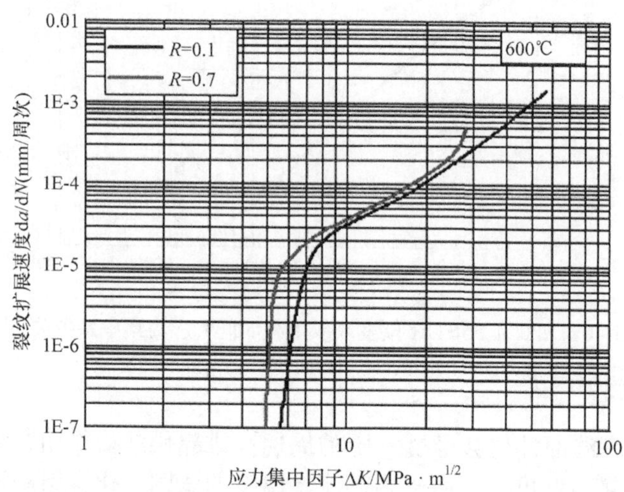

图 3-12　在 550℃条件下 X20 耐热钢的疲劳扩展速度和应力集中因子关系[14]

3.1.5　X20 的物理性能

基于具体材料的实验室测试数据[17]，表 3-6 给出了 X20 马氏体耐热钢的物理性能。这些数据从室温到 600℃范围内，物理性能参数包括弹性模量、泊松比、电阻率、导热系数、热容量和热扩散系数等。

表 3-6　X20CrMoV12-1 的物理性能[7]

比重	7.76
室温密度	约 7.7×10^3kg/cm^3
热胀系数	10.2×10^{-6}/K(20℃) 11.5×10^{-6}/K(20～300℃) 12.1×10^{-6}/K(20～400℃) 12.3×10^{-6}/K(20～500℃) 12.5×10^{-6}/K(20～600℃)
弹性模量(20℃/600℃)	218/168GPa
剪切模量(20℃/600℃)	86/63GPa
比热容/[J/(kg · K)]	439(20℃) 517(20～300℃) 538(20～400℃) 564(20～500℃) 598(20～600℃)

续表

热导率/[W/(K · m)]	24.0(20℃) 25.1(300℃) 25.6(400℃) 26.1(500℃) 26.4(600℃)
电阻率/[(Ω · mm^2)/m]	0.603(20℃) 0.817(300℃) 0.890(400℃) 0.962(500℃) 1.035(600℃)

弹性模量和剪切模量与温度关系如图 3-13。在材料应用温度范围内，模量的变化和温度间成线性关系：

$$E(T) = -0.095597T + 252.33426 \tag{3-1}$$

$$G(T) = -0.038773T + 97.39816 \tag{3-2}$$

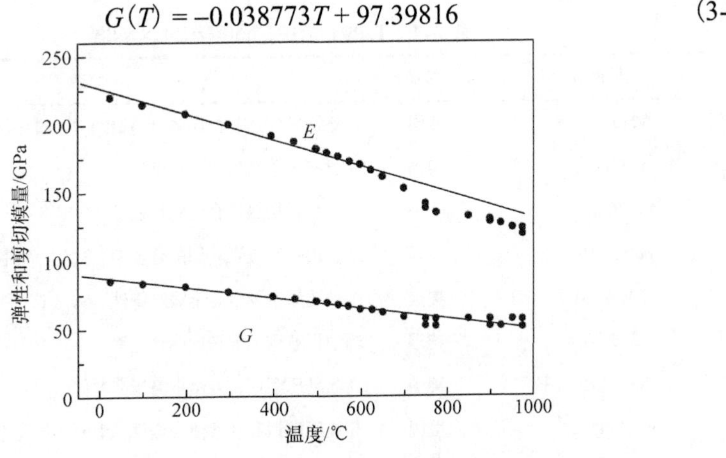

图 3-13　X20CrMoV12-1 弹性和刚性模量与温度关系

3.2　T/P91 耐热钢

在 20 世纪 80 年代由美国橡树岭国家实验室(ORNL)开发了新型马氏体耐热钢 T/P91。T/P91 是 P9 钢的改进型。此钢种杂质元素含量的限量很低，这一点得益于钢铁冶炼工艺的进步。如氩氧脱碳(AOD)工艺、电渣重熔(ESR)工艺，材料纯度的提高，使材料应用于设备制作和抗时效方面表现出良好的性能稳定性。

T/P91 良好的抗蠕变性能得益于沉淀析出细小弥散的 V、Nb 的碳氮化合物，良好的工艺性能得益于碳含量降低。材料无论是冷弯和热弯、还是焊接性能都十分突出。

这种材料从 20 世纪 80 年代后期开始在世界范围内得到成功应用，以至于后来，即使是在欧洲，X20 也被 P91 所取代。往往旧电厂的更新改造也利用 P91 作为蒸汽管网材料的首选。很多领域过去应用的 EM12 和 X20CrMoV12-1 被 T/P91 所取代。T/P91 也应用到石化工业中去，如应用于石化裂解和加氢精制炉等。由于提高了工作温度，从而提高了无铅及高辛烷值汽油的产量。T/P91 应用会得到进一步推广，直到被更好的材料所取代。以下有关 T/P91 耐热钢相关材料或图表除注明外，来源于 Vallourec & Mannesmann Tube 公司(V&M 钢管)相关产品手册[18]。

3.2.1　T/P91 相关的标准规范

自从 1983 年 ASTM/ASME 批准使用以来，小口径管和大口径管及其他产品形式的 T/P91 材料被纳入多个国家标准，具体见表 3-7。

表 3-7　T/P91 相关的国家和地区标准

标准和钢级	国家	描述
A213T91	美国	无缝铁素体钢和奥氏体合金钢锅炉，过热器和热交换器钢管
A335P91	美国	高温和无缝铁素体合金钢管
A387GR91	美国	压力容器用铬钼合金钢钢板
A182F91	美国	高温用锻制或者轧制的合金钢、法兰、锻制管件、阀门和零部件
A234WP91	美国	中高温碳钢及合金钢锻制管件
A200T91	美国	炼油行业用无缝铁素体合金钢
A336F91	美国	高温高压锻钢，合金钢高压高温件
A369FP91	美国	高温用碳钢和铁素体合金钢，锻制和镗孔管
NFA49213 Grade TUZ10CDVNb09-01	法国	热轧和冷拔无缝铁素体合金管，主要用于锅炉过热器和热交换器
NFA49219 Grade TUZ10CDVNb09-01	法国	热轧和冷拔无缝管，主要用于炼油领域
DIN17175VdIÜV511/2 X10CrMoVNb9-1	德国	耐热无缝钢管供货技术标准
BS 3604-2 Grade91	英国	耐高温高压的铁素体合金钢不同温度下的各种性能
BS 3059-2 Grade91	英国	耐高温碳合金钢和奥氏体不锈钢，用于锅炉和过热器不同温度下的性能
EN10216-2 X10CrMoVNb9-1	欧洲	耐压用无缝钢管-供货技术标准

有关T/P91冶金化学成分要求如表3-8所示，比较可以看出，T/P91级别钢的化学成分范围的要求比过去其他耐热钢更加严格。

表 3-8　T/P91 耐热钢的化学成分(质量分数)　(单位：%)

等级 \ 合金元素		C	Mn	P	S	Si	Cr	Mo	V	Cb(Nb)	N	Al	Ni
T/P91	最小	0.08	0.30	—	—	0.20	8.00	0.85	0.18	0.06	0.030	—	—
	最大	0.12	0.60	0.020	0.010	0.50	9.50	1.05	0.25	0.10	0.070	0.040	0.40
EM12	最小	—	0.80	—	—	0.20	8.50	1.70	0.20	0.30	—	—	—
	最大	0.17	1.30	0.030	0.030	0.65	10.50	2.30	0.40	0.55	—	—	0.30

热处理方面，依据V&M公司经验，最佳条件如表3-9所示。T/P91耐热钢的连续冷却转变CCT图如图3-14所示。

表 3-9　T/P91 热处理条件

	ASTM A213/ASTM A335 标准	V&M 实践结果
退火	最低 1040℃	1040～1080℃
回火	最低 730℃	750～780℃

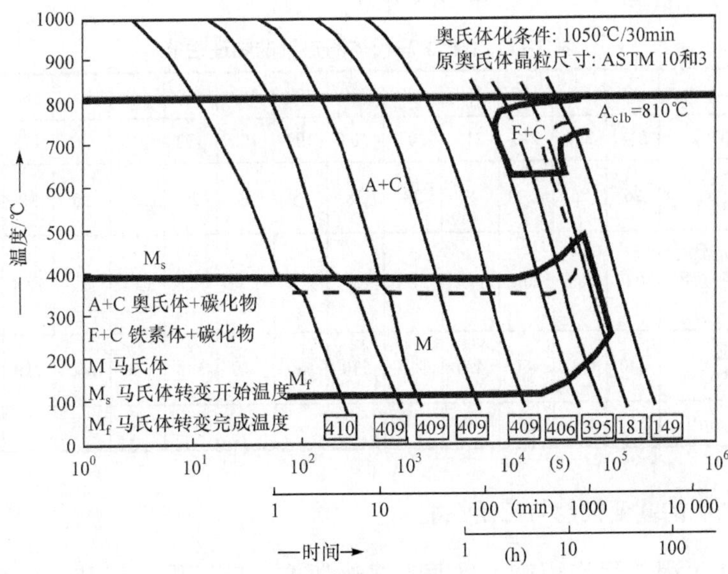

图 3-14　T/P91 连续冷却转变 CCT 图

3.2.2 T/P91 的力学性能

部分标准对不同等级耐热钢的力学性能要求如表 3-10 所示。同 T/P22 及 X20 比较看出，T/P91 性能显著提高。

表 3-10 有关标准对 T/P91 等级耐热钢室温性能要求及其和 T/P22 及 X20 比较

标准	钢级	屈服强度/MPa	抗拉强度/MPa	最小纵向伸长率/%	最大硬度/HB	冲击功 20℃/J
A213-A335	T/P22	最小 205	最小 415	30	163	—
A213-A335	T/P91	最小 415	最小 585	20	250	—
VdTÜV511/2	X10	最小 450	620～850	12	—	—
EN 10 216-2	X10	最小 450	630～830	19	—	T: 27
DIN 17 175	X20	最小 490	690～840	17	—	L: 40 T: 34

注：T=横向，L=纵向

3.2.3 T/P91 的物理性能

有关 T/P91 马氏体耐热钢的弹性模量、热传导、热膨胀系数等物理性能参数随温度变化见表 3-11。由表 1-5、表 3-2 和表 3-8 比较可以看出，T/P91 级别钢的化学成分范围的要求比过去其他耐热钢更加严格。

表 3-11 T/P91 马氏体耐热钢的物理性能

温度/℃	20	50	100	150	200	250	300	350	400	450	500	550	600	650
弹性模量/GPa	218	216	213	210	207	203	199	195	190	186	181	175	168	162
热导率/[W/(m · K)]	26	26	27	27	28	28	28	29	29	29	30	30	30	30
在室温和指定温度之间的线膨胀系数/(10^{-6}/℃)	0.0	10.6	10.9	11.1	11.3	11.5	11.7	11.8	12.1	12.1	12.3	12.4	12.6	12.7
比热容量/[J/(kg · K)]	440	460	480	490	510	530	550	570	630	630	660	710	770	860
密度/(10^3kg/m^3)	7.77	—	—	—	—	—	—	—	—	—	—	—	—	—

3.2.4 T/P91 的蠕变性能与应用性能

T/P91 工程应用许用应力推荐有多个版本，与不同国家和地区相关。如 ASME Ⅱ 和Ⅷ卷给出了 SA213 T91 和 SA335 P91 的最大许用应力，分别在表 3-12(1) 和表 3-12(2) 中给出。由欧洲蠕变合作委员会(ECCC)2005 年给出的

T/P91 持久强度修正数据如表 3-13 所示。

表 3-12(1)　T91 最大许用应力(壁厚<3″)

温度/℃	371	399	427	454	482	510	538	566	593	621	649
最大许用应力/MPa	158	153	147	140	132	123	112	96	71	48	30

表 3-12(2)　P91 最大许用应力(壁厚>3″)

温度/℃	371	399	427	454	482	510	538	566	593	621	649
最大许用应力/MPa	158	153	147	140	132	123	112	89	66	48	30

注：1″=2.54mm

表 3-13　ECCC2005 年发布的 T/P91 持久强度修正数据

温度/℃	10000h 持久强度/MPa	30000h 持久强度/MPa	100000h 持久强度/MPa	200000h 持久强度/MPa
520	252	237	220*	—
530	237	222	204*	—
540	222	207	188*	—
550	208	192	173*	—
560	194	178	157*	—
570	180	163	142*	—
580	166	148	126	113*
590	152	134	111	98*
600	139	119	98	86*
610	126	106	85	75*
620	111	93	76	65*
630	99	82	65	56*
640	88	73	56*	—
650	78	64	—	—

*为时间外推数据

至于具体的蠕变试验数据，有不少权威机构发布过数据和研究报道[19,20]，图 3-15 给出了 Grade91 和 Grade92 级母材及其焊接件在 650℃下的蠕变特性。由 V&M 公司发布的研究结果可能更具有工程意义，试验持续时间接近 80000h，如

图 3-16 所示。

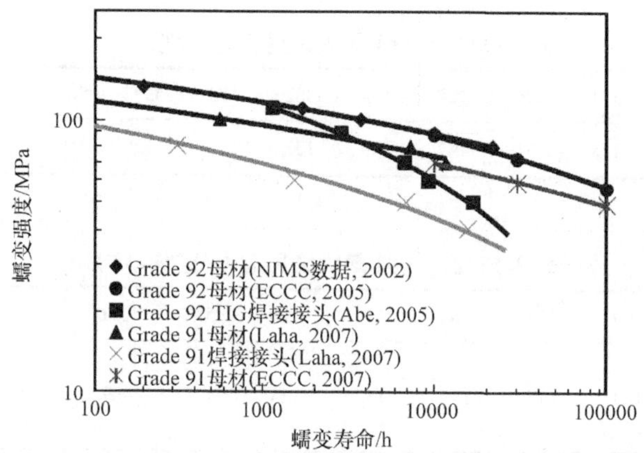

图 3-15　650℃下 Grade91、Grade92 母材和焊接件蠕变强度

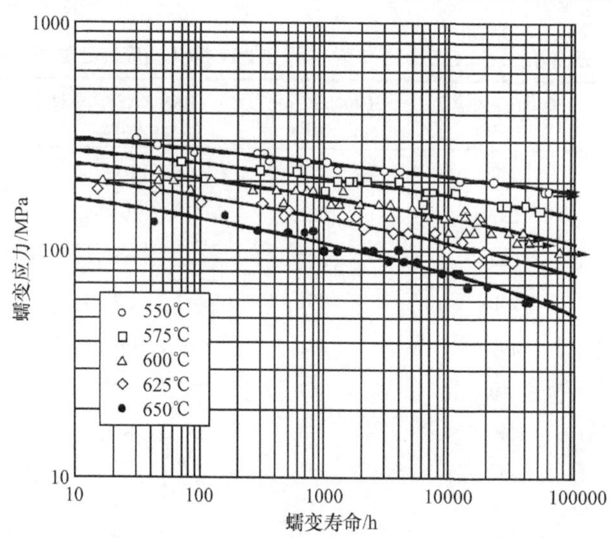

图 3-16　由 V&M 发布的 T/P91 持久强度数据

在现代燃煤锅炉中，由于 T/P91 等级材料允许锅炉可以在较高运行参数下运行，提高了热效率。欧洲实践经验表明，T91 最适用于蒸汽温度在 560℃以内(金属最高温度在 600℃)的锅炉本体(过热器、再热器)。P91 材料适用于锅炉外部的零部件(如管道和集箱)，蒸汽温度可达到 610℃左右。对于采用传统运行参数的电厂机组中，用 T/P91 代替 T/P22，不仅减小了管材壁厚，而且提高了抗蠕变性能和抗氧化性，既增加灵活性也节约成本。P91 钢在 650℃以下，所有温度的许用应力均比 P22 钢高。在管道设计中，许用应力的大小直接影响到管壁厚度的选择，正是因为以 P91 钢代替 P22 钢做主蒸汽管道的管材，其壁厚几乎可减少一

半，从而使采用 P91 钢的主蒸汽管道系统具有以下优点：增加了管道系统柔度，减少了膨胀力。同时减少支吊架的载荷，降低端点推力和力矩。允许机组负荷变化较快，起动时间缩短，投资成本降低。

过去，我们也对宝钢生产的 T/P91 产品进行了较长时间的研究，如图 3-17 给出了 650℃条件下的持久试验结果。

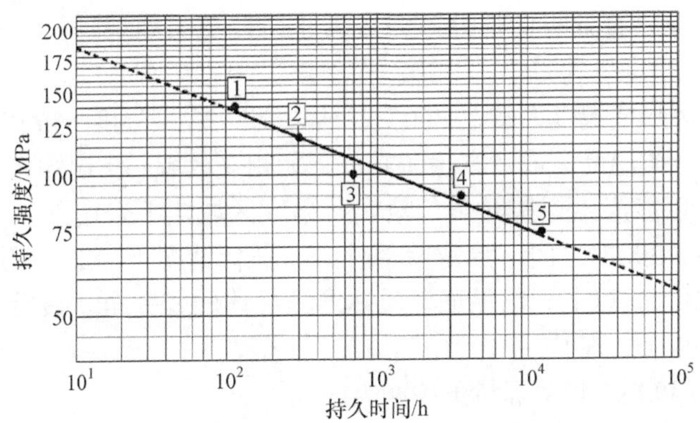

图 3-17 宝钢生产的 T/P91 产品的持久强度[21]

在火力发电厂中，为了保证主蒸汽管道的安全运行，往往对介质温度为 500℃及以上的每条主蒸汽管道都要进行蠕变监控。影响耐热钢蠕变性能的主要因素包括温度、应力和钢材本身。温度越高，应力越大，蠕变速度也越快。根据厂家的试验数据，在 10^5h 及 550℃下时，P91 钢的蠕变强度几乎为 P22 钢的两倍。

3.2.5 T/P91 和 X20 等比较

早在 20 世纪 50 年代，X20 首先在德国应用于 150MW 及更高功率的热电厂蒸汽管道，使用温度为 530℃。但由于其工艺性能限制，在设备制造和焊接中需要特别细心处理。在美国机械工程学会(ASME)标准有关锅炉和压力容器 Code B31.1 没有包含该钢种，原因可能是该材料在美国应用并不广泛。从 20 世纪 70 年代开始，美国一直在试图开发一种新材料，以弥补铁素体耐热钢 P22 和奥氏体耐热钢之间的空白，即应用于 540～600℃温度范围内的高蠕变强度材料。

由于高温材料的开发需要多年的时间，因为材料蠕变强度是建立在不同应用条件下长时间服役的基础上的。直到 1984 年，P91 才列入 ASTM 标准 A335 中。至今已经有 10 万吨的 X20 制作的管道系统服役于世界各地的电厂中，累计运行时间超过 400 万小时[22]，且在 300 个大容量电厂中的运行实践中表现出良好纪录[23]。只有很少的失效事件发生，而且失效产生的原因在于对该材料特性没有完全了解或没有严格执行材料的加工热处理要求[24]。X20 的蠕变断裂性能已经在试验方面得到充分研究，而且连续运行时间累计已经超过 20 万小时[21]。

P91 和 X20 具有相似的 CCT 转变曲线，如图 3-1 和图 3-14 所示。P91 马氏体形成温度在大约 400℃，P91 应在此温度之下焊前预热，中间退火处理在 200～300℃之间。焊接部位热影响区最大硬度大约在 450HV10，比 X20 焊接相应的热影响区硬度(一般高于 500HV10)偏低。厚壁 P91 部件在焊后可以冷却到室温，但焊点应保持干燥，直到焊后热处理完成为止，以免因潮湿气氛造成应力腐蚀开裂[24]。

X20 马氏体形成温度大约在 300℃，所以 X20 焊接温度一般在 250℃左右，略低于马氏体形成温度，或者在 400℃以下无相变区域。高温焊接有利于阻止出现高硬度以及可能产生焊接开裂危险。此温度区域之下采用预热焊接，中间退火处理在 200～300℃之间。除薄壁部件外，任何情况下 X20 焊接冷却到大约 100℃时要保温 1h 以上，以保证奥氏体向马氏体转变完全。最后要进行 730～760℃至少 2h 回火处理[25]。

P22、X20 和 P91 焊接焊材条件如表 3-14 所示。

表 3-14　P22、X20 和 P91 氩弧焊焊接焊材推荐[25]

钢种	焊料			
	焊丝(GTAM)	电极(SMAW)	保护气氛	吹扫气体
P22	TGS 2CM	Cromocord-C Cromotherme-2 Modi 9018-B3 CM2Kb	氩气	—
X20	CM2-1G	FOX20MVW	氩气	氩气
P91	TGS 2CM	CM9Cb FOXC9-MV Cromocord-9M	氩气	氩气

至于工程上主蒸汽管道 P91 和 X20 的选择，可从如下几方面考虑。

从使用温度和许用应力看，在 ASME B31.1 规范中，540℃下 P91 和 X20 许用应力一样，在更高高温下 P91 许用应力增大。因此，在 540℃以上利用 P91 可以获得同样甚至更好的效果。

从加工角度看，利用 X20 材料制作和焊接管道部件需要遵守更严格的规范，需要严格依据规程实施加工、焊接和热处理。如厚壁焊接时热量输入、弯管加工及其热处理前的冷却与储存、打磨时采用低速间歇方式防止过热和裂纹产生，另外还有大量的焊接部位无损检测等。

从物理性能来说，P91 和 X20 热膨胀系数相当，但 P91 导热系数高于 X20。

从成本看，P91 中 Cr 含量少，相对会有一定的材料和成本节省。可见，在高于 540℃条件下，P91 比 X20 具有更高的许用强度。因此，应用 P91 制造热电厂的主蒸汽管道，可以提高蒸汽工作压力和温度以提高热效率。不仅节省燃料，而且因燃料量下降减少污染物排放。P91 取代 P22 等低合金钢用于锅炉联箱等压力部件，可以提升工作压力和温度极限。T91 同样可以应用于过去设计使用奥氏体钢的过热器和再热器。

自 P91 应用于工程实际以来不断被推广。ASTM 分别在 1983 年命名 A213 Grade T91 和 1984 年的 A335 Grade P91。ASTM 标准中还包括 Grade 91 的板材、铸件、法兰及其他结构。

3.2.6　T/P91 钢的应用

通过日本和欧洲对 T/P91 钢进一步改良，使其具有更高的蠕变断裂强度、断裂韧性、抗热腐蚀性、可加工性和可焊性。改进型的 T/P91 钢，不仅提高了使用温度，可以用于 600～650℃，而且由于强度的提高，在同样工作压力下可以减少管壁厚度。综合性能优势使 T91 和 P91 钢成为主蒸汽温度由 566℃过渡至 600℃的关键材料，可部分替代过去一般利用 TP304H 制造过热器与再热器管，有明显的经济效益。

3.3　T/P92 耐热钢

T/P92 是日本新日铁公司在 T91 研究的基础上对其成分做了进一步改善，采用复合-多元强化手段，进一步提高了材料的高温蠕变性能。添加 1.50%～2.00% 的 W，形成以 W 为主的 W-Mo 复合固溶强化，为避免在微观组织上形成δ-铁素体。将 Mo 含量降至 0.3%～0.6%，加入 V、Nb 形成碳氮化物弥散沉淀强化以及加入 0.001%～0.006%的 B 形成晶界强化，从而研制开发的新型回火马氏体耐热合金钢。该钢种在日本也称为 NF616 钢，以 T/P92 名称纳入 ASME 标准。T/P92 同 T/P91 一样具有优良的导热性、抗氧化性、抗高温腐蚀性，良好的韧性、可焊性以及加工性能。与 T/P91 相比，600℃以下两者力学性能大致相当，600℃以上则 T/P92 略高，在 600℃和 650℃下 T/P92 的持久强度明显高于 T/P91 且具有良好的持久塑性，在 650℃时 T/P92 为 T/P91 的 1.6 倍。伸长率和断面收缩率在 400℃以下大致相同，400℃以上 T/P92 稍低，回火后 T/P92 的冲击韧性有所下降。与 T122 相比，T92 性能略优，使用温度可达 650℃，可部分取代 TP304H 和 TP347H 奥氏体耐热钢应用于电站锅炉中的高温过热器、再热器。对改善管系运行性能，避免或减少异种钢接头，具有明显的实际意义。相对而言，T/P92 钢价格偏高且长期运行有蠕变脆性倾向。我国目前尚未正式推广使用。

3.3.1　T/P92 相关的标准规范及性能要求

自从 1995 年和 1996 年分别被 ASTM 和 ASME 批准使用以后，用于小口径管道和大口径管道及其他形式产品的 T/P92 材料被纳入多个国家标准。表 3-15 给出了相关美国标准号。

表 3-15　T/P92 标准目录

技术等级	国家	描述
A213T992	美国	无缝铁素体钢和奥氏体合金钢锅炉、过热器和热交换器钢管
A335P92	美国	高温用无缝铁素体合金钢管
A387GR92	美国	压力容器用铬钼合金钢板

T/P92 钢的化学成分在表 3-16 中给出。可以看出，和 T/P91 比较，T/P92 中添加了 W、B 元素，降低了 Mo 含量。

表 3-16　T/P92 化学成分(质量分数)要求　　(单位：%)

元素	C	Mn	Si	S	P	Cr	Ni
含量	0.07～0.13	0.30～0.60	≤0.50	≤0.010	≤0.020	8.50～9.50	≤0.40
元素	Mo	W	Nb	V	N	Al	B
含量	0.30～0.60	1.50～2.00	0.04～0.09	0.15～0.25	0.030～0.070	≤0.040	0.001～0.006

在热处理方面，相关标准给出了 T/P92 热处理条件及热处理后的力学性能要求，具体列在表 3-17 中。工程实际中，V&M 给出推荐热处理制度，如表 3-18 所示。

表 3-17　T/P92 材料热处理及其性能要求

ASTM/ASME 标准	钢种	热处理制度		抗拉强度 /MPa	屈服强度 0.2% /MPa	伸长率 /%	硬度/HB
		正火/回火 /℃	温度/℃				
A213-A335	T/P92	≥1040	≥730	≥620	≥440	≥20	≤250
A182	F92	≥1040	≥730	≥620)	≥440	≥20	≤269

表 3-18　T/P92 热处理及 V&M 推荐方法

	ASTMA213 ASTMA335 规定	V&M 实践结果
正火	最低 1040℃	1040～1080℃
回火	最低 730℃	保温时间：至少 1h， 750～780℃

T/P92 材料的连续冷却转变图和 T/P91 相似，如图 3-18 所示。

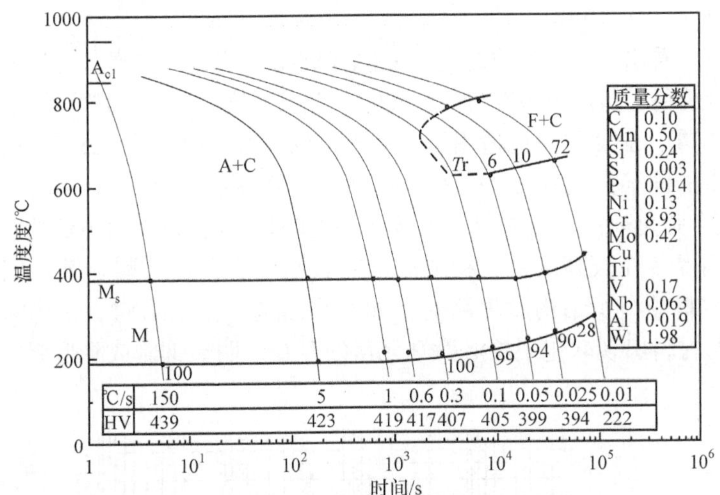

图 3-18　T/P92 连续冷却转变 CCT 图

T/P92 的物理性能参数如表 3-19 所示。从数据来看，和 T/P91 数据没有明显差异。

表 3-19　T/P92 钢的物理性能

温度/℃	20	50	100	150	200	250	300	350	400	450	500	550	600	650
弹性模量/GPa	191	—	184	—	184	—	173	—	—	—	152	—	98	—
平均线膨胀系数/(10^{-6}/℃)	—	11.2	11.4	11.6	11.8	12.0	12.1	12.3	12.6	12.8	12.9	13.0	13.1	13.1
比热容/[J/(kg · K)]	420	420	430	450	460	470	480	500	510	530	580	600	630	640

3.3.2　T/P92 的力学性能

从力学性能看，虽然 T/P92 的屈服强度低于 T/P91，但 T/P92 的抗拉强度在室温下大于 T/P91。高温下 T/P92 的蠕变断裂强度也优于 T/P91，蠕变断裂强度是高温高压材料应用中最重要的性能。

美国 ASME 规范推荐 T/P92 的设计许用应力见表 3-20。

表 3-20　T/P92 许用应力

温度/℃	371	399	427	454	482	510	538	566	593	621	649
许用应力/MPa	154	151	147	143	138	153	126	119	94	70	48

同样，T/P92 的蠕变试验数据报道也很多，综合试验时间达到或接近 10^5h，如图 3-19 所示。

比较可以看出，T/P92 的蠕变性能比 T/P91 有明显的提高。欧洲实践经验表明：T92 最适用于蒸汽参数在 580～600℃(金属温度 600～620℃)的锅炉本体(过热器、再热器)。P92 材料也适用于锅炉外部的蒸汽参数高达 625℃的高温部件。除合金元素的固溶强化外，P92 另外一个强化机制在于 Laves 相的强化，采用 W、Mo 复合强化——形成的复杂 Laves(AB_2)相，具有较高的稳定性，能使持久强度长时间保持在较高水平。相关的研究表明[26]，马氏体耐热钢长期高温蠕变条件下，材料的组织结构发生演变，如亚晶结构、位错结构、碳化物粗化及新相析出等，材料出现软化现象。而 B 元素的存在，明显抑制或降低组织结构的演变速度[27]。

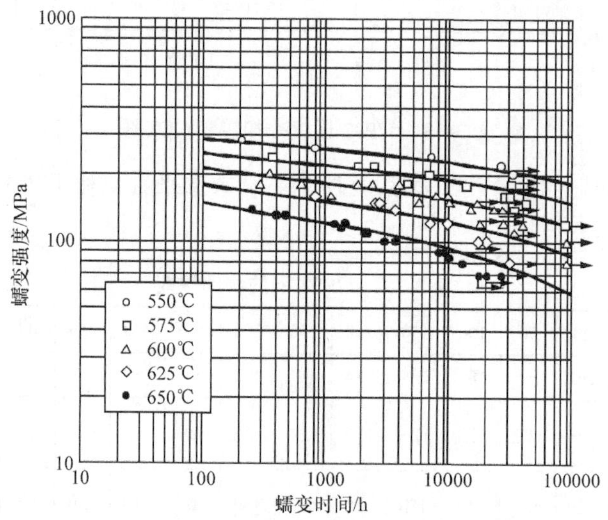

图 3-19　T/P92 持久蠕变强度数据

由欧洲蠕变合作委员会(ECCC)2005 年给出的 T/P92 持久强度修正数据在表 3-21 中给出。

表 3-21　2005 年 ECCC 评估 T/P92 持久强度数据

温度/℃	10000h 持久强度/MPa	30000h 持久强度/MPa	100000h 持久强度/MPa	200000h 持久强度/MPa
520	272*	255*	235*	—
530	256	238	218*	—
540	240	222	202*	—
550	225	207	187*	—

续表

温度/℃	10000h 持久强度/MPa	30000h 持久强度/MPa	100000h 持久强度/MPa	200000h 持久强度/MPa
560	210	192	172*	—
570	195	177	157*	—
580	181	163	142	129*
590	167	148	127	115*
600	153	134	113	101*
610	139	121	100	88*
620	126	107	87	76*
630	113	95	75	65*
640	100	83	65	56*
650	88	72	56	48*

*数据为时间外推得到

3.4 其他马氏体耐热钢

在上面介绍的马氏体耐热钢基础上，人们一直在尝试马氏体耐热钢的改良。其中 9Cr 马氏体耐热钢最为成功，也是当前工程应用材料的主力。9Cr 马氏体耐热钢按其发展历程大体分为 Grade 9、Grade 91 和 Grade 92。而依据不同国家和地区标准及其后续开发，马氏体耐热钢还包括 E911、HT 9、HCM12 等。这些不同钢号的来源及其主要化学成分如表 3-22 所示。

表 3-22 9Cr 系列马氏体耐热钢的化学成分(质量分数) (单位：%)

钢种	钢号	原产国及地区	化学成分(质量分数)										
			C	Si	Mn	Cr	Ni	Mo	V	Nb	W	N	B
9Cr-1Mo	9Cr-1Mo	美国	0.10	0.70	0.50	9.5	0.20	1.0	—	—	—	—	—
	T9	日本	≤0.15	0.25～1.00	0.30～0.60	8.0～10.0	—	0.90～1.10	—	—	—	—	—
	EM10	法国	0.10	0.30	0.50	9.0	0.20	1.0	—	—	—	—	—
9Cr-2Mo	HCM9M	日本	0.07	0.30	0.45	9.0	—	2.0	—	—	—	—	—
	NSCR9	日本	0.08	0.25	0.50	9.0	0.10	1.6	0.15	0.05	—	0.030	0.003
	EM12	比利时/法国	0.08～0.12	0.30～0.50	0.90-1.20	9.0～10.0	—	1.9～2.1	0.25～0.35	0.35～0.45	—	—	—
	JFMS	日本	0.05	0.67	0.58	9.6	0.94	2.3	0.12	0.06	—	—	—

续表

钢种	钢号	原产国及地区	化学成分(质量分数)										
			C	Si	Mn	Cr	Ni	Mo	V	Nb	W	N	B
9Cr-MoVNb	Tempaloy F-9	日本	0.04～0.08	0.25～1.00	0.40～0.80	8.0～9.5	—	0.90～1.1	0.15-0.45	0.20～0.60	—	—	≤0.005
	T91	美国	0.08～0.12	0.20～0.50	0.30～0.60	8.0～9.5	≤0.40	0.85～1.05	0.18～0.25	0.06～0.10	—	0.030～0.070	—
9Cr-MoVNbW	COST 'B'	欧洲	0.17	0.10	0.10	9.5	0.10	1.5	0.25	0.05	—	0.005	0.010
	E911	欧洲	0.10	0.20	0.40	9.0	0.20	1.0	0.20	0.08	1.0	0.070	—
	TF1	日本	0.12	0.20	0.50	9.0	0.80	0.60	0.26	0.06	1.6	0.050	0.003
	TB9(NF616)(T92)	日本	0.07～0.13	≤0.05	0.30～0.60	8.5-9.5	≤0.40	0.30～0.60	0.15-0.25	0.04～0.09	1.5～2.0	0.050～0.070	0.001～0.006

马氏体耐热钢的发展过程，是以提高应用温度及其高温蠕变性能为目的。图 3-20 给出了 9-12Cr 不同马氏体耐热钢外推到 10^5h 蠕变断裂强化和温度关系。可见，T/92、E911 的蠕变强度得到一定提高。

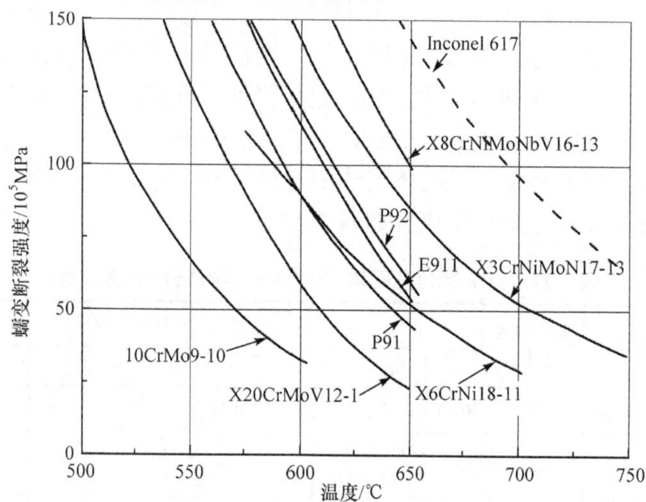

图 3-20 马氏体耐热钢的蠕变强度(10^5h)和温度关系[28]

E911(T/P911, X11CrMoWVNb-1-1)是由欧洲 COST 项目研究开发的，和 T/P92 应属于相同的钢种。和 T/P92 区别在于合金元素 Mo 和 W 含量，但 Mo+1/2W 当量相当。E911 高温蠕变断裂强度超过 TP300 系的奥氏体不锈钢，其 600℃，10^5h 持久强度比 T91 钢高 30%，也高于 TP304H 钢、TP321H 钢和 TP347H

钢的持久强度，和 T/P92 接近。

E911 耐热钢的热处理制度和其他马氏体耐热钢相当，一般在 1060℃温度下淬火，在较大的冷速范围内可以得到完全马氏体组织。图 3-21 是 E911 耐热钢的等温转变图，和 T/P92 基本相同，而“铁素体+碳化物”转变的鼻端相似于 T/P91 钢种。回火处理温度同样在 750～780℃范围。

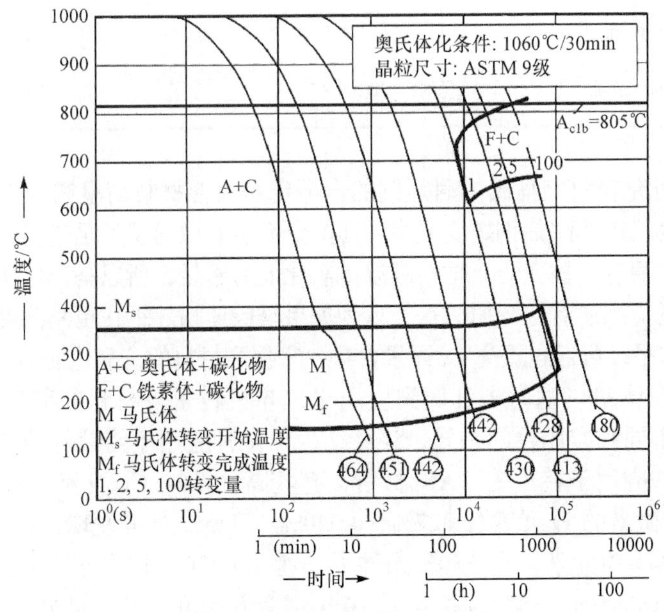

图 3-21　E911 连续冷却转变 CCT 图

E911 首次商业应用于德国超临界机组建造，机组参数为(29MPa，580℃/600℃)。E911 早期应用于德国热电机组建造，表 3-23 给出了含 W 耐热钢应用于部分具体机组的参数和所制造的部件[29]。考虑到 E911 具有很好的高温性能用于管网和集管联箱制造，因过热器管道运行温度要再高 30℃左右，而 E911 蒸汽侧抗氧化性不足而无法满足更高温度的末级过热器制造，所以考虑使用 Cr 含量更高的 HCM12A(T122)耐热钢。往往锅炉高温构件采用 E911 集管配 HCM12A 过热器炉管[30]。

表 3-23　含 W 马氏体耐热钢在丹麦和德国电站工程应用

电站	钢种	规格/mm	设备部件	蒸汽参数	投产时间
Vestkraft Unit3(丹麦)	P92	ID240×39	主蒸气直管	560℃/25MPa	1992
NordjyIlands-vaerket(丹麦)	P92 P122	ID160×45	联管	582℃/29 MPa	1996
Schkopan Unit B(德国)	P911	ID550×24	再热弯管	560℃/7 MPa	1996

续表

电站	钢种	规格(mm)	设备部件	蒸汽参数	投产时间
Staudinger Unit1(德国)	P911	ID201×22	主蒸气管	540℃/21 MPa	1996
SKaerbaek Unit 3(德国)	P911	ID230×60	主蒸气管	582℃/29 MPa	1996
GK kiel(德国)	P92	ID480×28	联箱	545℃/5.3 MPa	1997
VEW(德国)	P911	OD31.8×4	过热器	650℃	1998
Westfalen(德国)	P911 P92	ID159×27	蒸汽回路 (测试装置)	650℃/18V	1998

过去的研究表明，马氏体耐热钢的合金化是改善材料高温蠕变强度的有效手段。有关提高马氏体耐热钢蠕变强度方面的研究虽然取得了长足进步，但因为随高温上升材料的稳定性能变弱，材料高温抗氧化能力不足，所以马氏体耐热钢在更高温度条件下的应用还有待开拓。一般认为如果马氏体耐热钢在更高温度下蠕变性能达到T/P92水平，可通过提高Cr元素含量，来提高材料的抗氧化能力。

以上马氏体耐热钢尚未延伸到应用于汽轮机转子等材料的范畴，依据材料成型的方式不同和应用目的差异，还会衍生出多种应用于铸锻件的9-12Cr马氏体耐热钢。如应用于转子的TAF材料，有较高含量的Cr元素，质量分数达到10.5%，以及微量的B元素(0.027%～0.040%)。Fujita[32]等发现，在TAF钢中添加微量的0.04%B元素，在650℃条件下长达130000h小时蠕变试验表明，该材料基本满足(100MPa，650℃)条件下10^5h蠕变寿命目标[33]。可见，Cr元素仍是马氏体耐热钢抗氧化和提高蠕变性能的关键。为进一步提高材料在高温条件下的抗氧化能力，提高Cr含量是马氏体耐热钢发展新钢种的方向[34]。

改善和提高马氏体耐热钢性能的目的是将9-12Cr马氏体耐热钢应用到操作温度在565～620℃范围的厚壁部件。像Grade 92和Grade 122应用于亚临界和超临界机组一样，高强度的材料可以降低壁厚，不仅减轻构件重量，而且降低热循环引起的疲劳破坏。另外，薄壁构件的应用，可以减少钢结构及不同结构间连接造成的应力集中，有助于提高构件的使用寿命和降低成本。欧洲的联合研究计划(COST 501)推出的含10%Cr的合金钢，相对于过去的含11%～12%Cr钢来说，疲劳性能得到明显的改善。而且比传统的低合金耐热钢的热膨胀系数小，这样就可以以更高的升降温速度启停设备。新的COST 522研究计划是为了开发新型9-12Cr耐热钢并将其使用温度提高到650℃。

表1-7和表1-8给出了一些多年来已经开发或正在开发的马氏体耐热钢的成分和性能。可以看出，马氏体耐热钢的化学成分相近，最大的差异在于一些微量合金元素及含量的多少。之所以9-12Cr马氏体耐热钢性能上存在明显差异，

物析出行为达到提高蠕变强度的目的。

马氏体耐热钢有相似的组织结构。材料加热到 A1 以上温度奥氏体化后空冷形成马氏体，这一过程需避免具有致脆作用的δ-Fe 的形成，因这一形态结构相的存在会对结构的长期性能起到破坏作用。进一步在 700℃以上回火数小时后，形成强化沉淀相。沉淀相的类型、形态和沉淀量等和化学成分、材料热处理过程以及构件制造过程密切相关。在高温服役过程中，材料中的第二相同样会产生变化，包括已有沉淀相的长大粗化和新相形成等，这和服役条件(包括温度和时间)相关。9-12Cr 马氏体耐热钢中的主要沉淀相是 $M_{23}C_6$ 碳化物，主要成分是 Cr, Fe, Mo, W 和 C。该碳化物形成于回火过程，主要沉淀于晶界和亚晶界，对 9-12Cr 马氏体耐热钢的蠕变性能起到关键作用。碳化物分布于亚晶界阻滞亚晶长大，是提高蠕变应变的主要因素。另一类沉淀相是 MX 型碳氮化合物，如 12Cr 钢中的 MX 主要成分是 V、Nb 和 N，沉淀于晶内对位错运动起到钉扎作用而提高蠕变性能。同样，MX 的热稳定性好，是马氏体耐热钢蠕变性能提高的重要因素。一些化学平衡计算结果显示，V 的强化效果来源于 VN。表明 N 在马氏体耐热钢中的虽然不是确定的合金成分，但 N 以合金化合物形式存在对提高强度有明显的贡献。VM12 中添加 Co 元素，作为具有突出强韧性的固溶强化元素，不仅能抑制高铬铁素体钢高温淬火下 δ-Fe 的生成，而且间接抑制析出相的长大，保证析出相的稳定性[35]。

有关欧洲对未来 700℃洁净燃煤发电技术研究是这样描述的[36]，设计过热器出口压力和温度为(39.3MPa，700℃)。有关水冷壁、再热器和过热器、联箱等材料应用首先考虑已经标准化的材料，有的材料在相关欧盟标准(EN12952)上已经明确。不同类型耐热钢的许用应力如图 3-22 所示，其中马氏体耐热钢的化学成分在表 3-24 中列出。

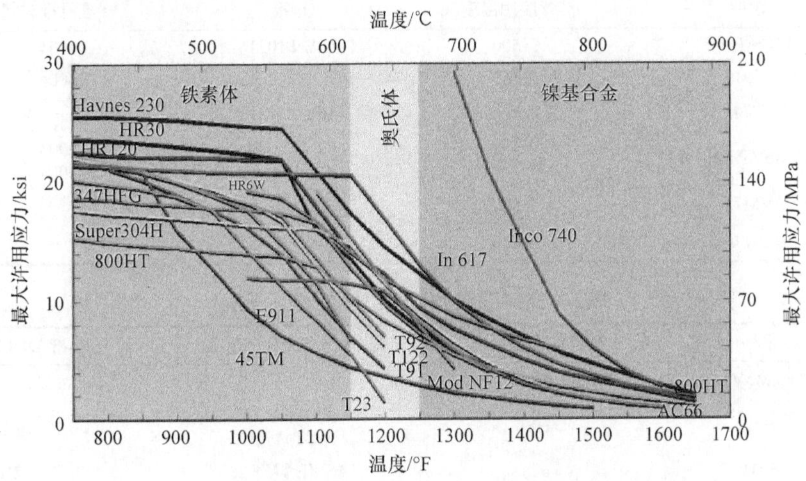

图 3-22　不同类型耐热钢的许用应力(后附彩图二维码)[31]

表 3-24　新型清洁燃煤机组可用的马氏体耐热钢　（单位：%，质量分数）

钢种＼合金元素	C	Si	Mn	P	S	Al	Cr	Ni	Mo	V	Nb	Ti	W	N	B	Co
X20CrMo V12-1	0.17～0.23	最大值 0.50	最大值 1.00	最大值 0.030	最大值 0.030	最大值 0.040	10.00～12.50	0.30～0.80	0.80～1.20	0.25～0.35	—	—	—	—	—	—
X10CrMoV Nb9-1 P91	0.08～0.12	0.20～0.50	0.30～0.60	最大值 0.020	最大值 0.010	最大值 0.040	8.00～9.50	最大值 0.40	0.85～1.05	0.18～0.25	0.06～0.10	—	—	0.030～0.070	—	—
X11CrMoWV Nb9-1-1 E911	0.09～0.13	0.10～0.50	0.30～0.60	最大值 0.020	最大值 0.010	最大值 0.040	8.50～9.50	0.10～0.40	0.90～1.10	0.18～0.25	0.06～0.10	—	0.90～1.10	0.050～0.090	0.001～0.006	—
X10CrWMoN b9-11 P92	0.07～0.13	最大值 0.50	0.30～0.60	最大值 0.020	最大值 0.010	最大值 0.040	8.50～9.50	最大值 0.40	0.30～0.60	0.15～0.25	0.04～0.09	—	1.50～2.00	0.030～0.070	0.001～0.006	—
VM12	0.08 0.18	0.20～0.60	0.10～0.80	最大值 0.020	最大值 0.010	最大值 0.040	10.00～13.00	最大值 0.60	最大值 0.80	0.18～0.30	0.030 0.060	—	1.00～1.80	0.030～0.090	0.001～0.010	0.50～2.00

至于按机组结构不同部位如水冷壁、管道和集箱、锅炉过热器和再热器等不同结构件推荐使用的材料，表 3-25 给出了推荐水冷壁材料及其标准情况，应用于联箱和管道系统以及再热器和过热器管道材料见表 3-26，相应的耐热钢高温性能如图 3-23 所示。

表 3-25　水冷壁材料推荐材料

钢种	推荐使用温度/℃	标准	标准批准时间
13CrMo4-5	500	DIN EN 10216-2	2004
T91	580	DIN EN 10216-2	2004
T24	—	ASTM A213	—
7CrMoVTiB10-10	550	VdTÜV533 prEN10216-2	2003 2004
VM12	590	—	—
Alloy 617	630	—	—

表 3-26　联箱和管道材料的相关标准

钢种	推荐使用温度/℃	标准 ASME/ASTM	标准 DIN EN
X20CrMoV12-1	580	—	10216-2
P91	600	ASME SA335 ASTM A335	10216-2
E911	625	ASME 案例 2327	PrEN10216-2
P92	625	ASME 案例 2327 ASTM A335	PrEN10216-2

续表

钢种	推荐使用温度/℃	标准 ASME/ASTM	标准 DIN EN
VM12	625	—	—
Alloy 617	735	ASME B167	—
Alloy263	735	—	—

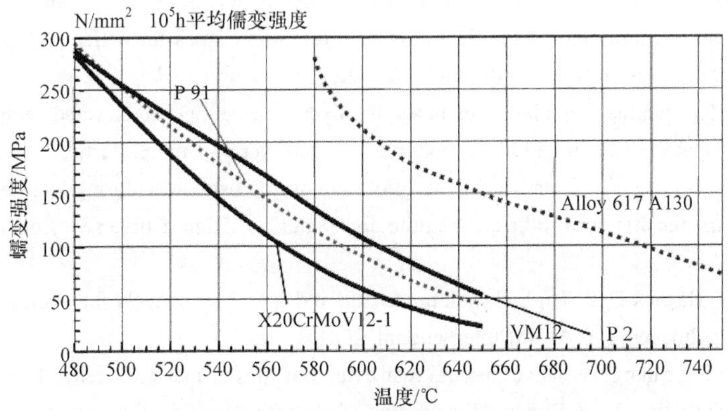

图 3-23　应用于联箱的耐热钢高温性能

美国超超临界机组研究提出的目标更高，提出了 760℃/34.47MPa(1400°F/5000Psi)参数目标，相应推荐使用材料如表 3-27。

表 3-27　美国 USC 锅炉候选材料[37]

合金	名义成分	开发商	用途	ASME
Haynes 230	57Ni-22Cr-14W-2Mo-La	Haynes	P, SH/RH Tubes	2063
INCO 740	5ONi-2SCr-2OCo-2Ti-2Nb- V-Al	Special Metals	P, SH/RH Tubes	—
CCA 617	55Ni-22Cr-.3W-8Mo-llCo- Al	VDM	P, SH/RH Tubes	—
HR6W	43Ni-23Cr-6W-Nb-Ti-B	Sumitomo	SH/RH Tubes	—
Super 304H	I 8Cr-8Ni-W-Nb-N	Sumitomo	SH/RH Tubes	—
Save 12	I2Cr-W-Co-V-Nb-N	Sumitomo	P	—
T92	9Cr-2W-Mo-V-Nb-N	Nippon Steel	H Tubes	2179
T23	2-II4Cr-I .5W-V	Sumitomo	WW Tubes	2199

注：P-主蒸汽管道；SH/RH Tubes-过滤器/再热器管道；H Tubes-联箱；WW Tubes-水冷壁

参 考 文 献

[1] Gopalakrishnan V L. Welding of X20 pipes for conveyance of high pressure steam for 500MW power plant—an Indian experience. The Tata Power Company Limited, 1991: 377-383.

[2] Kauhausen E, Kaesmacher. Die metallurgie des schweissens warmfester 12%Cr+Mo-VW legierten stähle. Schweißen und Schneiden, 1957, 9: 414-419.

[3] Baumann K. Erfahrungen mit werkstoffen fuer gegendruck dampfanlagen ueber 560 ℃ //Internationale Energiekonferenz Laussane 10-13.10.1967, Nickel Berichte, 1968, 26: 81-91.

[4] Nippon Steel & Sumitomo Metal .Seamless steel tubes and pipes for boilers. http://www.nssmc.com/product/catalog-download/pdf/p008 [2015-12].

[5] DIN 17176, Seamless circular steel tubes for hydrogen service at elevated temperatures and pressures. Deutsches Institute fuer Normung e.V., Beuth Verlag GmbH, Berlin, 1990.

[6] Aghajani A, Somsen Ch, Eggeler G, et al. Evolution of microstructure during long-term creep of a tempered martensitic ferritic steel. Institute for Materials, Ruhr University Bochum, Bochum, 2009.

[7] Klueh R T, Harries D R. High chromium ferritic and martensitic steels for nuclear applications. West Conshohocken, PA: ASTM International, 2001.

[8] Straub S. Verformungsverhalten und mikrostruktur warmfester martensitischer 12%-chromstähle, fortschrittsberrichte. VDI, Reihe 5, Grund -und Werkstoffe, Nr. 405, VDI Verlag, 1995.

[9] Robertson D G. ECCC Data Sheets. International ECCC Conference London, ETD, 2005. http://www.etd1.co.uk/eccc/advanced creep.

[10] TRD 300: festigkeitsberechnung von dampfkesseln. Beuth Verlag GmbH, August 2001.

[11] Sedmak S, Petrovski B. Obezbedjenje kvalitetnih zavarenih spojeva i njihonvog pouzdanog rada na parovodima termoelektrana ZEP-a report for ZEP beograd. Contract No.1093, Beograd, 1988.

[12] Yagi K, Merckling G, Kern T-U, et al. Numerical data and functional relationships in science and technology. Advance Materials and Technologies, Vol. 2, Springer Verlag, 2004.

[13] Berger C, Roos E, Granache Jr J, et al. Schlussbericht zum AVIF-Forschungsvorhaben, AVIF-Nr. A78.Darmstadt Zeichen: IfWD, B26, Stuttgart MPA-S, 1999.

[14] Maile K, Jovanovic A, Stumpfrock L, et al. Fortschritte der bruch-und schaedigungs mechanik, DVM 34. Tagung, Bericht, 2002, 234: 255-262.

[15] 史平洋, 李立人, 盛建国, 等.电站锅炉高温受压元件蠕变和低周疲劳寿命损伤计算及在线监测. 动力工程, 2007，27: 463-468.

[16] Gondy G. X20CrMoV12.1 steel handbook. EPRI, USA, 2006.

[17] EPRI. X20CrMoV12-1 steel hand book. Palo Alto, CA,USA,2006.

[18] Vallourec & Mannesmann Tubes Corporation. The T91/P91 book. Houston: Vallourec & Mannesmann Tubes, 1999.

[19] ECCC. Creep data sheet for steel X10CrMoVNb9-1, 2005.

[20] Rothwell J S, Adson J. The effect of thermal history during fabrication on the mechanical properties of weldments in grade 91creep resistant steel. Weld World, 2013, 57: 913-924.

[21] 张斌，胡正飞，王起江，等. 国产 T91 耐热钢 650℃蠕变断裂微观机理. 金属热处理，2010,35: 41-46.

[22] Kalwa G. State of the development and application techniques of the steel X20CrMoV121. Nuclear Engineering and Design, 1985, 84: 87-95.

[23] Bendick W, Harrmann K, Zschau M. Retrofitting of Exhausted Steamline Components (Mannesmann).

[24] Niederhoff K, Wellnitz G, Zschau M, et al. Properties and fabricability of creep resistant 9-12% Cr steels for high pressure piping system in power plants. Mannesmann, 1991: 221-262.

[25] Bruhl F and Musch H. Welding of alloyed ferritic and martensitic steels in piping systems for high temperature service// Davis J W, Michel D J. Proceedings of the topical conference on ferritic alloys for use in nuclear energy technologies. Warrendale, PA: The Metallurgical Society, 1984: 253-260.

[26] Vanstone R W. Microstructure in advanced 9-12%Cr steam turbine steels// Strang A, Cawley J. Quantitative microscopy of high temperature materials. London: IOM Communications, 2001: 355-372.

[27] Horiuchi T, Igarashi M, Abe F. Improved utilization of added B in 9Cr heat-resistant steels containing W. ISIJ International, 2002, 42: S67-S71.

[28] Niederhoff K. Werkstofftechnische besonderheiten beim schweissen warmfester martensitischer Cr-Stähle für den kraftwerksbau. VDI-Berichte, 2000: 47-67.

[29] Ingo von Hagen. Bendick W. Creep resistant ferritic steels for power plants//Proceedings of the International Symposium on Niobium, December 2001, Orlando: The Minerals, Metals & Materials Society, 2001:753-776.

[30] Barrie M. Fabrication of steels for advanced power plant. Mitsui Babcock Energy Limited, Report No. COAL R226, 2003.

[31] Vitalis B. Private Communication to R Viswanathan. Foster Wheeler Inc, 2003.

[32] Fujita T, Proceeding of international workshop on development of advanced heat resisting steels. Yokohama, Japan, 8th November 1999, NIMS Tsukuba, Japan, 1999.

[33] Berger C, Scholz A, Wang Y,et al. Creep and creep rupture behaviour of 650 ℃ ferritic/martensitic super heat resistant steels. Metallkd, 2005, 96: 668-674.

[34] Mayer K H, Proceeding of 29. MPA Seminar Materials & Component Behaviour in Energy & Plant Technology. Stuttgart, 9-10, October 2003, Germany, 2003.

[35] Katsumi Y, Masaaki I, Seiichi M, et al. Effect of Co addition on microstructure in high Cr ferritic steels. ISIJ International, 2003, 43:1438-1443.

[36] Husemann R U. Advanced materials for AD700 boiler. 先进电站用耐热钢及合金研讨会暨中国动力学会材料专业分会年会，上海, 2009.

[37] Viswanathan R. Drivers for higher efficiency advanced ultra-supercritical (A-USC) plant in USA. 先进电站用耐热钢及合金研讨会暨中国动力学会材料专业分会年会，上海, 2009.

第 4 章　马氏体耐热钢的组织结构与亚结构

4.1　引　　言

众所周知，材料的性能是和组织结构紧密相关的。现代显微分析技术已把组织和性能关系扩展到纳米尺度，乃至于进入到原子结构的深层分析，并对物理现象做出本质的诠释。正是显微结构分析技术所带来的质的变化，才使材料的基础理论得到了革命性的发展。也正是对显微组织结构认识的不断深入，建立起了成分、显微组织和宏观力学性能之间的半定量或定量关系，为材料的研究与开发提供了可靠的物理基础。特别是电子显微镜的出现，为材料的研究和开发提供了可靠的微观结构观察分析手段。电子显微分析方法在材料学科的应用，由早期应用于观察细微组织与形貌，发展到建立起微观形貌、晶体结构和化学成分间的密切关系。如运用电子显微镜观察淬火回火马氏体合金钢的二次硬化现象，认为合金钢的二次硬化现象与回火析出的合金碳化物相关。如利用电子显微镜研究 Mo 钢中碳化物沉淀与相互转化过程[1,2]，认为二次硬化反应是与合金钢中生成碳化物 M_2C 沉淀相关。

耐热钢及高温合金的组织、性能与热处理密切相关。使用状态一般通过一定的热处理，以充分发挥材料的潜力。马氏体耐热钢一般在调质处理状态下使用，其组织结构为板条马氏体。调质的目的是为了获得稳定的组织、良好的综合力学性能和高温强度。本章探讨了马氏体耐热钢的一般组织结构及其精细结构，了解结构对其性能的影响。

4.2　马氏体耐热钢组织结构和亚结构

经正火处理的马氏体耐热钢具有典型的板条马氏体结构，使用状态的 9-12Cr 马氏体耐热钢的组织结构为回火马氏体结构。研究表明[3]，这种回火马氏体组织实际上是一种多重层叠式板条结构，结构示意图如图 4-1 所示。可以看出，原有奥氏体晶粒首先被分为数个马氏体束(mastensitic packets)，每个马氏体束进一步分为几个马氏体块(mastensitic blocks)，每个块由很多板条亚晶粒组成。所有亚晶粒中都包含由马氏体相变引入的高密度位错。这种细小马氏体板条和高密度位错阻止了 9Cr 耐热钢在高温使用过程的晶粒长大和变形，提高了材料的强度。所以说，马氏体组织结构是 9-12Cr 马氏体耐热钢具有高强度和良好韧塑性的基础。

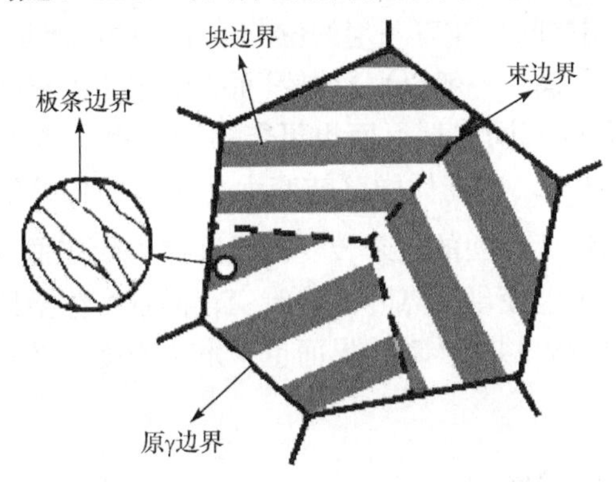

图 4-1　马氏体耐热钢微观结构示意图

马氏体(martensite)组织最初是在中、高碳钢中发现的。是将钢加热到一定温度形成奥氏体后经迅速冷却(淬火)得到的并能使钢变硬、增强的一种淬火组织。人们最早只把钢由奥氏体转变为马氏体的相变称为马氏体相变。一个世纪以来，对钢中马氏体相变的特征及其理论积累了较多的知识，也发现在某些纯金属和合金中同样具有马氏体相变，目前，一般把基本特征属马氏体相变型的相变产物统称为马氏体。

由于马氏体相变速度快，其核心如何形成和如何长大，目前尚无明确完整的模型，或者说马氏体相变过程尚不能窥其全貌。马氏体相变具有热效应和体积效应，相变过程一般认为是形核和长大的过程。其特征可概括为以下几方面。

(1)马氏体转变的非恒温性,必须将奥氏体以大于临界冷却速度的冷速过冷到某一温度才能发生马氏体转变。也就是说马氏体转变有一上限温度，这一温度称为马氏体转变的开始温度，用 M_s 表示。当奥氏体被过冷到 M_s 点以下任一温度，不需经过孕育，转变立即开始且以极大的速度进行，但转变很快停止，不能进行到终了。马氏体转变量是温度的函数而与等温时间无关，也就是说，马氏体转变量只取决于冷却所达到的温度。当温度降到某一温度以下时，虽然马氏体转变未达到 100%，但转变已不能进行。该温度称为马氏体转变终点，用 M_f 表示。

(2)马氏体相变是无扩散相变，以共格切变方式进行。相变时没有明显的穿越界面的原子扩散问题，因而马氏体新相承袭了奥氏体母相的化学成分。相变时原子有规则地保持其相邻原子间的相对关系产生位移，结构点阵由面心立方通过切变改组成体心立方(或体心正方)，而马氏体的成分与奥氏体的成分完全一样，γ-Fe(C)→α-Fe(C)。碳原子在马氏体与奥氏体中相对于铁原子保持不变的间隙位置。所以该相变属于所谓的切变相变。相界向母相推移时，原子以协作方式通过界面由母相转变为新相。此时每一个原子均相对于相邻原子以相同的矢量移动，且移动距离不超过原子间距，移动后仍保持原有的近邻关系。

(3) 马氏体与母相之间存在着一定的位向关系。两相界面的平面保持无应变、不转动，称为惯习(析)面，一般以平行惯习面的母相晶面指数来表示。因 C 含量不同及马氏体形成温度不同，惯习面也可能不同。钢中常见的惯习面有三种：$(111)_\gamma$，$(225)_\gamma$，$(229)_\gamma$。奥氏体中已转变为马氏体的部分发生了宏观切变而使点阵发生变化且带动靠近界面的还未转变的奥氏体也随之而发生了弹塑性切应变。原子切变位移的结果不但使母相点阵结构改变，而且产生点阵应变，界面两侧的马氏体和奥氏体既未发生相对转动，界面也未发生畸变，故该界面被称为不变应变平面。

4.2.1 马氏体耐热钢的晶粒度

一般地，耐热钢的晶粒度与热强性之间有一定关系，如图 4-2 所示。理论分析和实验结果均证实晶粒大小对耐热钢高温力学性能和热强性有重要影响。根据金属强度和温度的关系理论，金属晶内强度和晶界强度随温度的变化趋势不同。温度升高时晶内强度和晶界强度都随之降低，但晶界强度下降更快，其中晶内和晶界两者强度相等的温度称为等强温度(T_E)。许多实验表明：当温度低于等强温度(T_E)时，较细晶粒度钢有高的强度，这得益于较低温度下晶界强度高于晶内强度，较细的晶粒度意味着更多的晶界总面积，从而使材料获得更高的强度。反之，当温度高于等强温度(T_E)时，晶内强度高于晶界强度，粗晶粒钢有高的蠕变抗力和持久强度。晶粒度对热强性的影响并不是随晶粒度增大而线性提高，对应于最大蠕变极限时，存在着一个最佳的晶粒度范围，超过该数值范围后，晶粒度增大，反过来会使蠕变性能下降[4]。因为随温度提高，晶界活性会明显提高，有利于合金元素的扩散加速，相应弱化晶界强度。实际使用中耐热钢服役温度多位于 T_E 以上，因此较大的晶粒度对耐热钢高温持久强度更加有利。金属蠕变的晶界滑移理论也同样证实高温蠕变中较大的晶粒度对材料的热强性有利[5]。由于金属蠕变是由晶内滑移和晶界滑移组成，高温蠕变中晶内和晶界滑移速度实际受扩散速率支配。由于晶界扩散速度高于晶内扩散速度，实际使用中晶粒度越小，晶界有效面积越大，晶界扩散速度随之加快，材料蠕变速率会相应提高，从而弱化细晶材料的高温强度。研究表明，不同扩散类型下晶粒尺寸与蠕变速率的关系如式(4-1)所示：

$$\varepsilon \propto \frac{1}{d^2}(\text{晶内扩散蠕变}),\quad \varepsilon \propto \frac{1}{d^3}(\text{晶界扩散蠕变}) \tag{4-1}$$

式中 ε 为蠕变速率，d 为晶粒尺寸。因此耐热钢保持相对较大晶粒度可有效减小晶界扩散速率，进而降低晶界滑移速度和金属在高温下蠕变速率。

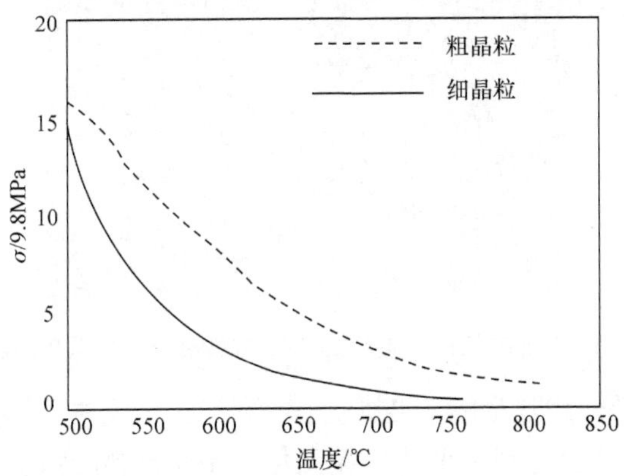

图 4-2　不同温度下耐热钢晶粒度对力学性能的影响[6]

由工程实际应用材料的相关报道看出，关于马氏体耐热钢材料中的晶粒尺寸和板条大小等参数，不同材料及同一材料因热处理及加工状态的不同而有明显差异。一般来说，新型材料比传统材料的晶粒有所细化，板条尺寸也更细小。如图 4-3 所示 X20 和 T92 的金相组织可以看出，X20 中的原奥氏体晶粒大小和板条结构明显大于 T92 的尺寸。

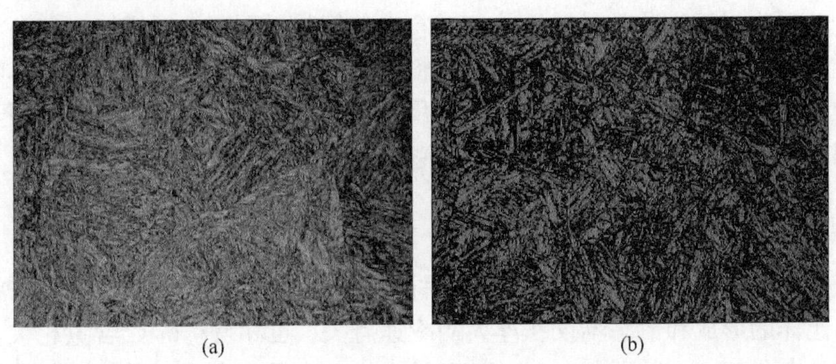

(a)　　(b)

图 4-3　马氏体耐热钢金相组织（×500）

(a) X20；(b) T92

即使相同的 9Cr 马氏体耐热钢，不同厂家或不同批次的耐热钢的晶粒度大小也有明显差异。有些国外同类产品晶粒尺寸变化可能达到一倍上（对比文献[7,8]中相应金相照片），图 4-4 是国内某钢厂生产的 T91 耐热钢的晶粒尺寸，约 10～20μm，马氏体组织比较细，这可能和钢管制备过程中大形变量有关。

图 4-4　国内某钢厂生产的 T91 耐热钢金相组织 (×500)

有关 9Cr 马氏体耐热钢的形变研究显示[9,10]，马氏体耐热钢在大形变量条件下细化晶粒显著，甚至达到 1 个数量级变化，相应材料的强度显著提高。尽管在高应变速度、低加工温度下可以细化晶粒，但在后期热处理中会因组织结构回复和晶粒长大，对材料的高温蠕变强度不利[11]。众所周知，奥氏体向马氏体转变中会产生体积长大，T91 相转变研究发现，如在马氏体转换温度下施加很小的压缩形变，同样会显著细化晶粒[12]。可见，马氏体耐热钢的晶粒尺寸和材料的加工、热处理过程密切相关。相对于晶粒尺寸，还应注意马氏体组织结构的均匀性。有研究表明[13]，在标准热处理条件下，T91 均质化保温时间长短会影响晶粒度的均匀性，甚至出现非均匀性异常长大。马氏体耐热钢并不追求晶粒细化来提高材料的性能，因为过于细化的晶粒尺寸，材料中总的晶界面积大幅增加，在高温服役过程中，易于产生晶界滑移而不利于材料高温性能的稳定。所以，马氏体耐热钢的晶粒度和板条结构尺寸应有一个最佳尺寸范围，这样形成的组织更有利于材料的高温强度和高温稳定性。

4.2.2　马氏体板条组织

板条马氏体是马氏体组织结构的一种形态。常见的马氏体结构有板条状或片状。马氏体的形成和形态不仅和淬火的冷速有关，也和材料的 C 含量相关。在形成马氏体条件下，C 含量在 0.25%以下时，基本上是板条马氏体(亦称低碳马氏体)，板条马氏体在显微镜下为一束束平行排列的细板条。在高倍透射电镜下可看到板条马氏体内丰富的衬度，这和组织中含有高密度的位错及其相关作用的亚结构相关，所以也称为位错马氏体。当 C 含量大于 1.0%时表现为片状马氏体。片状马氏体在金相等二维观察表现为针状，所以也称为针状马氏体。针状马氏体在光学显微镜中呈竹叶状或凸透镜状，在空间形同铁饼。针状马氏体针之间有固定的角度(60°)。高倍透射电镜分析表明，针状马氏体内部亚结构有大量孪晶，因此亦称为孪晶马氏体。而 C 含量在 0.25%～1.0%范围内，马氏体组织往往表现为板条马氏体和针状马氏体的混和形态。

9-12Cr 马氏体耐热钢因 C 含量小于 0.2%且化学成分相近而具有相似的板条马氏体组织。图 4-3(a)为 X20 钢的金相组织，为典型的板条马氏体结构。因成分和加工工艺差异，不同材料的晶粒尺寸及其板条结构会有一定差异。一般来说，多数 9-12Cr 马氏体耐热钢中的板条宽度一般小于 0.5μm，板条间位相关系相近，一般取向差异在 2°～3°。如图 4-5 所示，新材料中的板条结构比较平整，板条界分布的 $M_{23}C_6$ 碳化物显示为条棒状，长度在 200～300nm 之间。晶体内有一些极其细小的碳化物，多数小于 50nm，主要是 MX 或 M_2X。根据板条束垂直的交点统计得到板条束宽带，X20 板条宽度达到 0.7μm 左右，此宽带会随蠕变或长期时效而有所变化。

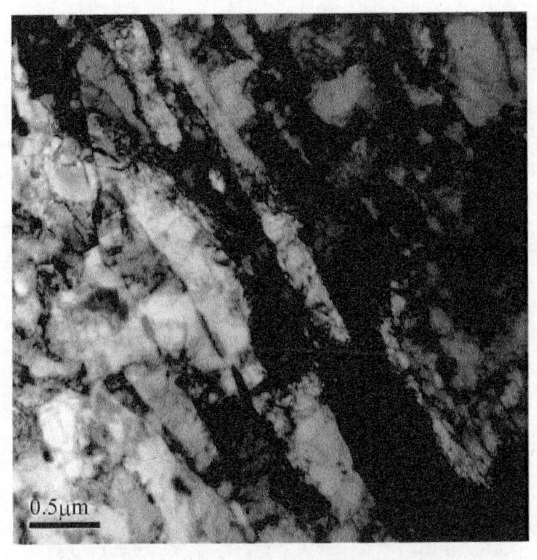

图 4-5　9Cr 马氏体耐热钢的板条结构[14]

4.3　马氏体耐热钢中的第二相及其结构

一般地，超临界和超超临界发电机组关键设备设计寿命为二十年，核电设备要求达到五十年，所以关键材料的蠕变强度是选材最为关注的性能。由于耐热钢材料在高温高压服役条件下其微观组织结构会随服役时间的延长而产生渐变，导致蠕变强度下降而影响到设备服役安全。因此，开发具有持久蠕变强度或长蠕变寿命的耐热钢材料成为趋势。研究认为，沉淀相的集聚和粗化，是导致持久强度衰减的主要因素[15]。

如上所述，马氏体耐热钢是沉淀强化型合金钢。总的来说，成分相对复杂的合金钢比成分简单的材料来说更具优势，因为沉淀强化的作用更明显。但成分越复杂，沉淀析出反应也就越复杂。马氏体耐热钢良好的高温性能认为是板条马氏体结构、碳氮化合物沉淀强化作用及合金元素固溶强化共同作用的结果[16]。耐热钢的蠕变性能和碳氮化合物沉淀密不可分，而碳氮化合物沉淀相量及其形态结构和分布等与合金钢中 C 含量密切相关。

许多有关 9-12Cr 耐热钢的研究表明，合金钢中的主要沉淀相是各类碳氮化合物以及少量的金属间化合物。根据沉淀相在组织中的位置分布可分为晶界沉淀和晶内沉淀。沉淀相的形态、大小和分布随合金成分变化而改变，至于具体材料中沉淀相出现的种类和其化学成分也和热处理过程相关。沉淀反应过程会改变组织亚结构形态和微观化学环境，利用这一现象可改善材料的性能。

铁素体耐热钢结构中存在多种不同的第二相沉淀，如 $M_{23}C_6$、MX、Fe_3C、M_6C、Z 相、Laves 相和 δ 相等。其中 $M_{23}C_6$ 和 MX 是最为关注的第二相粒子。其他一些相，如θ相，χ-相和 G-相往往出现在奥氏体耐热钢中。研究报道中常常涉及到的沉淀相及其晶体学参数如表 4-1 所示[17-20]。

表 4-1　耐热钢中的主要沉淀相及其晶体结构[17-20]

析出相	晶体结构	晶格常数/Å	化学成分
NbC	面心立方	a=4.47	NbC
NbN	面心立方	a=4.40	NbN
TiC	面心立方	a=4.33	TiC
TiN	面心立方	a=4.24	TiN
Z-相	正交结构	a=3.037, c=7.391	CrNbN
$M_{23}C_6$	面心立方	a=10.57～10.68	$Cr_{16}Fe_5Mo_2C$
M_6C	金钢石结构	a=10.62～11.28	$(FeCr)_{21}Mo_3C$, Fe_3Nb_3C, M_5SiC
σ-相	正交结构	a=8.80, c=4.54	Fe,Ni,Cr,Mo
Laves 相	六方结构	a=4.73, c=7.72	Fe_2Mo, Fe_2Nb
χ-相	体心立方	a=8.807～8.878	$Fe_{36}Cr_{12}Mo_{10}$
G-相	面心立方	a=11.2	$Ni_{16}Nb_6Si_7$, $Ni1_6Ti_6Si_7$

4.4　马氏体耐热钢中的碳化物 $M_{23}C_6$

马氏体耐热钢中最主要的碳化物沉淀相是 $M_{23}C_6$，也是最受关注的第二相。由于该类碳化物主要分布于晶界和亚晶界，对高温下稳定晶界和亚晶界组织结构起到关键作用。因为高温服役状态下的马氏体耐热钢组织结构会产生退化或粗化现象，诸如晶界和板条界的移动，而分布于晶界和亚晶界的碳化物起到阻碍界面迁移的作用。晶内弥散分布的碳氮化合物和马氏体板条界稳定的碳化物构成该类合金钢良好的高温强度和高温蠕变强度的基础。

马氏体耐热钢中的合金碳化物 $M_{23}C$ 主要是在回火过程中析出的，如图 4-5 所示，多数分布于晶界和亚晶界。在初始状态，析出的 $M_{23}C_6$ 碳化物主要是以片条状形态存在，碳化物的尺寸在 200nm 左右，以不连续形式分布在晶界和亚晶界。晶内也有少量的弥散析出的 $M_{23}C_6$ 碳化物，一般以类球状形态存在，其尺寸较小，为 50nm 左右。9-12Cr 马氏体的耐热钢的研究表明[21,22]，$M_{23}C_6$ 是 Cr 的碳化物。碳化物中的合金含量以 Cr 为主，所含金属元素中 Cr 含量高达 60%，该类碳化物中还会富集其他合金元素而取代部分 Cr，这些合金元素包括 Fe、Ni、Mo、V、Mn 等[23]。

在蠕变过程或高温时效状态下，$M_{23}C_6$ 粗化趋势明显。$M_{23}C_6$ 的粗化行为一方面使其形态产生变化，即形状因子(长宽比)下降，即所谓合金钢中碳化物的球化现象；另一方面是碳化物合金成分产生变化，如 Cr 含量提高。一般 $M_{23}C_6$ 碳化物中金属元素组分中 Cr 含量在 65%左右。随着蠕变或时效时间的延长，Cr 含量会接近甚至超过 70%。从而造成基体合金元素贫化，降低基体的固溶强化效果[23]。

因为 Cr、Fe 是马氏体耐热钢的主要成分，也是 $M_{23}C_6$ 碳化物中金属的主要组分。所以，如何阻止或减缓 $M_{23}C_6$ 粗化是改善材料蠕变强度的关键。有研究表明[24]，W 元素的存在可明显阻止 $M_{23}C_6$ 粗化。因为 $M_{23}C_6$ 碳化物中含有 W 元素，而 W 的扩散系数很低，从而降低 $M_{23}C_6$ 粗化的速度，提高材料的蠕变寿命。从另一个角度来看，有研究者认为[25]，$M_{23}C_6$ 中存在 B 元素，对原奥氏体晶界附近的组织起到稳定作用，从而提高蠕变寿命。

有趣的是，$M_{23}C_6$ 碳化物的形态和合金成分变化并不是均匀一致的，不同的碳化物颗粒、处于不同的位置，往往都会有一定差异。特别是晶内和晶界及亚晶界上的碳化物之间比较，差异十分明显。这可能是和碳化物析出进程相关[23]。因为碳化物的析出过程是个动态过程，不同颗粒沉淀析出时间不同，不同位置的微观热力学和微观化学环境不同，都可能影响碳化物析出长大动力学过程，从而引起形态、尺寸和合金成分的差异。尤其是在材料的工程应用中，在组织结构经历长期缓慢地演变过程中，这一现象会更明显。在高温和应力的共同作用下，蠕变过程会出现亚晶界的迁移和马氏体分解现象，会不断出现新的 $M_{23}C_6$ 碳化物颗粒沉淀。新沉淀的碳化物往往是由其他碳化物转化而来，如此现象会造成碳化物颗粒间的差异更明显。

马氏体耐热钢中的 $M_{23}C_6$ 碳化物在晶界及亚晶界析出具有明显地稳定晶界和亚晶界的作用。在长期高温和应力环境下，能够阻止和延缓晶界和亚晶界的移动和滑移，从而稳定材料的组织结构，提高材料的蠕变性能。许多研究关注马氏体耐热钢的长期高温性能和服役性能与组织结构的关系以及材料中碳化物的演变现象，如从材料中碳化物的尺寸大小、分布、化学成分等多角度讨论碳化物对性能的影响和作用。由于钢种的不同，甚至同一钢种因成分差异、热处理和热加工等差异都会造成材料中析出行为的差异。即使是同一批次材料，在蠕变或服役过程中因温度、应力差异，碳化物的演变动力学过程也会不同。所以，难以通过碳化物的基本参数做横向比较去研究问题。

4.5 马氏体耐热钢中的碳氮化合物 MX

不少人针对 MX(M 指 Nb、V 和 Cr 等金属元素，X 指 C、N 元素)的强化作用及其沉淀特征进行了研究[26-28]。一般认为，MX 具有特殊的沉淀强化作用，MX 碳氮化合物是马氏体耐热钢中主要的沉淀强化相。因为 MX 碳氮化合物相对于 $M_{23}C_6$ 来说，不仅细小弥散分布于基体中，而且其粗化速率很慢，利于材料保持强韧性。因此，许多研究阐述了 MX 的析出行为、结构、成分及其在热处理、加工、蠕变和实际运行过程中的演变过程与作用。

MX 沉淀相在α-Fe 中析出，相位关系满足 Baker-Nutting 关系[29]，即：

$$(100)_{MX}//(100)_{\alpha},\quad [010]_{MX}//[011]_{\alpha},\quad [001]_{MX}//[011]_{\alpha} \tag{4-2}$$

4.5.1 马氏体耐热钢中的碳氮化合物 MX 及其成分和形态

合金钢中的碳氮化合物 MX 是富含 V、Nb、Ti 等合金元素的沉淀相，其晶体结构是类似于 NaCl 的面心立方体。根据其成分变化，晶格常数在 0.43nm 左右。表 4-2 给出了一般二元合金的 MC 或 MN 化合物的晶格常数及其形成能。

表 4-2 二元碳氮化合物 MX 的晶格常数和热力学参数[30-35]

析出相	晶格常数/nm	形成能/$J\cdot mol^{-1}$
NbC	0.4470	$-139000+2.30T$
TiC	0.4338	$-184640+11.00T$
VC	0.4165	$-101630+7.90T$
NbN	0.4392	$-229240+94.85T$
TiN	0.4244	$-382680+114.29T$
VN	0.4139	$-217040+87.34T$

许多研究显示，9-12Cr 马氏体耐热钢中的 MX 是多元的碳氮化合物。根据母

相合金成分的差异，MX 一般含有 V、NB、Cr、Ti 等合金元素，X 为 C 和 N 元素。可见，不同材料中的 MX 的晶格常数变化范围较明显，特别是母相材料中因含有 Nb 或 Ti 而使 MX 晶格常数差异更明显。

在不同的材料中以及相同材料不同状态下，MX 的形态和化学成分差异明显。如不同热处理态的 P91 材料，其正火态和回火态比较[28]，MX 是不规则球状，如图 4-6 所示。利用 EDXS 能谱分析，正火态下的第二相碳化物颗粒主要是 MX，其中粗大的碳化物颗粒分布于晶界，大多数细小颗粒是弥散分布于晶内的 MX。正火态的 MX 成分统计分布符合正态分布，其金属成分主要是 Nb、V 和 Cr，如图 4-7 所示。MX 的成分基本在 100%Nb 和 85%V 及 15%Cr 连线的直线范围内。在正火态下的 MX 成分按含 Nb 量的高低可分为低 Nb 含量和高 Nb 含量的 MX。前者颗粒尺寸大含 Nb 量低的 MX 认为是原始态残留碳化物，后者含 Nb 量高的 MX 认为是在正火过程中沉淀析出物。在回火态下的 MX 颗粒尺寸变大，表现出一定的长大粗化现象。虽然形态上仍是不规则的球状物，但其化学成分明显表现为相分离，如图 4-7(b)所示，即高 Nb 含量的(金属成分在 90%左右) MX 和低 Nb 含量的 MX，前者认为是在回火过程中析出的二次相，后者是正火态残留下来的 MX 颗粒。

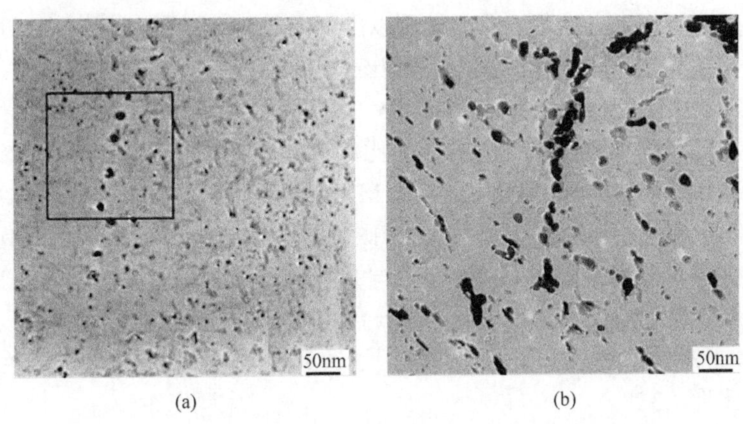

图 4-6　9Cr1MoVNb 在正火态和回火态下的碳化物复型形貌[28]

同样地，锻压状态及不同正火状态下的 P91 材料中[36]的 MX 也是不规则球状。这一材料在不同状态下的化学成分也发生明显变化。

典型的 12Cr 马氏体耐热钢 X20 中的 MX 形态和结构有其特殊性。一些研究结果表明[21, 23]，X20 中的碳化物大部分是 $M_{23}C_6$ 结构，但晶内也存在少量富 V 的 MC 碳化物。该类型的碳化物长大缓慢，具有极强的硬化作用。被认为是材料长期高温服役不软化的原因。

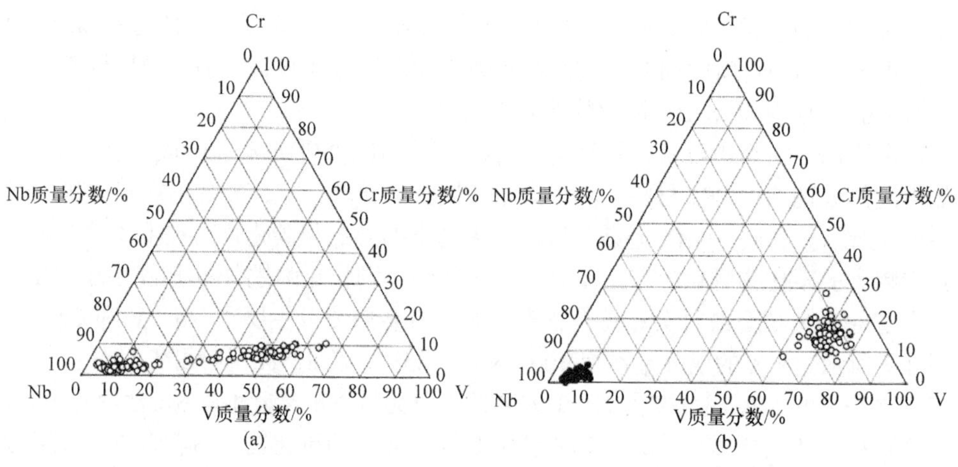

图 4-7　9Cr1MoVNb MX 成分分布

(a) 正火态；(b) 回火态

4.5.2　MX 的析出行为

所有马氏体耐热钢中都有 MX 碳氮化合物出现。从报道来看，MX 碳氮化合物析出于热成型、正火处理、回火处理以及高温长时效过程中[13,21,36]。可见，MX 沉淀析出比起其他二次强化析出相的析出行为更复杂。

如在 T/P91 钢相似的 9Cr-1Mo-V-Nb (C 含量为 0.09%) 中，经 1150℃固溶处理的锻坯和不同温度和时间正火后的样品比较[36]，结果表明，从 1050～1200℃范围内正火处理，材料中的碳化物为 MX 和 M_3C，随着正火温度提高，碳化物量明显减少。而正火温度达到 1250℃时则没有碳化物存在。尽管 M_3C 形态和正火温度没有明显关系，但 MX 的形态尺寸及化学成分和正火温度相关。随着正火温度提高，MX 尺寸显著增大，化学成分中 Nb 含量增加，相对 V、Cr 等降低。这里看到的 M_3C 形态是条片状，其平均形态因子达到 5.2，而 MX 表现为不规则球形，平均形态比为 1.3。

MX 形态大小随正火温度提高而长大，但正火温度高于 1250℃时则没有碳化物存在的现象表明：MX 不是完全形成于正火降温的冷却阶段，也不是形成于正火过程中。正火过程是 MX 溶解和粗化的过程，所以 MX 的尺寸随正火温度提高而长大。而高于 1250℃时 MX 消失，表明在此温度下正火碳化物完全溶解。而 MX 的尺寸在相同的正火温度下，随时间延长而减小现象也说明了正火中 MX 的溶解过程。

通过伴生的渗碳体 M_3C 具有相似的现象，进一步证明了 MX 在正火过程中也存在沉淀生成机理。MX 中的合金元素同时随正火温度变化的现象，也说明了在正火降温过程中有 MX 沉淀的产生。事实上，MX 可根据 Nb 含量可分为高 Nb 含量的 MX 和低 Nb 含量的 MX。随着正火温度的提高，高 Nb 含量的 MX 数量增加，低 Nb 含量的 MX 数量迅速减少，显示出前者是在正火过程中产生，而后者是坯料冶金过程中产生的 MX，并在正火过程中进行溶解和粗化。

4.6 Laves 相

4.6.1 概述

和其他大多数沉淀相不同，Laves 相不是碳氮化合物，而是特殊的金属化合物。所谓金属化合物作为金属和其他元素(包括金属和非金属)构成的化合物，是固溶体中电负性差异较大的金属元素间形成具有离子键或金属键特征的化合物，具有确定的化学成分，其组元与价态和元素周期表中的位置相符，在相图中称为中间相。金属化合物在合金中起到第二相作用，有的起到硬化强化的作用，如碳氮化物；有的是有害的夹杂物，如合金中的硫化物、氧化物。金属化合物大体上可分为金属-非金属化合物以及金属-金属构成的金属间化合物。

Laves 相是金属固溶体中数以千计的中间相中一个分类。作为一种特殊的沉淀相，在过去的研究中，特别是 fcc 或 bcc 结构二元合金系研究中发现，微观结构中出现沿<100>方向分布的新相，在 X 射线衍射和电子衍射实验中具有卫星峰或斑的特征[37,38]。关于 Laves 相的产生的问题，过去由金属固溶体实验研究发现[39,40]均认为是时效过程中首先出现溶质分布的周期性结构，即 Spinodal 分解所出现的调幅现象，随着时效的进一步进行，调幅现象进一步分解形成的第二相沉淀即 Laves 相。如图 4-8 所示，Fe-15%Mo 合金在 550℃下时效 8 小时因调幅分解形成的织尼衬度和 15h 时效后沉淀形成的 Laves 相 Fe_2Mo [41]。

(a)

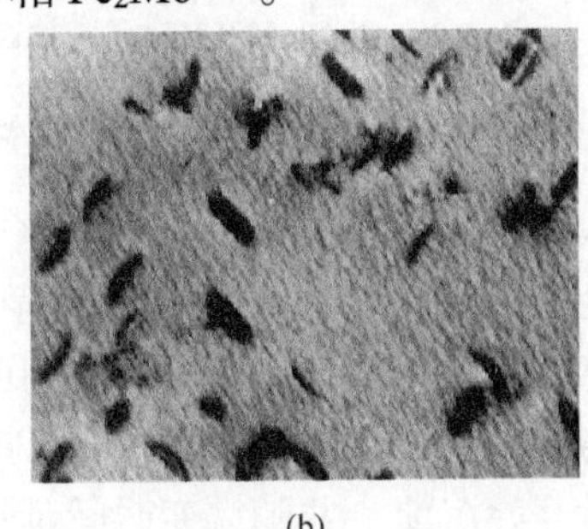

(b)

图 4-8　550℃下 Fe-15%Mo 合金时效[41]

(a) 8h,×80000；(b) 15h,×64000 后组织结构形态

Laves 相作为金属间化合物的一个分类，由于金属键结构没有明显的饱和性

和方向性，其结构比较复杂，往往倾向于密积堆结构。根据密积堆排列方式，可分为三种结构类型，即类似于金刚石的 $MgCu_2$ 立方结构以及类似于 $MgZn_2$、$MgNi_2$ 的六方结构。

在耐热钢的研究和应用中，不少人对 Laves 相的存在和作用等进行了观察和研究[42-45]。9-12Cr 马氏体耐热钢中的 Laves 相组成一般表示为 $(Fe,Cr)_2(Mo,W,Nb,Ti,V,Ta)$，为六方结构。晶格常数在 a=0.47nm,c=0.77nm 附近，根据具体的化学成分而有所变化。

有关 Cu 元素对 12Cr 马氏体耐热钢蠕变性能影响研究显示[46]，在含 2.5%W 的前提下，蠕变中会形成棒状的富含 Cu 和 W 的 Laves 相分布于晶内，如图 4-9 所示。此种形态的 Laves 相在回火过程中就明显析出，在蠕变过程中长大和粗化。Laves 相对材料的蠕变强度有一定的提高，作者认为是长期蠕变过程中 Laves 相回溶，有利于基体中保持较高含量的 W 元素固溶度，即和 W 元素固溶强化作用[46]。

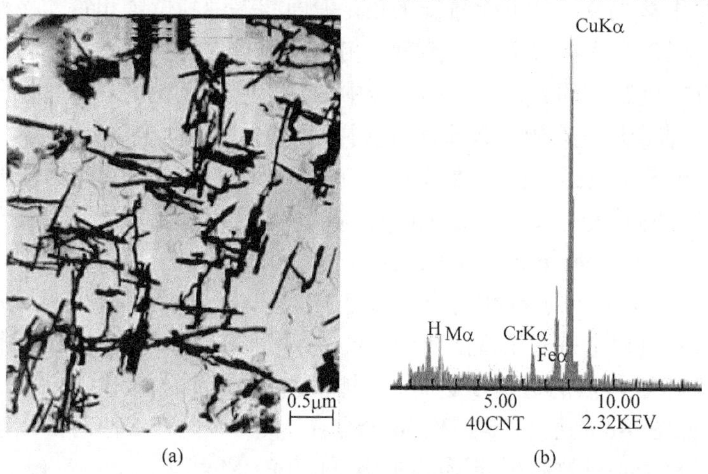

图 4-9　含 Cu 的 12Cr 马氏体耐热钢中析出富 Cu 的棒状 Laves 相[46]

4.6.2　Laves 相析出和蠕变性能相关性

一般认为，9-12Cr 马氏体耐热钢中出现 Laves 相均是在服役或蠕变过程中产生的，至今尚未有关于 Laves 相出现在加工和热处理后的原始态材料中的报道。利用 SEM 观察在 600℃时效或蠕变 10^4h 后的 T/P92 钢，就发现 Laves 相沉淀析出并达到稳定尺寸[45]。同样条件下，T/P92 钢利用 FETEM 观察[47]到 Laves 相在蠕变初期就开始沉淀，并随蠕变时间延长到 10^4h 趋于稳定。Laves 相主要分布于晶界和亚晶界，沉淀在富 Cr 相 $M_{23}C_6$ 附近，可能成为耐热钢中颗粒尺寸最大的第二相，甚至超过 500nm。同其他主要沉淀相 $M_{23}C_6$、MX 比较，颗粒尺寸分布均符合正态分布规律，如图 4-10 所示。

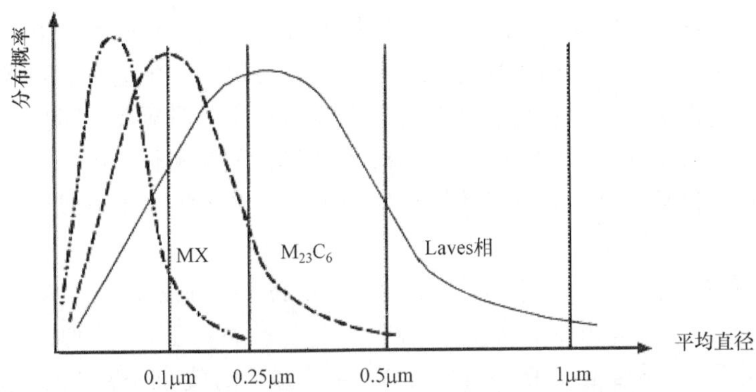

图 4-10　耐热钢中主要沉淀相的颗粒尺寸分布规律[42]

马氏体耐热钢在服役或时效过程中产生的 Laves 相对其蠕变性的影响或作用尚没有一个明确的结论。有人认为[44,48]Laves 相的生成对蠕变性能起到负面作用，因 Laves 相形成消耗基体中的 Mo、W 和 Cr 等合金元素，致使基体固溶强化作用下降，Mo、W 等合金元素的固溶强化作用有利于合金钢的蠕变强度提高。也有研究认为[49]，一定条件下，Laves 相具有沉淀硬化作用，从而提高材料的蠕变强度。前提是 Laves 相在蠕变过程中粗化速度较低，尺寸因素不足以降低材料的蠕变性能。如 T/P92 耐热钢，合金钢中的合金元素对其粗化有一定的抑制作用，从而间接提高了材料的蠕变强度[47]。但 GX12CrMoWVNbN10-1-1 钢中的 Laves 相粗化速度相对较快，如图 4-11 所示。Laves 相产生和粗化出现在沉淀初期，对材料的蠕变性能有不利影响[50,51]。

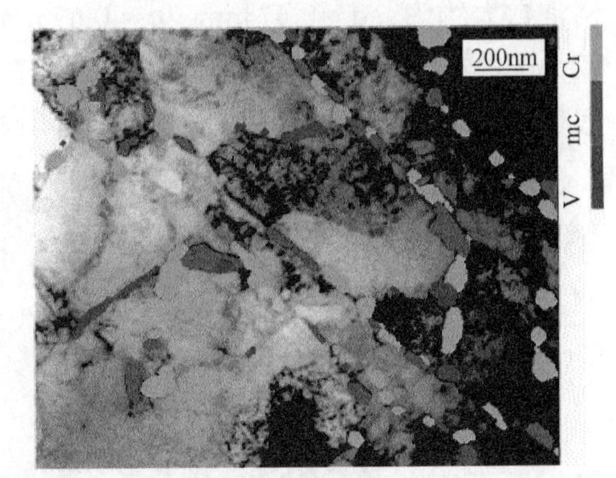

图 4-11　GX12CrMoWVNbN10-1-1 钢在 600℃/996h 时效第二相及其分布（后附彩图二维码）

对 T/P92 耐热钢中的 Laves 相在 650℃和 600℃时效析出行为比较发现，650℃条件下 Laves 颗粒尺寸明显变大，密度低，粗化明显。Laves 相的形成和粗化，消耗基体中的合金元素 Mo、W，降低其固溶强化作用。Laves 相沉淀没有严重粗化前提下，具有一定的沉淀硬化作用而有利于蠕变性能的改善。所以在 600℃条件下，T/P91 蠕变强度高，而提高到 650℃条件下，材料的蠕变强度会迅速下降。当然，作为复杂系统，材料中的第二相沉淀多相并存，粗化的不仅是 Laves 相，$M_{23}C_6$ 同时存在粗化现象。所以，多相并存及其相互作用共同直接影响材料的性能。可见，Laves 相沉淀行为对材料蠕变性能的影响不是单一的负面或正向作用，而是和 Laves 相所处的演变进程及形态相关。合金元素固溶强化作用和细小的沉淀相硬化作用有利于材料蠕变性能的提高，但两者之间存在一种复杂的竞争机制。所以，针对具体的研究对象，需要具体问题具体分析。事实上，Laves 相分布于晶界和亚晶界，对材料的硬化作用很小，更多的作用类似于 $M_{23}C_6$，对强化晶界有类似的作用。

Laves 相的化学组分决定了其形成与材料中的化学成分相关，如含 Mo、W、Nb、Ti 等合金元素的体系中更容易形成该相沉淀。有关和 GX12 类似的三个钢种，成分差异在于一个含微量的 B，一个不含 W，分别进行时效和蠕变对比试验发现[52]，不含 W 的钢种中没有形成 Laves 相，B 并不富集于 Laves 相。所以有人认为 W 是 Laves 相形成的关键元素[53]。有关蠕变疲劳试验中发现，高 Cr-W 耐热钢中沿晶分布的 $M_{23}C_6$、Laves 相等粗化形成的大尺寸颗粒会成为蠕变孔洞形核地点，并引起晶间断裂[54,55]。

根据衍衬分析，Laves 相和基体之间存在以下位向关系[56,57]：

$$[11\bar{2}1]_L//[\bar{1}13]_M, \quad (0\bar{1}13)_L//(110)_M \tag{4-3}$$

下标 L、M 分别表示 Laves 相和基体马氏体。Laves 相往往在形态上表现出明显的条纹衬度，所以，很容易将其和其他析出相区别开来。从电子衍射谱来看，此衬度是堆垛层错引起。除 $[10\bar{1}2]$ 以外，其他方向的衍射谱均出现衍射斑条纹，表明以 $[10\bar{1}2]$ 为法向的 $(10\bar{1}3)$ 面上存在严重的堆垛层错。六方结构的 Laves 相的晶格常数大约为：a =0.474nm，c =0.673nm。$[0\bar{1}13]_L//[110]_M$ 关系存在一个 2.87% 较小的晶格失配度。据此认为 Laves 相在马氏体板条界一边形核、共格析出，而向板条界另一边晶内扩展长大，两者间没有明显的取向关系。如图 4-12 所示。

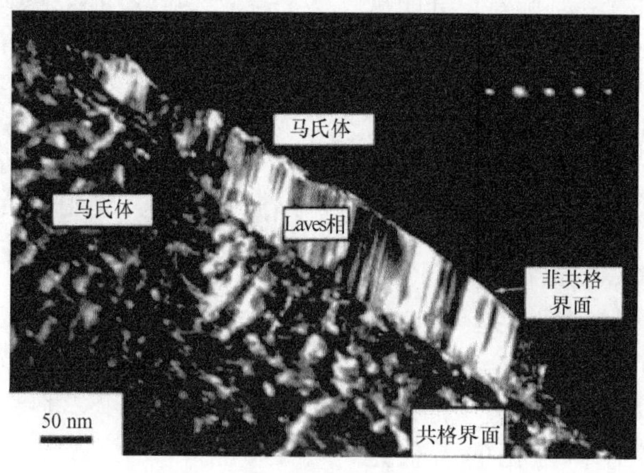

图 4-12　取向为 $[0\bar{1}13]_L//[110]_M$ TEM 暗场像

Laves 相析出于马氏体板条界，和左下方基体共格，向右上方基体内生长[58]。对于 Laves 相的强化作用，不少人进行了研究。尤其是 Hald[59]从 Laves 相析出、结合粒子长大和粗化规律 Orowan 定律，定量表达了 Laves 相的强化作用：

$$\sigma_{\text{orowan}} = 3.32G\boldsymbol{b}\frac{\sqrt{f_p}}{d_p} \tag{4-4}$$

其中，G 为剪切模量，$\boldsymbol{b}$ 为伯格斯矢量，f_p、d_p 分别是沉淀粒子的体积分数和平均间距。对不同 W 含量的 9%Cr 耐热钢比较研究表明，0.1C-9Cr-2W 中析出的 Laves 相具有强化作用。有人对 W 含量为 2%而 Cr 含量不同的耐热钢研究显示[60,61]，Laves 相形成前后，对材料的强度、硬度以及断裂强度没有明显影响。这表明 Laves 相构成的沉淀强化效应被其他相关因素弱化或抵消，包括合金元素贫化导致的固溶强化下降、马氏体板条结构的回复、位错密度下降、碳化物演变等。而 Laves 相集聚长大和粗化会导致强化作用下降。

4.6.3 化学成分影响

有关 9Cr 马氏体耐热钢中合金元素影响与作用，也有一些较为系统的研究报道。如合金元素 Mo 含量多少对材料性能影响的研究[62]，通过 9Cr-1Mo，9Cr-2Mo 和 9Cr-3Mo 钢高温持久强度比较，在 650℃蠕变试验结果如图 4-13 所示，三者化学成分如表 4-3 所示。可见，Mo 含量的提高，材料的蠕变强度得到明显的改善。相应的微观结构分析表明，在“相同的固溶+回火”处理条件下，650℃条件下蠕变过程中第二相均明显粗化。9Cr-1Mo 中没有发现 Laves 相，但在其他两个钢种中 Laves 相形成于晶界和δ-Fe 中。比较 9Cr-2Mo 和 9Cr-3Mo 微观结构发现，9Cr-3Mo 沉淀相明显细小且密度高。同时 9Cr-1Mo 中没有δ-Fe 形成，而其他两个组分钢中均发现有δ-Fe。对材料中的第二相沉淀萃取样品进行 X 衍射实验研究显示，除都含有 Laves 相外，9Cr-2Mo 中出现 M_6C，而 9Cr-3Mo 中 M_6C 很少，但有 M_2C 出现。

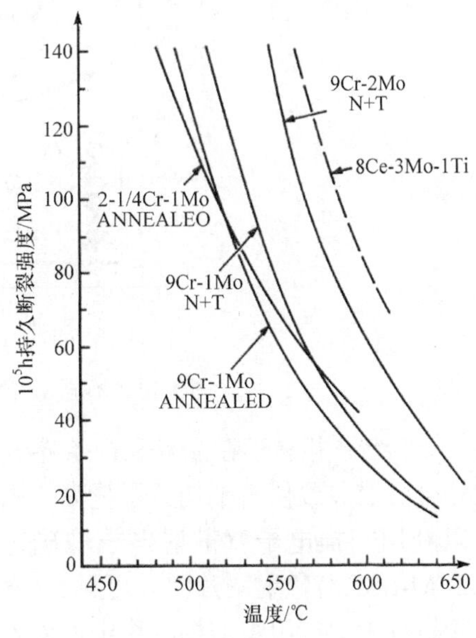

图 4-13 650℃下蠕变试验结果

表 4-3　三种 9Cr 钢的合金元素含量(质量分数)　(单位:%)

钢种＼合金元素	C	Mn	Si	Cr	Ni	Mo	P	S	N
9Cr-1 Mo	0.14	0.52	0.46	9.04	—	0.96	—	—	0.024
9Cr-2 Mo	0.063	0.67	0.37	8.99	—	1.99	0.017	0.017	0.018
9Cr-2 Mo	0.04	0.56	0.29	8.80	—	2.06	0.021	0.016	—
9Cr-3 Mo	0.063	0.65	0.36	9.04	1.02	2.99	0.017	0.017	0.019

不同 W 含量的 9Cr 钢对比研究结果显示[63]，含 W 量高的钢蠕变强度明显增强，相应的蠕变速度偏低，如图 4-14 所示。与此对应的微观结构反映，在蠕变状态下形成的 Laves 相，在高 W 钢中沉淀更为细小弥散，所以认为是 Laves 相 Fe_2W 沉淀强化作用所致。但 Laves 相的粗化速度明显高于碳化物 $M_{23}C_6$，会促进蠕变速度加快，因此，高 W 含量钢的蠕变寿命提高并不十分显著。结合 MX 碳化物所具有的板条结构稳定作用分析，认为钢中含 W 不超过 3%时综合蠕变强度最好。

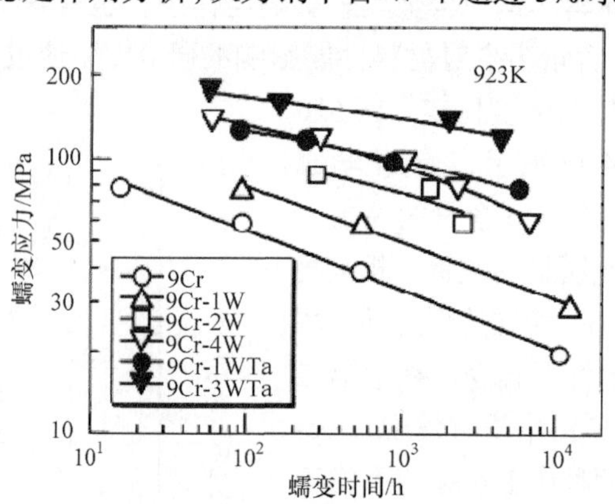

图 4-14　不同 W 含量的 9Cr 钢的蠕变强度比较

Laves 相易于在晶界和板条界析出，同时，有别于 $M_{23}C_6$ 及 Z 相等，Laves 相合金成分致使其平均原子量高。由 Laves 相析出形态及合金成分组成特点，可以利用扫描电子背散射电子像确定其分布形态，如图 4-15 是 TAF650 钢的 SEM-BSE 背散射图片[64]。可见，Laves 相分布于晶界和马氏体板条界，有利于蠕变过程中保持组织结构的稳定性而且对蠕变强度有贡献。当然，对于那些过于细小弥散的 Laves 相颗粒就难以分辨其分布形态。

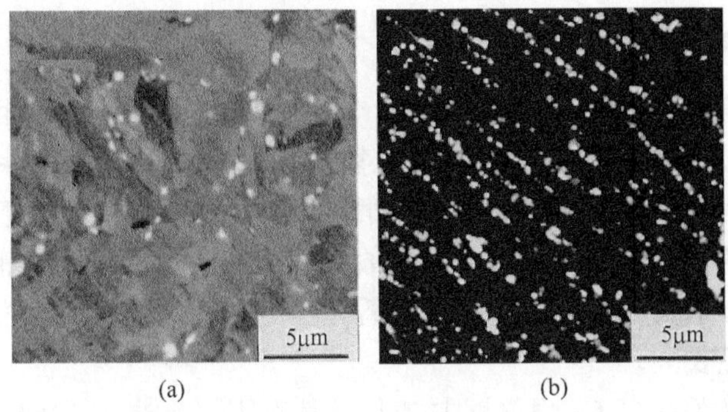

图 4-15　TAF650 钢的 SEM-BSE 图(反映 Laves 相的分布形态)[64]

4.7　Z　相

4.7.1　Z 相概述

Z 相最早是由 Binder 在抗蠕变 Nb 合金奥氏体钢中发现的氮化物沉淀相[65]。早期的 Z 相报道出现在奥氏体钢中，如在 18Cr-12Ni-VNbN 奥氏体钢中，形成 Cr(Nb,V)N 沉淀相。此后，有关奥氏体合金钢中 Z 相的报道很多[66,67]，先后有 CrVN、CrTaN 等 Z 相见诸报道[67,68]。Z 相作为初生沉淀相，在合金钢中形态一般为弥散分布的针状形态，所以认为对材料具有一定的强化作用。正因为奥氏体钢中弥散分布的 Z 相具有强化作用，所以也认为 Z 相具有提高奥氏体耐热钢材料蠕变性能的作用。早在 1972 年就确定了 Z 相的四方晶体结构，如图 4-16(a)所示。其组分为 CrNbN，金属元素 Cr 和 Nb、V 层交替，并含有微量 Fe、Mo 及其他取代元素[69]。

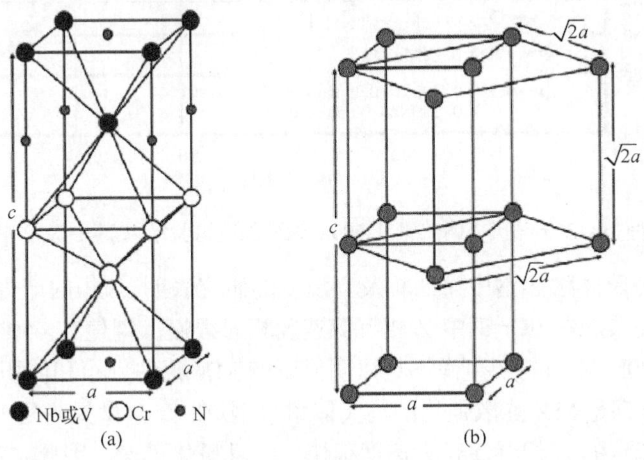

图 4-16　四方结构的 Z 相，晶格常数为 a=0.29nm, c=0.74nm[70]

4.7.2 化学成分对析出的影响

Kurosawa 等[71]最早报道了铁素体合金钢 19Cr2MoNiN 中 Z 相 CrNbN。Z 相是 9-12Cr 马氏体耐热钢中最稳定的氮化物沉淀相，形态上一般为片状。结构分析表明，Z 相结构可能更为复杂，尽管一般为四方结构，但电子衍射谱也显示有和四方结构共生的面心立方结构，晶格常数为 a=0.405nm。和 MX 相似，只是晶格常数稍小。立方结构和四方结构并不矛盾，如图 4-16(b)所示。Z 相在 700℃以上时效会快速沉淀长大。

此后许多人关注高 Cr 耐热钢中 Z 相及其作用[20,72,73]。如 Schnabel 等[72]确认了含 V 的 Z 相出现在 11Cr1MoVNbN(X19CrMoVNbN 11-1)钢中，并造成材料蠕变强度迅速下降，如图 4-17 所示。对应用最为广泛的 9-12Cr 马氏体耐热钢的相关研究显示[74,75]，Z 相形成于蠕变过程中，伴随着强化相 MX 的溶解而沉淀，所以认为 Z 相产生对材料的蠕变性能不利。Z 相形成的显微观察显示，Z 相和 MX 之间存在密切关系，如图 4-18 所示。由于 MX 先于 Z 相析出，所以认为 Z 相在 MX 上形核，通过 MX 溶解得以长大和粗化。因此有人认为，高 Cr 含量促进了 Z 相的形成，作为金属氮化物，降低 Cr 和 N 含量会抑制 Z 相的形成[76,77]。

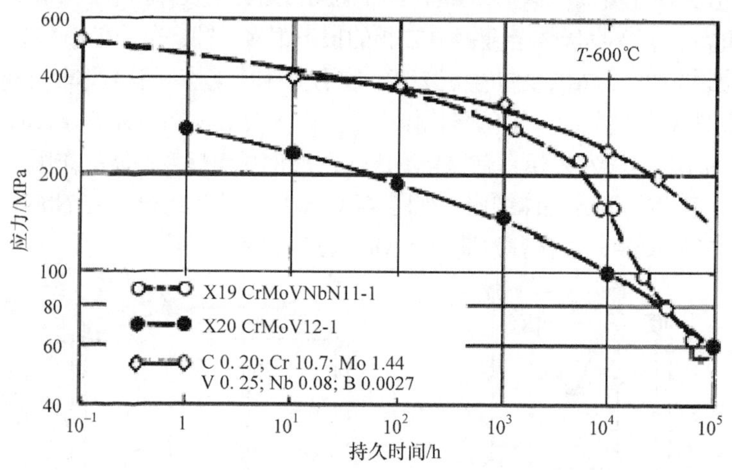

图 4-17 三种 10-12Cr 马氏体耐热钢在 600℃蠕变强度试验结果,其中 X19 中出现 Z 相[72]

9-12Cr 马氏体耐热钢中第二相及其演变的研究表明,Z 相的产生和 Cr 含量多少有密切的关系。在 9Cr 钢中 Z 相沉淀速度相对很慢，即使在 650℃高温蠕变时间达到 100000h,Z 相的产生尚不足以明显影响 MX 相的分布和体积分数。所以，可以认为 9Cr 钢是 MX 弥散强化的马氏体耐热钢。在 Cr 含量提高到 10.5%以上时，蠕变过程中产生的 Z 相沉淀长大速度很快，并且粗化迅速。因此，难以开发出使用温度达到 650℃并利用 MX 强化的 12Cr 钢种。

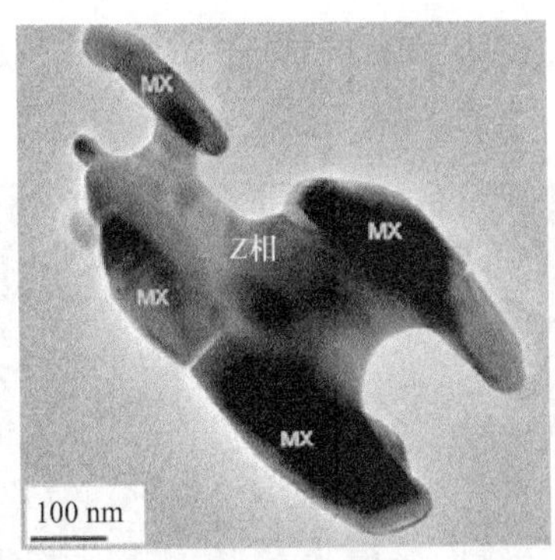

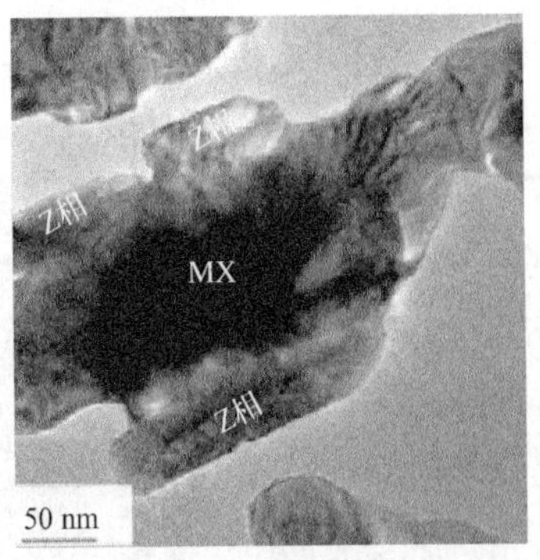

图 4-18　在 650℃下时效的 12Cr 钢中 Z 相和 MX 之间形成的不同夹心结构[78]

4.7.3　热处理的影响

事实上，Z 相的形成不仅和合金元素相关，也和材料回火或时效温度等密切相关。因为回火条件差异，回火态的 9-12Cr 马氏体耐热钢材料中的第二相种类不同,从而影响第二相的转化和演变。如对 T91 耐热钢及回火处理比较研究发现[79]，不同温度下回火均存在 M_2X、MX、$M_{23}C_6$ 相。表 4-4 给出了不同 9Cr 合金钢的成分，试验钢成分仍在 T91 标准要求范围内，但 Ni 含量和杂质元素偏低。SteelA-1 和 Steel A-2 不同在于回火温度(分别为 680℃和 720℃)。在相对低温 680℃回火的样品 Steel A-1 在 600℃下蠕变性能最好，蠕变过程中出现 VX 新相，但没有 Z 相形成。而在 720℃高温回火的样品 Steel A-2，蠕变过程中有 Z 相沉淀产生，相伴出现 M_2X 溶解。如图 4-19。给出了长时间蠕变后材料中第二相的分布情况。低温回火的样品 Steel A-1 中没有可分辨的 Z 相。可见，Z 相的形成明显降低材料的蠕变性能。避免或延缓 Z 相的产生，有利于蠕变强度的提高。

表 4-4　9Cr 马氏体耐热钢化学成分(质量分数)　(单位：%)

	C	Si	Mn	P	S	Ni	Cr	Mo	V	Nb	Al	N
ASME-T91	0.0900	0.29	0.35	0.009	0.002	0.28	8.70	0.90	0.22	0.072	0.001	0.044
Steel A-1, A-2	0.0870	0.30	0.45	0.002	0.001	0.03	8.89	1.06	0.22	0.08	0.001	0.049

如在 780℃高温回火，第二相沉淀主要是 $M_{23}C_6$ 和 MX。后者的化学成分和 Z 相相当，会促进 Z 相形成[77]。当然，不同成分的材料析出行为之间横向没有可比性。12Cr-2W-5Co 钢，相对于 750℃高温回火，在 670～700℃低温回火产生 M_2X

沉淀明显促进了 Z 相的生成，这可能是和材料中含有 W 元素相关[80]。对 10Cr 钢的研究显示[81]，570～650℃范围内回火，会有 M_2X 形成。

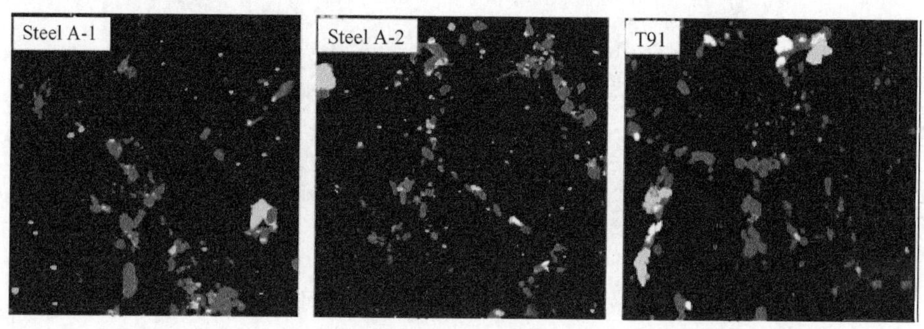

图 4-19　经 500℃长时蠕变后的沉淀相及其分布(后附彩图二维码)

红、蓝、绿、黄和白分别代表 $M_{23}C$、VX、NbX、Laves 相和 Z 相

一般地说，合金钢中碳化物析出的顺序是 Fe_3C、M_2X、M_7C_3、MX、$M_{23}C_6$ 或 M_6C 等。低温回火首先析出的是渗碳体，随着回火时间的延长或温度提高，渗碳体回溶，析出 M_2X，再析出 M_7C_3。这两类碳化物作为亚稳态沉淀相，会在时效过程中粗化和溶解，形成更稳定的 MX，最终形成最稳定的 $M_{23}C_6$ 或 M_6C。具体形成何种沉淀相、沉淀相的析出序列，多相共存等现象和系统的化学成分及其热力学状态相关。

4.7.4　蠕变对 Z 相析出的影响

许多研究显示，Z 相形成于蠕变或高温时效过程中，Z 相长大与粗化过程的影响因素同样和蠕变过程相关。如 Sawada 等[82]对 T91、T92 和 T122 在 600℃下长期蠕变试验分析显示，除 T91 样品外，Z 相粒子密度随蠕变时间的延长成倍增长。T91 中 Z 相密度随蠕变时间延长而有所下降的现象可能是和材料中不含 W 相关。另外，试样标距范围内或形变区域中 Z 相密度是试验样品两头夹持端中的 2 到 4 倍。所以认为，应力应变存在加速 Z 相沉淀过程。

对 T92 和 T122 的焊缝研究显示[83]，在热影响细晶区有 Z 相沉淀，而且 Z 相长大迅速。Z 相的化学成分、颗粒尺寸和分布情况与基体中的 Z 相相当。颗粒尺寸也和 $M_{23}C_6$、Laves 相大小相当。经长时蠕变后，T122 中的 MX 消失，相应的 T122 中的 Z 相密度是 T92 的 5 倍，显示 Cr 含量高有利于 Z 相的形成。事实上，650℃蠕变试验研究表明[77]，含 Cr11%～12%的马氏体耐热钢中，Z 相在时效数千小时即出现，而在 9Cr 钢中，往往要时效 10 万小时才出现 Z 相。

4.7.5　热力学计算结果

利用强大的开放式热力学计算程序 Thermo-Calc 和多年研究积累的数据，Danielsen 等[84]计算了 9-12Cr 马氏体耐热钢中化学元素和热力学条件与 Z 相和其他碳化物析出的相的关系，从 Z 相析出的驱动力来看，不同的马氏体耐热钢也有明显区别，如图 4-20(a)所示，相对于其他钢种，P91 析出 Z 相的驱动力最小，前述研究结果也证明了这一点。这种明显影响沉淀相析出速度的驱动力大小和合金元素的关系计算结果表明，如图 4-20(b)和(c)所示，随着 Cr 含量的提高，Z 相析出的驱动力明显增加，而 C 含量的提高起到抑制作用，其他合金元素的影响在马氏体耐热钢化学成分范围内影响不明显。从稳定性来看，计算结果如图 4-21 所示，在 P91 中，Z 相在 750℃左右就会溶解。9-12Cr 马氏体耐热钢中的 Z 相溶解温度区间在 750～850℃范围内，而奥氏体钢中的 Z 相要在 1200℃以上高温下才会溶解。

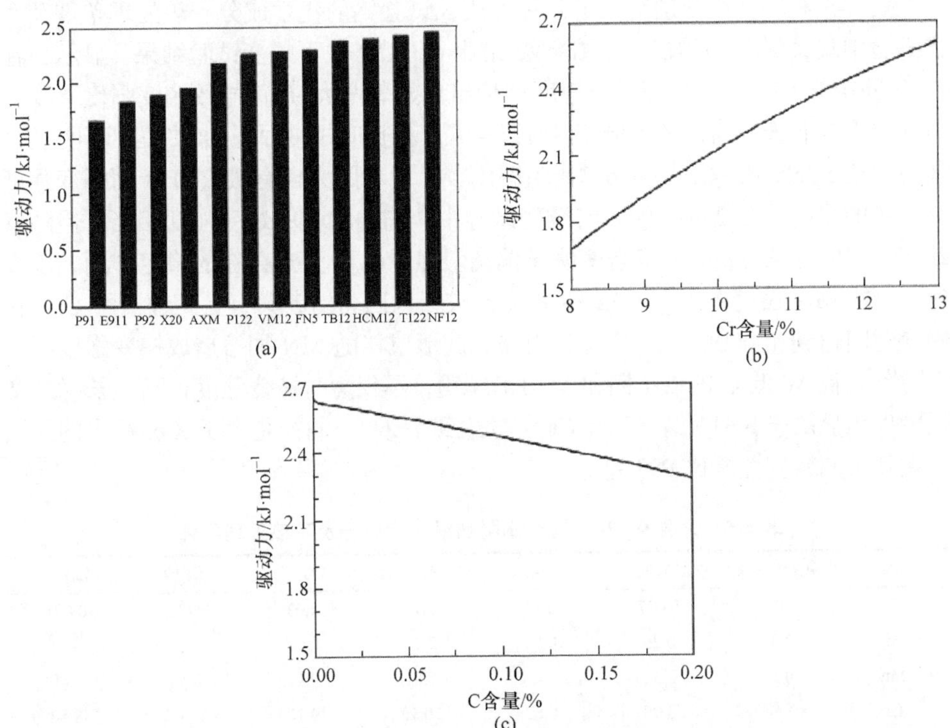

图 4-20　9-12Cr 马氏体耐热钢中化学元素和热力学条件与 Z 相和其他碳化物析出相的关系[84]

(a) 9-12Cr 马氏体耐热钢中 Z 相形成的驱动力计算结果；(b) 和 (c) 分别是在 650℃条件下 12% Cr, 0.10% C, 0.21% V, 0.06% Nb, 0.06%N 体系中合金元素 Cr 和 C 对驱动力的影响

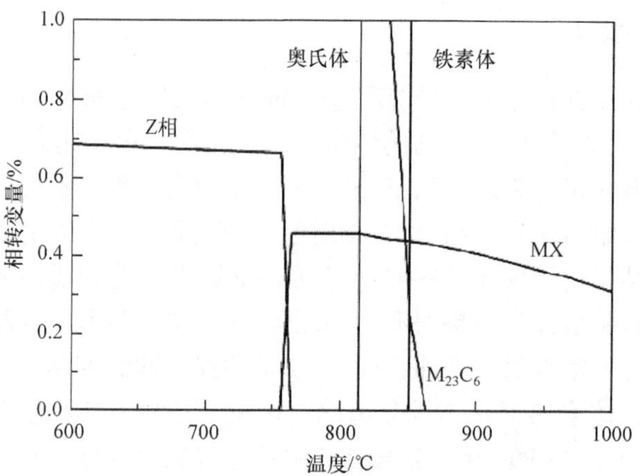

图 4-21　P91 中第二相含量和温度关系

表 4-5 和表 4-6 分别给出了几种商用及试验钢的化学成分、热处理条件及其在试验中观察到 Z 相的情况，图 4-22 给出 650℃条件下蠕变试验结果。显示出在 Cr 含量高于 10.5%时，Z 相析出速度和析出量显著增大，从而导致蠕变强度下降，而 Cr 含量低于 9%，Z 相析出速度很小，和长时蠕变试验结果关系不明显。9Cr3W3CoVNb 和 9Cr3W3CoVNbB 钢比较，后者因为含有微量的 B 而蠕变强度有一定的提高。在 2000h 的短时蠕变试验中，它们和 P92 蠕变强度相当，但随着蠕变时间的延长，P92 蠕变强度明显偏高。显示出 B 元素存在的稳定作用，以及 P92 中的 MN 强化作用。P122 和 P92 比较，只因为前者具有更高含量的 Cr，在蠕变时间达到 10000h 后，因为 Z 相的沉淀形成伴随 MN 回溶造成蠕变强度明显下降[77]。高 W 低 C 的 BH 钢和 MARBN 钢，不仅短时蠕变强度很高，长时蠕变强度也明显高于 NF12 钢。后者 Cr 含量达到 11.6%，同样是由于 Z 相析出的原因导致其长期蠕变性能比 P92 差。

表 4-5　几种 9-12Cr 马氏体耐热钢化学成分及其热处理条件

	9Cr3W3Co	9Cr3W3CoB	P92	P122	BH	NF12	MARBN
C	0.078	0.077	0.11	0.12	0.03	0.085	0.078
Si	0.31	0.29	0.10	0.24	0.36	0.25	0.31
Mn	0.50	0.51	0.45	0.63	0.49	0.44	0.49
Cr	8.94	8.95	8.82	10.73	9.12	11.60	8.88
Mo	—	—	0.47	0.38	0.15	0.14	—
W	2.94	2.93	1.87	1.97	2.40	2.68	2.85
Ni	—	—	0.17	0.36	0.01	0.17	—
Co	3.03	3.03	—	—	1.8	2.48	3.00

续表

	9Cr3W3Co	9Cr3W3CoB	P92	P122	BH	NF12	MARBN
Cu	—	—	—	0.97	—	—	—
V	0.19	0.19	0.19	0.22	0.20	0.20	0.20
Nb	0.050	0.050	0.06	0.056	0.05	0.08	0.051
N	0.002	0.001	0.047	0.072	0.050	0.045	0.0079
B	—	0.0048	0.0020	0.0039	0.0060	0.0026	0.0135
均质化温度	1050℃	1050℃	1070℃	1050℃	1050℃	1100℃	1150℃
回火温度	790℃	790℃	780℃	770℃	780℃	760℃	770℃

表 4-6　几种 9-12Cr 马氏体耐热钢中发现 Z 相的试验条件

钢种	w(Cr)	蠕变时间	Z 相相对含量
P91	8.30%	8000h/650℃	很少
E911	8.61%	10000h/650℃	少
P92	8.96%	31000h/650℃	少
P122	11.0%	10000h/650℃	中等
AXM	10.48%	43000h/600℃	中等
FN5	11.20%	8000h/650℃	中等
HCM12	12.20%	85000h/585℃	中等
VM12	11.61%	16000h/625℃	高
TB12M	11.33%	10000h/650℃	高
T122	12.20%	12000h/660℃	高
NF12	11.60%	17000h/650℃	高

Z 相在 9Cr 和 12Cr 钢中在蠕变过程中沉淀速度和粗化规律区别明显。根据热力学计算和试验分析，Hald 等[85]提出了利用 Z 相强化 12Cr 钢作为新一代高温马氏体耐热钢的想法。如图 4-23 所示，Z 相是比 MX 热力学稳定性更高的第二相。如前所述，Z 相析出的驱动力主要是受到 Cr 含量的影响。为了避免 12Cr 钢中 Z 相沉淀并迅速长大而导致性能迅速劣化的问题，通过增加 Cr 含量和增加 Co 元素以提高 Z 相形成的驱动力，同时降低 C 含量促进 Z 相析出同时抑制δ相的存在，达到热处理沉淀析出弥散细小的 MN 相，并使其在时效过程中迅速转化为弥散的 Z 相，达到弥散强化的目的。

图 4-24 给出了 T122 和 12Cr 试验钢在 650℃下蠕变试验中 Z 相析出的形态。T122 中的 Z 相经 4400h 蠕变后就迅速长大到 600nm。随着蠕变时间延长，会很容易长大到微米级颗粒，同时消耗掉周围的 MX 强化粒子。而试验钢经 1000h 蠕

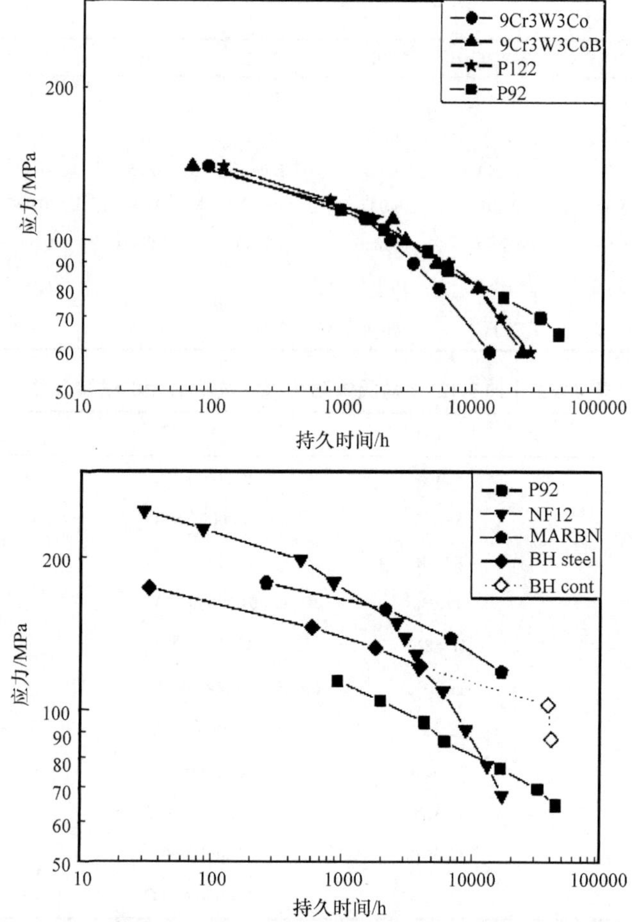

图 4-22　几种 9-12Cr 商用及试验钢种在 650℃的蠕变试验结果[86-88]

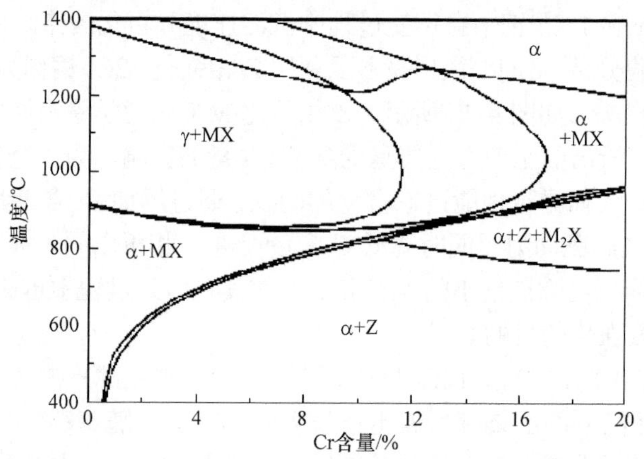

图 4-23　合金含量为 0.10C-0.06Nb-0.21V-0.06N 钢平衡相图和 Cr 含量关系

变后，基体中析出弥散分布大小约为 30nm 的 Z 相，并完全取代了 MX 粒子，如此决定了弥散分布的 Z 相在其后的长大和粗化过程将会十分缓慢，这一现象成功避免了过去 12Cr 钢中 Z 相迅速长大而对蠕变性能有害的动力学模式。事实上，有些关于 Z 相强化的马氏体耐热钢专利形成就是基于这个原理[89]。

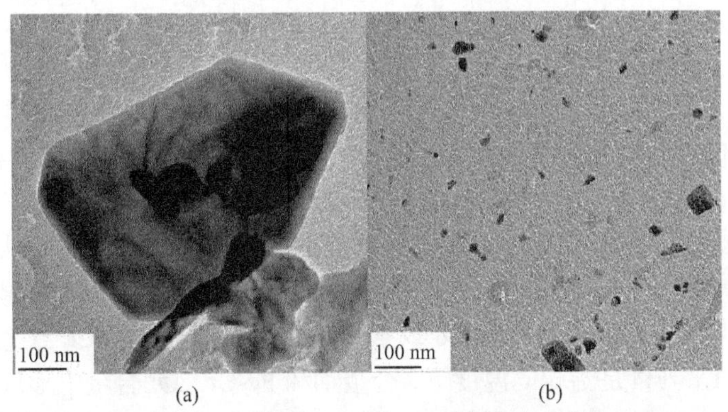

图 4-24　T122 和 12Cr 试验钢在 650℃下蠕变试验中 Z 相析出的形态

(a)经 4400h 蠕变在 T122 中形成的大尺寸 Z 相；(b)12Cr 试验钢 1000h 蠕变形成的弥散分布的 Z 相

4.8　δ-铁素体

钢中的 δ-铁素体(δ-Fe)相按照其形成的机理可分为平衡态和非平衡态两种。前者是由材料的化学成分决定的，当钢中的 Cr、Mo、W、V、Nb、Al、Si 等铁素体形成元素的含量增加而奥氏体形成元素 C、N、Mn、Ni、Cu、Co 的含量减少时将增加钢中 δ-Fe 相的析出倾向和平衡态下的 δ-Fe 相数量，平衡态 δ-Fe 相是无法通过后续热处理措施减少的。非平衡态 δ-Fe 相是在高温下形成的，是由于冷却条件限制未来得及转变成奥氏体而保留下来的部分，这部分δ-铁素体理论上是可以通过合适的热处理工艺进行消除。

4.8.1　马氏体耐热钢中δ -Fe 相的产生及其影响

δ-铁素体一般出现在马氏体耐热钢热处理过程中以及焊接过程中并在焊缝中形成。相关研究表明[90-92]，由于 Cr 含量的原因，在 12Cr 钢中更容易形成δ-铁素体，在奥氏体化固溶处理过程中形成而残留，而且随着固溶处理温度的提高和冷却速度的减小而增多。δ-铁素体也会因为 C、Cr 和 Mo 等合金成分偏聚而形成。δ-铁素体作为高温相，与低温形成的铁素体区别在于：低温铁素体在扩散型相变过程中形成，沿扩散系数较大的原奥氏体晶界形核并长大，因此它的形态可显示原奥氏体晶界。而原奥氏体是在 δ-铁素体上形核长大的，δ-铁素体可以穿越原奥氏体晶粒，因此观察到的 δ-铁素体常常表现为穿晶的带状以及沿晶界分布的形态。图 4-25 是 12CrMoWVNbN10-1-1 钢经 1050℃缓冷到 570℃空冷，经 750℃回火得到的金相组织。图中清晰地显示了 δ-铁素体的形态。室温下保留下来的 δ-铁素体难以在回火热处理中消除。由于化学成分、晶格常数和尺寸因素，δ-铁素体和基体α-铁素体之间为非共格关系，δ-铁素体的存在会明显影响材料的力学性能和高温蠕变特性，而且这种影响并非是单一的。δ-铁素体存在会降低材料常温韧性、引起脆断，但对材料的强度影响并不明显。由 Fe-C 相图可知，δ-铁素体中 C 含量最高溶解度是 0.09%C。δ-铁素体因缺乏马氏体相变带来的复杂的亚结构，体内位错高温下运动受到的阻碍小，不利于抗蠕变性。也会在其中形成 Laves 相而有利于改善蠕变性能。但一般认为，δ-铁素体存在对材料的性能是有害的。

为了预测高 Cr 合金钢中出现δ-铁素体的可能性，引入了 Cr 当量的概念。这里合金钢的 Cr 当量是指相同温度下，合金钢和 Fe-Cr 二元合金中形成等量δ-铁素体时后者的含 Cr 量。根据不同研究结果，不同研究者给出了不同的 Cr 当量计算公式，铁素体耐热钢中的 Cr 当量的计算公式列在表 4-7 中。公式中各合金元素的系数显示出该元素对奥氏体区域大小的影响是扩大还是缩小。还可以看出，不同的研究者对是否出现δ-铁素体的 Cr 当量的判据也不相同，这可能是和实验研究对象具体状态相关。

图 4-25　12CrMoWVNbN10-1-1 钢的金相组织[93]

经 1050℃缓冷到 570℃空冷+750℃回火，形成 δ-铁素体

在过去关于 9-12Cr 马氏体耐热钢的研究中，一般认为δ-Fe 相出现在组织结构中会影响材料的蠕变强度、韧性和延展性。所以在钢的热处理、加工和焊接等过程中应避免该相的形成。对 9-12Cr 焊接研究发现[94]，有效降低δ-Fe 相产生的方式是尽可能降低焊接材料的 Cr 当量值。

表 4-7　9-12Cr 合金钢中避免出现δ-铁素体 Cr 当量计算建议公式[95]

方程	δ-铁素体出现判据
1. Cr_{eq}(%) = Cr + 5.2Si + 4.2Mo + 2.1W + 11V + 4.5Nb + 12Al + 7.2Ti − 3Ni − 2Mn − 40N − 40C	—
2. Cr_{eq}(%) = Cr + 1.5Si + 2V + 3Nb + 2.5Al + 7.2Ti + 10Zr − 3Ni − 2Mn − 2Cu −40N − 40C	—
3. Cr_{eq}(%) = Cr + 6Si + 4Mo + 1.5W + 11V + 5Nb + 12Al + 8Ti + 2.5Ta − 4Ni − 2Co − 2Mn − 1Cu − 30N − 40C	Cr_{eq}<10%
4. net Cr_{eq}(%) = Cr + 2Si + 1.5Mo + 0.75W + 5V + 1.75Nb + 5.5Al + 1.5Ti −0.691(Ni + Co + 0.5Mn + 0.3Cu + 25N + 30C)	net Cr_{eq}<10%
5. Cr_{eq}(%) = Cr + Si + 2Mo + 1.5W + 4V − 2.3Ni − 0.3Mn	Cr_{eq}<15%
6. Cr_{eq}(%) = Cr + 2Si + 1.5Mo − 2Ni − Mn − 15N	Cr_{eq} − 7.5C<8.2%
7. Md= 1.059Cr + 1.034Si + 1.663Mo + 1.836W + 1.610V + 2.335Nb + 2.486Ta + 2.497Ti + 0.755Co + 0.637Cu + 0.825Fe − 0.4N − 0.23C	Md<0.852
8. δ-ferrite(%) = 14Cr + 6Si + 5Mo + 18V + 54Al − 220N − 210C − 20Ni − 7Co − 7Cu − 6Mn	—
9. δ-ferrite(%) = 12.1Cr + 32.9Si + 39.1Mo + 46.1V + 83.5Nb − 553C − 476N − 49.5Mn − 28.7Ni − 698B − 104	—
10. δ-ferrite(%) = 2.962+1.885(kJ/mm)	—
11. Cr_{eq}(%) = Cr + 0.8Si + 2Mo + 1W + 4V + 2Nb + 1.7Al + 60B + 2Ti + 1Ta − 2.0Ni − 0.4Mn − 0.6Co − 0.6Cu − 20N − 20C	Cr_{eq}<10%

4.8.2　化学成分对 δ-Fe 相体积分数的影响

化学成分对 δ-Fe 相体积分数的影响，实质上是通过 Cr 当量控制来实现的。为避免 δ-Fe 相的形成，图 4-26 给出了 P92 耐热钢合金元素含量在 Schaeffler 图中所处的位置。

当 9Cr 材料的成分处于靠近 M+F 两相区附近时，即使平衡状态组织位于 M 单相区，由于不可避免地会存在成分偏析，实际组织中也很容易形成 δ-Fe 相。从避免形成 δ-Fe 相的角度考虑，材料的化学成分应尽可能远离 M+F 相区。此外，Ryu 等[95]还给出的 Cr_{eq} 计算公式和判据：

$$Cr_{eq}(\%)=Cr+0.8Si+2Mo+1W+4V+2Nb+1.7Al+60B+2Ti+1Ta-2Ni-0.4Mn-0.6Co-0.6Cu-20N-20C \quad (4\text{-}5)$$

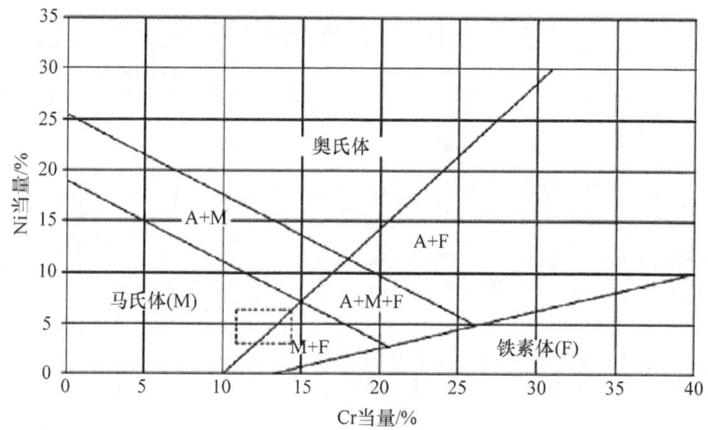

图 4-26 P92 材料合金元素在 Schaeffler 图中位置[96]

Ni 当量=Ni+Co+0.5Mn+0.3Cr+30C+25N；Cr 当量=Cr+2Si+1.5Mo+5V+5.5Al+1.75Nb+1.5Ti2Ti+0.75W

认为在 Cr_{eq} 大于 10%时将会形成 δ-Fe 相。在材料实际加工过程中，考虑到成分偏析现象的存在，特别是对厚壁和大口径的 9Cr 材料，其熔炼成分的 Cr 当量应小于 10%。事实上，厚壁和大口径结构在制造过程中微观偏析是显著的，如 P92 材料钢中 W 平均含量为 1.57%，但有部分区域含量超过 2%[96]。

Mo 含量对 δ-Fe 相析出的影响，通过不同 Mo 含量的 9Cr 及其高温持久强度比较研究给出了明确结论[62]。Mo 含量提高可明显改善材料的蠕变强度。微观结构分析表明，在相同的“固溶+回火”处理后，在 650℃条件下时效下，9Cr-1Mo 中没有δ-Fe 相的形成，而其他两个组分钢中均发现有δ-Fe 相，第二相均粗化明显。9Cr-1Mo 中没有发现 Laves 相，但在其他两个钢种中均有δ-Fe 相，且 Laves 相形成于晶界和δ-Fe 相中。比较 9Cr-2Mo 和 9Cr-3Mo 微观结构，发现 9Cr-3Mo 沉淀明显细小且密度高。可见，高蠕变性能来源于高密度弥散分布的第二相沉淀强化。

4.8.3 加工温度对 δ -Fe 相体积分数的影响

δ-Fe 相的形成除了受材料化学成分的影响外，还与热加工温度直接关系，特别是锻造的加热温度。参照 12Cr 汽轮机叶片用钢关于 δ-Fe 当量 $E_{δ\text{-}Fe}$ 的计算方法预测 P92 材料中 δ-Fe 相的形成趋势[97]。$E_{δ\text{-}Fe}$ 由 Cr 当量和温度当量 E_T 确定，即：

$$E_{δ\text{-}Fe} = Cr_{eq} + E_T \quad (4\text{-}6)$$

式中，$E_T = (T-1150)/80$。当满足 $E_{δ\text{-}Fe} \leqslant 11.0$ 时，一般不会形成 δ-Fe 相。例如，根据 P92 化学成分按照(4-6)式计算材料的 Cr 当量约为 9.6，如钢锭的锻造加热温度为 1250℃时，温度当量 E_T 为 1.25，则满足 $E_{δ\text{-}Fe} \leqslant 11.0$ 的条件。

δ-Fe 相的体积分数较高时会对 P92 钢管的长时性能产生不利影响[98]。因此控制组织中 δ-Fe 相的体积分数是保证大尺寸厚壁构件性能的关键，也是工程上必须解决的一个重要问题。这是因为大规格构件采用的钢锭较大，成分的宏观偏析会更显著，其次是较大的钢锭要求热加工时间和温度也更长或更高，如此条件有利于形成 δ-Fe 相。国内有关规范要求 P92 材料的 δ-Fe 相体积分数应控制在 5%以内[99,100]。实践证明，采用适当的加工方式控制 P92 钢管显微组织中的 δ-Fe 相，完全能够满足小于 5%的要求，甚至控制在 3%以下，而且钢管的其他各项理化指标均符合要求。

4.9　钢中 C 含量对碳化物析出行为的影响

C 是钢的主要合金元素，铁素体钢的主要分类就是根据 C 含量划分的。C 含量多少显著影响钢的性能。C 含量高，钢的强度和硬度提高，相应的塑韧性和可焊接性降低。对于马氏体耐热钢来说，C 含量一般在 0.1%左右，有部分 C 为 N 所替代。虽然 C 含量不多，但 C 是作为马氏体耐热钢中各类碳氮化合物析出强化最主要的元素。如前所述，C 与 Cr 在晶界处形成 $M_{23}C_6$ 沉淀，达到稳定晶界提高钢的蠕变强度的目的。C、N 与 V、Nb 可以形成细小弥散的(V, Nb) (C, N) MX 相并析出，能显著提高钢的热强性。马氏体耐热钢中碳氮化合物沉淀相的含量、结构和分布等不仅和材料合金成分、热处理条件及工艺条件等相关，也和合金钢中 C 含量密切相关。

研究认为，$M_{23}C_6$ 碳化物会因热稳定性不足随温度提高而易于发生粗化行为[8]。所以，为某种程度上提高马氏体耐热钢的高温性能，有人提出减少 $M_{23}C_6$ 相析出量，促进细小弥散的 MX 相析出。Abe 等[101,102]研究了 C 含量对 9Cr3W 马氏体耐热钢在 650℃蠕变过程中析出相的影响，如图 4-27 所示。从图中可以看出，

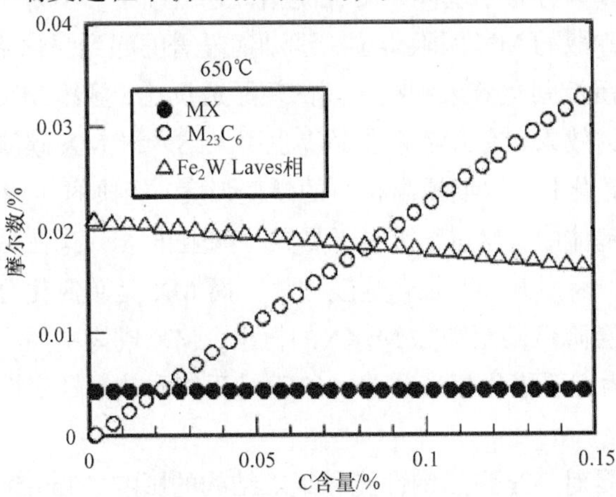

图 4-27　9Cr3W 钢在 650℃下主要沉淀相的析出量

C 含量对 MX 相的析出没有明显影响，但 $M_{23}C_6$ 相析出量随着 C 含量的增加而明显增多，相应 Laves 相略有减少。因此，降低马氏体耐热钢中 C 含量能够有效减少 $M_{23}C_6$ 相的析出。图 4-28 所示为不同 C 含量对 9Cr 铁素体耐热钢在（140MPa, 650℃）条件下对蠕变断裂时间和最小蠕变速率的影响。可以看出，当 C 含量小于 0.05%时，能显著延长期蠕变断裂时间和降低最小蠕变速率[102]。

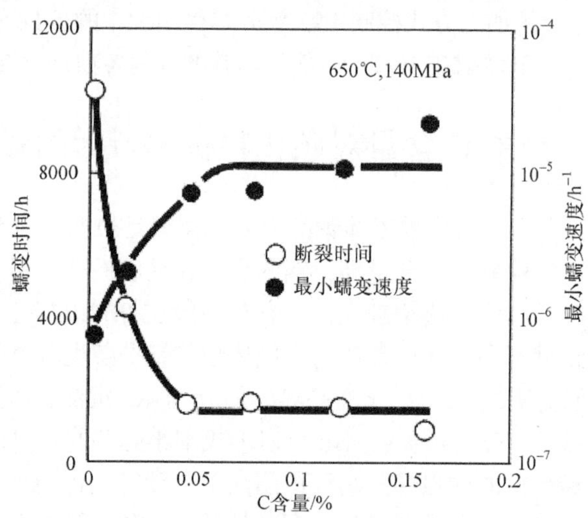

图 4-28　9Cr3W 耐热钢在（140MPa, 650℃）条件下蠕变断裂时间及最小蠕变速度和 C 含量的关系

MX 碳氮化合物主要分布在马氏体板条基体中的位错处，一般尺寸很小，在 2～20nm 范围。而 $M_{23}C_6$ 大小在 200～300nm[103]。由于 MX 碳氮化合物中合金元素主要是 V 和 Nb，这些元素在基体中溶解度很小，在高温蠕变过程中 MX 长大速度缓慢。MX 作为分布于基体中的沉淀相，弥散细小，不易长大粗化，这种析出于基体中细小弥散的 MX 因阻碍位错运动而显著的起到强化基体的作用。根据 Hall-Pitch 公式，沉淀强化效果和粒子间的间距成反比，显然 MX 比 $M_{23}C_6$ 具有更显著的沉淀强化的效果。有人考虑在晶界也引入纳米级 MX 碳氮化合物取代大尺寸的 $M_{23}C_6$ 合金碳化物，以期提高材料的蠕变强度。经典的 9-12Cr 马氏体耐热钢中，MX 析出于基体中，$M_{23}C_6$ 析出于晶界。如阻止 $M_{23}C_6$ 在晶界析出，则会使 MX 在晶界析出。因为 $M_{23}C_6$ 是合金碳化物，而 MX 是碳氮化合物，通过降低钢中的 C 含量，则会降低甚至消除 $M_{23}C_6$ 的析出，MX 成为主要沉淀相。因此，利用 MX 氮化物作为主要强化相来改善 9-12Cr 马氏体耐热钢蠕变性能也许是一个很好的设想。

为探讨 C 含量对 9Cr 耐热钢性能和组织结构的影响，Taneike 等[104]对不同 C

含量的 9Cr-3W 耐热钢的研究表明，C 含量从 0.002 %变化到 0.16%过程中，9Cr-3W 中碳化物析出差异显著。虽然材料的组织结构保持马氏体结构，但碳氮化合物沉淀相的分布和形态明显不同。从常规力学性能来看，如图 4-29 所示，C 含量的变化对材料的性能影响并不明显。从组织结构来看，如图 4-30 所示，钢中 C 含量高于 0.05%的条件下，$M_{23}C_6$ 碳化物沉淀相分布于晶界，而 MX 碳氮化合物主要是在回火后沉淀于晶内，这和一般的 9Cr 耐热钢没有明显差别。碳含量降低则产生明显不同现象，$M_{23}C_6$ 碳化物沉淀很少，但颗粒尺寸却很大。沿晶界分布的主要是 MX 相。而 C 含量在 0.002%时，没有 $M_{23}C_6$ 碳化物沉淀形成，取而代之的是在晶界出现密排的、尺寸大小在 2～20nm 的 MX 沉淀。在晶界处，细小弥散的 MX 碳氮化合物和大尺寸的碳化物结合，可更显著的提高 9Cr 钢晶界的稳定性。材料的蠕变强度得到显著改善[77]。

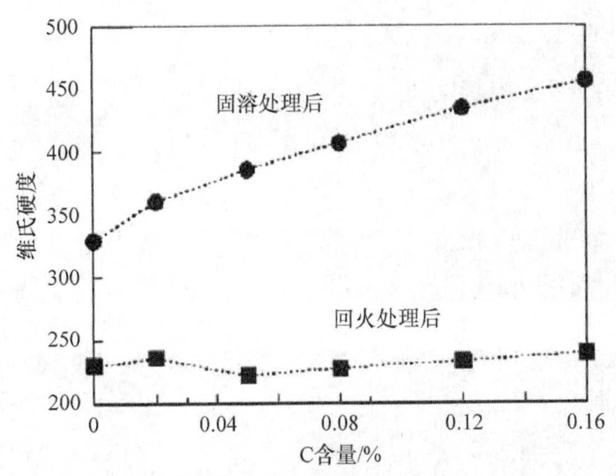

图 4-29　9Cr-3W 钢的硬度随 C 含量变化

在基体中分布的细小弥散沉淀粒子主要是 MX。在 C 含量高的材料中，MX 核心为 Nb 的碳氮化合物，形态为长条状的 MX，两端是翼状的含 V 的 MX 碳氮化合物，但 C 含量低的材料中 MX 不是这样的结构。虽然形态差异明显，但 X 射线能量分散谱(EDX)成分分析显示，合金钢中 C 含量的变化没有明显影响 MX 中合金元素 Nb、V 的相对含量，即不同样品中合金元素含量相当。MX 在不同 C 含量钢中的形态差异可能和析出过程相关，在含 C 量高的材料中，Nb 的碳氮化合物先析出，接着 V 的碳氮化合物继续析出而出现长条状呈翼状形态。对于无 C 材料中的 MX，因 MX 中富含 V，由于大量的 MX 在晶界析出，所以在晶内就没有足量的 V 析出成为翼状的 MX 形态。

利用 Thermo-Calc 软件计算平衡态下第二相析出量，结果显示平衡态下的沉淀相相对量随 C 含量的变化，如图 4-31。$M_{23}C_6$碳化物沉淀量随 C 含量的减少成线性下降，在 C 含量达到 0.002%以下时，MX 析出量超过 $M_{23}C_6$碳化物。而 MX 中合金元素含量和合金钢中 C 含量几乎没有关系。这和实验结果相吻合。

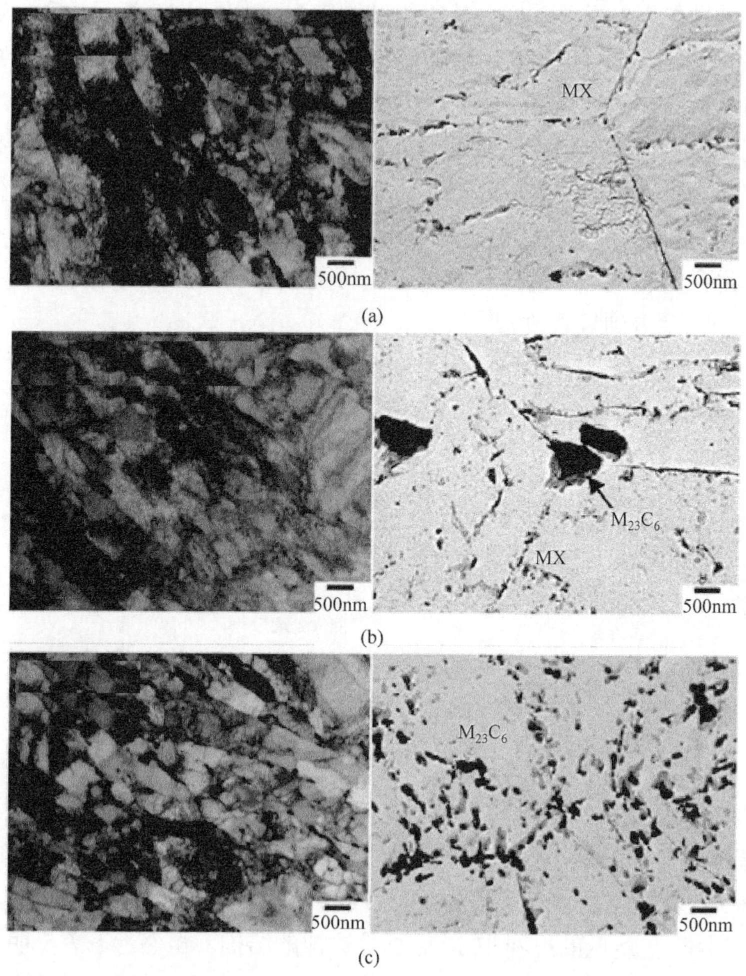

图 4-30　不同 C 含量下 9Cr3W 钢的组织结构[104]

(a) 0.002%；(b) 0.02%；(c) 0.08%

在基体中，不同 C 含量钢中析出 MX 沉淀相的尺寸大小相当，但 C 含量高的钢中 MX 密度大；最主要的区别是晶界析出的沉淀相产生显著差异，含 C 钢晶界析出的主要是 $M_{23}C_6$ 碳化物，有少量的 MX 夹杂在其中，而 C 含量低于 0.02%时，晶界主要析出 MX。

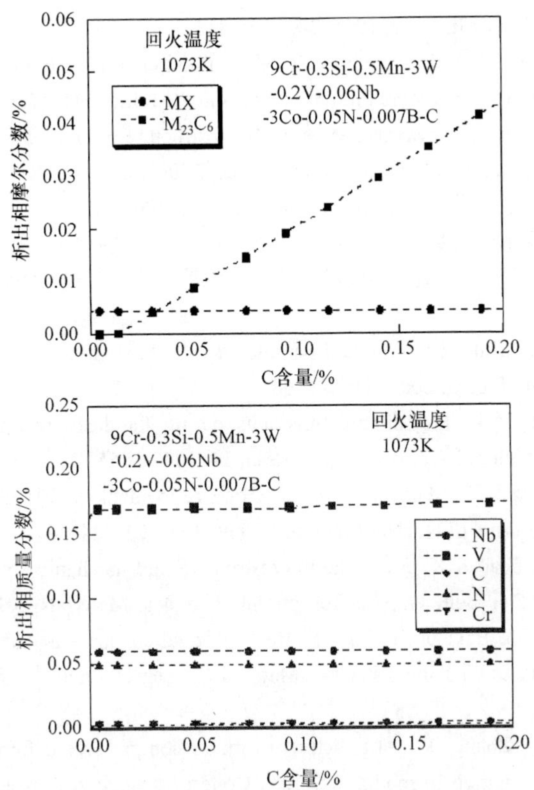

图 4-31　Thermo-Calc 计算 1073K 温度下平衡析出第二相量的含量及其和 C 含量的关系[104]

如前所述，马氏体耐热钢的强化方式包括马氏体强化和合金强化，而合金强化主要是通过析出沉淀强化。综合强化作用使 9-12Cr 马氏体耐热钢成为热强性和热稳定性兼具的钢种。第二相的析出行为不仅起到突出的强化作用，对材料的热强性包括蠕变和疲劳性能有明显的贡献，而且对材料的服役过程和寿命有显著贡献。复杂的冶金因素造成马氏体耐热钢的第二相析出行为亦较为复杂。不同材料中析出行为有明显不同，相同材料不同热处理条件下或不同批次材料中的析出也有差异，包括第二相的种类、析出量的多少、第二相的尺寸和分布等，这些因素同样影响材料的高温服役行为。在长期的高温服役过程中，特定条件下的热力学因素控制材料组织结构的变化。这是一个极其缓慢的动力学变化过程，由此控制服役材料的性能下降和组织结构退化，有关第二相的演变及组织结构演变起到决定性的作用。

参 考 文 献

[1] Irani J, Honeyambe R W K. Clustering and precipitation in iron-molybdenum-carbon alloys.

Journal of Iron and Steel Institute, 1965, 203: 826-833.

[2] Raynor D, Whiteman J A, Honeycombe R W K. Precipitation of molybdenum and vanadium carbides in high purity iron alloys. Journal of Iron and Steel Institute, 1966, 204: 349-354.

[3] Kimura M, Yamaguchi K, Hayakawa M, et al. Microstructure of creep fatigued 9-12% Cr ferritic heat-resisting steels. International Journal of Fatigue, 2006, 28: 300-308.

[4] 张俊善. 材料的高温变形与强度. 北京：科学出版社, 2007.

[5] 宋余九. 金属的晶界与强度. 西安：西安交通大学出版社, 1988.

[6] 刘江南, 翟芳婷, 王正品. 蒸汽温度对 T91 钢氧化动力学的影响. 西安工业大学学报, 2007, 27: 42-45.

[7] Maile J K. Evaluation of microstructural parameters in 9-12% Cr-steels. International Journal of Pressure Vessels and Piping, 2007, 84 :62 - 68.

[8] Vitek J M, Klueh R L. Precipitation reactions during the heat treatment of ferritic steels. Metallurgical and Materials Transactions A, 1983, 14: 1047-1055.

[9] Foley D C, Hartwig K T, Maloy S A, et al. Grain refinement of T91 alloy by equal channel angular pressing. Journal of Nuclear Materials, 2009, 389: 221-224.

[10] Fan Z Q, Hao T, Zhao S X, et al. The microstructure and mechanical properties of T91 steel processed by ECAP at room temperature. Journal of Nuclear Materials, 2013, 434: 417-421.

[11] Kostka A, Tak K G, Eggeler G. On the effect of equal-channel angular pressing on creep of tempered martensite ferritic steels. Materials Science and Engineering A, 2008, 481-482:723-726.

[12] Liu C X, Liu Y C, Zhang D T, et al. Effect of minor compressive deformation in austenite on martensitic transformation in modified 9-12% Cr ferritic steel. Advanced Materials Research, 2011, 299-300: 61-64.

[13] Gibson J L, Jiménez C, Andrés C G, et al. Evaluation of the abnormal grain growth in an ASTM 213 grade T91 steel. Procedia Materials Science, 2015, 8:1118-1126.

[14] Hu Z F, Wang Q J. Microstructure evolution in 9Cr martensitic steel during long-term creep at 650℃. Journal of Iron and Steel Research International, 2012, 19:55-59.

[15] Cerri E, Evangelista E, Spigarelli S, et al. Evolution of microstructure in a modified 9Cr-1Mo steel during short term creep. Materials Science and Engineering A, 1998, 245: 285-292.

[16] Maruyama K, Sawada K, Koike J. Strengthening mechanisms of creep resistant tempered martensitic steel. ISIJ int, 2001, 41, 641-653.

[17] Janovec J, Vyrostkova A, Svoboda M. Influence of tempering temperature on stability of carbide phases on 2.6Cr-0.7Mo-0.3V steel with various carbon content. Metallurgical and Materials Transactions A, 1994, 25: 267-275.

[18] Senior B A. A critical review of precipitation behavior in 1CrMoV rotor steel. Materials Science and Engineering A, 1988, 103:263-271.

[19] Vỳrostková A, Kroupa A, Janovec J, et al. Carbide reactions and phase equilibria in low alloy Cr-Mo-V steels tempered at 773-993K part I: experimental measurements. Acta Materialia, 1998, 46:31-38.

[20] Strang A, Vodarek V. Z phase formation in martensitic 12CrMoVNb steel. Materials Science and

Technology, 1996, 12: 552-556.

[21] Hu Z F, Yang Z G. Identification of the precipitates by TEM and EDS in X20CrMoV12.1 for long-term service at elevated temperature. Journal of Materials Engineering and Performance, 2003, 12:106-111.

[22] Hättestrand M, Andrén H Q. Evaluation of particle size distributions of precipitates in a 9% Cr-steel using energy filtered transmission electron microscopy. Micron, 2001,32:789-797.

[23] 胡正飞, 杨振国. 长期高温时效的 F12 耐热合金钢中碳化物形态和组分变化, 金属学报, 2003, 38:131-135.

[24] Abe F. 4th International Conference on Recrystallization and Related Phenomena. Sendai: The Japan Institute of Metals, 1999: 289-294.

[25] Horiuchi T, Igarashi M, Abe F. Improved utilization of added B in 9Cr heat-resistant steels containing W. ISIJ, 2002, 42: S67-S71.

[26] Yamada K, Igarashi M, Muneki S, et al. Creep properties affected by morphology of MX in high Cr ferritic steels. ISIJ International, 2001, 41: S116-S120.

[27] Sawada K, Kubo K, Abe F. Contribution of coarsening of MX carbonitrides to creep strength degradation in high chromium ferritic steel. Materials Science and Technology, 2003, 19: 732-738.

[28] Suzuki K, Kumai S, Toda Y, et al. Two-phase separation of primary MX carbonitride during tempering in creep resistant 9Cr1MoVNb steel. ISIJ International, 2003, 43: 1089-1094.

[29] Baker R G, Nutting J. Precipitation processes in steels. ISI Special Report, 1959, 64:1-20.

[30] Rogl P, Naik S K, Rudy E. A constitutional diagram of the system TiC-HfC-WC. Monatshefte Fur Chemie, 1977, 108: 1189-1211.

[31] Hillert M, Staffansson L I. The regular solution model for stoichiometric phases and ionic melts. Acta Chemica Scandinavica, 1970, 24: 3618-3626.

[32] Ohtani H, Hasebe M, Nishizawa T. Calculation of the Fe-C-Nb ternary phase diagram. Calphad, 1989, 13:183-204.

[33] Ohtani H, Tanaka T, Hasebe M, et al. Calculation of the Fe-C-Ti ternary phase diagram. Calphad, 1988, 12: 225-246.

[34] Inoue K, Ohnuma I, Ohtani H, et al. Solubility product of TiN in austenite. ISIJ International, 1998, 38: 991-997.

[35] Knacke O, Kubaschewski O,Hesselmann K. Thermochemical Properties of Inorganic Substances. 2nd ed, Springer-Verlag, 1991.

[36] Yoshino M, Mishima Y, Toda Y, et al. Phase equilibrium between austenite and MX carbonitride in a 9Cr-1Mo-V-Nb steel. ISIJ International, 2005, 45: 107-115.

[37] Tiedema T J, Bouman J, Burgers W G. Phase equilibrium between austenite and MX carbonitride in a 9Cr-1Mo-V-Nb steel precipitation in gold-platinum alloys. Acta Metallurgica, 1957, 6: 310-321.

[38] Ardell A J, Nicholson R B. On the modulated structure of aged Ni-Al alloys: with an appendix on the elastic interaction between inclusions. Acta Metallurgica, 1965, 14: 1295-1309.

[39] Kozakai T, Miyazaki T. Microstructural changes near the coherent spinodal line in the Fe-Mo

alloy system. Trans. Journal of the Japan Institute of Metals, 1983, 24: 633-641.

[40] Cahn J W. On spinodal decomposition. Acta Metallurgica, 1961, 9: 795-801.

[41] Ustinovshikov Y, Chen S, Shirobokova M. Laves phase formation on solids. Journal of Materials Science, 1994, 29:1411-1416.

[42] Hofer P, Cerjak H, Schaffernak B, et al. Quantification of precipitates in advanced creep resistant 9-12% Cr steels. Steel Research, 1998, 8: 343-348.

[43] Hald J. Future ferrite steels for high-temperature service// Metcalfe E. New steels for advanced plant up to 620℃. California: EPRI, 1995: 152-173.

[44] Hosoi Y, Wade N, Kunimitsu S, et al. Precipitation behavior of laves phase and its effect on toughness of 9Cr-2Mo ferritic-martensitic steel. Journal of Nuclear Materials, 1986,141-143: 461-467.

[45] Korcakova L, Hald J, Somers M A J. Quantification of laves phase particle size in 9CrW steel. Materials Characterization, 2001, 47, 111-117.

[46] Ku B S, Yu J. Effects of Cu addition on the creep rupture properties of a 12Cr steel. Script Materialia, 2001, 45: 205-211.

[47] Hattestrand M, Andren H O. Evaluation of particle size distributions of precipitates in a 9% chromium steel using energy filtered transmission electron microscopy. Micron, 2001, 32: 789-797.

[48] Kunimitsu S, Iwamoto T, Hotta A, et al. Effect of Mo and Si on laves phase precipitation in 10%Cr steels//Proc. International Conference on stainless steels. Chiba: ISIJ, 1991: 627-632.

[49] Hald J. Metallurgy and creep properties of new 9-12% Cr steels. Steel Res. 1996, 67:369-374.

[50] Foldyna V, Kubon Z, Filip M, et al. Evaluation of structural stability and creep resistance of 9-12% Cr steels. Steel Research, 1996, 67: 375-381.

[51] Kubon Z, Foldyna V. The effect of Nb, V, N and Al on the creep rupture strength of 9-12% Cr steel. Steel Research, 1995, 9: 389-393.

[52] Chilukuru H, Durst K, Wadekar S, et al. Coarsening of precipitates and degradation of creep resistance in tempered martensite steels. Materials Science and Engineering A, 2009, 510-511:81-87.

[53] Knezevic V, Balun J, Sauthoff G, et al. Design of martensitic/ferritic heat-resistant steels for application at 650°C with supporting thermodynamic modelling. Materials Science and Engineering A, 2008, 477: 334-343.

[54] Abe F, Igarashi M, Wanikawa S, et al. R&D of advanced ferritic steels for 650℃ USC boilers// Strang A, Banks W M, Conroy R D. PARSONS 2000 Advanced Materials for 21 Century Turbines and Power Plant. Proceedings of the Fifth International Charles Parsons Turbine Conference. Cambridge: Churchill College, 2000: 129-142.

[55] Iseda A, Natori A, Sawaragi Y, et al. Development of high strength and high corrosion resistance 12%Cr steel tubes and pipe（HCM12A）for boilers. Thermal Nuclear Power, 1994, 45: 900-909.

[56] Sinha A K, Hume-Rothery W. The iron-tungsten system. Journal of Iron Steel Institute, 1967, 205: 1145-1149.

[57] Villars P, Calvert L D. Pearson's handbook of crystallographic data for intermetallic phases. Ohio:

American Society for Metals, 1985.

[58] Qiang L. Precipitation of Fe2W laves phase and modeling of its direct influence on the strength of a 12Cr-2W steel. Metallurgical and Materials Transactions A, 2006, 37: 89-97.

[59] Hald J. Microstructure and long-term creep properties of 9-12% Cr steels. International Journal of Pressure Vessels and Piping, 2008, 85: 30-37.

[60] Fernandez P, Hernandez-Mayoral M, Lapena J, et al. Correlation between microstructure and mechanical properties of reduced activation modified F-82H ferritic martensitic steel. Materials Science and Technology, 2002, 18: 1353-1362.

[61] Nath B, Metcalfe E, Hald J. Microstructural development and stability in new high strength steels for thick section applications at up to 620℃// Strang A, Gooch D J. Microstructural development and stability in high chromium ferritic power plant steels. London: The Institute of Materials, 1997: 123-144.

[62] Grobner P J, Hagel W C. The effect of molybdenum on high-temperature properties of 9 pct Cr steels. Metallurgical and Materials Transactions A, 1980,11: 633-642.

[63] Abe F. Creep rates and strengthening mechanisms in tungsten-strengthened 9Cr steels. Materials Science and Engineering A, 2001, 319-321: 770-773.

[64] Sawada K, Takeda M, Maruyama K, et al. Effect of W on recovery of lath structure during creep of high chromium martensitic steels. Materials Science and Engineering A, 1999, 267: 19-25.

[65] Binder W O. Symposium on sigma-phase. Cleveland, OH: ASTM, 1950.

[66] Hughes H. Complex Nitride in Cr-Ni-Nb Steels. Journal of Iron and Steel Research International, 1967, 205:775-778.

[67] Ettmayer P. Die struktur der komplexnitride NbCrN und Ta1−xCr1+xN. Monatshefte Fur Chemie, 1971, 102: 858-863.

[68] Gridnev V N, Ivanchenko V G, Sulzhenko V K. Thermodynamic calculation of phase equilibria in Cr-V-N alloys. Izvestiya Akademii Nauk SSSR, 1983, 3: 209-212.

[69] Jack D H, Jack K H. Structure of Z-phase, CrNbN. Journal of Iron and Steel Institue, 1972, 209: 790-792.

[70] Danielsen H K, Hald J, Grumsen F B, et al. On the crystal structure of Z-phase Cr(V,Nb)N. Metallurgical and Materials Transactions A, 2006, 37: 2633-2640.

[71] Kurosawa F, Taguchi I, Tanino M, et al. Observation and analysis of nitrides in steels using the nonaqueous electrolyte-potentiostatic etching method. Journal of the Japan Institute of Metals, 1981, 45: 63-71.

[72] Schnabel E, Schwaab P, Weber H. Metallkundlicheuntersuch ungenan warm festenstahlen. Stahl und Eisen, 1987, 107:691-696.

[73] Strang A, Vodarek V// Strang A, Gooch D J. Microstructural development and stability in high chromium ferritic power plant steels. London: The Institute of Materials, No.1, 1997: 31-52.

[74] Hald J// Lecomte-Beckers J. Proceedings of the 8th Liege Conference on Materials for Advanced Power Engineering. Part II, Forschungszentrum J¨ulich GmbH, J¨ulich, 2006: 917-930.

[75] Taneike M, Abe F, Sawada K. Creep-strengthening of steel at high temperatures using nano-sized carbonitride dispersions. Nature, 2003, 424: 294-296.

[76] Sawada K, Kushima H, Kimura K, et al. TTP Diagrams of Z Phase in 9-12% Cr Heat-Resistant Steels. ISIJ International, 2007, 47: 733-739.

[77] Danielsen H K, Hald J. Behaviour of Z phase in 9-12% Cr steels. Energy Materials, 2006, 1: 49-57.

[78] Danielsen H K, Hald J. On the nucleation and dissolution process of Z-phase Cr(V,Nb)N in martensitic 12%Cr steels. Materials Science and Engineering A, 2009, 505:169-177.

[79] Sawada K, Suzuki K, Kushima H, et al. Effect of tempering temperature on Z-phase formation and creep strength in 9Cr-1Mo-V-Nb-N steel. Materials Science and Engineering A, 2008, 480: 558-563.

[80] Agamennone R, Blum W, Gupta C, et al. Evolution of microstructure and deformation resistance in creep of tempered martensitic 9-12%Cr-2%W-5%Co steels. Acta Materialia, 2006, 54: 3003-3014.

[81] Ishii R, Tsuda Y, Yamada M, et al. Fine precipitates in high chromium heat resisting steels, Tetsu-to-Hagane. 2002, 88: 36-43.

[82] Sawada K, Kushima H, Kimura K. Z-phase formation during creep and aging in 9-12% Cr heat resistant steels. ISIJ International, 2006, 46: 769-775.

[83] Sawada K, Tabuchi M, Hongo M, et al. Z-Phase formation in welded joints of high chromium ferritic steels after long-term creep. Materials Characterization, 2008, 59, 1161-1167.

[84] Danielsen H K, Hald J. A thermodynamic model of the Z-phase Cr(V, Nb)N. Computer Coupling of Phase Diagrams and Thermochemistry, 2007, 31: 505-514.

[85] Hald J, Danielsen H K. Z-phase strengthened martensitic 9-12% Cr steels//Proceedings of 3rd Symposium on Heat Resistant Steels and Alloys for High Efficiency USC Power Plants. Tsukuba, Japan: National Institute for Materials Science, 2009.

[86] Abe F. Stress to produce a minimum creep rate of 10-5%/h and stress to cause rupture at 105 h for ferritic and austenitic steels and superalloys. International Journal of Pressure Vessels and Piping, 2008, 87: 95-107.

[87] NIMS Creep Data Sheet, No. 51, National Institute for Materials Science, 2006, Japan.

[88] Naoi H, Oghami M, Hasegawa Y, et al. Materials for advanced power engineering 1994, Part I// Coutsoradis D. Kluwer, Dordrech: Springer Science & Business Media, 1994: 425-434.

[89] Siga M, Kirihara S, Kuriyara M, et al. US Patent No: 4414024 Martensitic heat-resistant steel. Japan 4-371551 and 4-371552.

[90] Briggs J Z, Parker T D. The super 12%Cr steel. Now York: Climax Molybdenum, 1965: 1-220.

[91] Shaw M L, Cox T B, Leslie W C. Effect of ferrite content on the creep strength of 12Cr-2Mo-0.08C boiler tubing steels. Journal of Materials for Energy Systems, 1987, 8: 347-355.

[92] Bashu S A, Singh K, Rawat M S. Effect of heat treatment on mechanical properties and fracture behavior of a 12CrMoV steel. Materials Science and Engineering A, 1990, 12: 7-15.

[93] Su W J. δ-铁素体讨论. http//www. rclbbs.com/forum.php?mod=viewthread&tid=29349&highlyght[2008-11-16].

[94] Onoro J. Martensite microstructure analysis of 9-12 percent Cr steels weld metals. Journal of

Materials Processing Technology, 2006, 180 : 137-142.
[95] Ryu S H, Yu J. A new equation for the Cr equivalent in 9 to 12 pct Cr steels. Metallurgical and Materials Transactions A, 1998, 29: 1573-1578.
[96] 邵忠伟, 苗良厚, 胡永平, 等.制造工艺对锻造 P92 钢管显微组织中 δ-F 相体积分数的影响. 先进电站用耐热钢与合金研讨会, 2009, 上海.
[97] 周荣灿，张红军，唐丽英，等. 西安热工研究院有限公司技术报告（编号：RI/TN-RB-126-2008）, 2008: 34-36.
[98] Baek J W, Nam S W, Kong B O, et al. The effect of delta-ferrite in P92 steel on the formation of laves phase and cavities for the reduction of low cycle fatigue and creep-fatigue life. Key Engineering Material, 2005, 297-300: 463-468.
[99] GB 5310-2008 高压锅炉用无缝钢管, 中华人民共和国国家标准, 2008 年 10 月发布.
[100] DL/T 438 火力发电厂金属技术监督规程,中华人民共和国电力行业标准, 2009 年发布.
[101] Abe F. Precipitate design for creep strengthening of 9% Cr tempered martensitic steel for ultra-supercritical power plants. Science and Technology of Advanced Materials, 2008, 9:013002.
[102] Abe F, Taneike M, Sawada K. Alloy design of creep resistant 9Cr steel using a dispersion of nano-sized carbonitrides. International Journal of Pressure Vessels and Piping, 2007, 84: 3-12.
[103] Ennis P J, Zielinska-Lipec A, Wachter O, et al. Microstructural stability and creep rupture strength of the martensitic steel P92 for advanced power plant. Acta Materialia, 1997, 12: 4901-4907.
[104] Taneike M, Sawada K, Abe F. Effect of carbon concentration on precipitation behavior of M23C6 carbides and MX carbonitrides in martensitic 9Cr steel during heat treatment. Metallurgical and Materials Transactions A, 2004, 35:1255-1262.

第 5 章　马氏体耐热钢的长期蠕变性能与服役行为

5.1　引　　言

蠕变(creep)，顾名思义即为缓慢的变形，是指固体受恒定的外力作用时，其应力与变形随时间变化的现象。其特征是变形，应力与外力不再保持一一对应关系，而且这种变形即使在应力小于屈服极限时仍具有不可逆的性质。蠕变行为和蠕变性能的变化是和高温材料应用密切相关的，常常影响甚至决定部件或结构高温下的使用寿命等。金属所处的温度越高，蠕变现象越明显。引起蠕变的应力称为蠕变应力，在蠕变应力作用下，蠕变变形逐渐增加，变形的最终结果导致断裂，称为蠕变断裂，导致断裂的初始应力称蠕变断裂应力。在工程上，把蠕变应力及蠕变断裂应力作为材料在特定条件下的一种强度指标来讨论时，往往又把它们称为蠕变强度及蠕变断裂强度(持久强度)。蠕变性能评价是和材料的物理本质演变过程密切相关的，在长期的服役过程中材料的性能和物理结构的改变是一个渐变的过程，这一过程又和材料服役条件和服役环境密切相关。所以蠕变性能评价利用简单的短时间试验参数外推结果是不可靠的。事实上，一些研究工作已经注意到这个问题，如寿命预测的数学模型建立也考虑到蠕变性能和微结构变化的参量关系。

考虑到利益最大化，为延长高温设备的设计寿命或构件的服役时间，即设备的延寿工作，常常根据一些关键的因素进行寿命评估，这些因素包括材料的物理条件、设备的服役历史、重新评价原始设计计算、提出将来运行条件等。蠕变性能的评价依赖于材料的物理结构，而非简单的参数外推。应用于热电厂汽轮机和锅炉等大型构件的 9-12Cr 马氏体耐钢被认为是热电厂提高热效率的关键材料。自 20 世纪 90 年代以来，一系列 9-12Cr 马氏体耐热钢相继应用，使热电厂的锅炉、蒸汽管道、汽轮机等高温设备或部件工作在 600℃甚至以上的超临界温度成为可能[1-3]。因为涉及到设备的使用寿命和运行安全，这些材料实际应用的长期性能与评价是工程上关注的重点。

新材料长期服役应用，必须充分了解材料在使用过程中可能产生微观结构的变化，以评价这些变化对材料高温蠕变行为的影响。掌握这些变化以后，才能真正体现这些部件设计的实际价值。下面分别介绍一些典型的材料的蠕变性能、有关评价其蠕变性能和微观结构的物理模型，另外介绍 9-12Cr 马氏体耐热钢长期高温条件下的蠕变行为，并通过长期高温服役材料的相关研究，说明工程实际服役条件下材料的损伤行为及其特点。

5.2　蠕变规律和蠕变断裂理论

5.2.1　蠕变一般规律

蠕变变形随时间变化一般用蠕变曲线表示，是金属在一定温度和应力作用下，伸长率随时间变化的曲线。在恒定温度下，一个受单向恒定载荷作用下的变形 ε 与时间 t 的关系可用如图 5-1 所示的经典蠕变曲线表示。该曲线可分为三个部分。

第一部分包含瞬态变形 *Oa* 和蠕变变形 *ab*。瞬态变形 *Oa* 由弹性变形 *Oa'* 和塑性变形 *a'a* 两部分组成。之后的 *ab* 称为蠕变起始阶段或第一阶段，又称蠕变减速阶段或不稳定蠕变阶段，这部分的蠕变速度是逐渐减小的。*bc* 部分为蠕变第二阶段。这时，蠕变速度达到最小值，维持恒定，称为稳态蠕变阶段或最小蠕变速度阶段。*cd* 部分为蠕变第三阶段。蠕变变形速度增加，蠕变变形发展迅速，直到材料破坏。

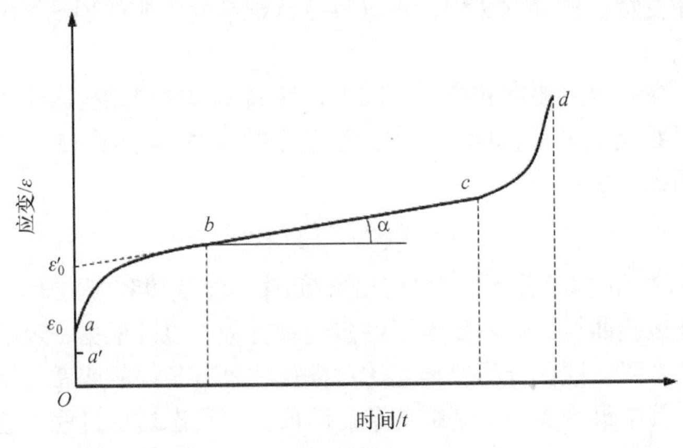

图 5-1　蠕变曲线

蠕变曲线直接反映了材料蠕变在不同阶段的特征。尽管材料、试验温度和应力差异造成蠕变曲线形态不相同，但蠕变曲线这三个阶段的特征都基本相同。蠕变曲线的各种形式取决于蠕变时金属中持续进行的物理过程及其复杂程度。温度和应力影响各个阶段的持续时间及变形大小，如图 5-2 所示。

蠕变应变或蠕变变形 ε 随时间而增加的规律，与温度、应力、时间及组织状态有关，数学上一般可用下述方程表述：

$$\varepsilon = f(\sigma, t, S, T) \tag{5-1}$$

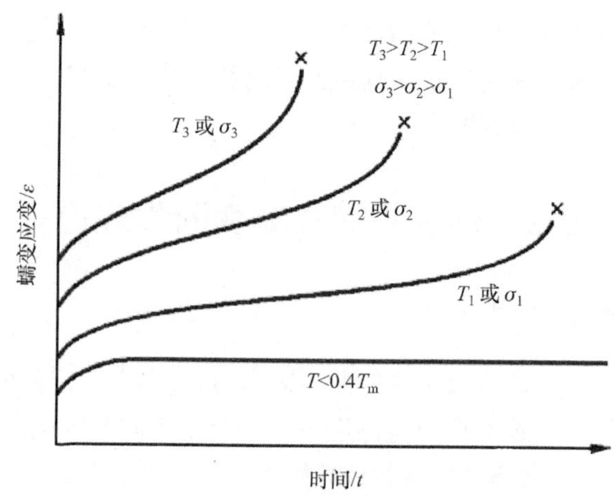

图 5-2　蠕变曲线和温度应力关系

式中，S 为材料结构因子，t 是时间，T 为温度。

由于材料、温度和应力条件不同，蠕变曲线千差万别。材料蠕变数据的获得往往需要上万小时的试验，需要耗费大量的人力、物力和时间，而针对一个系列或一类材料蠕变特性的准确认识，不仅具有认识蠕变本质的理论意义，更具有重要的工程意义。

工程上，在一定的温度和应力范围内，在固定的材料结构因子条件下，上述蠕变形变可以看成是时间、温度、应力相互独立的作用，表达式(5-1)分离为时间、温度、应力函数之积：

$$\varepsilon = f_1(t)f_2(T)f_3(\sigma) \tag{5-2}$$

其中 $f_1(t)$ 、$f_2(T)$ 和 $f_3(\sigma)$ 分别称为蠕变的时间律、温度律和应力律。

针对蠕变试验曲线，人们提出了许多经验方程，以及根据一定的蠕变形变机制提出的蠕变方程，这些方程所描述的对象往往是有条件的或者是反应蠕变某个阶段的趋势。其中最为关注的是蠕变第二阶段，即稳态蠕变过程，这是决定耐热钢高温蠕变寿命和蠕变强度的关键部分和主要阶段。

稳态蠕变条件下，蠕变和时间的关系为线性关系。

$$\varepsilon = \varepsilon_0 + \chi t \tag{5-3}$$

其中 ε_0 为初始应变，χ 为材料常数。温度对蠕变的影响表现在两个方面：一是直接影响材料的常数或参数；二是影响材料的变形机制。当温度小于 $0.4T_m$ 时，滑移过程起主要作用。随着变形的增加，蠕变速度逐渐减小，应变硬化加强，阻止位错运动的障碍增加。温度在 $0.4T_m$～$0.5T_m$ 时，被阻滞的位错因热激活而提高了可动性。当温度接近转变温度时，位错可以借攀移跃出原来所在的滑移平面，发生交滑移，出现所谓回复蠕变，应变硬化逐渐减弱。当温度达到 $0.6T_m$ 时，回复加强，位错可以攀过障碍，完全抵消原先的应变硬化。稳态蠕变阶段就是硬化与回复达到平衡的阶段。在更高的温度($0.8T_m$ 以上)属纯扩散蠕变，已超出工程的实际应用范围。

温度对蠕变的影响很大，和热激活过程相关。应对材料蠕变应变与温度的关系，一般采用 Arrhenius 定律进行修正，即蠕变应变与温度的关系函数为：

$$f_2(T) = A\exp(-\frac{Q}{RT}) \tag{5-4}$$

其中 Q 是蠕变激活能，R 是气体常数。在高温回复蠕变范围内，应力不太大时稳态蠕变的应力律呈幂次关系 Norton 公式：

$$f(\sigma) = K\sigma^m \tag{5-5}$$

K 是材料常数，m 是应力指数，对马氏体耐热钢蠕变行为的模型方程有多种，对此也有人给出了一定的总结[4]，后面我们将继续讨论。

5.2.2　蠕变断裂机制

耐热合金钢材料长期服役于高温、高压等复杂的恶劣环境条件下，材料性能退化和失效是不可避免的。一般地，对多晶体材料而言，金属材料常温下断裂首先是形成微裂纹，裂纹长大、合并扩展，发展成宏观裂纹而导致断裂。高温材料的断裂和常温下有所不同，在高温状态下，材料的断裂虽然也同样是微裂纹形成、长大和扩展的过程，但高温和应力共同作用会使断裂过程更为复杂。

众所周知，应力作用下的金属材料在常温和高温条件下行为特征不同，常温条件下材料产生塑性变形条件是受到的应力大于屈服强度，而高温条件下，在一定时间段内，即使受到的应力低于屈服强度也会发生永久性形变，即蠕变形变现象。在蠕变过程中同时存在着晶界滑移和晶界的变形，并在一定的温度和应力条件下形成孔洞及裂纹，裂纹逐步扩展，最后导致发生各种形式的断裂。

1. 高温断裂方式

高应力状态下发生的塑性断裂，是在应力超过断裂强度时发生的断裂失效。其特征是面缩率高，甚至接近 100%。这种塑性断裂方式，在断裂过程中存在动态结晶过程，微裂纹形成和长大受到新结晶晶粒的抑制。尤其是内部形成的微裂纹或孔洞为再结晶过程所抵消，因此无法长大扩展形成宏观裂纹[5]。因此，金属材料高温下延展性好且不易发生断裂。

蠕变断裂根据断裂形态可分为蠕变穿晶断裂和蠕变沿晶断裂，如图 5-3 所示。蠕变穿晶断裂是在相对较低的应力作用下(弹性应力范围)产生的断裂失效。其特征是面缩率小。断口面缩率小和材料内部蠕变孔洞或微裂纹形核相关。虽然回复或再结晶过程会补偿微裂纹的形核,但微裂纹形核长大速度超过再结晶补偿速度,微裂纹因集聚长大扩展而发生断裂失效。蠕变沿晶断裂是在更小的应力条件下产生的断裂破坏，其特征是断口面缩率很小甚至不明显。因晶界存在第二相，诱发微裂纹沿晶界形成，而且往往优先在垂直于应力方向的晶界上形成孔洞。这样会产生局部形变且造成微裂纹连接扩展困难，从而导致宏观形变小，沿晶断口面缩率小。当然，应力作用下材料的形变行为和温度及材料密切相关。一定应力条件下，材料的蠕变形变量依赖于温度和时间，温度越高、应力持久时间越长形变量越大。

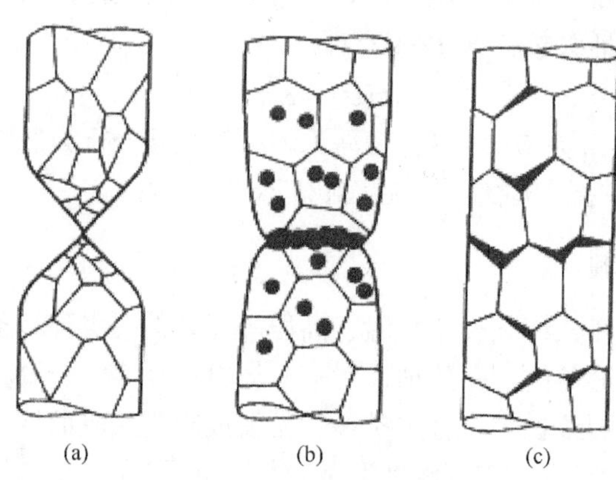

图 5-3　高温断裂方式

(a)塑性变形断裂；(b)穿晶蠕变断裂；(c)沿晶蠕变断裂

产生蠕变断裂的原因主要在于蠕变孔洞的形成。孔洞长大过程和蠕变产生的扩散流及位错运动引起的形变相关。一定温度条件下孔洞长大的驱动力和应力相关，在孔洞长大过程中，晶界较高密度的孔洞占据截面一定面积，相对于没有孔洞的截面，这些存在沿晶蠕变空洞区域的应力升高，所以，蠕变速度因蠕变空洞形成和长大而加速。当垂直于应力截面上的蠕变孔洞生长到临界面积分量时，微裂纹形成，空洞发生互连而扩展，最终导致断裂。在实际电力生产运行中，因事故产生造成停机现象时有发生。特别是由于高温断裂引起的爆管事故是主要原因。所以，如果能够了解孔洞形成和长大或材料性能退化具体形态，并根据材料退化程度，及时更换失效构件，就可以避免灾难性工程事故发生。

多晶体金属材料高温蠕变破坏往往是沿晶界断裂，往往是在三个晶粒交界的三叉晶界上形成楔形微裂纹。蠕变断裂有关孔洞或微裂缝形成方面存在两种主要理论：应力集中理论和空位聚集理论。

2. 应力集中理论

应力集中理论认为，在三晶界交界处及晶界和滑移线的交界处因形变而产生应力集中，形成沿晶裂纹，裂纹的继续扩展导致晶间断裂。

因晶界滑移形成楔形裂纹大多发生在三晶交界处，如图 5-4 所示。在交界处有 A、B、C 三晶粒，在蠕变时 A、B 晶粒的边界在应力作用下沿箭头所示方向滑移，第三晶粒 C 则与之配合，在晶内产生形变区。但是当晶粒 C 的变形没与这一晶界滑移相协调，即当晶内过分强化，不易变形，或是 C 晶粒产生晶内形变硬化，不能继续变形又无适当的晶界迁移相配合时，在 A、B、C 三晶交界处会发生应力集中。应力分布如图 5-4 的上部所示，在交界点 O 处应力最高，离 O 点越远，应力越小。一旦最高应力超过晶界结合力 σ_0 时，在三晶交界处便形成一个尖劈形裂纹源。在外力的持续作用下，裂缝前端 P 点成为新的应力集中点。当 AC 界面平直且无强化颗粒阻挡时，裂缝尖端向前扩展到 P'点，并一直扩展到与其他晶界的裂纹相连接，最后导致发生断裂。这种裂纹称为楔形裂纹。不同界面在不同方向的应力作用下可以形成许多形式的楔形裂纹，如图 5-5 所示。

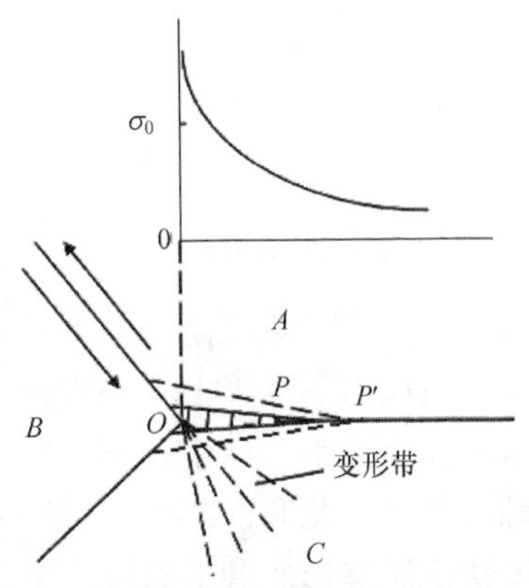

图 5-4　晶界楔形裂纹的形成与扩展

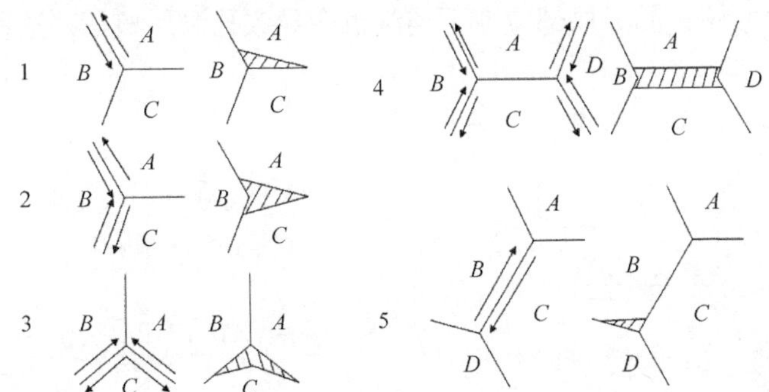

图 5-5　各种楔形裂纹形成的示意图(箭头表示切变方向，阴影表示相应的裂纹)

在蠕变过程中，由于晶体内部滑移线与晶界交割形成台阶，台阶部位存在由位错塞积造成的应力场，在晶界的迁移没有来得及将台阶拉平以前，晶界的滑动使交割部分发生应力集中，形成孔洞。或者说，微裂纹形成是由于晶界滑移形成的微裂纹附近原子重排且无法补偿造成的。这种孔洞产生在垂直于拉力方向的界面上,它们的大小只有几个微米的数量级,它们之间的距离与滑移线的间距相当。在外力的作用下，它们逐渐长大并形成裂纹，这种裂纹称为孔洞形微裂纹。形成过程如图 5-6 所示。

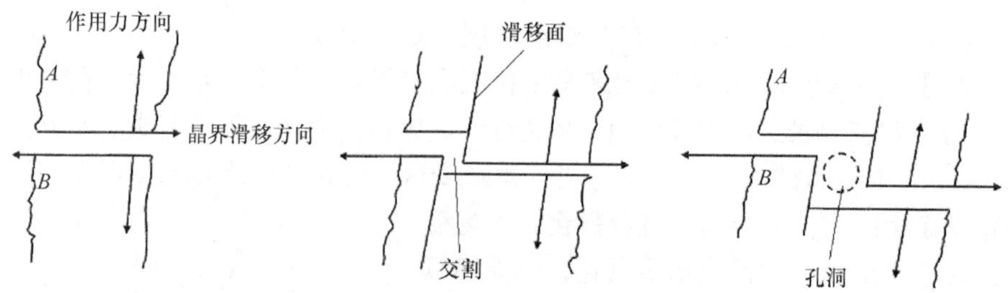

图 5-6　在滑移面和晶界交割处形成的孔洞

3. 空位聚集理论

在应力和热涨落的共同作用下，晶体点阵空位可择优于拉力方向运动，终止于受拉应力的晶界上。当空位在垂直于应力方向的界面上逐渐聚集，达到一定数量时晶界破裂，产生孔洞。此外，滑移面与晶界的交割、含有析出物的晶界滑动都可能产生孔洞，如图 5-7 所示。在外加应力的持续作用下，这些孔洞逐步长大，连接成波浪形的洞形裂纹，最后发生沿晶断裂。断裂表面也呈波浪形。蠕变激活能与纯扩散激活能相同，说明空位的运动在蠕变断裂过程中起着重要的作用。

另外，晶界上存在的沉淀相常常会是空洞的形核地点，由于晶界沉淀相的存在引起晶界滑移不匹配而长大扩展，还有晶界弯折拐点因晶界滑移且无法补偿也会造成孔洞形核；晶界局部应变不连续也会导致孔洞形核等，这些往往导致沿晶蠕变断裂。

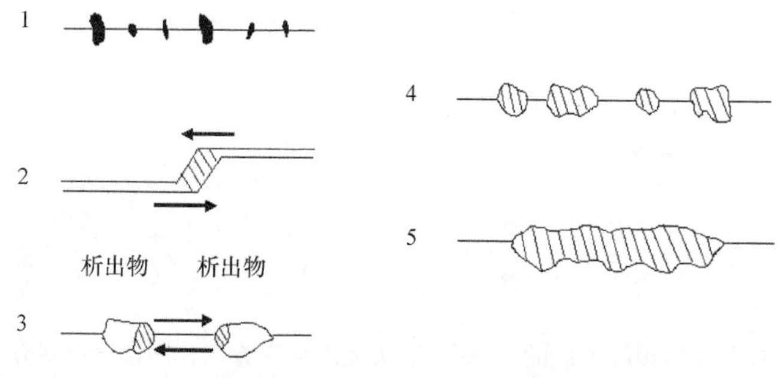

图 5-7　孔洞形裂纹的形成与扩展示意图

1、2、3 表示孔洞裂纹的形成，4、5 表示孔洞裂纹的扩展；1—空位集聚孔洞；2—弯折晶界滑移造成的孔洞；3—含有析出物的晶界滑移形成孔洞；4—析出物附近形成孔洞；5—裂纹呈波浪式扩展

空位向孔洞聚集，即孔洞长大的过程，一方面使孔洞的表面能增加，另一方面聚集一定的空位后使自由能减少。由空位形成半径为 R 的球形孔洞时，孔洞的总能量 W 为：

$$W = 4\pi R^2\gamma - \frac{4}{3}\pi R^3(\frac{\sigma^2}{2E}) - \sigma V \tag{5-6}$$

式中，γ 为孔洞单位面积表面能，E 为弹性模量，σ 为垂直于晶界的拉应力，V

为孔洞体积。式中第一项为孔洞表面能，阻止孔洞的成长。第二项为形成孔洞以后在孔洞周围弹性应变能，它促使孔洞成长。第三项为外应力对整个体积所做的功，相当于晶体自由能的损失，也促使孔洞成长。第二项 Griffish 应变能在形成球形孔洞的条件下，相对于第三项是很小的，所以上式为：

$$W = 4\pi R^2\gamma - \frac{4}{3}\pi R^3\sigma \tag{5-7}$$

孔洞半径 R 的变化引起能量的变化率为：

$$\frac{\mathrm{d}W}{\mathrm{d}R} = 8\pi R^2\gamma - 4\pi R^2\sigma \tag{5-8}$$

当 $\frac{\mathrm{d}W}{\mathrm{d}R}=0$ 时，$R=\frac{2\gamma}{\sigma}$，呈临界状态，R 称为临界半径。当 $\frac{\mathrm{d}W}{\mathrm{d}R}<0$ 时，$R>\frac{2\gamma}{\sigma}$，孔洞的长大使能量减小，有利于孔洞的成长。当 $\frac{\mathrm{d}W}{\mathrm{d}R}>0$ 时，$R<\frac{2\gamma}{\sigma}$，孔洞的长大使能量增加，不利于孔洞的成长。

孔洞能量与半径之间的关系如图 5-8 所示，显然只有 $R\geqslant\frac{2\gamma}{\sigma}$ 的那些孔洞才能继续长大。在晶界上的局部区域范围内的正应力是不同的，垂直于拉力方向的晶界上，σ 最大，与外应力 P 相同。晶界法线与拉力有 θ 夹角时，$\sigma = P\cos^2\theta$。即使在同一晶界上，也由于形变而使应力各不相同。这样由于应力的差别，造成不同部位孔洞长大的临界尺寸不同。一般地，σ 大的地方临界尺寸小、垂直于外力方向的晶界上临界尺寸也小、外应力大临界尺寸也小，这三个因素都促使孔洞长大。在空位被激活的条件下，晶体内部总有一些部位孔洞容易长大，最后形成裂纹。

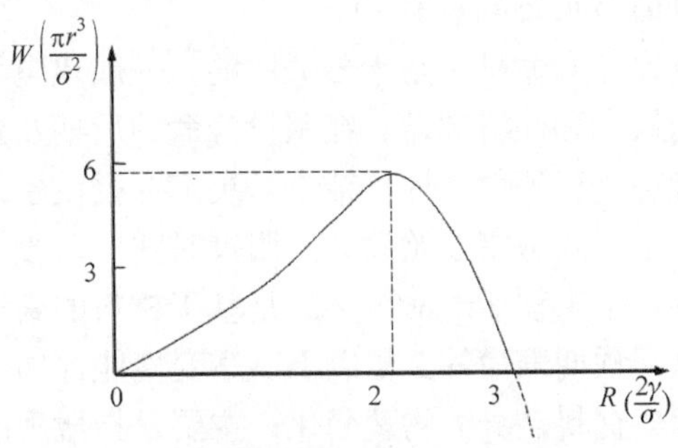

图 5-8　孔洞能量与孔洞半径之间的关系

如前所述，马氏体耐热钢有其组织结构及其演变的特殊性。如果说低合金耐热钢和奥氏体耐热钢的蠕变断裂特征明显，往往在晶界形成蠕变孔洞，而 9-12Cr 马氏体耐热钢的蠕变断裂过程中蠕变孔洞特征远没有其他种类耐热钢那么明显。

即使出现一些蠕变孔洞或马氏体结构分解特征，这也是在蠕变断裂前或者是达到蠕变寿命末期才出现的现象，这可能是和马氏体耐热钢的特殊结构相关。首先，马氏体耐热钢晶界和马氏体板条界有更多的碳化物分布，且在蠕变过程中演变和粗化明显[6,7]。并且碳化物演变是蠕变断裂过程中最重要的因素。另外，马氏体耐热钢蠕变过程中存在明显的晶界脆化现象，研究认为这种现象和晶界碳化物覆盖度提高、有害元素晶界偏聚等相关[8,9]。马氏体蠕变过程中的微观结构演变更为复杂，不仅有碳化物的演变、位错运动问题，还存在马氏体组织分解、板条界和晶界迁移变化等[10,11]。复杂的组织结构演变致使马氏体耐热钢的蠕变损伤缺乏典型组织结构特征。总的来看，经长期高温使用后，马氏体耐热钢会出现不同程度高温性能下降，尤其是常温脆性显著。关注到材料组织结构演变特征主要在于马氏体亚结构退化和回复，表现为基体位错密度下降，板条粗化。其次是第二相演变。晶内不稳定的细小弥散的沉淀强化相碳氮化合物回溶，晶界碳化 $M_{23}C_6$ 粗化及合金元素在碳化物中富集。另外，还有其他碳化物 M_6C 及金属间化合物 Laves 相在长期蠕变中沉淀等[7,12]。相应造成基体中合金元素一定程度上产生贫化，造成材料的强度和蠕变强度明显下降。可见，马氏体耐热钢复杂的冶金因素和组织结构演变复杂现象，造成相应的断裂物理及其理论认知上的困难。

5.3　蠕变特性和微观结构关系

20 世纪 90 年代以来，为了解高温材料性能的提高和微观结构之间的关系，科研工作者进行了广泛的微观结构的研究工作。特别是蠕变性能和微观结构关系的探索，是获取进一步提高材料高温性能的途径，对保证在役设备使用安全、提高服役设备的使用寿命有重要的意义[15]。

电力行业对在役设备寿命延长是十分关注的。一般热电设备设计寿命是二十年。为提高设备使用效率和经济效益，在服役寿命的后期及延长服役期间内，需要定期对设备服役状态进行评估，评估结论是决定在役设备是否继续服役及其运行方式的关键。评估不仅要考察原始设计、服役时间、服役历史参数，也包括机组结构件的冶金条件。未来预期寿命更多的是基于材料的高温蠕变性能参数，即持久强度至少可以达到预期寿命的 2 倍以上。蠕变性能评估不是简单通过性能数据参数外推，还需考察材料自身的物理变化，主要是指微观冶金因素。评估材料长期服役后的组织结构变化，通过考察微观结构演变程度评价蠕变性能。

5.3.1　马氏体耐热钢的组织结构状态和蠕变特性

马氏体耐热钢的蠕变行为研究已经十分广泛，材料的状态也明显影响其蠕变特征[13,14]。从蠕变和时效的组织结构变化比较看出，蠕变过程中发生显著的组织结构粗化、位错密度下降等现象，而相应时效态的组织结构变化并不显著。高温时效对蠕变性能如何呢？有人进行了高温长期时效后再进行蠕变试验的研究[15]。如 650℃等温条件下对 P91 新材料进行 10000h 时效，然后在 600℃下对高温时效样品及新材料进行标准拉伸蠕变试验和螺旋弹簧蠕变试验，以了解材料在高温蠕变下显微结构的稳定性。试验结果如图 5-9 所示。

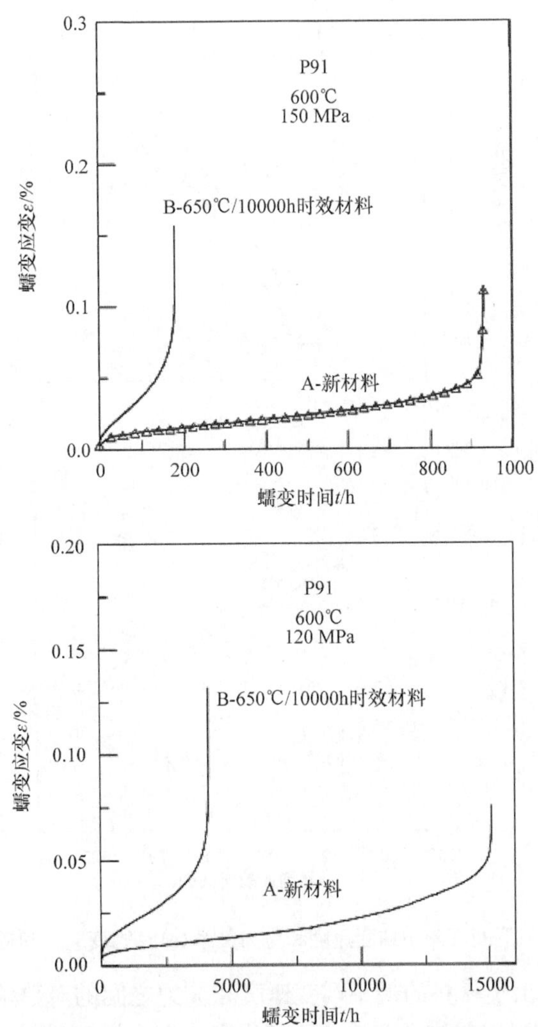

图 5-9　P91 新材料及 650℃/10000h 时效材料在 600℃下的蠕变试验曲线[15]

(a) 150MPa；(b) 120MPa

显然，高温长期时效和新材料的试验结果明显不同，首先从总应变看出，高温长期时效后材料的蠕变塑性增加明显。其次是时效后材料的蠕变断裂持久时间比新材料短。另外是两种状态下材料的蠕变曲线显著不同。时效后材料的标准蠕变曲线没有显示明显的蠕变阶段性，在蠕变第一阶段之后直接进入蠕变第三阶段，新材料和时效材料蠕变形态表现截然不同。

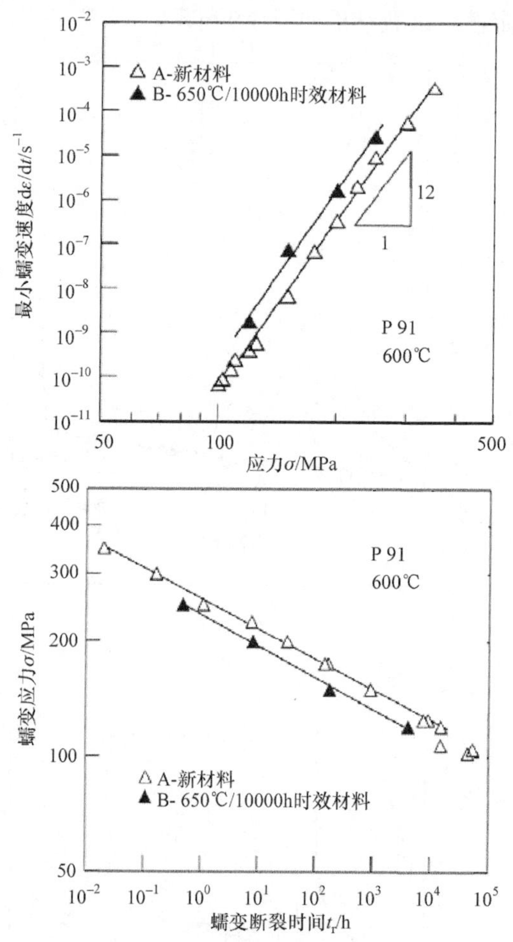

图 5-10　不同状态下 P91 最小蠕变速度和应力关系(a)及蠕变应力和持久时间关系(b)

图 5-10(a)给出了材料的最小蠕变速度和应力之间的对数函数关系。可以看出，新材料比时效材料的抗蠕变性能要好得多，P91 钢新材料最小蠕变速率比时效态低一个数量级。P91 钢在不同状态下应变速率与应力对数关系指数即线性关系的斜率 $n = \ln\frac{\mathrm{d}\varepsilon}{\mathrm{d}t} / \ln\sigma$ 相近。很显然，图 5-10(b)中显示出新材料的蠕变寿命明

显高于时效态材料，P91 钢不同状态下的寿命差异和应力无关。相应地，在 600℃下螺旋弹簧样品进行蠕变试验，外加应力范围在 1～100MPa。试验结果如图 5-11 所示，对数坐标下的最小蠕变速率和外加应力成比例，结果和标准拉伸蠕变试验具有很好的一致性。蠕变在(100MPa, 600℃)附近蠕变速率和应力指数关系产生变化(指数 n=12 变化到黏滞蠕变 n=1)，从蠕变速度和应力指数关系理论上来看，原因在于产生蠕变机制变化，即从高于 100MPa 应力下的位错机制蠕变转变为低应力下的黏滞蠕变机制。可见，从蠕变区域呈指数规律区域试验结果利用外推方法得到低于 100MPa 应力范围的蠕变寿命数据是不可靠的，可能会严重低估其蠕变速率。

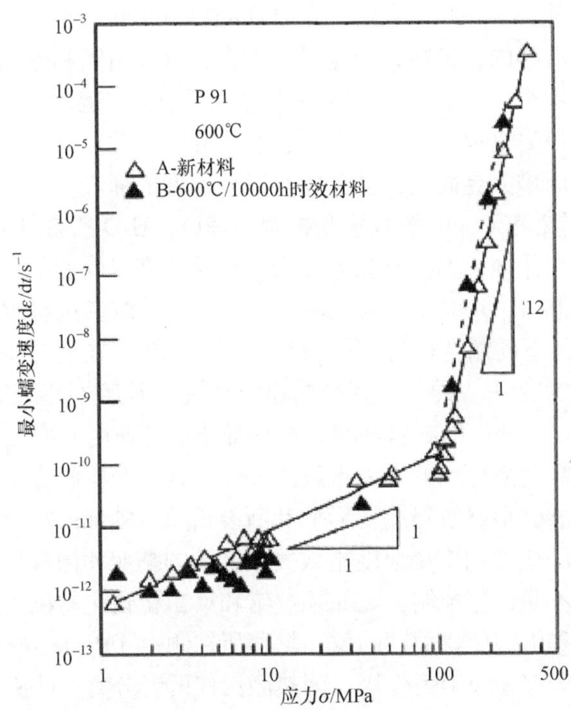

图 5-11　P91 螺旋弹簧蠕变试验的蠕变应力-最小蠕变速度关系

热电厂设备的使用寿命一般可达 40 年，如果总蠕变应变允许量为 1%的话，蠕变速度大约为 $10^{-11}s^{-1}$。蠕变试验的结果清楚表明，根据实验室蠕变速度得到的试验结果外推到此蠕变速度是很危险的。这需要清楚理解此过程的物理意义，高应力下的蠕变速度高，认为是位错运动引起的形变。低应力低蠕变速度下的形变，认为是通过物质的迁移，更可能是空位扩散引起的形变。这种低应变速度的蠕变过程可分为不同的类型[16]。黏滞蠕变过程包括体内或晶界的空位扩散蠕变

Nabaro- Herring (N-H 蠕变)、晶界扩散引起的 Coble 扩散蠕变以及空位从伯格斯矢量平行于拉伸轴方向的刃位错扩散到伯格斯矢量垂直于拉伸方向的刃位错引起的 Harper-Dom 扩散蠕变(H-D 扩散蠕变)等[17]。

以上理论对纯金属的黏滞蠕变得到了很好的理论和物理解释，而对含有沉淀第二相的材料黏滞蠕变解释问题目前还不够清楚。在低应力范围内，试验数据构成的曲线斜率为 n=1，所以低应力情况下属于黏滞蠕变。但在 n 值相同条件下难以区分上述不同的蠕变机制。也许差异可能存在于蠕变速率和晶粒尺寸间的相关性，这需要更多的试验研究验证。对沉淀强化的合金钢来说，如果沉淀相积聚在平行于拉伸方向的晶界，可降低扩散蠕变速率(N-H 蠕变、Coble 扩散蠕变)。这里涉及到以下机理，首先是扩散蠕变总是和晶界滑移联系在一起，而晶界出现沉淀相是阻止晶界滑移的，其次，相比晶界而言，基体组织和硬化沉淀相界面对空位产生和消失作用很小[18]。扩散蠕变的机制尚不十分清楚，原始的理论假定晶界是空位的产生和消失之地，这一观点现在看来并非如此。另外，扩散蠕变可以导致晶界面积增大而增大界面能，这会导致蠕变速度下降。

相比 N-H 蠕变和 Coble 扩散蠕变机制的理解，H-D 扩散蠕变机理更不清楚。此蠕变过程发生在晶内，不涉及晶界是否有物质的富集或贫化，其特征是位错密度，扩散通道控制 H-D 位错扩散机理。尚未有相关蠕变机理能很好解释类似于 P91 在低应力条件下的蠕变行为(图 5-11)。可以认为，在低应变速度情况下扩散蠕变或 H-D 扩散蠕变占主导，微观结构稳定对蠕变不存在明显影响。

依据在 600℃下 P91 新材料和时效材料最小应变速度斜率(图 5-11)，由应力和应变速度的指数关系得到的应力指数值 n 表明其蠕变机制应是位错蠕变[17]。这一蠕变控制机理能够很好解释蠕变形变和断裂现象。Sklenicka 和 Cadek 等[19,20]深入地研究了 P91 应力和应变速度指数关系区域的蠕变和微观结构变化行为，认为：①蠕变速度不是回复控制；②如果位错和第二相碳化物粒子没有相互作用，则蠕变速度也不是由碳化物周围的位错攀移所控制；③Rosler-Artz 的模型[20]假定位错和弥散粒子间存在吸引力作用，因热激活使两者分离，此机理无法说明 P91 的蠕变数据。微观结构分析显示，蠕变过程的位错结构重组和亚晶粗化比沉淀强化更重要[21]。然而，有些现象显示出亚晶界被粒子钉扎，亚晶生长受到抑制或滞后。

P92 钢的不同显微结构特征(如位错密度，亚晶粒大小、碳化物和碳氮化合物以及金属间化合物沉淀等)对材料蠕变性能的贡献得到了深入研究[22]。高应力蠕变时材料中的位错密度会迅速减小，$M_{23}C_6$ 碳化物尺寸明显长大，细小碳化物、氮化物和碳氮化合物比较稳定，没有明显粗化现象。高温时效试验表明材料的位错密度下降会致使蠕变强度下降。Hattestrand 和 Andren[23]研究 P92 等温时效下 $M_{23}C_6$ 粗化速度随应变而提高，而 VN 相和应变关系不明显。据此，MX(主要为

VN)沉淀相比较稳定，而 $M_{23}C_6$ 碳化物形态则完全不同，在 600℃时效 10000h 没有明显粗化，但在蠕变状态下粗化长大 20%。在 650℃时效或蠕变碳化物的尺寸都产生粗化现象。

根据以上的讨论，可以认为，在指数规律的蠕变变化区域，蠕变行为和蠕变强化受到位错亚结构和沉淀相共存控制，后者起到亚晶界稳定作用。因此，由于碳化物第二相粒子存在，位错亚结构主导沉淀强化作用。时效态蠕变强度下降，可以解释为等温时效过程中位错亚结构的变化。9-12Cr 耐热钢在长期时效或一定范围内的指数规律的位错蠕变状态下，蠕变强度一定程度上受到微观结构变化和微观结构稳定性的影响，相对于第二相粒子的演变而言，位错亚结构的变化起到主要作用。相应的，在黏滞蠕变区域这一贴近实际服役负载条件下材料本质特性过程，尚未看到微观结构稳定性对蠕变过程的影响。

5.3.2　蠕变和微观结构演变

理论上，耐热合金钢在服役温度和应力范围内，材料的抗蠕变性能的蠕变应变阻力来源于位错攀移或滑移等位错运动阻力。一定密度的不动位错、细小弥散的沉淀相粒子及多元素固溶体所构成的弹性应变场等是位错运动有效的阻力。如材料中这些阻力效应产生变化则将导致材料的蠕变性能产生变化。

马氏体耐热钢长期在高温和应力共同作用下，会产生蠕变形变，造成高温性能下降、组织结构损伤直至断裂。一般地，从趋势来说，除蠕变第一阶段组织结构变化会有利于提高蠕变强度外，蠕变过程产生的微观结构演变总体上会造成材料的性能下降。蠕变试验过程中，蠕变的第一阶段表现为蠕变应变速度下降，因为在蠕变初期出现位错的重排相对造成组织亚结构尺寸下降、新产生的沉淀相因细小弥散显现很好的强化效果。随着蠕变进程的延续进入蠕变稳定的第二阶段，蠕变速度小且相对稳定。此后蠕变速度会逐步提高直至蠕变第三阶段蠕变加速断裂。蠕变应变加速尽管和试验过程中试样截面积下降相关，也和蠕变过程中的微观结构演变相关，因为微观结构变化降低蠕变强度。因此，认识蠕变过程微观结构演变过程具有重要的理论意义和实际意义。

图 5-12 给出了 9-12Cr 马氏体耐热蠕变强度随时间下降和相应的组织结构一般变化规律。一方面是第二相变化，晶界和亚晶界碳化物粗化，甚至发生相转变。9Cr 马氏体耐热钢会有明显的 Laves 相析出，因为 Laves 相长大粗化速度快，对材料性能的影响会经历从强化相到有害相的转变。从马氏体组织来说，因沉淀第二相的演变会引起基体合金元素贫化和固溶强化效应下降。另外，位错密度下降，马氏体及其亚结构粗化，甚至产生马氏体组织分解等，这些现象均会导致蠕变阻力下降，造成马氏体耐热钢的热强性下降。

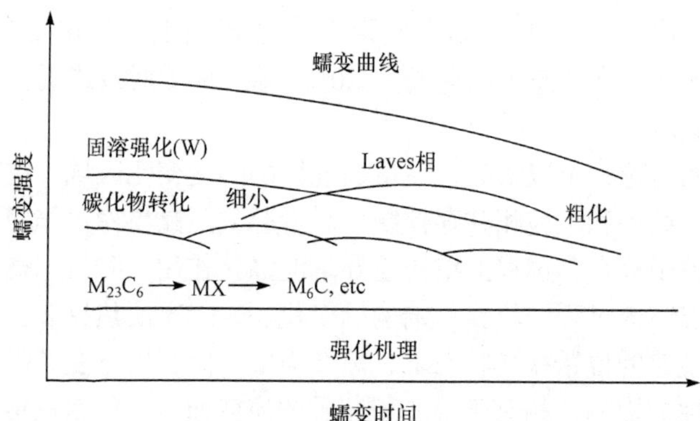

图 5-12 9-12Cr 马氏体耐热钢的蠕变强度和微观结构演变关系[15]

图 5-13 给出了 P91 耐热钢 600℃/80MPa 条件下超过 10 万小时的蠕变试验研究结果[24]，蠕变应变随蠕变时间增加而增加，在断裂前迅速上升。蠕变速度在 30000h 左右达到最小，为 $1.10\times10^{-7}h^{-1}$,相应应变约为 0.8%。

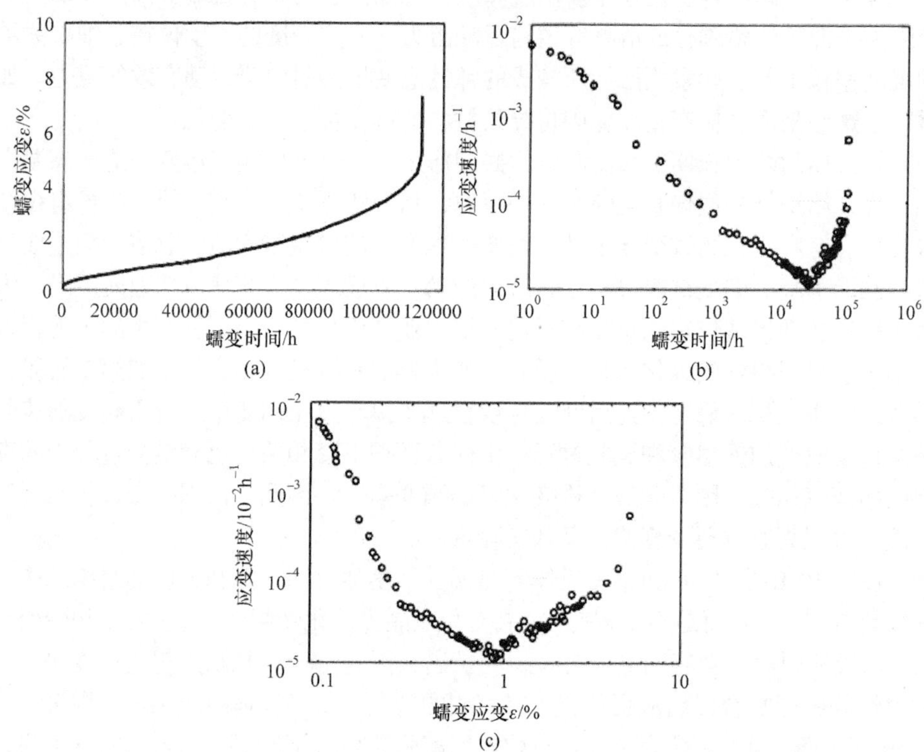

图 5-13 P91 马氏体耐热钢在(80MPa, 600℃)条件下长时蠕变试验结果[24]

(a) 蠕变应变-蠕变时间；(b) 应变速度-蠕变时间；(c) 应变速度与应变关系

以上试验结果与 12Cr 马氏体耐热钢 X20 在(120MPa, 550℃)条件下长达 140000h 蠕变试验结果[25]相似，如也是在接近 30000h 蠕变速度最小，相应的应变约为 1%，应变速度为 $3.0 \times 10^{-11}/s^{-1}$，如图 5-14 所示。

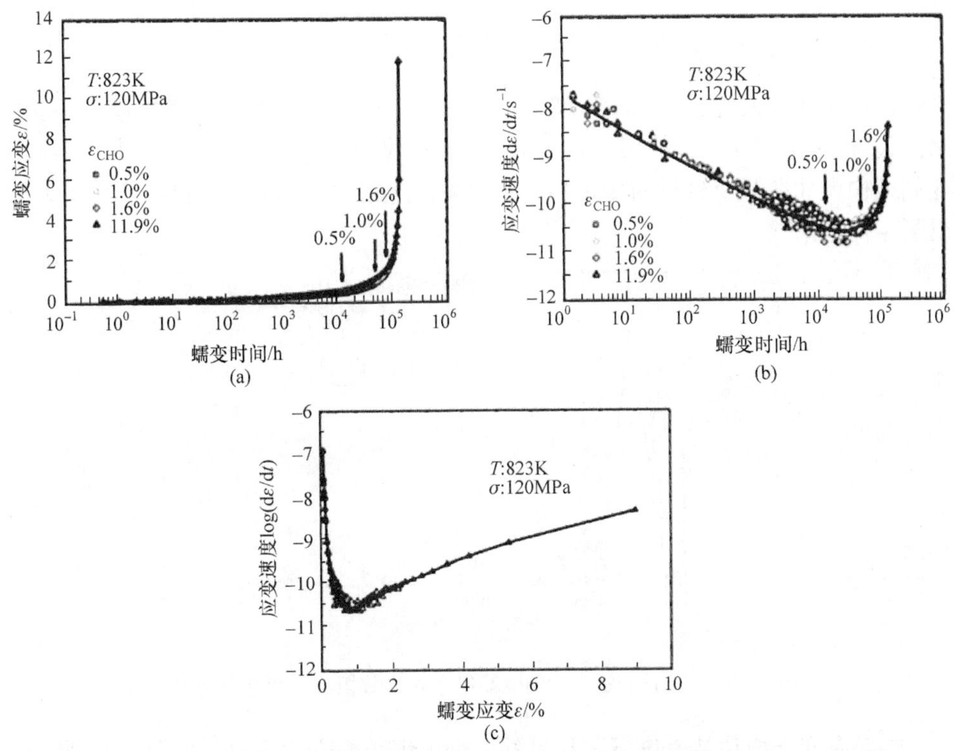

图 5-14　X20 马氏体耐热钢 550℃下长时蠕变试验结果[25]

(a) 蠕变应变-蠕变时间；(b) 应变速度-蠕变时间；(c) 应变速度与蠕变应变关系

从微观结构角度分析以上试验结果，通过初始材料、试验样品发生蠕变形变的平行段和未发生蠕变形变的夹持端的微观结构观察比较发现，在蠕变应变过程中，组织结构产生了显著变化，主要集中在以下几个方面，首先是马氏体亚结构的粗化问题，即马氏体板条结构退化，马氏体板条结构规整性下降，相邻板条取向差增大，虽然仍一定程度上保持板条马氏体组织形态，但长期蠕变过程中出现板条界的迁移、合并，板条结构因形变形成新的亚晶界，出现马氏体板条多边形化现象等[25-27]。如图 5-15 所示，相对于原始组织和蠕变试样夹持端的组织，蠕变形变后的 P91 马氏体耐热钢的亚晶尺寸长大一倍以上。而夹持端因无应变，亚晶尺寸变化不大。可见，蠕变形变对马氏体耐热钢的组织结构演变和性能改变影响巨大。

为此，有人[28]提出了马氏体亚晶结构尺寸在蠕变形变条件下的变化经验公式：

$$\log w = \log w_\infty + \log(\frac{w_0}{w_\infty})\exp\left[-\frac{\varepsilon}{k(\sigma)}\right] \tag{5-9}$$

其中，w 是亚晶尺寸，w_0 是初始亚晶尺寸，$w_\infty=10G\boldsymbol{b}/\sigma$，$G$ 是剪切模量，$\boldsymbol{b}$ 是伯格斯矢量，σ 是应力；ε 是累计应变量，生长常数 $k(\sigma)\approx 0.12$。由公式可以看出，亚晶结构尺寸在蠕变过程的变化和应变相关，这在过去的研究中已经有许多人给出了相似结论[25]。

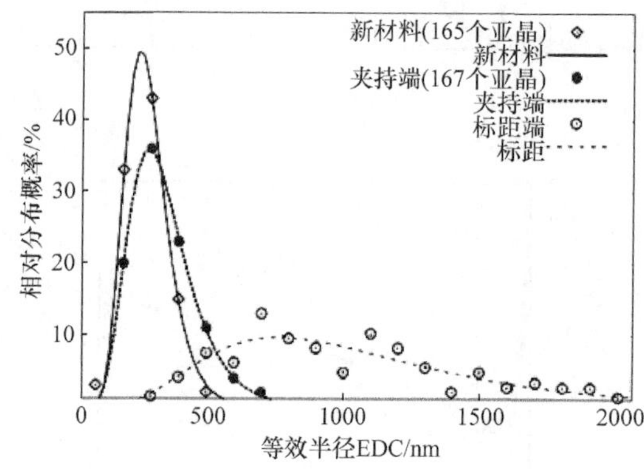

图 5-15　P91 长期蠕变后的亚晶尺寸和弥散相 MX 尺寸分布[24]

蠕变应变造成位错密度下降是另外一个组织结构变化现象。如图 5-16 所示，长期蠕变后的 P91 材料因应变造成基体中位错密度较少，基体中只有受到弥散第二相钉扎位错存在。夹持端虽然受到夹持力的作用，因不存在形变问题，可简单看成只是受到高温时效作用，其中位错密度明显高于蠕变应变的平行段。利用 TEM、XRD 等手段研究显示，蠕变应变条件下，位错密度下降一半[15]。有关 12Cr 马氏体耐热钢蠕变试验条件下的研究也得到相似结论[25,26]。图 5-17 是利用透射扫描显微镜(STEM)高角度环扫暗场像(HAADF)观察长期蠕变后的 X20 中的位错组态。可以看出，位错密度下降，有些亚晶区域显示为无位错区。与同等条件下作为时效态的夹持端中位错密度明显更为均匀，密度变化小，如图 5-18 所示。相应的位错密度定量分析结果如图 5-19 所示。

图 5-17 和图 5-18 比较也可以直观看出上述马氏体亚晶的变化，蠕变条件下马氏体板条结构发生明显粗化。

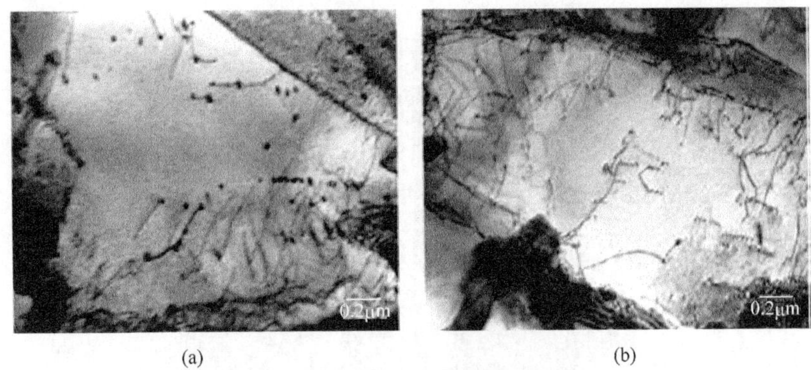

图 5-16　P91 长期蠕变试样[24]

(a) 平行段；(b) 夹持端中位错形态

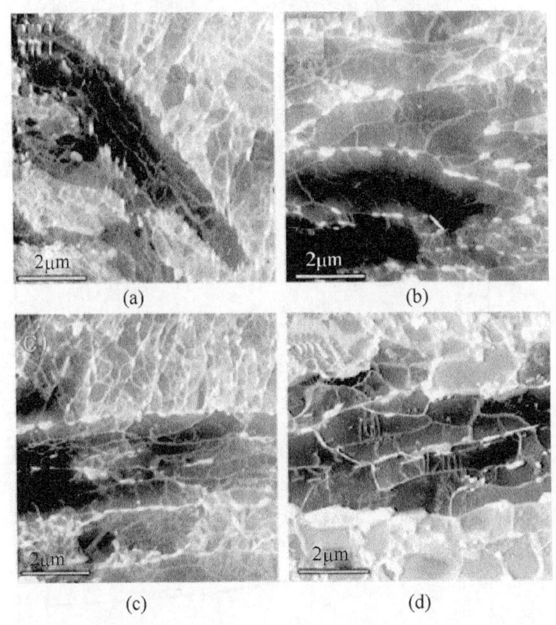

图 5-17　X20 马氏体耐热钢 550℃条件下长时蠕变试验位错结构变化[29]

(a) 120MPa/ 12456h; (b) 120 MPa /51072 h; (c) 120MPa /81984 h; (d) 120MPa/ 39971 h

从第二相变化来看，蠕变过程碳化物粗化行为是关注的重点。其中马氏体耐热钢中含量最高的碳化物 $M_{23}C_6$ 尤其是关注的重点。$M_{23}C_6$ 在回火过程中生成，主要分布于晶界和马氏体板条界。一般地，初生相 $M_{23}C_6$ 碳化物多是片条状形态。随着蠕变或服役时间的延长，会进一步析出、长大和粗化，而且基体内也有一定的 $M_{23}C_6$ 颗粒存在[6,24,25,30]。该类碳化物的形态和化学成分在蠕变过程中发生明显变化。一方面，从形态上说，不仅尺寸长大，而且形态比变小，有明显的球化趋

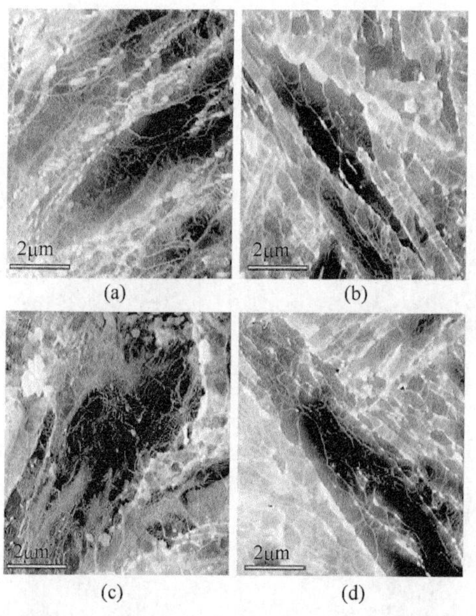

图 5-18　X20 马氏体耐热钢 550℃条件下长时时效的位错结构[29]

(a) 120MPa/ 12456h; (b) 120 MPa /51072 h; (c) 120MPa /81984 h; (d) 120MPa/ 39971 h

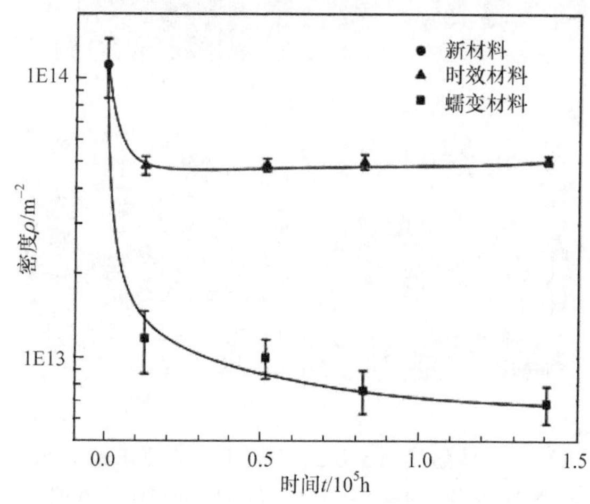

图 5-19　X20 马氏体钢在不同状态下的位错密度[29]

势。从成分来说，合金元素富集明显。初生态的 $M_{23}C_6$ 中含有一定量的 Fe，随着长大和粗化，Fe 含量明显下降，Cr 含量显著提高。此现象的变化不一定是 Cr 元素取代 Fe 元素，更可能是因为碳化物的长大或粗化过程中是 Cr 元素在碳化物中富集的过程。事实上，$M_{23}C_6$ 碳化物作为富 Cr 碳化物，生长或粗化过程是合金元素扩散控制的过程。而马氏体耐热钢中的替位合金元素中，Cr 具有最高的扩散速度，在长期蠕变过程中会进一步富集 Cr。图 5-20 是 12Cr 马氏体耐热钢中的主要第二相 $M_{23}C_6$、MX 和 Laves 相在超长蠕变过程中所占的体积分数、密度及平均尺寸的变化。可以看出，$M_{23}C_6$ 和 Laves 相尺寸随蠕变时间稳定增加，后者是在蠕变过程中析出并迅速长大。

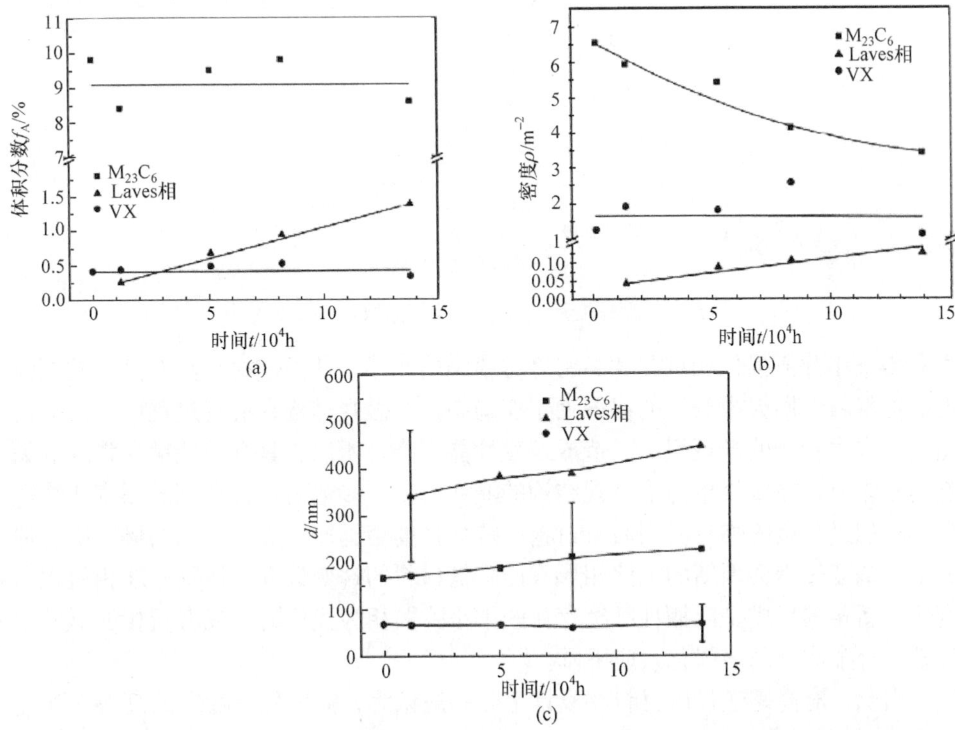

图 5-20　12Cr 马氏体耐热钢长期蠕变过程中主要第二相的变化[25]

(a)体积分数；(b)密度；(c)尺寸

马氏体耐热钢在蠕变或服役过程中，具有明显强化作用的 MX 相没有明显的粗化行为，而且在蠕变服役过程中也会有持续析出的现象。图 5-21 给出的是 P91 经过 110000h 蠕变前后 MX 尺寸变化。可见，MX 弥散相在蠕变过程中变化相对较小，对材料的蠕变性能下降没有明显的贡献，所以 MX 在材料蠕变行为变化的影响和预测模型中一般可不予考虑。

许多微观结构的研究支持这样的观点，即微观结构的变化和蠕变强度的下降有直接关系。所以，对微观结构演变有准确认识并达到定量化或半定量化对建立微观结构演变的动力学模型及其与蠕变性能的相关性有着十分重要的意义。蠕变强度控制的关键在于控制这些初始微观结构特征及其在蠕变过程中的转变。为确保微观结构具有很高的蠕变强度，一般是通过低温回火达到目的，这样的热处理过程

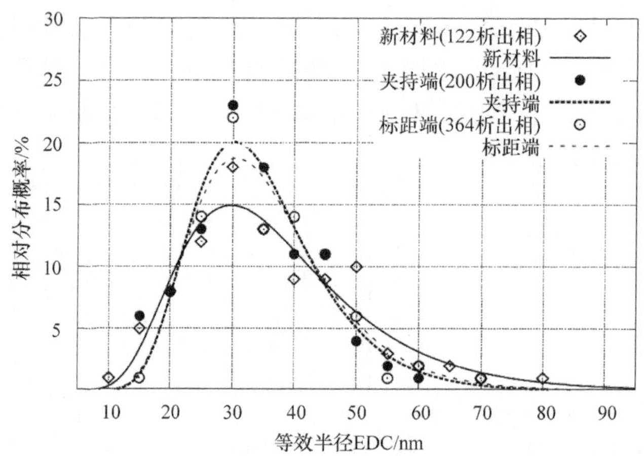

图 5-21 P91 长期蠕变后的亚晶尺寸和弥散相 MX 尺寸分布[24]

可获得细小弥散强化相沉淀和高密度位错结构基体，从而使材料具有高的蠕变强度。但材料在回火中获得的组织处于亚稳态，其微观结构在蠕变过程中因演变而粗化，失去初始的微观组织，造成蠕变性能下降。所以，具有长期蠕变强度的关键是延缓材料在服役条件下微观结构的演变速度。多数耐热合金钢的蠕变曲线显示，在超过一定的临界时间后，材料的蠕变强度会迅速下降。不同的蠕变机制都显示，蠕变过程会因新的沉淀相形成而降低材料的蠕变强度，特别是新相粗化速度快，新相的形成是以牺牲已经存在的细小弥散相为代价的，或者新相的形成导致基体合金成分固溶强化效应下降。

因此，对高蠕变强度材料的设计上，一般认为，需要保持稳定的高蠕变强度组织结构(即形成细小的亚晶组织结构)，而且其结构通过第二相粒子钉扎和固溶强化保持稳定，并且能够避免沉淀相粗化引起的固溶强化作用减弱。

5.3.3 蠕变损伤和蠕变断裂

在高温下服役的构件受到一定的应力作用，产生稳定或缓慢的蠕变形变和蠕变损伤而影响到设备的寿命。组织结构的变化常常导致蠕变速度加快，进而促进晶间的蠕变损伤。晶间蠕变断裂特征产生和材料的韧性严重损失是一致的。韧性下降常常和蠕变孔洞形成相关，这往往是高温材料性能下降至关重要的原因[31]。

对晶间蠕变损伤和蠕变断裂机制的准确认识，特别是定量认识达到新的高度下，至少在理论上会使整个或残余蠕变寿命预测成为可能，图 5-22 简单图示了蠕变晶间损伤过程。一般地，晶间蠕变断裂涉及到晶界空洞形核和长大、裂纹形成和集聚长大并最终导致断裂。长期在应力作用下，蠕变应变产生晶间蠕变损伤。从微观结构角度上来说，晶间损伤产生的初期的是相互独立的，相互独立的孔洞形核和长大是动态的，这些孔洞迟早会出现集聚长大并形成裂纹。蠕变孔洞空间分布的不均匀导致蠕变损伤的复杂性。这样的晶界损伤首先出现在自由表面最近邻区域，其密度将决定最终断裂阶段开始的位置。开始产生断裂阶段的特征是体内部微观裂纹长程集聚长大，形成的损伤裂纹分布广泛，尤其是这样的裂纹会和表面裂纹合并，形成表面一条长裂纹即主裂纹，因快速传播导致最终断裂发生。如图 5-23 是 X20 在(120MPa, 550℃)条件下经 140000h 蠕变断裂态的 SEM-BSE 图，可以看出，在相对垂直于应力方向的晶界上形成了连续的蠕变孔洞。实际上亚晶界也有少量的孔洞形成，而且孔洞和碳化物有明显的相关性，即孔洞往往形成于碳化物界面。

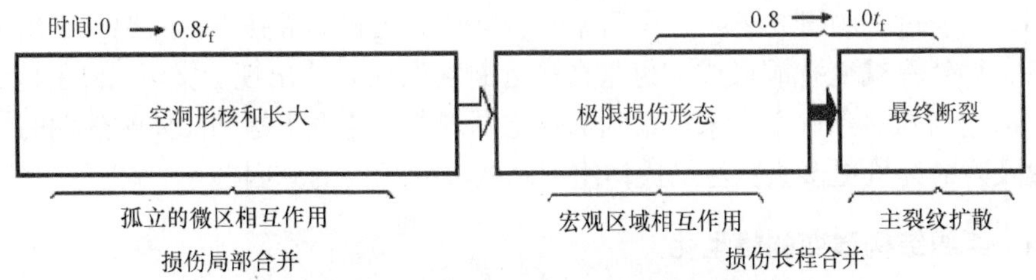

图 5-22　蠕变过程晶界损伤发展过程图示[15]

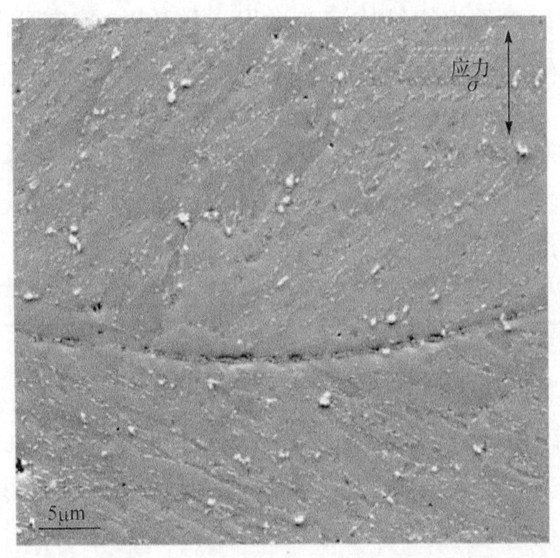

图 5-23　超长期蠕变(120MPa/140000h)断裂态的 X20 马氏体耐热钢蠕变空洞[25]

当前对材料蠕变断裂的本质认识尚有一定距离，如孔洞形核的原因尚认识不足，如何在一定程度上确认孔洞现象促进主裂纹生长的定量特征也有待进一步探索。一般认为，孔洞形核是与不规则晶界处产生晶界滑移相关。常常认为是由于晶界存在一些适当类型的夹杂颗粒或沉淀相，因局部应力集中而产生孔洞。所以晶界形成的孔洞和二次相粒子(如 $M_{23}C_6$)的关系是经常需要研究的内容，形核地点的性质研究在理论上是很有意义的[32]。如果孔洞只和晶界非黏着的夹杂处形核，则通过适当的热处理控制夹杂含量，材料的蠕变强度会大幅度提高。

目前，有关蠕变孔洞长大过程的认识比孔洞形核要清楚得多。蠕变过程中孔洞长大分为两类：限制性长大和非限制性长大。孔洞非限制性长大是指孔洞出现在所有晶界上，而孔洞限制性长大表现为孔洞出现在个别晶界上。孔洞长大和多种物理变化过程相关，包括晶界扩散、表面扩散以及蠕变过程等[32]。在服役条件下，抗蠕变材料中的孔洞因纯扩散生长的可能性较小，因为孔洞附近区域材料结构决定其形变困难进而产生一定的约束作用。

事实上，像图 5-23 看到的马氏体耐热钢长期蠕变断裂态形成了晶界蠕变孔洞并不常见。过去的研究表明，马氏体耐热钢蠕变孔洞形成并不是断裂一定出现的现象，即使是蠕变孔洞形成，也是在接近断裂失效时才出现。文献[25]在其他蠕变寿命达到 60%条件下也未观察到蠕变空洞现象。这也正是马氏体耐热钢的蠕变失效及寿命评价更多去关注马氏体组织结构演变行为的原因。

5.3.4 组织结构演变的模型化

马氏体耐热钢长期高温蠕变过程是在一定的热力学条件下所发生的、趋于准平衡态的一个十分缓慢的组织结构演变过程，组织结构演变可简单图示为图 5-24。蠕变过程中微观结构的演变是一个极其缓慢的动力学过程，为了解和准确预测微观结构的演变速度，需要用模型来描述微观演变动力学过程，动力学模型的建立主要在于沉淀形核和长大方面。已经有些关于第二相或马氏体亚组织结构变化的动力学模型[33-36]，这些模型的建立，在一定程度上解释了所观察到的微观结构变化及其对蠕变性能的影响。

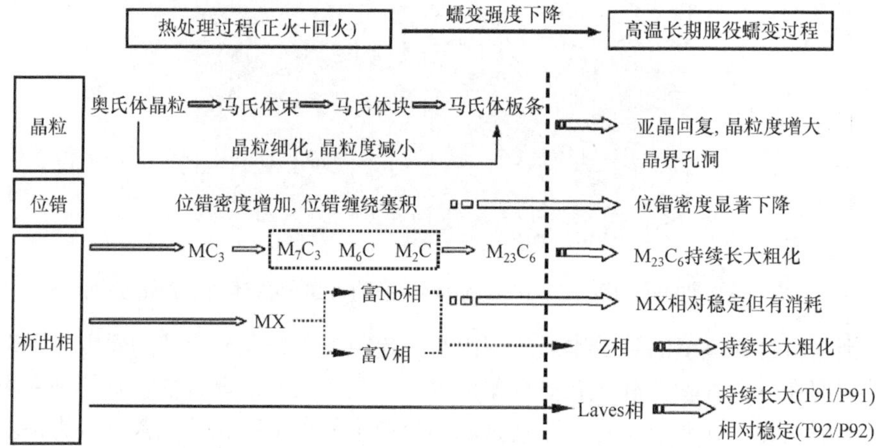

图 5-24 马氏体耐热钢蠕变过程的组织结构演变[37]

材料的形变和位错运动紧密相关，马氏体结构中的位错可分为三类，可动位错、位错偶和构成亚晶界的界面位错，密度分别表达为ρ_m、ρ_{dip} 和ρ_b，高温和应力作用下的组织结构演变和松弛过程相关，而松弛与位错运动相关。由此推导系列蠕变演变关系[36]。

位错滑移速度：

$$v_g = a_1 \exp(-Q/kT)(\Omega/kT)\sigma_{eff} \tag{5-10}$$

其中，a_1是系数，Q是位错滑移活化能，Ω是原子体积，σ_{eff}是有效应力。

根据 Orowan 机制，蠕变应变速度可表达为：

$$\dot{\varepsilon} = \frac{\boldsymbol{b}}{M}\rho_m v_g \tag{5-11}$$

M为 Taylor 因子，$\boldsymbol{b}$ 位错伯格斯矢量。蠕变过程中蠕变速度上升和基体中第二相粗化、固溶强化降低及蠕变孔洞形成相关。如简单认为固溶强化影响不明显，蠕变过程的软化则主要是由沉淀相 $M_{23}C_6$、MX 粗化和孔洞形成引起，则上式可表达为：

$$\dot{\varepsilon} = \frac{b\rho_m v_g}{M(1-D_{ppt})(1-D_{cav})} \tag{5-12}$$

其中，D_{ppt}和D_{cav}分别是第二相粒子粗化及孔洞形成引起的软化系数。

可动位错密度变化是可动位错增值减去形成亚晶界的位错以及因位错攀移和动态回复部分的位错：

$$\frac{d\rho_m}{dt} = \frac{v_g\rho_m}{h_m} - \frac{v_g\rho_m}{2R_{sbg}} - 8\rho_m^{3/2}v_c - d_{anh}(\rho_m + \rho_{dip})\rho_m v_g \tag{5-13}$$

其中，R_{sbg}是平均亚晶尺寸；h_m是可动位错平均间距，等于$\rho_m^{1/2}$；v_c是位错攀移速度；d_{anh}是位错湮灭长度参数。亚晶生长速度：

$$\frac{dR_{sbg}}{dt} = M_{sb}(p_{sb} - 2\pi\gamma_{sb}\sum_1^n r_{mean,i}^2 N_{v,i}) \tag{5-14}$$

其中，M_{sb}为亚晶界迁移率，亚晶界压力$p_{sb} = 4Gb^2\rho_b/3$，$r_{mean,i}$第 i 种第二相粒子平均尺寸，$N_{v,i}$是其密度，$\gamma_{sb} = Gb^2\rho_b R_{sbg}/3$为表面能。第二相粒子粗化和空洞软化系数变化速度分别为：

$$\dot{D}_{ppt,i} = \frac{k_p}{l-1}(1-D_{ppt,i})^l \tag{5-15}$$

$$\dot{D}_{cav} = A\varepsilon\dot{\varepsilon} \tag{5-16}$$

其中，A 是系数，i 是指第二相种类，l 是第二相粒子常数(MX 取 6，$M_{23}C_6$ 取 4)；k_p 是第二相粒子粗化常数，和第二相粒子种类、温度、应力及粒子初始尺寸相关；A 是常数，亦和材料的种类、温度、应力相关。

综合利用他人的实验数据和参数(表 5-1)，计算结果和蠕变试验结果十分吻合。图 5-25 给出了 600℃下 P92 钢在不同应力条件下的蠕变曲线以及亚晶尺寸、第二相粗化、位错密度等参数随蠕变时间的变化。如前所述，部分参数不仅和材料初始状态相关，还和蠕变温度、加载应力等相关。模型计算结果和试验结果十分吻合，模型是否具有一定适应性有待进一步研究。和微观结构演变相关联的蠕变模型距离工程应用尚有不小距离，如何进一步提炼微观结构及其演变参数和精简模型应当是今后模型研究的方向。

表 5-1　材料的理论或试验参数

$G=63\times10^9$ at 650℃ $G=65\times10^9$ at 600℃	剪切模量/Pa
$\boldsymbol{b}=2.866\times10^{-10}$	伯格斯矢量/m
$M=3$	泰勒因子
$k=1.3806504\times10^{-23}$	玻尔兹曼常数/J · K^{-1}
$\Omega=1.149404032\times10^{-29}$	原子体积/m^3
$d_{anh}=3\times10^{-9}$	长度参数/m
$M_{sb}=1.16\times10^{-20}$ (650℃) $M_{sb}=0.9\times10^{-20}$ (600℃)	亚晶界迁移率/m · Pa^{-1} · s^{-1}
$c_{dip}=0.3$	重量因子

600℃下可调参数

参数		应力/MPa		600℃初值
		145	160	
k_p	$M_{23}C_6$	2.270×10^{-8}	3.440×10^{-8}	4.840×10^{-7}
	MX	1.510×10^{-10}	2.320×10^{-10}	2.22×10^{-8}
a_1		0.650×10^2	0.671×10^2	0.87×10^2
A		1.930×10^2	4.252×10^2	1.45×10^2

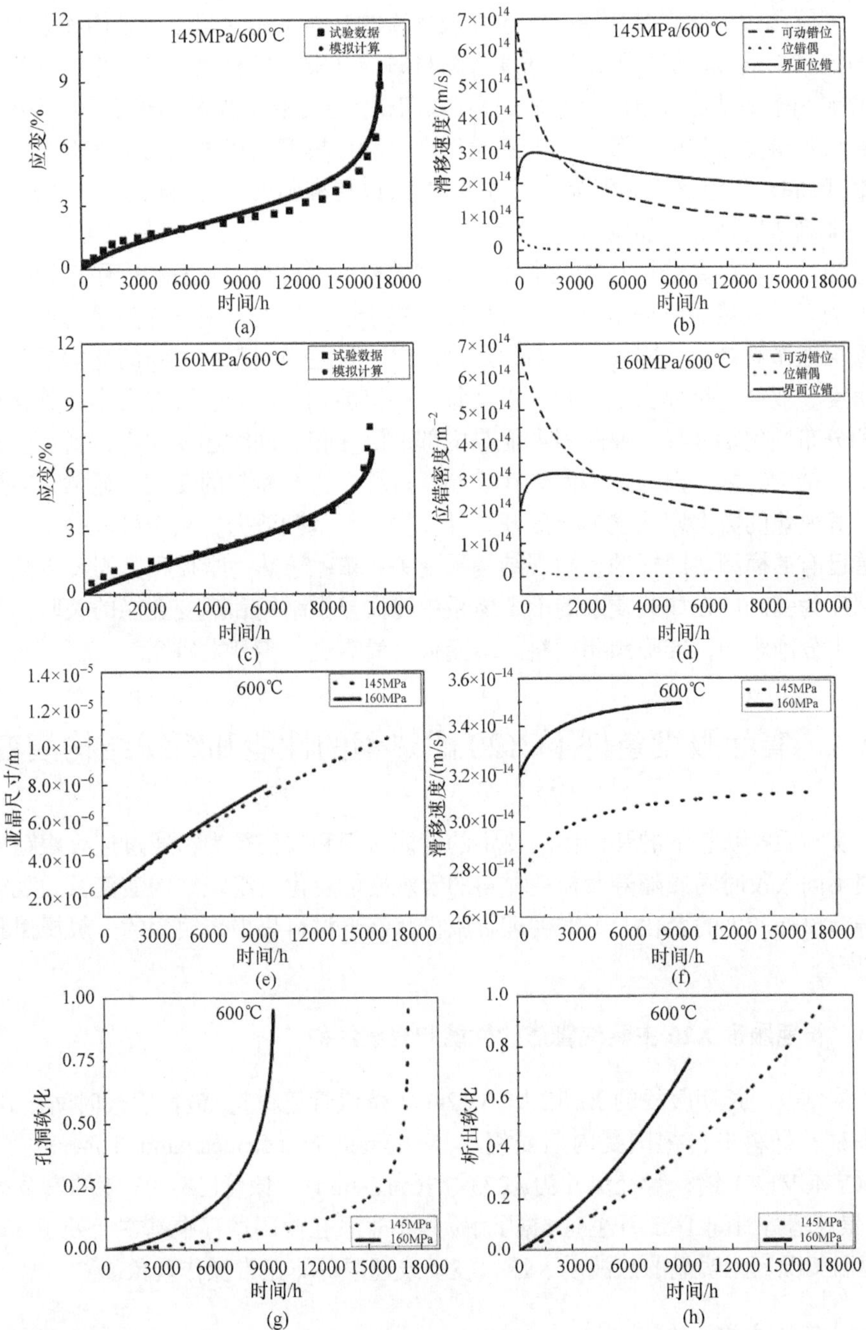

图 5-25　600℃不同应力条件下 P92 蠕变试验[36]

蠕变曲线和模拟(a、c)、位错密度(d)、亚晶尺寸(e)、位错滑移速度(b)、亚晶迁移(f)、孔洞(g)和沉淀相(h)软化作用等随蠕变时间的变化关系

理解和预测微观结构演变并建立模型目的是为了建立起微观结构和蠕变强度间的关系，这样才能预测蠕变强度，为材料的开发提供有效工具。为建立蠕变应变增加和微观结构参量间的函数关系，人们试图通过微观结构研究获得代表性的、能够反映蠕变过程的参数并结合到模型中，利用模型描述微观结构演变过程，包括蠕变曲线、位错密度和亚晶粒尺寸变化等，以更准确反映材料在蠕变中的变化，达到准确描述蠕变性能的目的。

当然，以显微结构和物理本质为基础的模型对材料的开发和应用来说是一个有力的工具。然而，提出模型的有效性取决于所需要的微观结构参量的可用性。完整描述微观结构，需要许多参数定量测量。这些包括基体组织的化学成分、位错密度、亚结构尺寸及其分布，以及每一种沉淀相的成分、形态大小及其化学组分和分布，包括晶界、亚晶界和亚晶内部的沉淀相。同时还要知道材料在服役初始微观结构参数，以及这些参数在其蠕变过程中直至断裂的变化。显然，微观结构及其变化的数据库建立为有效模型开发提供了基础数据，从而可进一步开发和完善已有的模型。同样的，微观结构平衡关系依赖于热力学模型，需要以热力学数据库为基础。在如此复杂的冶金体系中建立显微结构和蠕变性能的关联模型显然是十分困难的，准确预测材料的蠕变行为尚需进一步开发研究。

5.4 实际服役条件下 X20 耐热钢的性能和组织结构演变

实际服役状态下的马氏体耐热钢的性能减损和损伤行为，通过连续跟踪比较研究不同服役时间或随寿命损耗材料的宏观性能变化、组织结构演变及微观结构随寿命损耗产生的变化，可准确理解服役状态下材料热损伤演变的一般规律和损伤机理。

5.4.1 长期服役 X20 主蒸汽管道的性能和组织结构

某热电厂长期服役的 X20CrMoV12-1 主蒸汽管道材料，最长服役时间达到 23 万小时。材料来自德国曼内斯曼钢厂（Vallourec & Mannesmann Tubes）生产的 X20CrMoV12-1 钢，管径尺寸为ϕ273×26（mm×mm）。该管已有 23 年的安全运行史，累计运行时间 16.5 万小时。据了解，整个管系在使用过程中基本上处于 550℃的恒温工况，无明显的热波动、压力波动或超温等非正常操作现象。

1. 宏观力学试验

室温和 550℃服役高温条件下的主蒸汽管试验拉伸力学性能见表 5-2 和表 5-3。

表中的原始管是指未经服役的原始钢管材料，与服役后的材料同时做相同条件下的试验，以定量比较材料服役后的材质性能劣化程度。可以看出，材料在常温状态下屈服强度下降约 20%，同样，伸长率和面缩率也降低 20%左右，但抗拉强度没有明显变化。550℃高温下的短时拉伸性能比较可以看出，材料的强度相对于原始母材稍有下降,但仍完全满足标准对新材料的性能要求。伸长率降低 15%左右，面缩率比原始材料下降约 30%，显示塑性有一定程度的降低。服役后材料常温下的硬度在 230HB 左右，与原始管材的硬度相当，即材料服役与否在硬度指标上没有明显区别。显示出经长期高温服役，该材料没有发生明显的软化现象。

使用温度 550℃下的短时拉伸试验结果显示，服役后材料强度与原始材料比较稍有下降，但仍完全满足标准对新材料的性能要求。伸长率降低 15%左右，面缩率比原始材料下降约 30%，显示塑性有一定程度的降低。

表 5-2 X20 主蒸汽管常温性能

材质	强度/MPa		断面收缩率 ψ/%	伸长率 δ_5/%	冲击功 A_{kv}/J	硬度 /HB
	σ_s	σ_b				
使用管	543	799	47	20	20	224
原始管	694	776	59	25	115	231
DIN17175	>490	690～840	—	>17	>34	—

表 5-3 X20 主蒸汽管短时高温性能(550℃)

材质	强度/MPa		伸长率 δ_5/%	断面收缩率 ψ/%	冲击功 A_{kv}/J
	σ_s	σ_b			
使用管	404	478	12	62	108
原始管	375	468	22	72	141
DIN17175	>250	—	—	—	—

室温下冲击韧性试验结果变化显著，原始材料韧性为 115J，而服役后材料的冲击韧性值只有 20J 左右，为原始管的 1/5，已经超出标准对新材料韧性的要求，表明服役后的材料常温下韧性劣化显著，在常温状态下已经呈脆性。550℃高温冲击韧性试验结果显示出其高温韧性同样有一定程度的下降，约为原始材料的 20%到 30%。同室温下的冲击试验结果比较可以看出，服役后的材料在使用高温下的韧性明显好于常温下的韧性。

以上试验结果表明：材料经长期高温服役后，材料的强度仍较高，韧性尚好，在使用高温条件下，材料的力学性能虽有所下降，但仍然满足标准对新材料的要求，并明显优于常温条件下的性能。室温下材料的性能已经不能满足标准要求，因冲击试验显示室温下材料已经呈脆性。直管段材料的韧脆转变温度($FATT_{50}$)试验结果显示，原始母材的韧脆性转变温度 $FATT_{50}$= –16℃，而使用弯管的韧脆性转变温度 $FATT_{50}$>100℃。显示材料经长期高温服役，其韧脆性转变温度远远超出常温，充分表明材料在常温下呈脆性。

持久强度指标是预测高温运行设备残余寿命的关键参数。由同一温度下、不同应力值对应的一系列不同的断裂时间，由外推法得到材料在该温度下的持久强度。550℃试验温度下的测试结果列于表 5-4 中。

表 5-4　X20 服役后主蒸汽管 550℃持久强度测试值

试样号	持久应力 σ_s/MPa	蠕变时间 /h	伸长率 δ_5/%	断面收缩率 ψ/%
1	260	40.0	39.6	85.6
2	250	51.0	44.5	83.2
3	220	345	40.9	84.0
4	200	845	44.5	87.0
5	180	2435	45.5	83.5
6	160*	—	—	—

*为未断试样.

高温持久强度和断裂时间双对数坐标关系曲线如图 5-26 所示，两者呈良好的线性关系。图中纵坐标为应力值，经线性拟合得到以下方程：

$$\sigma = 353.61t^{0.08474} \tag{5-17}$$

如此外推可得直管和弯管的高温持久应力为：

$$\sigma_{10^5}^{550℃} = 133\text{MPa} \tag{5-18}$$

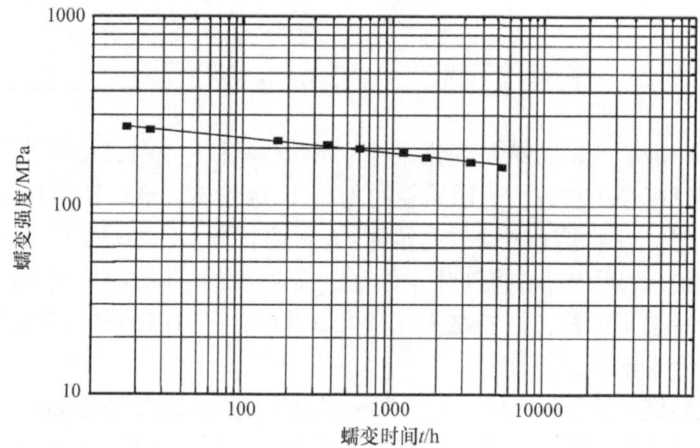

图 5-26 在 550℃下 X20 服役管道的持久强度试验曲线

2. 服役后 X20 主蒸汽管道组织及其演变行为

图 5-27 分别是原始管、服役后的材料的金相组织。可以看出，原始态的管材和服役后的直管、弯管组织均是板条马氏体结构，但服役后材料晶界宽化，晶界明显有碳化物析出。

未服役母材中的碳化物相对细小，大部分分布于晶界和板条界，而且形态上大多数呈条片状，晶界上有小部分碳化物表现为不规则球形。这些碳化物均是在材料热处理回火过程中沉淀析出的。晶界和板条亚晶界的碳化物的大小一般在 150nm 左右，而晶内的碳化物更为细小，一般都小于 100nm。

服役后的管道材料组织仍保持原始态的马氏体板条结构，如图 5-28 所示。但材料的组织形态发生一定的变化。基体显微组织明显发生变化，马氏体板条内有些区域无明显的高密度位错衬度，表现为α-Fe 铁素体形态。这是长期高温时效马氏体组织结构分解的结果。同时，晶界和亚晶界有大量碳化物的存在，并呈网链状分布。

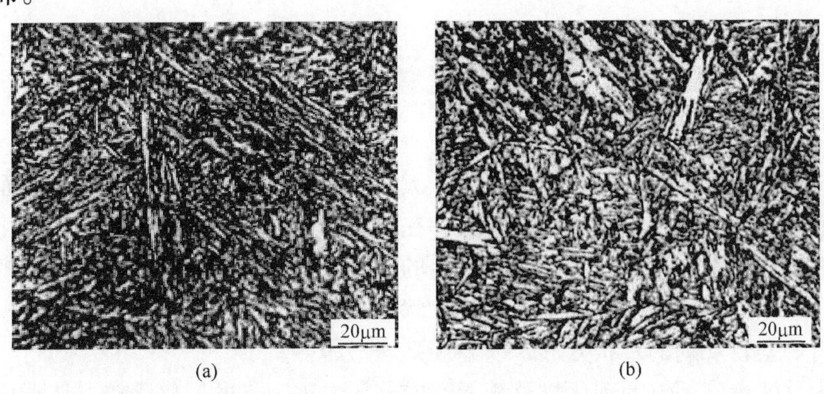

(a)　(b)

图 5-27　X20 主蒸汽管道的金相组织

(a) 未服役的母材；(b) 服役 16 万小时

图 5-28(b) 是显微组织大倍率形貌，虽然大部分组织结构仍表现为板条形态，但有些地方这种高密度位错的板条马氏体内部发生显著变化，有应变造成的亚晶结构，即所谓的“胞状结构”。亚晶的形成相当于多边形化，表明材料的组织显现出典型的蠕变特征。由于长期存在应力的作用，随着形变量的增加，形变传播在晶界处受阻，位错在晶界处堆积，造成应力集中，由位错墙形成亚晶界，产生晶粒碎化。由于受到相邻晶粒的约束作用，晶内各部分形变量会有差异，形变发生旋转程度有所不同。相邻组织的取向有明显差异，随着位错不断终止于亚晶界，亚晶界两边的位向差会不断增加，此位向差与应变程度呈正比关系。由选取衍射反应出，亚晶界两边的取向差一般都有几度，有的超过 10°。马氏体板条晶界、

亚晶界形状发生变化，表现为竹节状，进一步反应出材料塑性形变明显，这是长期蠕变所造成的组织结构变化。原因在于长期的蠕变使晶界和板条界产生移动，由于晶界和板条亚晶界的碳化物对晶界有钉扎作用，即稳定晶界的作用，所以晶界表现出如此形态。该现象清楚地显示出亚晶界上的碳化物具有阻止晶界移动、稳定晶界的作用。

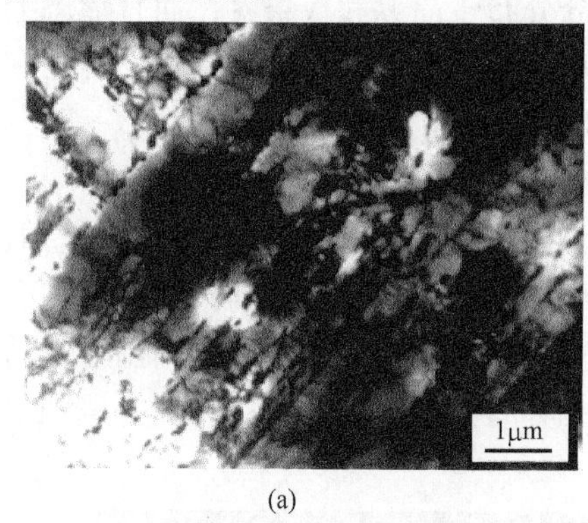

(a)

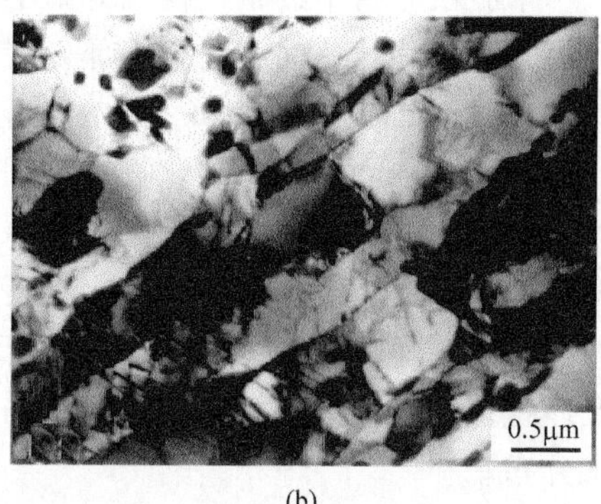

(b)

图 5-28　服役 16 万小时后 X20 材料 TEM 组织结构形貌

3. 合金碳化物

材料中有大量的合金碳化物沉淀，大多数分布在晶界和板条亚晶界，而且晶界和亚晶界碳化物的颗粒度明显偏大，在板条内或晶内有相对较细小的碳化物颗粒存在。从形态上还可以看出，在晶界的碳化物相对粗大，而且一般为不规则球形，在板条界的碳化物一般表现为条片状。同样，晶内的碳化物有的为不规则球形，有的呈较规则的片状方形，以不规则球形居多。

为反映不同部位的碳化物及其形态的差异，进一步做量化比较。从碳化物的颗粒大小来看，晶界碳化物平均大小达到 0.33μm，部分较大的颗粒的尺寸超过0.5μm。马氏体板条界的碳化物主要为条片状，平均长度达到 0.35μm。晶内或板条内的大多数碳化物从形态上看，也可分为不规则球形和条片状两类。平均大小在 0.12μm。其中不规则球形碳化物大小差别较大，大的达到 0.4μm 以上，而小的不足 50nm。片状的碳化物大小相对比较均匀，接近平均值。以碳化物颗粒的最大尺寸方向作为大小量度，以晶界、亚晶界和晶内的不规则球形和条片状等作为分类，从 TEM 观察结果中直接测量，分类统计大小，统计结果列于表 5-5 中。这些数据明显高于对 X20 钢经“淬火+回火”热处理后的原始状态下碳化物统计数据。无论是晶界还是亚晶界的碳化物大小均是母材中碳化物的两倍左右。即使是晶内的碳化物也表现出粗化的特点，比原始材料中的碳化物增大 50%以上。表明材料经 550℃长期高温时效和一定的蠕变作用下，碳化物粗化严重。

在过去有关 9-12Cr 马氏体耐热钢研究中，晶界粗化的碳化物一直备受关注。一般认为，碳化物在蠕变试验或长期高温时效下会明显粗化或球化，对材料的蠕变性能有明显不利的影响。晶界粗化的碳化物会引起材料的韧性下降。另外，粗化的碳化物会富集合金元素，使基体中的合金元素含量下降，从而降低合金元素的固溶强化作用，致使材料的强度下降。

表 5-5　X20 长期服役的直管中碳化物形态大小

位置和形态	最大/nm	最小/nm	平均大小/nm	统计个数	标准偏差
晶界球形	530	140	330	33	8
板条界片状	650	230	351	41	5
晶内球形	280	50	104	85	4
晶内片状	210	80	130	38	2

4. 材料中的合金碳化物结构

晶界和亚晶界的碳化物无论是不规则球形还是条片状的均为面心立方结构，晶格常数为 1.08nm，如图 5-29 所示。结合衍射束强度分析和碳化物成分分析，可以肯定这些晶界和亚晶界的碳化物是 $M_{23}C_6$ 结构。晶内除 $M_{23}C_6$ 外，有少量的富 V 碳化物存在。并且这些富 V 的碳化物以两种形态存在于晶内，一种是单一的颗粒随机地出现在晶内，大小在 150nm 左右，如图 5-30 所示。另一种是以簇状分布，相对较小，一般小于 100nm。这些富 V 碳化物呈规则的方形片状，形态上和 $M_{23}C_6$ 有明显的差异，该类碳化物形态规则、大小较均匀，即使是在靠近正带轴条件下衬度很弱，显示其片状形态极薄，只有 10nm 左右。如图 5-30(b)所示。对应的微衍射谱如图 5-30(c)和(d)所示，标定结果显示这些富 V 的碳化物为 fcc 结构的 MC，晶格常数为 0.41nm。图 5-30(c)和(d)分别是 MC 的[100]和[123]方向衍射谱。

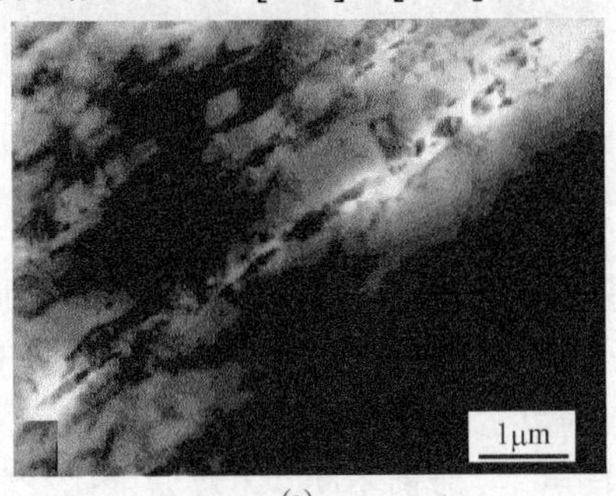

(a)

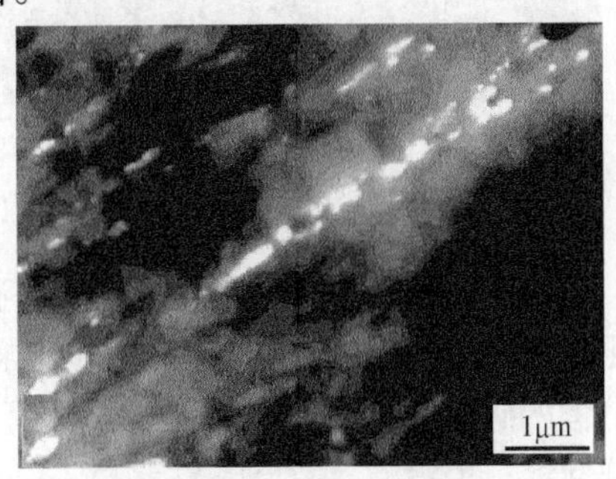

(b)

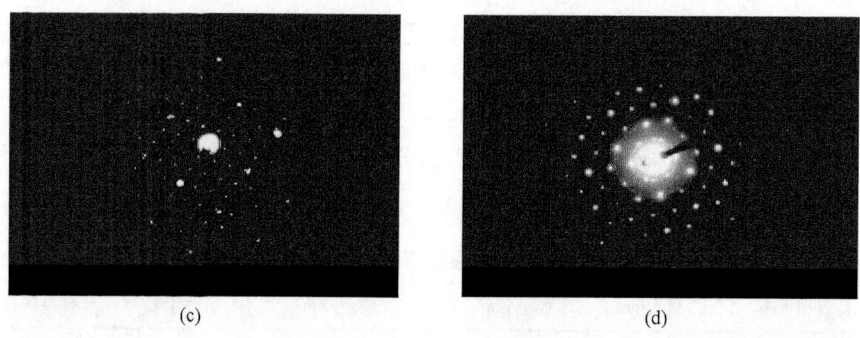

图 5-29　晶界碳化物(a)和(b)亚晶界片状碳化物的明暗场像，(c)和(d)为相应的衍射谱

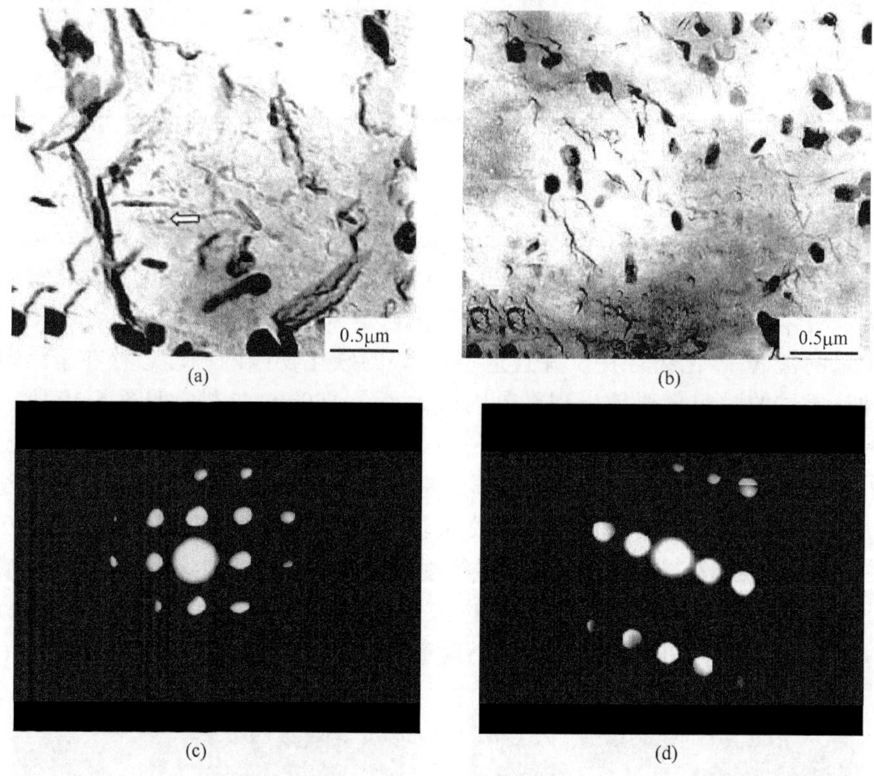

图 5-30　晶内富 V 碳化物(a)孤立的和(b)簇状分布形态，(c)和(d)为相应的衍射谱

由上看出，经长期高温服役，材料中基本上只有 $M_{23}C_6$ 相碳化物存在，而且粗化严重，特别是晶界的碳化物明显球化。除 MX 类型碳化物外，没有发现有其他结构的碳化物存在。显示出其他的不稳定的第二相在长期的高温服役过程中大部分回溶。也没有观察到δ-铁素体、Laves 相等。一般地，这些不稳定的碳化物在高温条件下长期时效很容易集聚长大，并会溶解和向其他结构碳化物转化，而失

去应有的强化作用；同时晶内和晶界碳化物粗化，尤其是晶界碳化物严重粗化，会造成材料的强度和蠕变强度明显下降，缩短材料的使用寿命。

5. 碳化物的组分演变

图 5-31 (a) 和 (b) 分别为晶界不规则球状和马氏体板条界条片状碳化物的 EDS 能谱，相应的定量计算结果显示，板条界的片状碳化物中 V 的含量高。同样，晶内的碳化物中不规则球形的碳化物和片状碳化物的能谱图，球形的 Mo 含量相对较高，片状的 $M_{23}C_6$ 中 V 的含量较高。

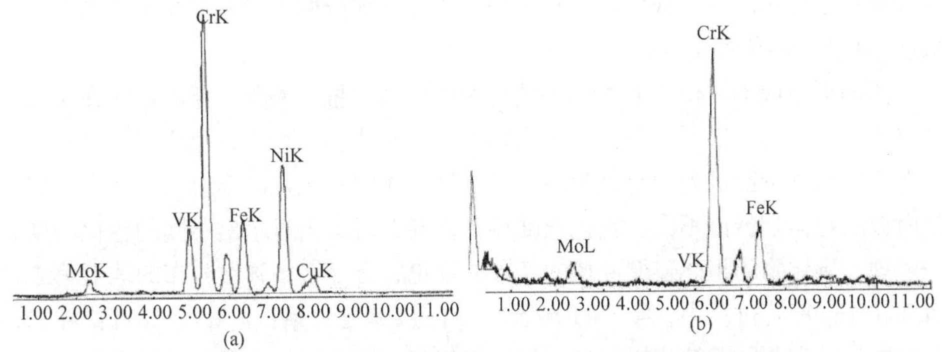

图 5-31　分布于晶内的 (a) 球状和 (b) 片状碳化物 EDS 能谱

根据所处位置和形态不同，对碳化物的合金成分进行定量统计分析，结果列于表 5-6 中。不同形态的 $M_{23}C_6$ 碳化物中合金含量上有一定差异。无论是晶界还是在晶内，球状碳化物中的 Mo 含量相对较高，而条片状 $M_{23}C_6$ 中 V 的含量较高。所有的富 Cr 碳化物中 Cr 含量一般在 70%左右，明显高于原始态对碳化物的研究结果，这和 12Cr 马氏体耐热钢有关研究结果[38,39]一致，即经长期蠕变试验或长期高温时效后，$M_{23}C_6$ 碳化物中的 Cr 和 Mo 等合金元素的含量会明显富集，引起基体中合金元素的固溶度下降，造成基体中合金元素贫化，使固溶强化效应下降。

表 5-6　服役 16 万小时主蒸汽管道中不同形态 $M_{23}C_6$ 合金碳化物的合金成分 (原子数分数)

元素 区域	Cr	Fe	Mo	V	Ni
晶界	68% ± 3%	25% ± 2%	5% ± 2%	1%	—
板条界	65% ± 2%	28% ± 2%	3% ± 1%	3% ± 1%	1%
晶内球形	70% ± 2%	20% ± 1%	8% ± 2%	1%	1%
晶内方形	70% ± 2%	20% ± 1%	3% ± 2%	6% ± %2	1%

分布于晶界或晶内不同形态的 $M_{23}C_6$ 碳化物中合金含量上有一定差异，如晶

内不规则球形的 $M_{23}C_6$ 中的 Mo 含量达到 8%左右并含微量的 V，而片状的碳化物平均含 5%Mo 和 5%左右的 V。同样，晶界碳化物一般为不规则球形，相对于板条界的碳化物含较高的 Mo，而板条界的片状碳化物 V 含量相对偏高。这一现象可能是和碳化物粗化过程相关，球状碳化物已明显粗化，而片状碳化物粗化速度相对较慢，其化学成分相应也存在一定差异。表 5-6 统计结果与原始母材中碳化物统计参数[40,41]比较显示，晶界碳化物粗化最严重，大小是母材中碳化物的两倍左右，而晶内碳化物比原始材料的统计结果大 50%左右。数据比较还可以看出晶界碳化物粗化速度高于板条界的碳化物。因此，成分的差异也反映出不同形态的 $M_{23}C_6$ 碳化物粗化程度的差异。

不同形态或不同位置的 $M_{23}C_6$ 碳化物中合金含量有差异，原因可能在于以下几方面，从形态上来看，很显然不规则球形的碳化物比片状碳化物粗化严重，不同形态的碳化物虽都处于粗化阶段，但在经历相同的长期高温时效过程中，因各自所处的热力学条件不同，粗化速度存在差异，形态上显示出不同的粗化程度。一般地，碳化物的粗化遵循经典的 LWS 理论，合金钢中弥散分布的球形第二相沉淀粒子的粗化过程中，粒子的半径 r 和时间 t 满足关系：$r^3 \propto t$。该理论在二元合金中扩散控制的沉淀相粗化过程得到很好的印证。因此在材料的研究中，这种由析出相的界面能引起的粗化，其稳定性是值得关注的问题之一，析出相的粗化动力学问题也就具有重要实际意义。

无论是在碳化物形核长大阶段还是在长期高温时效过程中的粗化阶段，由于晶界和晶内的碳化物所处的外部条件不同，溶质原子不仅可通过体扩散到晶界，而且可以通过晶界扩散和两相界面扩散，所以晶界碳化物的长大和粗化速度远大于体扩散允许的速度。

MX 结构的碳化物相应的 EDS 能谱显示，这些富 V 的碳化物不仅存在分布形态上的不同，其化学组分上同样存在差异，如图 5-32 所示。随机出现的孤立的富 V 碳化物成分相对较复杂，平均原子数分数为 65%V, 20%Cr, 以及少量的 Fe, Ni 和 Cu 等；而以簇状出现的碳化物的成分简单，仅表现出含有 V 和 Cr 两种元素，其中原子数分数为 80%V，余量为 Cr。这可能是因为前者是原始态存留下来的富 V 碳化物颗粒，后者是在长期的高温时效中形成的。细小的 MC 碳化物和基体间一般存在良好的共格关系，所以该类型的碳化物具有极强的硬化作用。在 X20 耐热钢中，长期高温时效会产生 MC 碳化物沉淀析出，这应是材料长期高温服役不软化的原因。

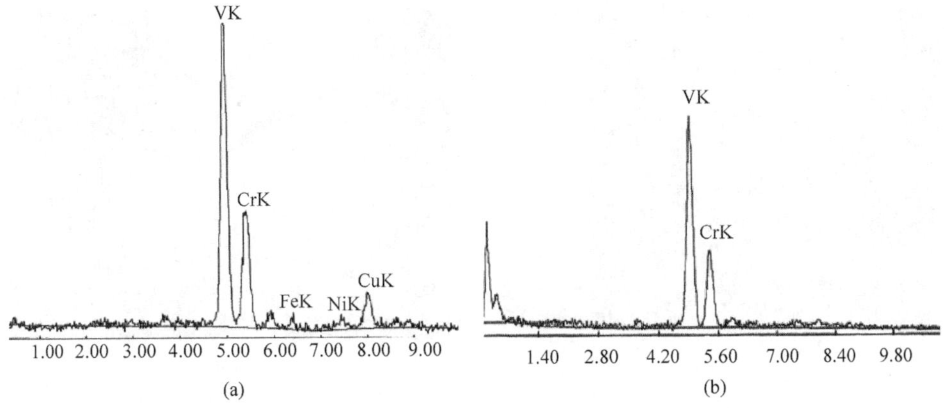

图 5-32　两种形态 MX 的能谱

(a)孤立的和(b)簇状分布的富 V 碳化物

6. 断口和晶界偏析行为

服役 16 万小时的 X20 主蒸汽管道室温下的拉伸断口形貌如图 5-33 所示，无论是直管还是弯管，虽然断口周围存在剪切唇并有明显缩颈现象，但在室温下拉伸断口均表现为结晶状形貌，而且有明显的沿晶二次裂纹。反映材料在室温下呈脆性。

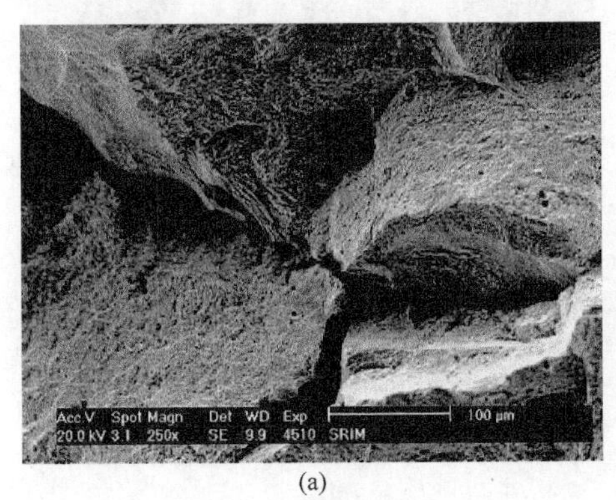

(a)

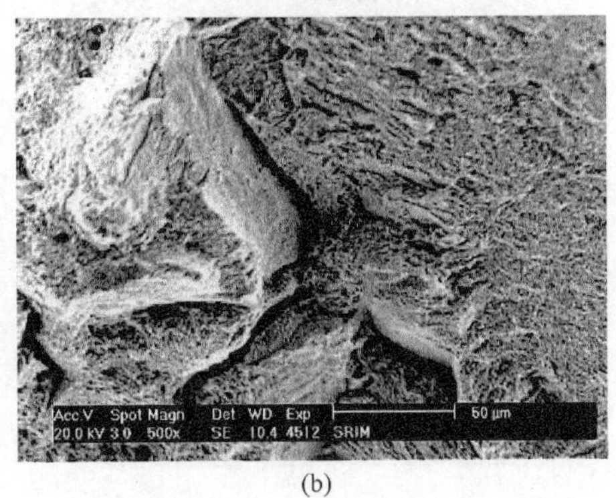

(b)

图 5-33　服役后的主蒸汽管道材料在室温下拉伸断口形貌。

(a)直管；(b)弯管

图 5-34 给出了弯管材料在室温条件下冲击断口形貌。同样可以看出，室温状态下冲击断口呈典型的沿晶脆断特征。断面晶粒的晶界表现出明显的开裂裂纹，所有的二次裂纹也完全是沿晶开裂。显示出室温下材料完全处于脆性状态，材料的晶界脆化严重。

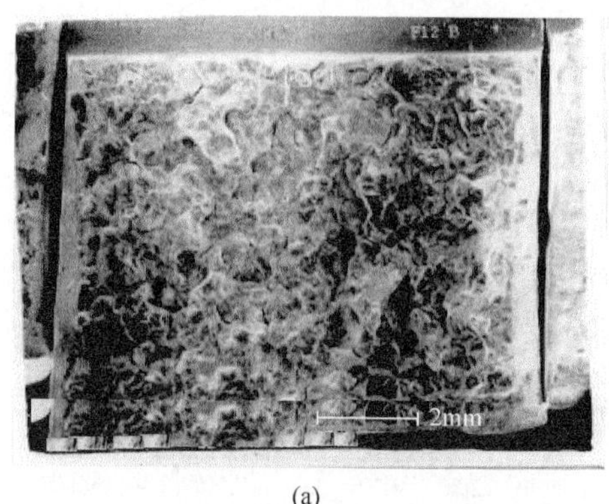

(a)

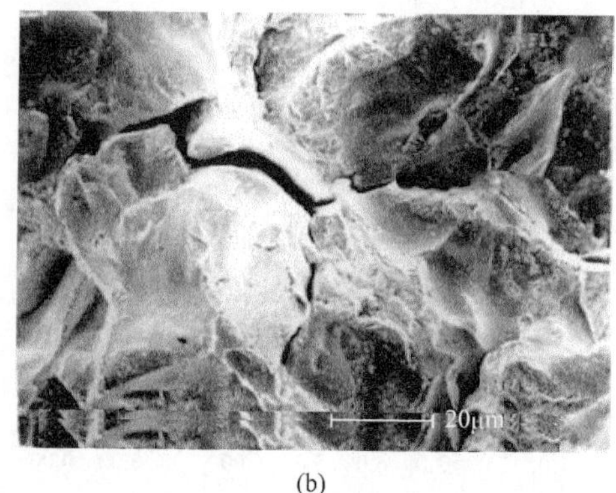

(b)

图 5-34　服役 16 万小时主管道弯管的室温冲击断口宏观形貌 SEM 观察

图 5-35 给出 550℃高温拉伸断口 SEM 形貌。宏观上看，高温拉伸断口均呈杯锥状，断口周围有明显的剪切唇和缩颈现象，为正常的延性断口形貌。整个断面大部分呈细小韧窝状，但窝坑很浅，反映高温拉伸塑性变化不是很大，但仍基本保持高温下的穿晶延性断裂的特点。表明材料经长期高温服役后，材料高温塑性尚好，但明显下降。同时断口存在较深的沿晶沟状断开形态，显现出材料的晶界有弱化的趋势。

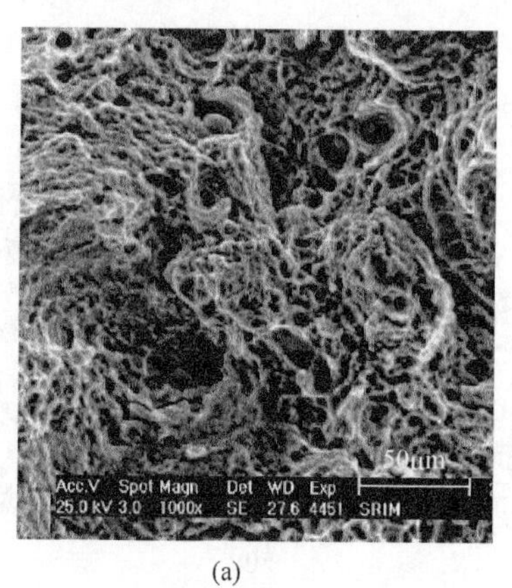

(a)

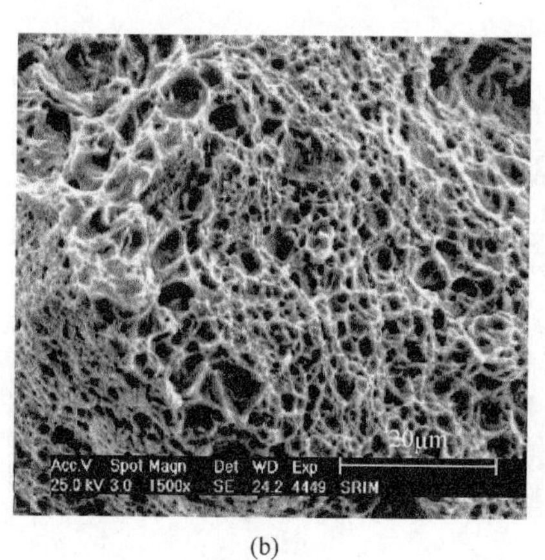

(b)

图 5-35　服役 16 万小时主蒸汽管道高温短时拉伸断口形貌

(a) 直管；(b) 弯管

材料的断裂方式和温度密切相关。在低于某温度呈脆性断裂，而高于该温度范围呈延性断裂。一般地，脆性断裂裂纹传播时发生范性形变小，而延性断裂伴随相当大的范性形变。同一温度下，断裂方式不仅和材料的晶粒度、形变速度、应力状态相关，而且和材料本身固溶的合金元素、杂质元素和第二相粒子相关。

室温下晶界脆性断裂的原因一是晶界产生脆性相的膜，如晶界有碳化物偏聚沉淀，沉淀相可能是不连续的，但界面覆盖度达到 50%就可能造成晶界断裂。二是杂质元素和合金元素在晶界偏聚，微量元素在晶界偏聚造成晶界脆化。

进一步利用 AES 研究晶界可能偏析，由服役后的直管段材料制备的样品在超高真空条件下打断，即时分析新鲜断口，图 5-36 是断口形貌，而图 5-36(b)是在一晶界面上获得的 AES 能谱图，明显地显示出 Fe、Cr、C 和 P 峰。图 5-36(c)是在解理面记录的能谱，可以看出，Cr 和 C 峰相对于晶界面显著降低并显示解理面没有明显的 P 元素存在。根据不同部位多次记录的 AES 能谱进行定量成分分析，取平均值结果列于表 5-7 中。同晶内相比，晶界面合金元素 C、Cr 和 P 明显富集，晶界的浓度是晶内的一倍以上，Ni 也表现出一定的富集现象。如果说 C 和 Cr 在晶界的富集主要是由于晶界碳化物析出引起的，则 P 在晶界的偏聚是显著的。众所周知，P 和 Sn、As 等作为有害元素，在晶界的偏聚会降低晶界的结合强度。所以 X20 耐热合金钢经长期高温时效后的脆化，与晶界杂质元素 P 偏聚有一定相关行性。

表 5-7　经长期服役的 X20 耐热钢断口表面成分分布　(单位:%)

材料	部位	元素(原子数分数)					
		Fe	Cr	C	P	Mo	Ni
直管	晶界面	48	27	13	6	2	4
	解理面	67	10	6	1	2	4
弯管	晶界面	58	21	10	6	2	3
	解理面	65	17	4	1	1	2

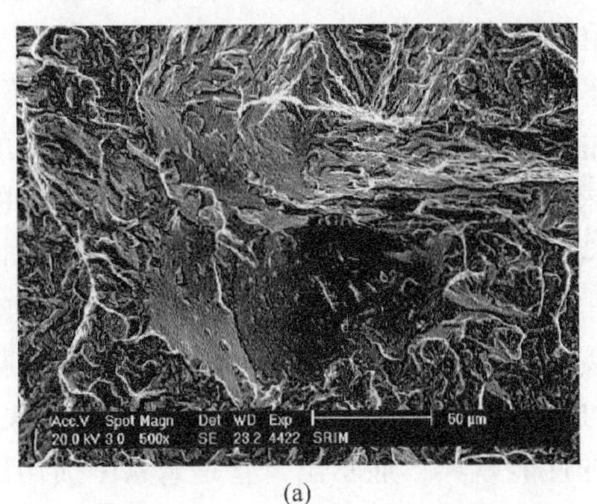

(a)

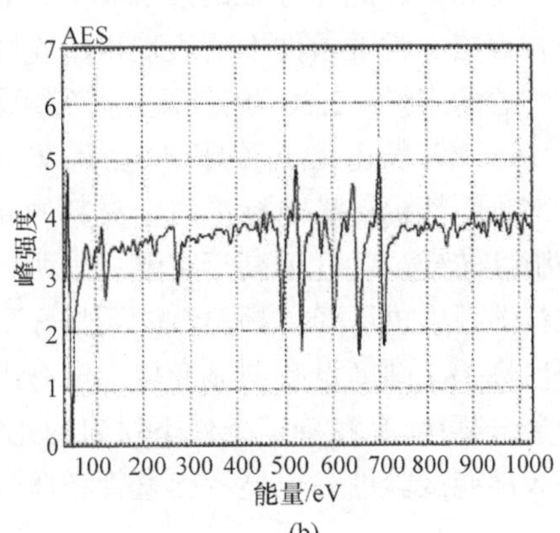

(b)

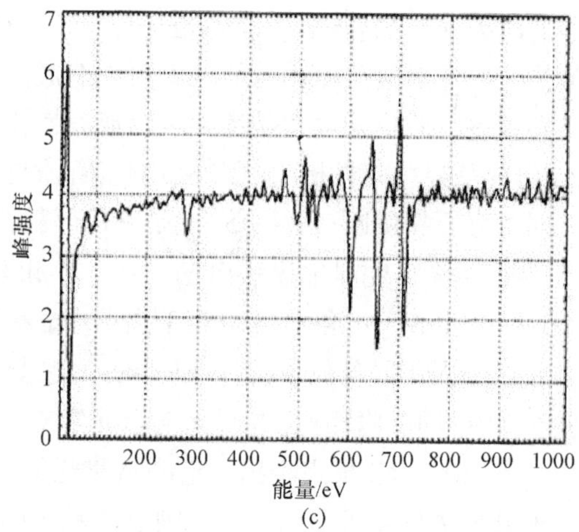

(c)

图 5-36　断口形貌(a)与晶界(b)、解理面(c)的 AES 谱图

为了解合金成分在晶界偏析及其随深度的分布，在对新鲜断口进行表面分析的同时进行深度剖析。即在断口表面分析后，利用 Auger 能谱仪附件氩离子枪所产生的离子束轰击所分析的表面，使表面层剥离，分析近表面层，如此反复对材料的表面进行一定厚度的分析。图 5-37 给出了直管断口晶界面合金元素成分随分析深度的变化。可以看出，P 随氩离子束剥离时间即随分析的深度而变化，但不显著，仅稍有减少的趋势。其他成分如 Fe、Cr、C 和分析深度也存在一定的相关性，Fe 含量逐渐增加，Cr 含量相对下降，显示出随分析深度的增加，所分析的晶界表面碳化物量在减少，则从基体中激发的 Auger 电子逐渐增多，所以 Fe 含量逐渐增加，而 Cr 含量相对减少。P 元素含量随分析深度变化缓慢的趋势和一般偏析分解结果不同。过去有关有害元素的晶界偏析，元素的含量随 Ar^{+}对分析表面的溅射时间很快衰减，一般认为有害元素是以原子层分布于晶界。以上的观察结果可能是和 P 在晶界存在的形态相关，最可能的解释是偏聚的 P 元素包覆在碳化物颗粒表层，常温条件下所表现出的脆性和 P 在晶界的偏析相关。

总的来说，X20 耐热钢主蒸汽管道长期处于(13.73MPa，550℃)工况条件下，经 160000h 长达 23 年的长期运行，材料的性能都有不同程度的劣化。尽管材料的大部分性能仍能满足标准对新材料的要求，但冲击韧性远低于标准要求，材料的韧脆性转变温度远远高于室温，表明材料有显著的脆化倾向。与原始母材比较，材料的强度也下降，高温性能明显好于常温下的性能，直管稍优于弯管，焊缝的塑性最差。硬度没有明显变化，没有出现一般耐热钢长期高温时效后常见的软化现象，这可能是和特定条件下材料的化学成分及服役条件下的组织结构演变相关。持久性能试验进一步显示出直管和弯管的性能差异，显示出弯管是管系中损伤最严重的部位。可见同一管系，因部位差异所受到的应力状态不同，性能劣化程度也会有显著差异。

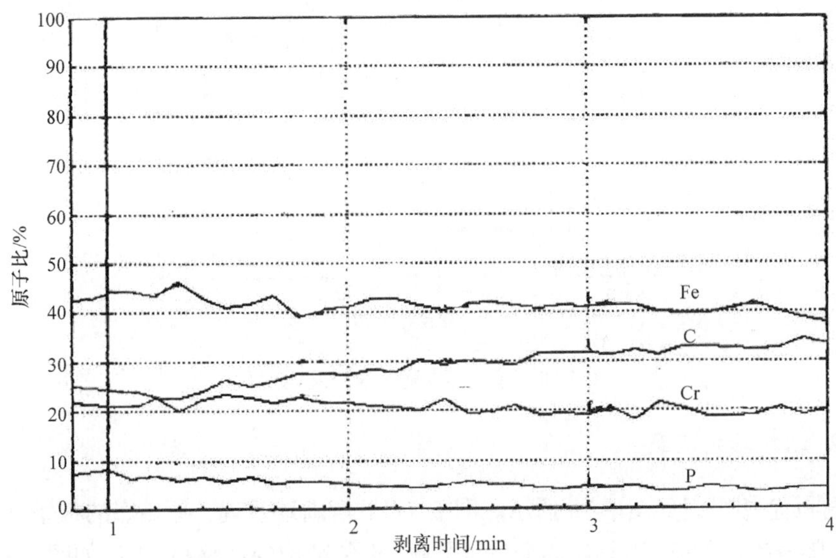

图 5-37　断口晶界面成分随分析深度的变化

5.4.2　长期服役 X20 炉管的损伤行为与环境相关

本节给出一个爆管事故的 X20 再热器管道的失效现象的剖析，利用不同服役阶段大修截留的样品作对比，研究材料的性能和组织结构演变过程。过热器炉壁管规格为ϕ38×7.8(mm×mm)，样品分别为原始、服用 13 万小时、16 万小时和 18 万小时的材料。

1. 硬度变化

图 5-38 给出了新材料和不同服役时间的试样显微硬度，其中最后一组数据是发生爆管事故的样品。从图中可以发现随着服役时间的增加，试样晶内与晶界的显微硬度都明显下降。材料的显微硬度随服役时间产生明显变化，晶界和晶内的硬度随服役时间的延长而下降。对比晶内与晶界的显微硬度值变化，又会发现晶界的显微硬度变化更加剧烈。服役前，晶界硬度大于晶内，而随着服役时间的延长，晶界硬度下降更明显且低于晶内硬度。新材料及服役初期其晶界硬度高于晶内，但随服役时间的延长，晶内、晶界硬度都会下降，但晶界硬度下降更快，晶界处的显微硬度低于晶内硬度。

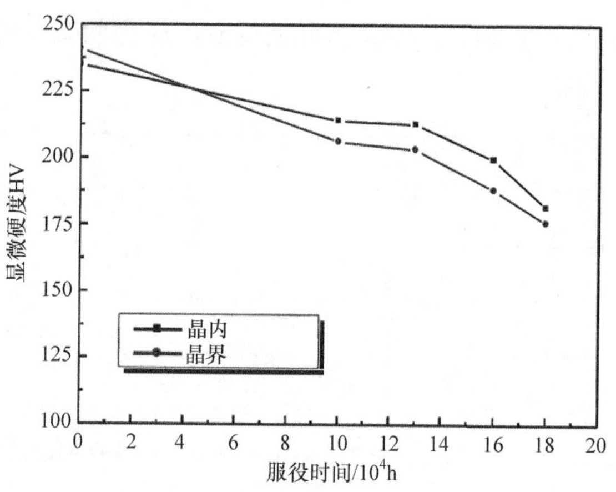

图 5-38　显微硬度随服役时间的变化

2. 组织结构演变

样品金相组织如图 5-39(a)清晰地呈现了原始态的板条马氏体组织。随着时间的延长，马氏体会发生分解，板条结构的规整性下降。如图 5-39(b)为服役 13 万小时后可以看出马氏体板结构形态，表现为板条碎化，这是长期范性变形的结果。说明随着时间延长，显微组织变化显著，这些显微结构的改变都会影响 X20 的性能。图 5-39(c)为服役 16 万小时的试样金相，可以发现与 13 万小时相比，相邻板条间的取向性更差，马氏体碎化的痕迹更加明显，但仍然保持基本的马氏体组织。这也说明服役时间达到 16 万小时以后，显微结构的退化更加剧烈。比较不同服役时间段试样的金相图像可以看到另一个现象，随着服役时间的延长板条结构也明显粗化。

当服役时间达到 18 万小时后，发生爆管事故的材料中马氏体板条结构消失，意味着马氏体完全分解。其基体组织与铁素体十分相似，晶界有粗大的碳化物和少量的空洞。X20 耐热钢的服役过程中，马氏体发生回复再结晶，基体的合金元素和碳元素不断脱溶，过饱和固溶体逐渐向一般固溶体转变，18 万小时试样为类似铁素体组织，这说明组织结构由起始的马氏体体心正方转变到铁素体的体心立方结构。因此可以把 X20 耐热钢的服役过程理解为马氏体分解及回复再结晶的过程。图 5-40 给出 18 万小时炉管材料的 SEM 图片，可以清晰看出马氏体组织结构完全分解，粗大的晶界碳化呈链状分布于晶界。

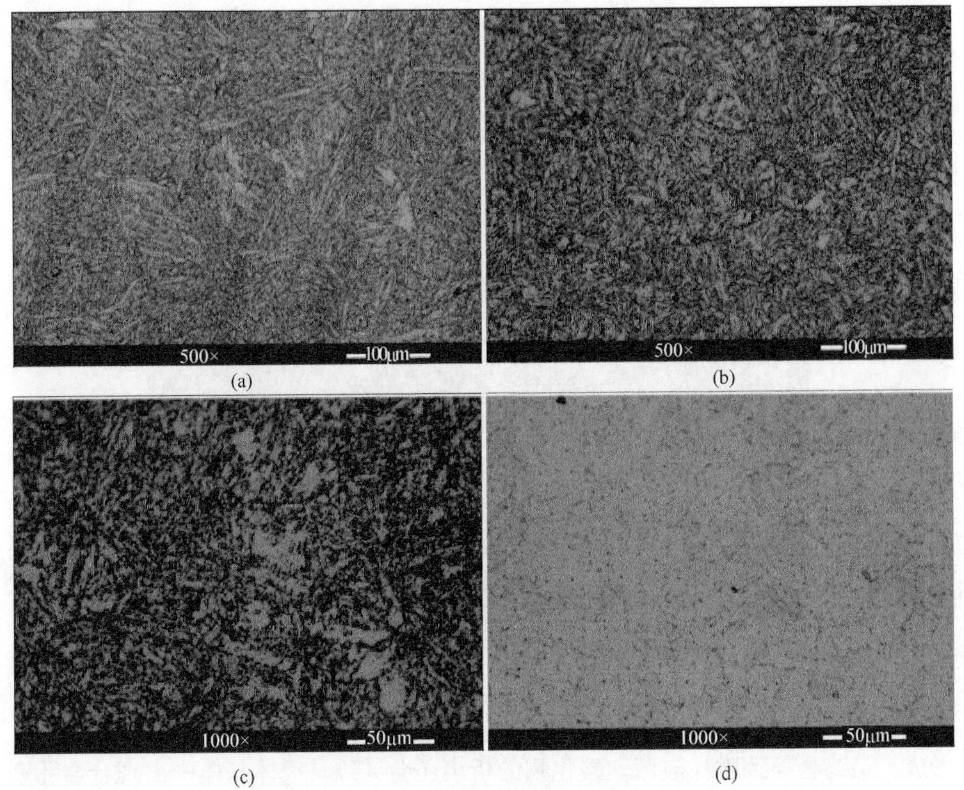

图 5-39　X20 炉管马氏体耐热钢金相组织

(a) 0h；(b) 1.3×10^5h；(c) 1.6×10^5h；(d) 1.8×10^5h

图 5-41 分别为原始态和服役 13 万小时、16 万小时以及 18 万小时试样的背散射扫描图像。服役达到 16 万小时材料的组织结构仍保持着基本的 X20 耐热钢的板条马氏体复式结构，原奥氏体晶界及板条处分布着大量的碳化物颗粒，但是 18 万小时的试样，已经观察不到马氏体结构，这与金相组织结果一致。另外还可以看到，不管是晶界处还是板条界的碳化物，其尺寸都随服役时间明显增大。尤其是晶界处的碳化物粗化严重，严重聚集形成链状分布。X20 耐热钢基本的显微组织是回火马氏体，回火马氏体可以认为是过饱和铁素体。从热力学上讲，过饱和固溶体不是稳定的组织，在钢的热处理及随后的高温和应力长期作用下必然析出各类碳化物相，在一定温度与时间内是稳定的，服役初期这些弥散相是耐热钢保持高的热强性的重要保障。但是随着服役时间的增长，热力学非平衡必然会引起碳化物的粗化与转化，从而出现组织的不稳定性，降低钢的热强性。耐热钢中的碳化物都是首先沿晶界析出，由此使晶界性质发生变化。当在晶界上形成连续的网状碳化物时，弱化了晶界，使钢的热强性明显下降，从而促使了晶界裂纹的

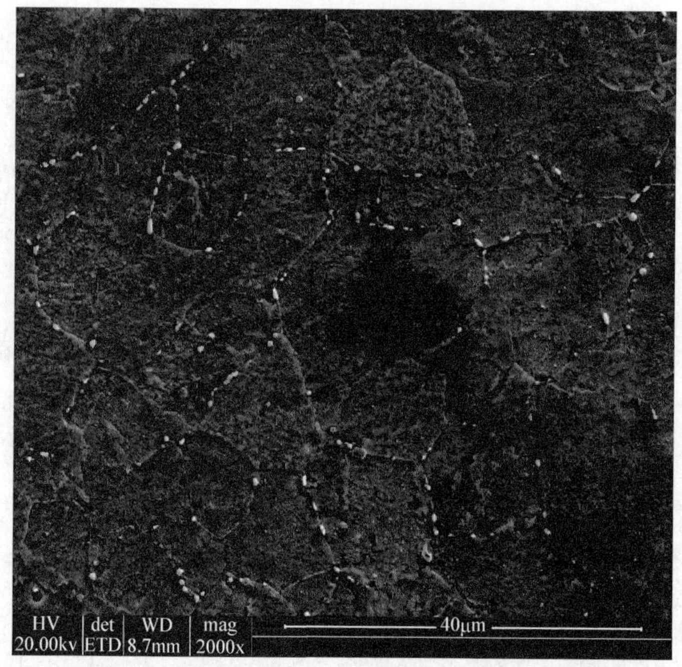

图 5-40　服役 18 万小时样品的 SEM 形貌

形成，最终会导致脆性破坏。碳化物的析出还会导致马氏体基体中出现合金元素贫化，Cr、Mo、V 等合金元素向碳化物迁移富集，促进碳化物的粗化和聚集。因此碳化物沿晶析出和粗化行为是造成 X20 耐热钢失效的重要原因。

马氏体组织是过饱和的铁素体结构，其结构为体心正方。随着服役时间的延长，X20 耐热钢的晶格常数发生了变化，正方度减小，逐渐向立方晶系转变。图 5-42 中为不同服役时间 X20 耐热钢的 XRD 结果。同原始态比较，马氏体的体心正方结构在服役过程中发生向体心立方结构的转变。在高温高压条件下服役，马氏体组织退化，基体固溶合金元素和碳元素不断脱溶，马氏体组织发生分解，甚至发生再结晶现象。其次，第二相的析出和粗化行为加剧了合金元素脱溶行为，从而马氏体结构的正方度下降。

3. X20 炉管失效特征与分析

在 X20 耐热钢炉管的整个寿命周期中，其性能劣化与显微结构的退化有着密切的关系。随着服役时间的增加直至断裂失效，显微结构的退化主要包括以下方面。

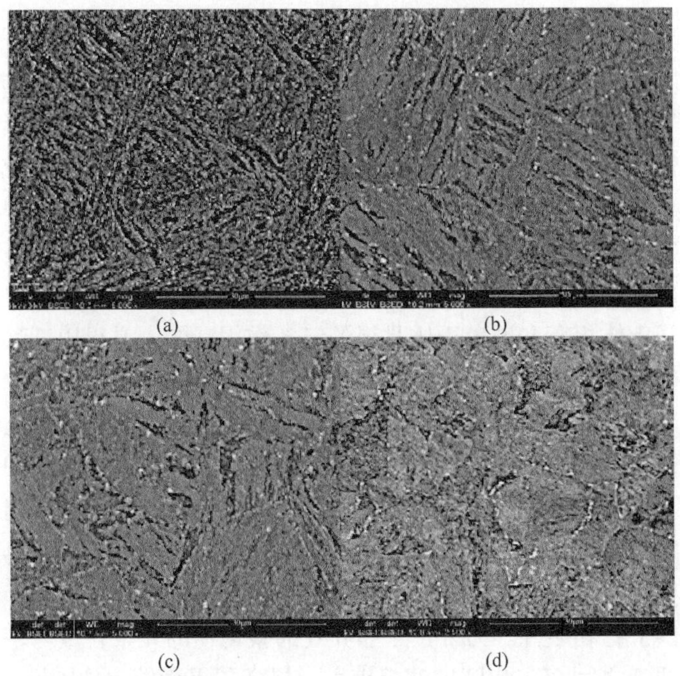

图 5-41　X20 耐热钢不同服役条件下的背散射扫描图像

(a) 0h；(b) 130000h；(c) 160000h；(d) 180000h

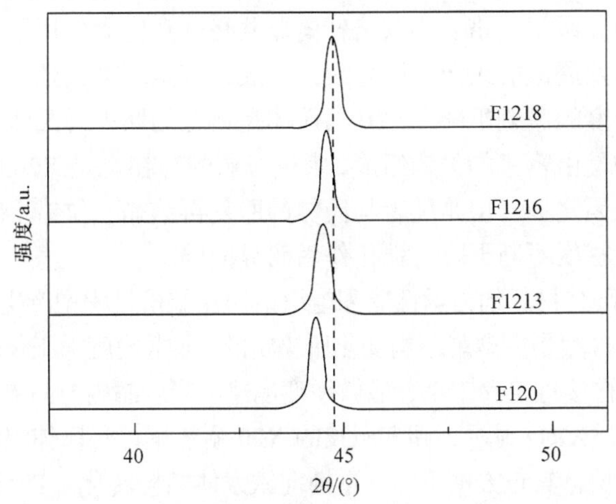

图 5-42　X20 不同服役时间的 (110) 晶面 XRD 衍射谱

首先马氏体的分解，出现再结晶。马氏体的分解是长期服役的 X20 耐热钢显微组织退化的一个重要特征。回复过程中，通过位错的滑移以及攀移，相互缠结异号的位错会相互抵消，同号的刃型位错沿垂直与滑移面的方向排列成小角度的亚晶界。随着服役时间的增加，位错不断移动和交互作用，形成堆积的位错墙构成亚晶界，马氏体晶粒被碎化，形成胞状结构。亚晶粒随着亚晶界的移动而逐渐长大，位错密度则进一步下降。另外马氏体再结晶过程中，合金元素与碳元素不断脱溶，基体与晶界处的碳化物的合金元素含量有着较大差异，形成明显的浓度梯度，促进了基体的合金元素向碳化物方向扩散。而且碳化物多位于晶界处，晶界的结构特殊，为合金元素的扩散提供了便利的通道，因此合金元素更易向晶界扩散[42,43]。最后伴随着胞状结构的形成，碳化物的粗化，第二相析出强化作用越来越弱，对马氏体板条和原奥氏体晶界的钉扎作用减弱，晶界以迁移或滑移的方式发生移动，导致相邻晶粒的合并，晶粒尺寸不断长大。

其次是碳化物的粗化。碳化物的粗化是 X20 耐热钢显微结构退化的另一大重要特征，通过金相和扫描图像，可以明显地看出随着服役时间的增加，碳化物粗化十分明显。碳化物的粗化与马氏体的分解过程是一致的，正是其消耗了大量的合金元素和碳元素才会导致基体元素的不断脱溶。晶界处的碳化物粗化尤其明显，这是因为晶界的特殊结构使其成为合金元素扩散的主要通道，为位于晶界处的碳化物粗化提供了有利条件。另外位于晶界处的碳化物的元素含量与基体之间存在明显差异，两者之间存在浓度梯度差较大，提高了界面能σ的大小，又进一步加快了粗化速率。根据研究表明[44]，碳化物的强化作用与其颗粒尺寸成反比，随着尺寸的不断增大，对位错及晶界的钉扎作用下降明显。碳化物的尺寸不断增大，导致其与基体的关系由共格、半共格转向非共格，在应力作用下，两者之间极易形成空洞，最后发展成裂纹源，随着裂纹扩展，直至断裂失效。

最后位错密度的急剧下降。X20 马氏体是典型的回火马氏体组织。回火马氏体组织的亚结构是由密集的位错组成，大量位错的存在也是 X20 耐热钢具有良好抗蠕变性能的原因之一。但是随着马氏体的回复再结晶，位错不断消失于尾闾或者形成亚晶界，密度不断下降，强化作用明显减弱。

由上看出，研究材料的力学性能和组织结构在服役过程中产生的显著变化，其宏观性能的变化自然是由微观结构变化所决定的。显微硬度随服役时间的延长而明显下降，尤其是在接近寿命末期，显微硬度迅速下降。晶内与晶界比较，晶界的硬度下降更为明显。XRD 显示，超期服役的 X20 耐热钢，马氏体组织分解明显，随着服役时间的延长，其正方度下降，逐渐向铁素体结构转化。TEM 结合 BES 能谱显示，长期高温服役后的 X20 耐热钢中碳化物主要为 $M_{23}C_6$，与原始态相比，尺寸与形态都发生了显著变化。严重球化的 $M_{23}C_6$ 主要沿晶界呈链状分布。而晶内 $M_{23}C_6$ 存在片状与近球状两种不同的形态，成分也略有差别，这样的碳化物的分布位置和形态的不同，应是和原始碳化物颗粒及服役过程中产生的新沉淀相关。

通过综合的性能测试和多角度的组织结构分析，可以看出，长期服役材料的脆性和晶界结构相关。发生脆性断裂表明裂纹扩展发生范性形变小。室温下晶界脆性断裂的主要原因是晶界产生脆性相。作为马氏体耐热钢，一般通过晶界碳化物沉淀达到强化晶界、提高蠕变性能的目的。但服役过程中，又是晶界碳化物球化及晶界碳化物持续析出的过程。晶界碳化物形态比的不断提高，晶界沉淀的碳化物虽然提高其晶界覆盖度，但因球化和偏析而造成晶界宽化。一般地，晶界面覆盖度达到 50%就可能造成晶界断裂。研究还表明，杂质元素 S、P 等在晶界明显偏析，这些元素降低晶界能，这是造成晶界脆性断裂的另一原因。显微硬度测试结果清楚表明了材料晶内和晶界强度的变化趋势，随服役时间的延长而下降。比较发现，在初始阶段材料晶界强度高于晶内，而在服役后期，相对于晶内强度，晶界强度下降更快。这些都清楚表明，在材料的服役过程中，晶界在服役过程中的演变行为应是评价材料服役性能的重点。至于 P 元素的分布形态，根据 AES 能谱分析结果，其含量随 Ar^+对分析表面的溅射时间衰减迟缓，显现出 P 元素不是以原子层分布于晶界。最可能的解释是偏聚的 P 元素包覆在碳化物颗粒表层。高的 C 含量显示晶界大部分被碳化物覆盖。

从微观结构看，服役材料的马氏体组织具有明显的分解趋势。高密度位错的板条马氏体内部发生显著变化，形成应变造成的亚晶结构。马氏体板条界或亚晶界形状发生变化，表现为竹节状，即所谓的“胞状结构”，原因在于长期的蠕变使晶界和板条界产生移动，由于晶界和板条亚晶界的碳化物对晶界有钉扎作用，所以晶界表现出如此形态。亚晶的形成相当于多边形化，反应出材料范性形变明显，这是长期蠕变所造成的组织结构变化，显现出典型的蠕变特征。由于长期存在应力作用，随着形变量的增加，形变传播在晶界处受阻，位错在晶界处堆积，造成应力集中，由位错交滑移和攀移构成亚晶界，产生晶粒碎化。由于受到相邻晶粒的约束作用，晶内各部分形变量会有差异，形变发生旋转程度有所不同。相邻组织的取向有明显差异，随着位错不断终止于亚晶界，亚晶界两边的位向差会不断增加，此位向差与应变程度呈正比关系。该现象清楚地显示出亚晶界上的碳化物具有阻止晶界移动、稳定晶界的作用。同时显现马氏体组织的高密度位错下降，这种现象在结构上体现在部分区域为典型的α-Fe 组织。此外，XRD 计算结果表明，材料的晶格常数随服役时间延长而减小，同样显示出位错密度下降的结果。而失效断裂态的材料显示为马氏体完全分解组织结构，印证了马氏体耐热钢服役过程中其组织结构持续分解的趋势。

微观结构的精细分析显示，选取衍射分析显示，富 Cr 碳化物结构均是 $M_{23}C_6$。但这些碳化物不仅颗粒尺寸差异明显，而且分布于不同区域的碳化物形态不同。一般晶内碳化物尺寸较小，在 200nm 以下，而晶界粗化的碳化物尺寸可高达 400nm 以上。无论是在晶内还是在晶界，分布的碳化物都可分为近球状和片条状。从 EDS

成分分析结果来看，不同形态的 $M_{23}C_6$ 碳化物中合金含量上有一定差异。无论是晶界还是在晶内，球状的碳化物中 Mo 含量相对较高，而条片状的 $M_{23}C_6$ 中 V 的含量较高。这些富 Cr 碳化物中 Cr 含量一般在 70%左右。特别是粗化的碳化物中 Cr 含量会明显高于原始态中碳化物合金元素含量的研究结果表明，经长期蠕变试验或长期高温时效后，$M_{23}C_6$ 碳化物中的 Cr 和 Mo 等合金元素的含量会明显富集。而不同形态碳化物的原因显示出，球化碳化物应是原始态碳化物粗化的结果，而片条状碳化物是在长期蠕变过程中碳化物演变所形成的新的沉淀相。这些片条状碳化物含 V、Si 量偏高就是有力的证据。

基于以上分析，X20 马氏体耐热钢在长期服役状态下，性能下降原因在于：一是高密度马氏体组织分解，降低了马氏体强化作用。长期在高温、高应力的条件下，材料的蠕变形变不仅出现马氏体亚组织多边形化、出现亚晶界迁移以及位错密度下降等特征，在服役完全失效态下，马氏体组织完全分解。二是合金碳化物的粗化和演变引起的强化作用下降。在长期的服役过程中，材料中的碳化物粗化明显，尤其是晶界碳化物粗化更为明显，碳化物颗粒的形态比提高显示其不断球化的趋势。而且在长期蠕变过程中碳化物存在演变行为，在蠕变过程中合金元素含量不断向碳化物富集，降低基体的固溶强化效果。其他形态的碳化物也会演变为新的 $M_{23}C_6$ 碳化物。分布于晶界的碳化物随晶界覆盖度的提高而降低其晶界强度，同时杂质元素在晶界偏析同样导致材料的脆化倾向。

5.5　9Cr 马氏体耐热钢长期服役条件下的损伤行为

由于 9Cr 马氏体耐热钢自 20 世纪 90 年代开始陆续应用到实际工程实践中去，服役历史尚短，有关工程服役损伤和失效报道不多，连续服役时间超过 100000h 报道只有少量的几篇[45-47]，而且都是关于 T91 炉管的研究报道。总的来说，T91 耐热钢的组织结构损伤和 12Cr 钢相似，出现马氏体组织亚结构粗化和回复，第二相碳化物粗化和转变等。

Tonti 等[47]报道了催化重整车间用于输送石油脑和氢介质的 T91 管在 580℃ 1.8～2.6MPa 条件下服役了 116000h 的失效行为。表 5-8 和图 5-43 给出了服役后材料的常温拉伸性能和管壁不同部位的硬度变化情况。从拉伸数据来看，材料的屈服强度和抗拉强度性能仍能满足材料的标准规范要求，但伸长率低于标准要求，显示材料的塑形不足。材料的硬度在炉管的内、外壁出现大幅上升，这应当和材料特殊条件下的氧化腐蚀和渗碳作用相关。从组织结构来看，服役后的 T91 炉管材料出现马氏体回复，主要二次相沉淀和 MX 有粗化趋势，但并不显著。微观结构演变重要现象是产生 Laves 相沉淀，形核于晶界 $M_{23}C_6$ 附近，平均尺寸大于 350nm，大尺寸的达到 800nm 以上。相应的 $M_{23}C_6$ 平均尺寸只有 190nm，另外有少量尺寸不大于 100nm 的 Z 相沉淀出现，而 MX 相则更为细小。

表 5-8　服役 116000h 后 T91 炉管的室温拉伸性能

	屈服强度/MPa	抗拉强度/MPa	伸长率/%
ASTM A213-06 P91 标准	≤415	≤585	≤20
测量值	522	676	14.1
	504	685	15.8

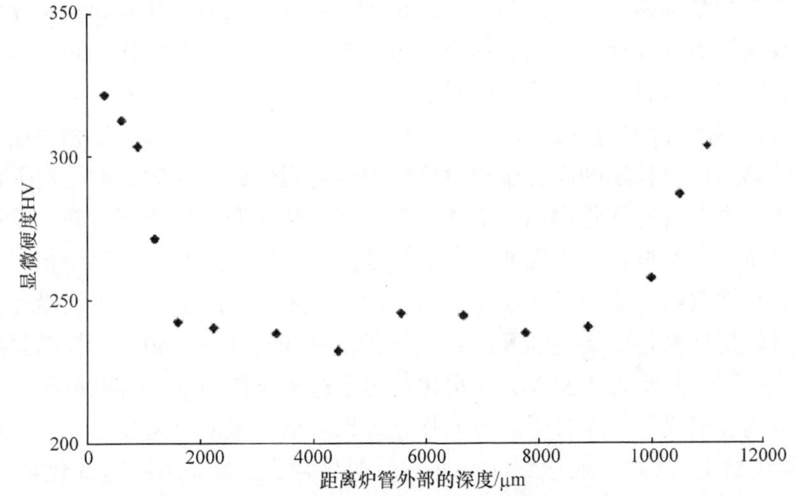

图 5-43　服役后 T91 管壁从外到内硬度分布图[47]

5.6　工程实际服役条件下蠕变行为的特殊性

从上看出，尽管大量的长期试验数据应用于材料的验证和可靠性评价，但工程实际服役过程的损伤行为和实验室蠕变试验结果并不一致。原因是多方面的，材料在服役环境和试验环境下的状态不同。实验室一般采用是高应力的加速试验，而服役环境是个相对应力水平偏低的缓变过程。实验环境下材料所处的应力、温度条件等环节条件是单一和一致的，而服役条件下应力环境复杂，不仅存在蒸汽压力问题，而且构件间的连接存在垂直方向的应力，温度可能波动还会带来疲劳行为等。这些因素的共同作用致使服役材料所处的物理环境和实验室条件下的环境有明显的差异，也正是这样的物理环境差异，造成材料所处的热力学环境不同，相应材料的组织结构转变和性能退化速度也就相去甚远。

正常服役条件下，由于材料承受的应力水平远低于实验室的加速试验，两者条件下材料的蠕变损伤机理不同。正常服役条件下材料受到的应力小，蠕变速度缓慢。从组织结构角度来说，材料所表现的蠕变行为更接近于准平衡态的变化。以物质和空位扩散行为为主，伴随着因位错迁移引起的组织结构变化。不同于低合金珠光体耐热钢和奥氏体耐热钢，马氏体耐热钢在蠕变整个寿命周期中所表现出来的微观结构变化特征不够典型。特别是传统材料评价寿命的晶界蠕变空洞特征，对马氏体耐热钢来说，组织结构上很少显现出此类标志性特征。因此，人们试图从其他方面去探索材料随寿命减损所表现的其微观组织的演变特征。

研究者关注的问题之一首先是马氏体耐热钢中的第二相演变问题。马氏体耐热钢的微观微结构相似，基体为高密度位错的板条马氏体，晶界和板条界分布着稳定的碳化物 $M_{23}C_6$ 相，晶内有细小弥散分布的、具有沉淀强化作用的第二相如 MX、M_2X 等，这是马氏体耐热钢具有突出热强性的原因。一些研究认为[48,49]，马氏体耐热钢经长期高温服役后，沉淀相基本上只有碳化物 $M_{23}C_6$ 相存在，其他不稳定的第二相在长期的高温服役过程中很容易粗化回溶并向其他结构碳化物转化，从而失去应有的强化作用，造成材料的强度和蠕变强度明显下降，缩短材料的使用寿命。高温材料发生蠕变，主要的是晶内变形，这与位错运动相关。而含有更多细小弥散第二相粒子的 T/P91、T/P92 因具有钉扎位错、阻碍位错运动的作用，可有效提高材料的蠕变强度。有关 X20CrMoV12-1 在 550℃下长期服役跟踪研究看出[50,51]，主要碳化物 $M_{23}C_6$ 粗化行为会造成材料中 $M_{23}C_6$ 颗粒密度下降。这些现象均会造成第二相粒子的沉淀强化效果降低，致使材料性能下降。粗化的 $M_{23}C_6$ 碳化物 Cr 含量一般达到 70%左右，明显高于原始态 $M_{23}C_6$ 碳化物中的 Cr 含量。另外，分布于晶界、亚晶界或晶内的 $M_{23}C_6$ 碳化物具有不同形态且合金含量上有明显差异。这一现象和碳化物所处的位置及粗化过程相关，晶界碳化物粗化最严重，粗化速度高于板条界的碳化物。成分的差异也反映出不同形态的 $M_{23}C_6$ 碳化物粗化程度的差异。9-12Cr 马氏体耐热钢是通过 $M_{23}C_6$ 在晶界的沉淀来强化晶界的，与晶界紧密结合的第二相可以有效钉扎晶界，减少晶界有效长度，减弱晶界上的应力集中，因此，晶界有适当的沉淀粒子可以提高材料的蠕变性能。晶界严重粗化的碳化物，具有弱化晶界的作用。发生晶界断裂、韧脆性转变温度提高一般是由于在晶界产生脆性相或杂质元素偏聚造成的[52,53]，相关蠕变实验研究也证明，晶界粗化的碳化物会成为微裂纹的形核地点[54]，引起裂纹生成和长大，最终引发断裂。可见晶界碳化物粗化是材料劣化关键原因。

其次是马氏体组织的变化问题。马氏体耐热钢在服役过程中，因蠕变形变导致组织结构变化，包括马氏体板条的粗化、多边形化和碎化，位错密度下降以及马氏体方正度下降造成的晶格常数变化，马氏体组织的回复现象等[10,55,56]。这些和材料实际受到的应力水平及所处的温度环境相关。马氏体板条粗化现象更多体现在实验室蠕变试验现象中，表现在马氏体板条界的移动和相邻板条的合并。常见的现象是和形变相关的位错运动造成的不动位错堆积形成位错墙并发展成为亚晶界，产生板条碎化，引起板条结构规整度下降。多边形化更明显体现在长期服役材料的组织变化。显然，这些现象是和蠕变形变相关，由于这些组织结构变化的不均匀性和实际观察的随机性，相应的现象难以定量描述且定量描述的可靠性也值得怀疑。

马氏体蠕变行为的组织结构原因尚未能够很好地与寿命构成广泛认可的定量关系。可见，冶金因素复杂的马氏体耐热钢，其服役行为影响因素也是多方面的。由于材料成分的差异、热加工和热处理条件的变化，或热处理所造成的差异，原始态材料的组织结构会产生明显的不同，包括晶粒尺寸、板条结构、碳化物大小及沉淀量，晶体内细小弥散的碳化物的相结构等。其次是服役环境差异，包括温度、压力和应力水平等会明显影响蠕变水平。服役其他物理条件，如水蒸气的溶解氧含量、锅炉结构问题和燃料差异等影响管道内外壁的氧化和腐蚀，这些原因都会影响到服役行为和寿命问题。所以，对马氏体耐热钢的蠕变寿命及其预测还有待于从更全面的、新的角度去认识。

材料蠕变过程涉及到热力学稳定条件，热力学达到平衡的条件是系统的化学能达到最小，利用热力学参数模拟计算合金钢达到热力学稳定的相平衡，进而预测材料的相组成及其化学组分。在此基础上，如能进行动力学分析和相关模型的建立，不失为蠕变和蠕变寿命研究的新方向。

参考文献

[1] Kern T-U, Staubli M, Mayer K H, et al. The European effort in development of new high temperature rotor materials up to 650℃-COST 522// Lecomte-Beckers J. Proceedings of the International Conference on Materials for Advanced Power Engineering, Liege, Belgium: Forschungszentrum Julich , 2002: 1049-1064.

[2] Staubli M, Mayer K-H, Giselbrecht W, et al. Development of creep resistant caststeels within the European collaboration in advanced steam turbine materials for ultra efficient, low emission steam power plant/COST 501-522//Lecomte-Beckers J. Proceedings of the International Conference on Materials for Advanced Power Engineering. Liege, Belgium: Forschungszentrum Julich,2002: 1065-1080.

[3] Fujita T. Advances in 9-12%Cr heat resistant steels for power plant// Viswanathan R. Proceedings of the 3rd Conference on Advances in Material Technology for Fossil Power Plants, London: The Institute of Materials, 2001: 33-65.

[4] Holdsworth S R, Askins M, Baker A, et al. Factors influencing creep model equation selection. International Journal of Pressure Vessels and Piping, 2008, 85: 80-88.

[5] Riedel H. Fracture at High Temperatures. Dusseldorf, Germany: Max-Planck-Institut fur Eisenforschung, 1986.

[6] Hu Z F, Yang Z G. Identification of the precipitates by TEM and EDS in X20CrMoV12.1 for long-term service at elevated temperature. Journal of Materials Engineering and Performance, 2003,12:106-111.

[7] Chilukuru H, Durst K, Wadekar S, et al. Coarsening of precipitates and degradation of creep resistance in tempered martensite steels. Materials Science and Engineering A, 2009, 510-511: 81-87.

[8] Hu Z F, Yang Z G. An investigation of the embrittlement in X20CrMoV12.1 power plant steel after long-term service exposure at elevated temperature. Materials Science and Engineering A, 2004,383: 224-228.

[9] Angeliu T, Hall E H, Larsen M, et al. The long term aging embrittlement of Fe-12Cr Steels below 773K. Metallurgical and Materials Transaction A, 2003, 34: 927-934.

[10] Hu Z F, Wang Q J, Jiang K Y. Microstructure evolution in 9Cr martensitic steel during long-term creep at 650℃. Journal of Iron and Steel Research International, 2012,19: 55-59.

[11] Abe F. Coarsening behavior of lath and its effect on creep rates in tempered martensitic 9Cr-W steels. Materials Science and Engineering A, 2004, 387-389: 565-569.

[12] Shaw M L, Cox T B, Leslie W C. Effect of ferrite content on the creep strength of 12Cr-2Mo-0.08C boiler tubing steels. Journal of Materials for Energy Systems, 1987, 8: 347-355.

[13] Kloc L, Sklenicka V. Transition from power-law to viscous creep behaviour of P91 type heat-resistant steel. Materials Science and Engineering A, 1997, 234-236:962-965.

[14] Abe F. Effect of quenching, tempering, and cold rolling on creep deformation behavior of a tempered martensitic 9Cr-1W steel. Metallurgical and Materials Transaction A. 2003, 34: 913-925.

[15] Sklenicka V, Kucharová K, Svoboda M, et al. Long-term creep behavior of 9-12%Cr power plant steels. Materials Characterisation, 2003, 51: 35-48.

[16] Sherby O D, Ruano O A, Wadsworth J. Deformation mechanisms in crystalline solids and newtonian viscous//Mishra R S, Mukherjee A K, Murty K L. Proceedings of a TMS symposium on creep behaviour of advanced materials for the 21st century. Warrendale PA: TMS, 1999: 397-411.

[17] Cadek J. Creep in metallic materials. Amsterdam, the Netherlands: Elsevier, 1988.

[18] Nabarro F R N. Creep at very low rates. Metallurgical and Materials Transaction A, 2002, 33: 213-218.

[19] Sklenicka V, Kucharová K, Dlouhy A′, et al. Creep behaviour and microstructure of a 9%Cr steel//Coutsouradis D. Proceedings of the Conference on Materials for Advanced Power Engineering. Dordrecht, the Netherlands: Kluwer Academic Publishing, 1994: 435-444.

[20] Cadek J, Sustek V, Pahutova′M. An analysis of set of creep data for a 9Cr-1Mo-02V（P91 type）steel. Materials Science and Engineering A, 1997, 225:222-228.

[21] Orlova A, Bursik J, Kucharova K, et al. Microstructural development during high temperature creep of 9%Cr steel. Materials Science and Engineering A, 1998, 245:39-48.

[22] Ennis J P. Creep strengthening mechanisms in high chromium steels//Bakker W T, Parker J D.

Proceedings of the 3rd Conference on Advances in Materials Technology for Fossil Power Plants. London: The Institute of Materials, 2001: 187-194.

[23] Hattestrand M, Andren H-O. Evaluation of particle size distributions of precipitates in a 9%Cr steel using energy filtered transmission electron microscopy. Micron, 2001,22: 789-797.

[24] Clara G P, Anna Z L, Tomasz K, et al. Evolution of dislocation density, size of subgrains and MX-type precipitates in a P91 steel during creep and during thermal ageing at 600℃ for more than 100000h. Materials Science and Engineering A, 2010, 527: 4062-4069.

[25] Aghajani A, Somsen C, Eggeler G. On the effect of long-term creep on the microstructure of a 12% chromium tempered martensite ferritic steel. Acta Materialia, 2009,57: 5093-5106.

[26] Pesicka J, Kuzel R, Dronhofer A, et al. The evolution of dislocation density during heat treatment and creep of tempered martensite ferritic steels. Acta Materialia, 2003, 51: 4847-4862.

[27] Kucharova K, Nemec J, Dlouhy A// Earthman J C, Mohamed F A. Proc. 7th Inter. Conf. Creep and Fracture of Engineering Materials and Structures. Univ. California, Irvine, Aug10-15, 1997, TMS, 1997: 79-88.

[28] Qin Y, Gotz G, Blum W. Subgrain structure during annealing and creep of the cast martensitic Cr-steel G-X12CrMoWVNbN 10-1-1. Materials Science and Engineering A, 2003, 341: 211-215.

[29] Aghajani A. Evolution of microstructure during long-term creep of a tempered martensite ferritic steel. Doctor dissertation, Ruhr-Universität Bochum, 2009.

[30] 胡正飞, 杨振国. 电厂用 9-12%Cr 耐热高温合金钢及其发展. 钢铁研究学报, 2003,15: 60-65.

[31] Sklenicka V. High temperature inter granular damage and fracture. Materials Science and Engineering A, 1997,234-236: 30-36.

[32] Sklenicka V. Development of inter-granular damage under high temperature loading conditions// Moura-Branco C, Ritchie R, Sklenic V. Mechanical behaviour of materials at high temperature. Dordrecht, the Netherlands: Kluwer Academic Publishing, 1996: 43-58.

[33] Ghoniem N, Matthews J, Amodeo R. A dislocation model for creep in engineering materials. Res Mechancia, 1990, 29:197-219.

[34] Barkar T, Agren J. Creep simulation of 9-12%Cr steels using the composite model with thermodynamically calculated input. Materials Science and Engineering A, 2005, 395: 110-115.

[35] Strang A, Vodarek V, Bhadeshia H K D H. Modelling of microstructural degradation in creep resistant 12%Cr power plant steels //Strang A, McLean M. Modelling of microstructural evolution in creep resistant materials. Cambridge, UK: The University Press, 1999, 129-150.

[36] Yadav S D, Sonderegger B, Stracey M. Modelling the creep behavior of tempered martensitic steel based on a hybrid approach. Materials Science and Engineering A, 2016, 662: 330-341.

[37] 张斌, 胡正飞. 9Cr 马氏体耐热钢的发展及其蠕变寿命预测. 钢铁研究学报, 2010,22: 26-31.

[38] Eggeler G. The effect of long-term creep on particle coarsening in tempered martensite ferritic steels. Acta Metallurgica, 1989,37: 3225-3234.

[39] Thomson R C, Bhadeshia H K D H. Stress and the acicular ferrite transformation. Metallurgical and Materials Transaction A, 1992, 23: 1171-1179.

[40] Battaini P, Dangelo D, Marino G et al. Creep and fracture of engineering materials and structures. London: Institute of Metals, 1990, 1039-1054.

[41] Klimanek P, Cyrener K, Germain C, et al. Flow behaviour and microstructure of the heat-resistant steels X20CrMoV12.1 and X5NiCrTiAl32.20 (Alloy 800)//Mughrabi H, Gottstein G, Mecking H. Microstructure and mechanical properties of metallic high-temperature materials. Weinheim: Wiley-VCH. 1999, 272-290.

[42] Kouichi M, Kota S, Jun-ichi K. Strengthening mechanisms of creep resistant tempered martensitic steel. ISIJ International, 2001, 41: 641-653.

[43] Albert S K, Matsuil M, Hongo H, et al. Creep rupture properties of HAZs of a high Cr ferritic steel simulated by a weld simulator. International Journal of Pressure Vessels and Piping, 2004, 81: 221-234.

[44] Klueh R L, Nelson A T. Ferritic/martensitic steels for next-generation reactors. J. Nuclear Materials, 2007, 371: 37-52.

[45] Panait C, Bendick W, Fuchsmann A, et al. Studyof the microstructure of grade 91 steel after more than 100000 hours of creep exposure at 600℃. International Journal of Pressure Vessels and Piping, 2010,87: 326-335.

[46] Cipolla L, Caminada S, Venditti D, et al. Microstructure evolution of ASTM P91 after 100000 hours exposure at 550℃ and 600℃ //9th Conference on Materials for Advanced Power Engineering, Liege Belgium, Sept27-29, 2010.

[47] Tonti A, Lega D, Antonini A, et al. Damage characterization of an ASTM a213 grade 91 tube after 116000h service in a reforming plant. International Journal of Pressure Vessels and Piping, 2015, 132-133:87-96.

[48] Strang A, Vodarek V//Strang A. Microstructure of high temperature materials, No.2. London: The Institute of Metal, 1998: 117.

[49] Vodarek V, Strang A. Effect of nickel on the precipitation processes in 12CrMoV steel during creep at 550°C. Scripta Materialia, 1998, 38: 101-106.

[50] 胡正飞，杨振国. 长期高温时效的 X20 耐热合金钢中碳化物形态和组分变化. 金属学报，2003.38:131-135.

[51] 胡正飞，吴细毛，张斌，陆传镇. 长期服役过程中 12Cr 碳化物及其变化. 动力工程学报，2010, 30:269-274.

[52] 胡正飞，杨振国. X20CrMoV12.1 耐热合金钢长期高温时效的脆性. 材料工程，2002，27:1-5.

[53] Cahn R W, Haasen P. Physical Metallurgy, part Ⅱ. The Netherlands: North-Holland Physics Publishing, 1983, 1541.

[54] Kruszynska J S, Piekarski K R, Taplin D M R. Possible causes of embrittlement in 12%Cr steels used for fossil-fired power stations. Materials Science and Technology, 1985, 1: 117-120.

[55] Hald J. Microstructure and long-term creep properties of 9-13Cr steels. International Journal of Pressure Vessels and Piping, 2008, 85: 30-37.

[56] Abe F. Analysis of creep rates of tempered martensitic 9%Cr steel based on microstructure evolution. Materials Science and Engineering A, 2009, 510-511: 64-69.

第 6 章　马氏体耐热钢的疲劳和蠕变-疲劳行为

6.1　引　言

电站机组管道在高温高压蒸汽环境下长期工作，破环形式不仅有蠕变断裂，一定条件下，还可能出现疲劳断裂、蠕变-疲劳交互作用和腐蚀破坏等。火电机组关键构件蒸汽管道、联箱、过热器管道和水冷壁管等需要满足高温蠕变强度的要求，而且由于这些构件可能会受到循环热应力的疲劳作用，它们还应具有良好的高温疲劳强度。电站设备管道产生低周疲劳的原因有多方面。机组变负荷运行和在启停过程中产生过高的热应力、管道中蒸汽温度、压力和流速的变化强度达到一定程度时引起波动，管道热膨胀引起的热应力等都可能导致热疲劳，引起设备热疲劳损伤和破坏的风险。另外，产生疲劳的影响还与管道安装时强行组对、组对超差、焊接残余应力与变形、支吊架滑移或脱落有关。转动设备因本身结构、磨损等力学不平衡引起的机械振动，往往会传递给与之相连接的配管系统。如果配管系统无法将其吸收转移，就会在连接部位产生明显振动而产生疲劳，往往设备连接的法兰焊缝及附近管段受影响较大，如此引发的疲劳损伤将对材料高温下的服役性能产生显著影响。电站设备构件在高温下运行同时又受到交变载荷(压力或温度交变)作用叠加称为蠕变-疲劳作用，这是一种更为复杂的破坏问题。

电站锅炉是在较高温度下服役，高温蠕变是失效的主要形式。如叠加低周疲劳现象，形成蠕变-疲劳交互作用会明显影响到电站结构材料损伤失效[1,2]，过去的研究结果表明，蠕变-疲劳交互作用下的含裂纹构件剩余寿命远低于蠕变机制或疲劳机制下的剩余寿命，原因是蠕变-疲劳之间发生了交互作用，导致裂纹扩展加速，降低使用寿命[3]。如前所述，马氏体耐热钢在 600～650℃高温环境下服役。在考虑蠕变作用和在循环应力的前提下，还应关注高温下的疲劳，特别是高温低周疲劳的影响。蠕变是高温下金属受持续应力作用而产生缓慢塑性变形的现象，蠕变的发生是温度、应力和时间三者共同作用的结果，其中温度和应力的作用方式可以是恒定的，也可以是变动的。而交变应力作用下的蠕变即为蠕变-疲劳交互作用问题。蠕变的机理和特征与疲劳完全不同，蠕变性质取决于时间现象，即具有明显的时间相关性，而疲劳特性完全取决于循环现象，即具有循环相关性。

超临界和超超临界机组设计规范方面，蠕变-疲劳作用在国际上不少国家或组织都有明确的规程或标准建议[4-6]。图 6-1 为 ASME 建议的蠕变-疲劳设计曲线，给出了几种典型的马氏体耐热钢、低合金耐热钢和奥氏体耐热钢蠕变-疲劳交互作用下的损伤极限值，若材料的损伤值落在图中损伤曲线上方被认为材料会引起蠕变-疲劳失效，若落在损伤曲线下方则认为是安全的。

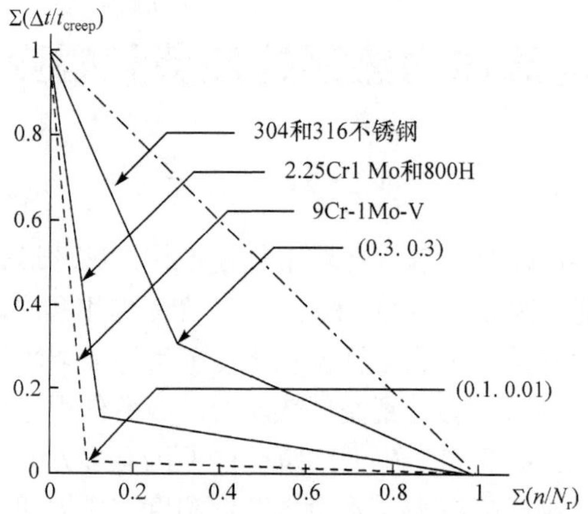

图 6-1　ASTM 关于几种常见耐热钢的蠕变-疲劳设计曲线[4]

研究中，蠕变-疲劳交互作用往往是指低周疲劳试验中在拉应力或者压应力峰值条件下保载一定时间看成为蠕变-疲劳形式，而没有保载时间即为低周疲劳或者纯疲劳形式。蠕变强度和疲劳强度一般分别根据各自的特性进行评价和计算，对于蠕变-疲劳交互作用的问题，相对复杂的强度特性无法简单地分为时间和循环两种特性，也不能以不同的破坏机理加以区分。因此，蠕变-疲劳交互作用下疲劳寿命的预测和疲劳裂纹扩展规律的建立，必须将两者的特点结合起来进行研究和分析。

材料在蠕变-疲劳共同作用下，损伤行为和破坏方式完全不同于单纯的蠕变或疲劳加载。因此，这类构件的设计必须根据材料的蠕变-疲劳特性，考虑结构中缺陷形态以及服役工况等因素，建立相应的寿命曲线，以便对其寿命进行有效管理。材料承受应力及波动应力或应变作用时，材料及构件内局部发生持续性的组织变化，是一个累加或递增过程。经过长时间及足够周次的应力应变波动循环后，损伤累积导致裂纹形成并逐渐扩展以至完全破断。国内外学者对材料在蠕变-疲劳共同作用下破坏行为的研究方面进行了大量的工作，相继提出了一些寿命预测方法。建立了疲劳-蠕变交互作用的损伤模型等，相关研究取得了明显的进展[7-9]。这些针对耐热钢疲劳及蠕变-疲劳交互作用损伤机理和模型研究，为电站机组及其构件的寿命估算、运行安全监督提供重要的物理和数学依据，具有重要的理论和工程意义。

6.2　马氏体耐热钢的疲劳与蠕变交互作用

6.2.1　蠕变-疲劳的研究方法

工程设备的运行工况是复杂多变的，为研究蠕变-疲劳交互作用行为，实验室模拟蠕变-疲劳作用试验的加载方式可分为应变控制加载和应力控制加载，其中应变控制加载又分为应力松弛（RF）和蠕变疲劳（CF）两种方式。应力松弛是在加载过程中疲劳应变$\Delta\varepsilon_{fat}$保持不变，在应变达到最大值时，一段时间内保持应变不变。由于材料的软化作用，保持应变不变所需的应力将随时间的延长逐渐减小，相应的蠕变-疲劳波形如图 6-2 所示。图中第一列表示应变控制下的应变波形，第二列表示相应的应力波形，其特点是在恒定应变保持过程中发生应力松弛，第三列是相应的滞后回线。其中图（a）波形是拉伸保持蠕变-疲劳，用 $t/0$ 表示，其中 t 为保持时间；图（b）是压缩保持蠕变-疲劳，用 $0/t$ 表示；图（c）是对称保持蠕变-疲劳，用 t/t 表示。所有波形的平均应变或平均应力不一定为零，拉压保持条件下两个保持时间也不一定相等。当拉压保持时间不相等时，蠕变-疲劳用 t_1/t_2 表示。蠕变疲劳加载过程的疲劳应变$\Delta\varepsilon_{fat}$也保持不变，当应变达到最大值时，保持应力不变直到蠕变应变 ε_{creep} 达到试验的设计值，在试验过程中，每一循环达到要求 ε_{creep} 所需的时间也不同，即保载时间不同，相应的蠕变-疲劳波形如图 6-3 所示。

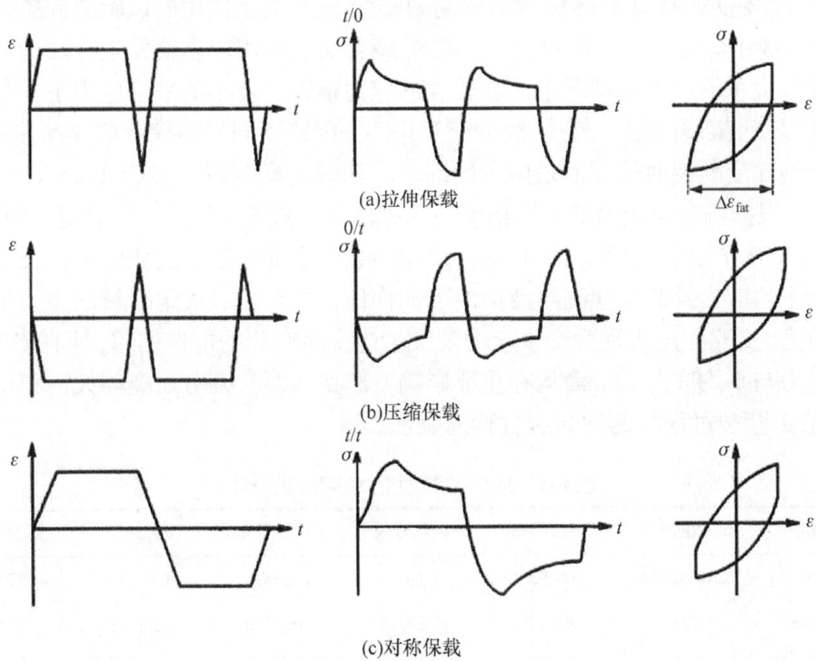

图 6-2　应变控制应力松弛疲劳波形[7]

（a）拉伸保载，$t/0$；（b）压缩保载，$0/t$；（c）对称保载，t/t

马氏体耐热钢应变控制的蠕变-疲劳交互作用的试验研究有不少报道，表 6-1 给出了部分报道。Fournier[8]在相同的试验条件下分别进行了 P91 钢的 CF 试验和

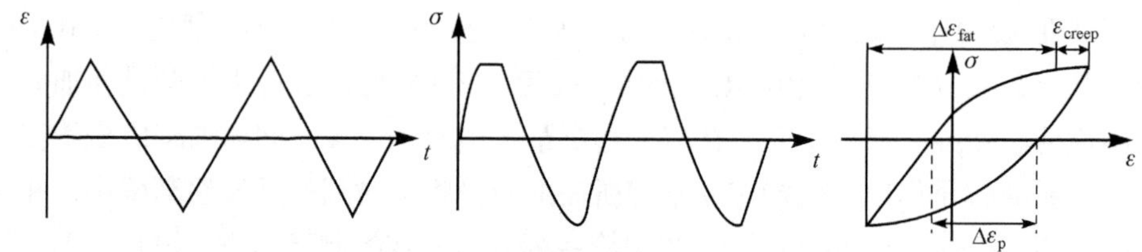

图 6-3　应变控制蠕变-疲劳波形

RF 试验，试验结果列于表 6-2 中。结果表明，相同的试验条件下蠕变疲劳(应力保持不变)比应力松弛(应变保持不变)所引起的塑性变形更大，寿命更低。应变控制模式时，较低应变范围与较高应变范围相比，更易发生蠕变-疲劳交互作用，并且蠕变-疲劳的交互作用对拉伸保持的敏感性随应变幅的减小而增加，这可能是较大的塑性变形较早的引发了裂纹，因保持时间引起的应力松弛及氧化作用对晶界的损伤不起主要作用。在马氏体耐热钢的蠕变-疲劳试验中，采用应力控制加载的研究较少，常施加变化的是温度、气压和机械载荷，相应的蠕变-疲劳波形如图 6-4 所示。有关马氏体耐热钢应力控制的蠕变-疲劳交互作用的试验研究条件部分列在表 6-3 中。对于应力控制模式，蠕变-疲劳交互作用较多地发生在较低的应力幅度和较大平均应力的情况下。在较大的应力幅度、较小的平均应力下，材料断裂将会以疲劳断裂为主。蠕变-疲劳交互作用曲线既不同于纯疲劳的 *S-N* 曲线，又不同于纯蠕变断裂曲线，而是两者的综合。陈国良等[9]根据 12Cr-1Mo-V 钢的相关研究，根据寿命与应力的不同依赖关系把曲线分成 F(疲劳)、C(蠕变)和 CF(蠕变-疲劳交互作用)三个区。在 F 区，决定断裂的主要因素是交变应力，交互作用表现为平均应力及蠕变应变对疲劳的加速作用，在 C 区，决定断裂的主要因素是平均应力，交互作用表现为交变应力及疲劳应变对蠕变的加速作用，而在 CF 区，交变应力与平均应力对寿命均有重要影响，蠕变断裂与疲劳断裂均大面积出现，蠕变-疲劳断裂过程为两种断裂过程的叠加。

表 6-1　应变控制蠕变-疲劳试验条件

研究者	试验温度/℃	试验类型	保载方式	保载时间/min	$\Delta\varepsilon_{fat}$/%	试验环境
Mottot[10]	20/400/550	PF/RF/CF	T/C	0.5～30	0.4～1	空气
Tavassoli[11]	538/550	PF/RF	T/C	30～120	0.3～1.5	空气
Gieseke[12]	538	PF/RF	T/C	15～60	0.5～0.8	空气/真空
Kim[13]	593	PF/RF	T/C	2	0.7～2.5	空气/真空
Aoto[14]	500/550	PF/RF	T	10～60	0.5～1	空气
Hecht[15]	600/660	RF	T/C	2	0.5～1.6	空气/真空

续表

研究者	试验温度/℃	试验类型	保载方式	保载时间/min	$\Delta\varepsilon_{fat}$/%	试验环境
Asada[16]	600	PF/RF	T/C	10	0.5～1.4	空气/真空
Asada[17]	550	PF/RF	T/C	1～60	0.5~1	空气
Shankar[18]	600	PF/RF	T/C/T+C	1～10	1.2	空气
Riou[19]	500/550	PF/RF	T/C	1～600	0.35～1.5	空气
Ruggles[20]	20～600	PF/RF	T/C/T+C	10～60	0.5～1.4	空气
NRIM[21]	20～650	PF/RF	T	6～60	0.35～2	空气
Mottot[22]	20～600	PF/RF	T/C	6～600	0.2～2	空气
Fournier[8]	600	RF/CF	T/C	1/60～10000/60	0.3～1	空气
Shankar[23]	600	PF/RF	T	0～10	0.25～0.6	空气
Gopinath[24]	600	PF/RF	T/C	1～10	0.4～1	空气

注：PF 表示 Pure Fatigue Test（纯疲劳试验）; RF 表示 Relaxation Stress Fatigue Test（应力松弛疲劳试验）; CF 表示 Creep-Fatigue Test（蠕变-疲劳试验）; T 表示拉伸保载; C 表示压缩保载

表 6-2　相同应变幅值下 CF 试验与 RF 试验的对比

试验参数	试验类型	
	CF	RF
$\Delta\varepsilon_{fat}$/%	0.7	0.7
保载时塑性变形	0.1	0.07
保载时间	6.8s	30min
N50	1964	3778
N50/N50^{PF}	0.48	0.92

注：N50 为蠕变-疲劳试验应力降低 50% 时的疲劳寿命; N50^{PF} 为纯疲劳试验应力降低 50%时的疲劳寿命

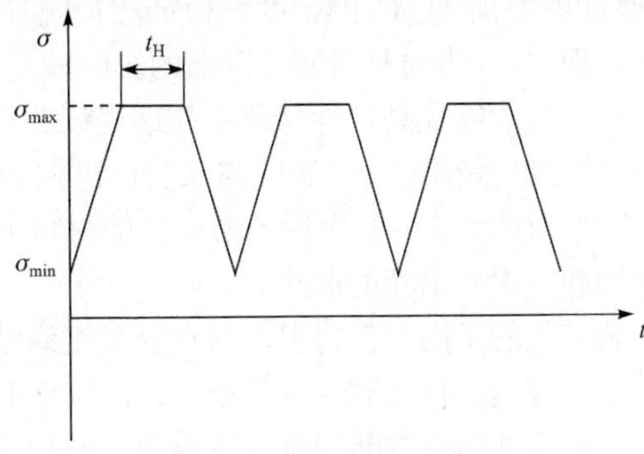

图 6-4　应力控制加载波形

表 6-3　应力控制蠕变-疲劳试验条件

研究者	试验温度/℃	保载方式	保载时间/min	载荷/MPa	频率/Hz	试验环境
Lee[25]	90～600	T	120	—	1 (150 × 60)	空气
Hamata [26]	625	T	—	0～11	1E–4	空气
郝玉龙[27]	575	T	1.5～30	母材：39~260 焊材：37.5~250	0.014	空气
Granacher[28]	600	T	6～600	/	2.8E–3～ 2.8E–5	空气
Ji[29]	600	T	18～60	180	0.0093～0.0139	空气
Zhang[30]	546	T	10	60~270	0.025	空气

注：T 表示拉伸保载

6.2.2　蠕变-疲劳交互作用的主要影响因素

蠕变-疲劳交互作用性能不仅与材料的蠕变性能和疲劳性能有关，也和蠕变与疲劳的交互作用相关。影响蠕变-疲劳交互作用的因素很多，其中材料方面有化学成分、热处理工艺、显微组织、机械性能等；载荷方面有载荷水平、保载时间、加载速率、加载历史等；环境方面有温度、介质等因素。马氏体耐热钢蠕变-疲劳交互作用的影响因素主要有以下几方面。

1. 材料

如前所述，马氏体耐热钢为提高高温强度和组织结构稳定性，一般含有 Cr、Nb、Mo、W、V、Ti、Ta 等合金元素。有关蠕变疲劳和合金元素的相关性研究显示[31]，W 和 Ta 元素对马氏体耐热钢蠕变-疲劳寿命的影响规律如图 6-5 所示。当 Ta 含量维持在 0.06%时，W 含量的增加能够提高材料的蠕变-疲劳寿命，这主要是由于 W 含量的提高能够增加 $M_{23}C_6$ 的密度和稳定性，同时降低碳化物的尺寸，起到固溶强化的作用。而 Ta 元素对材料疲劳寿命的影响较复杂，当 W 含量维持在 1.4%时，Ta 含量的增加能够提高拉伸保载下的蠕变疲劳寿命，相对降低了压缩保载下的寿命。Ta 对蠕变-疲劳寿命的影响与二次析出相 MX 的形成有关，Ta 作为一种有利于碳化物形成的元素，其含量的增加促使材料中的 C 元素滞留在初生的析出相中，从而抑制二次析出相的形成。

化学成分和热处理工艺的不同，都将引起材料显微组织结构的改变，从而影响材料的蠕变-疲劳性能。影响材料蠕变-疲劳寿命的机械性能除疲劳强度和蠕变强度等指标外，还有塑性延性和蠕变断裂延性等参数，它们的相对大小反映材料断裂模式结构的组成。延性耗竭理论认为[32,33]，高温疲劳与蠕变以黏性流的方式造成损伤，疲劳塑性变形引起晶内延性损耗，蠕变塑性变形引起晶界延性损耗。当材料蠕变延性较高，塑性延性先于蠕变延性消耗完时，由疲劳造成的损伤主要在晶内，形成穿晶断裂；当蠕变延性较低时，蠕变延性先于塑性延性消耗完，由蠕变造成的损伤主要在晶界,形成沿晶断裂;当蠕变延性与塑性延性相差不多时，蠕变将与疲劳迭加起来相互促进，使晶内和晶界弱化，形成穿晶沿晶混合断裂。

疲劳和蠕变叠加作用下高温疲劳裂纹扩展行为是一个非常复杂的过程，即使是同一材料在不同条件下可能显示出不同的疲劳行为，疲劳加载和环境等外在因素明显影响材料的疲劳裂纹扩展速率。

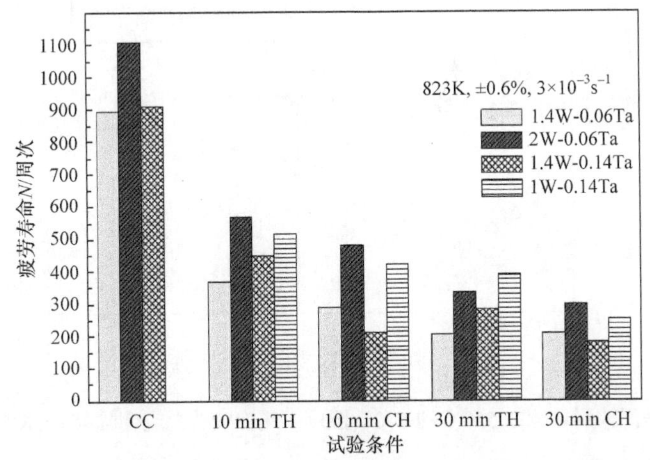

图 6-5　W 和 Ta 含量对马氏体耐热钢蠕变-疲劳交互寿命的影响

CC 表示单疲劳试验；TH 表示拉伸保载；CH 表示压缩保载

2. 载荷

载荷因素主要包括加载方式、保载时间、加载频率和加载历史等，如过去对保载时间对蠕变-疲劳寿命的影响问题进行了大量研究并建立了蠕变-疲劳寿命数据库[32]。这个数据库包含了 7 大类，27 种合金在不同温度、不同波形和不同应变速率下保载时间对蠕变-疲劳寿命的影响，并将其量化为归一化循环比(normalized cycle ratio, NCR)来表示。NCR 定义为保载时间的蠕变寿命与相同条件下无保载连续疲劳寿命之比，按照这个定义，NCR=1 表示保载对蠕变-疲劳寿命没有影响；NCR<1 表示保载降低疲劳寿命或者说疲劳对保载时间敏感；NCR>1 表示保载提高了疲劳寿命。数据库中将蠕变-疲劳的试验结果用$\Delta\varepsilon$-NCR 关系图来表示，其中$\Delta\varepsilon$ 可以是总应变幅 $\Delta\varepsilon_t$，也可以是非弹性应变幅 $\Delta\varepsilon_p$（塑性+蠕变应变幅）。图 6-6 为马氏体耐热钢在 550℃和 600℃温度下总应变幅与 NCR 的关系。保载时间蠕变-疲劳寿命的影响比较复杂，在 550℃温度下的数据点大部分集中在 NCR=1 的区域，说明在该温度下材料对拉伸保载不敏感。在 600℃温度下的拉伸保载使 NCR 大大减小，但在 0.3%～0.4%的应变幅范围内 NCR 却又增大，马氏体耐热钢蠕变疲劳行为复杂化应是和蠕变-疲劳过程中明显的组织结构演变相关。

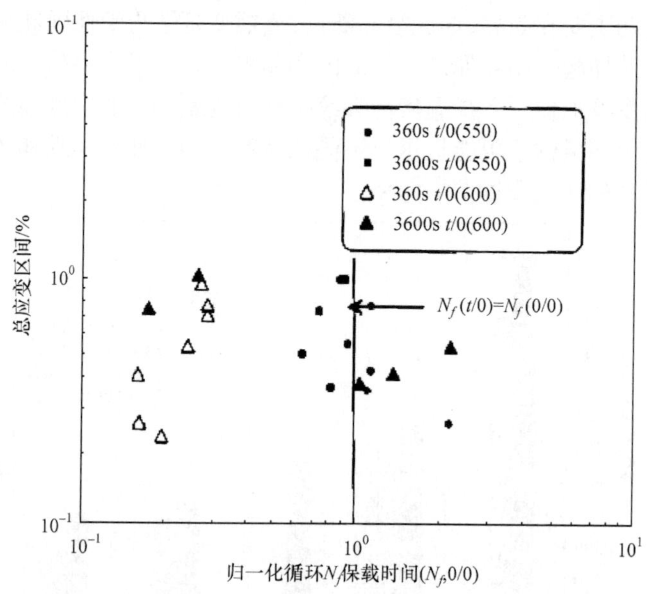

图 6-6　马氏体耐热钢在 550℃和 600℃温度下蠕变疲劳总应变幅与 NCR 的关系 [31]

蠕变-疲劳的交互作用加载方式有两种，即依次加载和同时加载。依次加载是指材料经历一个完整的疲劳(或蠕变)作用后再经历蠕变(或疲劳)加载，马氏体耐热钢经高应变疲劳后再进行蠕变试验时，高应力下蠕变断裂寿命降低，低应力寿命则不受预先寿命的影响。这是因为高应变幅疲劳和高应力蠕变损伤均发生在晶内,因此预先疲劳损伤对后来的蠕变寿命有影响。而低应力蠕变损伤发生在晶界，因此预先高应变幅疲劳所产生的晶内损伤对低应力蠕变寿命的影响不大；同时加载是在每一个疲劳循环中同时有蠕变加载，即蠕变-疲劳交互作用。不同的加载频率、加载方式和保载时间具有不同的蠕变-疲劳交互作用。一般来说加载频率越低，保载时间越长，与时间相关的蠕变损伤所占的比重越大，材料的寿命就越低。图 6-7 是马氏体耐热钢不同保载方式下疲劳寿命随应变幅值的变化情况[34,35]，马氏体耐热钢对压缩保载的敏感性相比拉伸保载更强，特别是在低应变幅值条件下。马氏体耐热钢材料由拉压保载引发的损伤效应在真空试验条件下观察不到，拉压保载对裂纹的萌生产生主要是试样表面形成的氧化层所致。根据疲劳裂纹的萌生机制定义保载时间与应变幅值的关系如图 6-8 所示，在区域 I 内，氧化对蠕变-疲劳寿命的影响较小。研究表明在真空条件下的疲劳寿命大约是空气中的三倍。在区域Ⅱ内，裂纹萌生于脆性氧化层内，裂纹尖端区域的氧化能够促进裂纹的萌生扩展。另外，材料的保载时间敏感性只在某一应变门槛值下才有效，一旦超过该门槛值，保载时间的改变将不再显著影响材料的寿命。实际上，高温环境下即使在单疲劳加载过程中，蠕变作用仍然对疲劳寿命产生影响，而这种影响与应变速率(或加载频率)有密切的关系。如果应变速率足够快，则时间效应被抑制而呈疲劳破坏，在这种情况下提高温度使疲劳寿命略微减小，这与温度提高时总应变中塑形应变量的增加有关。如果应变速率较慢，会产生时间相关变形，但只要波形是对称的，疲劳寿命降低不大，断口上呈现明显的疲劳条纹。如果波形不对称，例如慢拉-快压循环的损伤情况与拉伸保载的断裂情况类似。

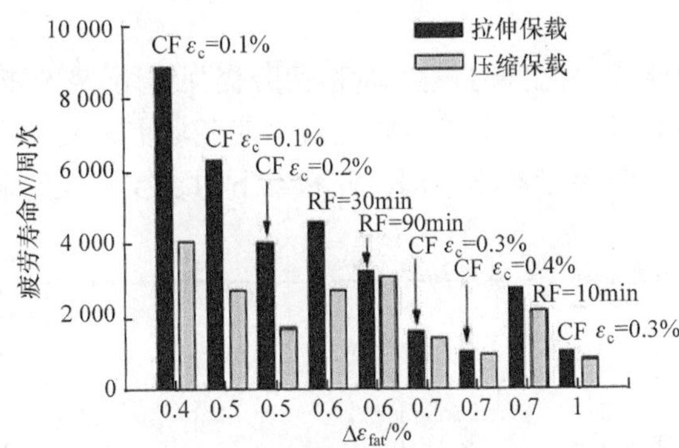

图 6-7　马氏体耐热钢不同保载方式下疲劳寿命随应变幅值的变化

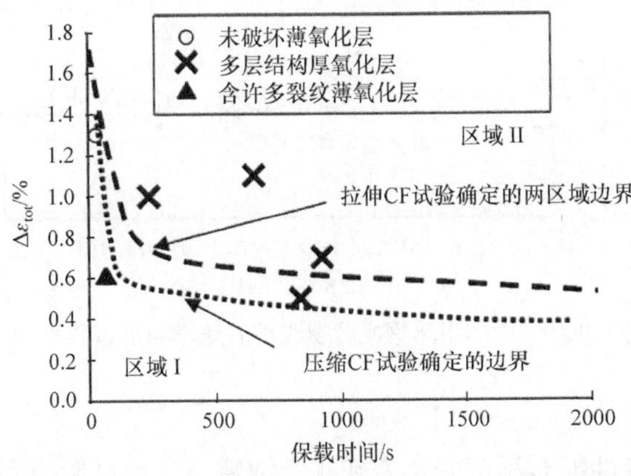

图 6-8　根据不同的裂纹萌生机制定义拉压保载范围

多数研究表明，在高温下随着循环频率的减小，疲劳裂纹扩展速率增大。图 6-9 是 600℃下 P92 马氏体耐热钢疲劳裂纹扩展速率与加载频率的关系[36]，疲劳裂纹扩展速率随着加载频率的升高而降低，疲劳裂纹扩展方式由穿晶向沿晶转变。这主要由于在低频率下高温蠕变作用导致沿晶孔洞的形成或晶界强度下降所致。

蠕变-疲劳裂纹扩展速率是循环频率的函数，马氏体耐热钢在不同循环频率下的蠕变-疲劳裂纹扩展速率如图 6-10 所示[37]。加载频率较低时，裂纹扩展是纯蠕变型的，时间相关损伤占优势，裂纹扩展驱动力是蠕变裂纹尖端强度参数 C，蠕变裂纹扩展速率 $\mathrm{d}a/\mathrm{d}t$ 达到稳态，疲劳裂纹扩展速率 $\mathrm{d}a/\mathrm{d}N$ 与频率 f 之间存在如下关系：

$$\frac{\mathrm{d}a}{\mathrm{d}N}=\frac{1}{f}\frac{\mathrm{d}a}{\mathrm{d}t} \tag{6-1}$$

当循环频率很高时，裂纹扩展是纯疲劳型的，时间相关损伤（蠕变和环境损伤）可以忽略，疲劳裂纹扩展速率不依赖于频率，只与循环次数有关，故可称为循环控制的裂纹扩展。裂纹扩展速率取决于循环，裂纹扩展的驱动力是应力集中参数 ΔK 或 ΔJ 的积分。

当循环频率介于二者之间时发生蠕变-疲劳交互作用，裂纹扩展速率既显现时间效应，也受疲劳频率影响。裂纹尖端的应力应变场更为复杂，单纯疲劳载荷或蠕变载荷下的断裂力学参量都不适用，此状态下的裂纹扩展的描述尚未有适当的机制模型。

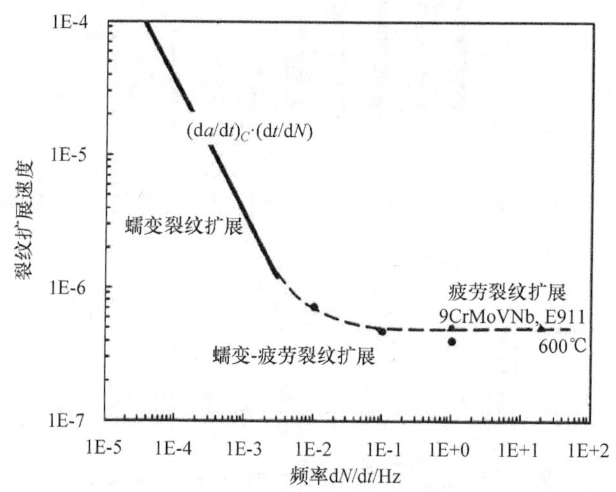

图 6-9　9Cr 马氏体耐热钢疲劳裂纹扩展速率与加载频率的关系

3. 温度

材料的抗蠕变性能对温度变化表现非常敏感。一般试验或服役环境是暴露在大气中的，高温条件下需要考虑氧化的影响。氧化会影响到疲劳、蠕变及其交互作用，损伤发生一是与晶界及其碳化物结合，促进微裂纹萌生和扩展；二是在较高温度下能使裂纹尖端钝化，降低裂纹扩展速率，诱导裂纹产生闭合效应。研究表明[23,38]，马氏体耐热钢在蠕变-疲劳交互作用下，试样外表面会产生氧化层，在氧化层中萌生深度较浅的环向裂纹。保持时间越长，氧化层越厚，裂纹数量越多。

长期保持时间还会使材料内部形成蠕变孔洞或使材料内部晶界处萌生裂纹。马氏体耐热钢的疲劳裂纹扩展速率(FCG)、疲劳裂纹扩展门槛值(ΔK_{th})和有效应力强度因子门槛值($\Delta K_{eff,th}= K_{max}-K_{cl}$, K_{max}是最大应力强度因子，K_{cl}是闭合应力强度因子)随温度的变化如图 6-11 所示[38]。在 350～450℃温度范围内材料的疲劳裂纹扩展速率和门槛值降低，表明此温度范围内材料的抗疲劳性能得到加强，这与高温疲劳作用下材料中位错运动与溶质原子扩散的相互作用有关。

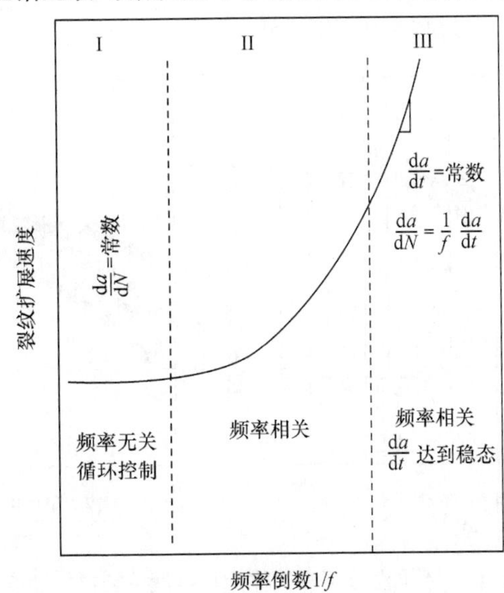

图 6-10　高温疲劳裂纹扩展速率与频率的关系

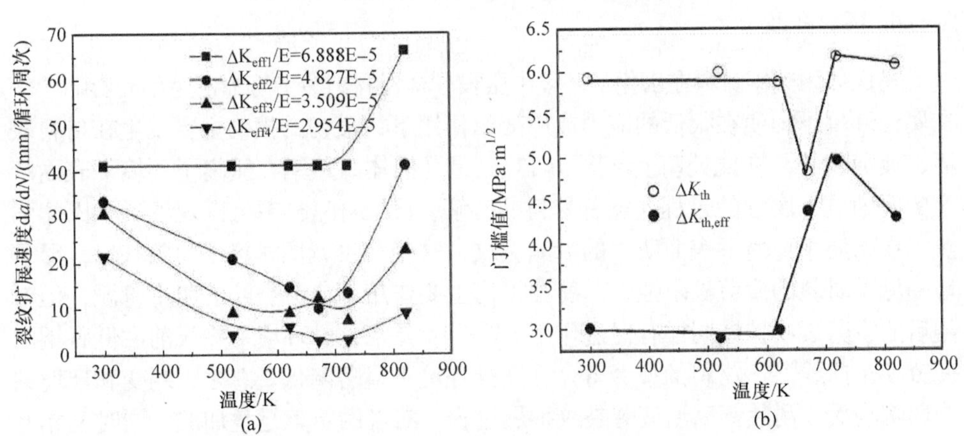

图 6-11　马氏体耐热钢疲劳裂纹扩展参数随温度的变化

温度升高，蠕变强度、持久强度迅速降低。同样，随温度的升高，材料的抗疲劳性能也会降低。温度较低时材料的蠕变抗力较高，蠕变变形很小，环境的作用较大，裂纹扩展以接近线弹性条件进行。高温下蠕变变形能力增强，蠕变对裂纹扩展速率的贡献增大，裂纹扩展速率增大。图 6-12 是马氏体耐热钢在 300℃/1000h 时效前后在不同温度下的疲劳裂纹扩展速率[39]，随温度升高，马氏体耐热钢疲劳裂纹扩展速率都有一定程度的增大，而短时时效对材料裂纹扩展速率的影响不大。马氏体耐热钢高温下疲劳裂纹扩展速率的增大与氧化导致的裂纹尖端闭合有关，高温下的氧化引起不可逆滑移的产生。

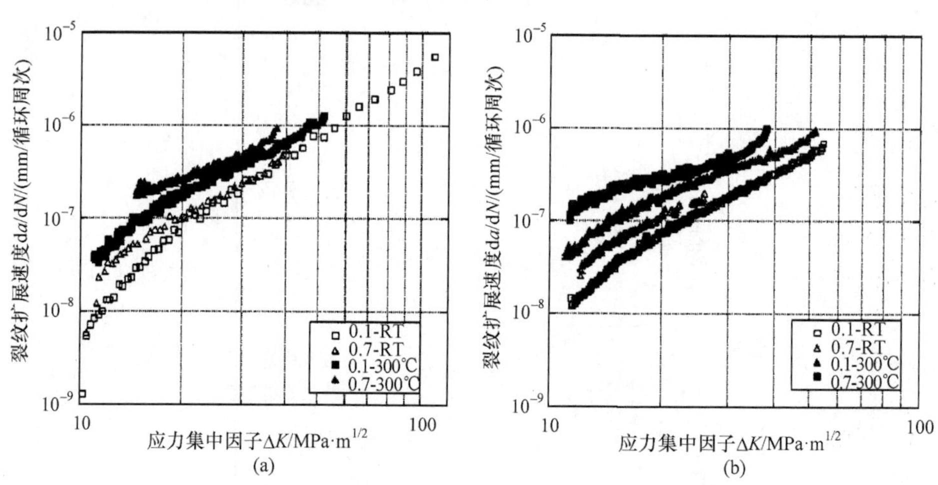

图 6-12　不同温度下马氏体耐热钢疲劳裂纹扩展速率

(a) 时效前; (b) 时效后

4. 环境介质

马氏体耐热钢材料在水化学环境中服役同样对材料疲劳寿命产生不利影响[40,41]。在腐蚀环境下即使在很低的应力或应变幅作用下，最初的损伤主要发生在材料表面，疲劳裂纹易在此处萌生。图 6-13 (a) 是马氏体耐热钢在氯离子环境下表面产生的腐蚀坑，腐蚀的过程伴随着材料的溶解。图 6-13 (b) 中可以观察到马氏体耐热钢在高温水环境下表面萌生的沿晶裂纹，这些裂纹就像材料表面的缺口，显著地降低了材料的疲劳极限强度。腐蚀损伤主要作用于疲劳裂纹的萌生阶段，但对随后的疲劳裂纹扩展同样有促进作用。图 6-14 是水化学环境下除气前后低碳钢的疲劳 S-N 曲线[42]，材料的疲劳寿命在腐蚀环境下显著降低。总之，蠕变和环境共同影响马氏体耐热钢高温疲劳裂纹扩展过程，二者的贡献是叠加的，同时又相互影响相互竞争，环境影响占优势时蠕变的影响减弱，而蠕变影响增加时环境的作用减弱。

马氏体耐热钢材料在服役时处于周期性变化的温度环境中，承受着多向变化载荷作用。在核电体系还存在高能中子产生的辐照损伤。在这样复杂的服役环境下，不均匀应变会影响结构钢微观组织结构的演化，从而影响到整体构件的使用性能。图 6-15 是氦辐射作用前后低活度铁素体/马氏体耐热钢 F82H-IEA 疲劳裂纹扩展长度的变化[43]，在较高应变幅值作用下，辐照后材料的疲劳裂纹扩展速率明显升高，而随着应变幅值的降低，辐射的作用逐渐减弱。研究表明[44,45]，马氏体耐热钢受辐照作用产生的缺陷主要是典型的辐照缺陷团簇、氦泡和位错环，辐照产生的位错缺陷尺寸随着辐照剂量的增加而增大，从最初的缺陷团簇转变成 Frank 位错环，而位错密度也会随着辐照剂量的增大而增加，这些缺陷的产生会对材料的疲劳裂纹萌生扩展产生明显影响。

另外，服役设备构件往往在不同的介质环境下工作，如高温蒸汽、化学介质、积盐积灰等，这些介质往往与材料发生各种物理化学反应，如腐蚀、氢脆、高温氧化等，一方面使表面粗糙、厚度减薄引起较大的应力集中，另一方面是组织结构演变而性能下降，从而导致材料疲劳蠕变抗力下降。

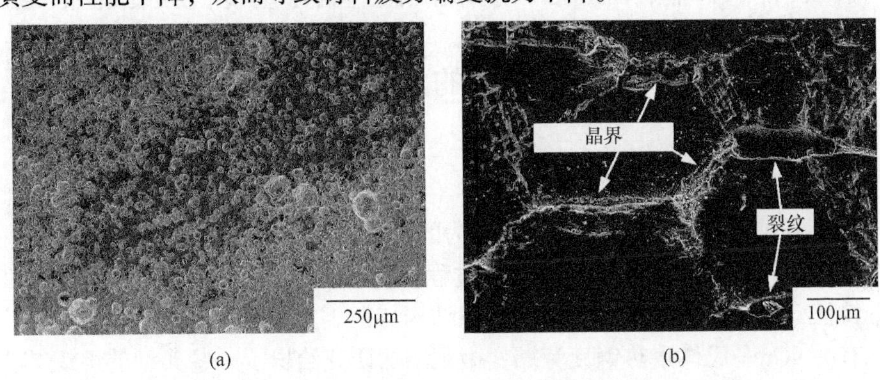

图 6-13　腐蚀环境下马氏体耐热钢表面形成的腐蚀坑和裂纹

(a) 含氯离子溶液; (b) 高温水

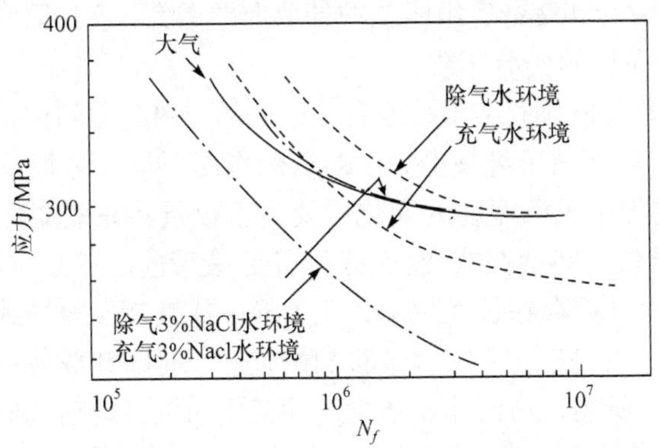

图 6-14　水化学环境下除气前后低碳钢的疲劳 S-N 曲线

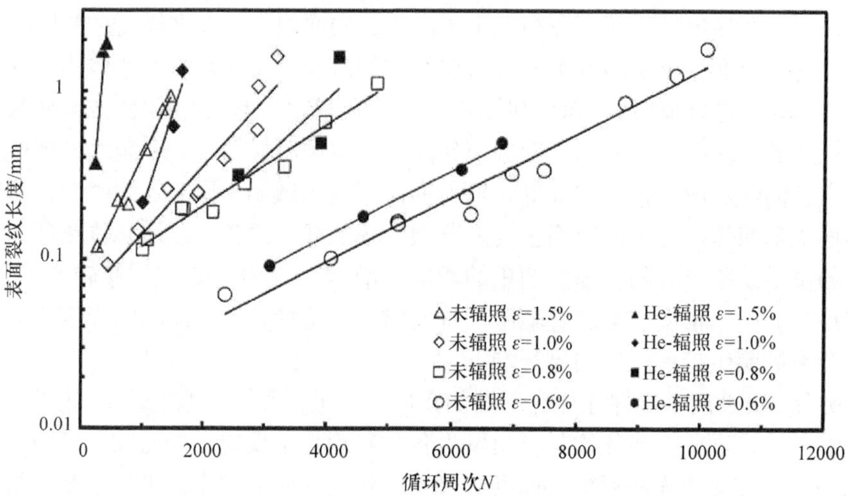

图 6-15　中子辐射前后 F82H-IEA 马氏体耐热钢在空温大气环境中疲劳裂纹扩展长度

6.3　蠕变-疲劳交互作用的组织结构演变和断裂特征

6.3.1　蠕变-疲劳组织结构演变

在疲劳或蠕变过程中，材料力学行为的变化伴随着材料内部微观组织的演变，而在蠕变-疲劳交互作用下，这种演变过程将变得更为复杂。不仅具有蠕变演变的部分特征，而且显现疲劳作用下的组织结构特征。

有关 9Cr 马氏体耐热钢疲劳蠕变微观结构研究给出了一些典型的组织结构特征[46,47]。从晶粒大小和取向来说，蠕变-疲劳前后晶粒的取向差变化如图 6-16 所示。原始组织晶粒的取向差多数小于 1°，表明供货状态下材料内部的初始应变很小。在经历蠕变-疲劳和疲劳后组织晶粒的取向差增大，这种取向差的变化主要由蠕变-疲劳过程中晶粒的变形导致。

晶粒的取向差与材料的结构缺陷有关，如晶粒内运动的位错，以及位错与晶界间的相互作用等。相对于纯疲劳，蠕变-疲劳作用下马氏体板条宽度有所增加，表明蠕变-疲劳过程中板条宽度的变化主要由于板条界在蠕变作用下发生迁移。表 6-4 是不同马氏体耐热钢在蠕变、疲劳和蠕变-疲劳前后亚晶粒尺寸及其变化率。这些条件下晶粒尺寸都存在长大现象，应力松弛或蠕变保载导致材料微观组织结构发生显著变化。当然相互之间因试验初始条件、时间和载荷不同，相互间没有显性可比性。如前所述，马氏体亚结构尺寸变化和位错运动及板条界迁移相关，在蠕变-疲劳交互作用下材料黏塑性应变的增加以及位错攀移等时间相关效应会存在一定影响。蠕变-疲劳过程中的变形主要由位错控制，在循环变形过程中发生运动，在保载过程中得到回复生成亚晶结构。位错密度变化见表 6-5，在蠕变-疲劳作用下，位错密度同样呈下降趋势。相对于纯疲劳条件下，蠕变-疲劳过程中位错密度下降更明显。

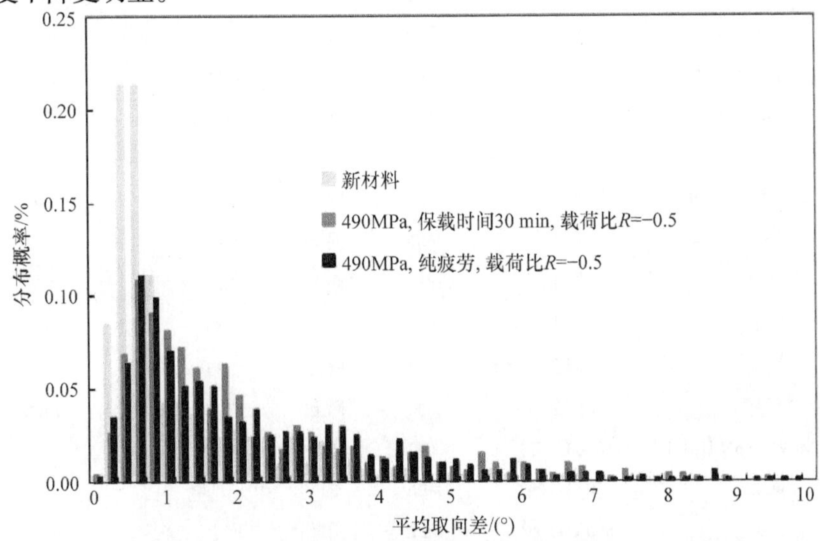

图 6-16　马氏体耐热钢蠕变-疲劳后晶粒取向差的分布

至于材料中的第二相，伴随着蠕变和疲劳持续，第二相长大和粗化是共同趋势。由于马氏体耐热钢经正火和回火处理，材料中稳定的第二相已经析出，在疲劳蠕变过程中，与蠕变过程相变，第二相的长大和粗化是共同趋势，但稳定的第二相的长大和粗化过程是个缓慢过程，这是由马氏体耐热钢组织结构稳定性所决定的，而具有一定疲劳效应的蠕变-疲劳过程，相对于纯蠕变过程来说，时间大大缩短，时间效应明显下降，所以，蠕变-疲劳作用下的第二相碳化物析出相的数量和尺寸一般不会有明显变化，也没有变化的特殊性。

表 6-4　马氏体耐热钢蠕变、疲劳和纯疲劳前后亚晶粒尺寸和位错密度变化[47]

钢种	热处理	试验温度/℃	载荷	亚晶尺寸/μm	亚晶尺寸变化率 R/%
G-X12CrMoWVNbN 10-1-1	1070℃ (12h)	550	creep	0.45	1.2
同上	730℃ (22h)	625	同上	0.67	1.8
同上	同上	650	同上	1.05	2.85
P91	—	600	creep	0.73	1.46
9Cr	—	600	creep	6	20

续表

钢种	热处理	试验温度/℃	载荷	亚晶尺寸/μm	亚晶尺寸变化率 R/%
9Cr1W	同上	同上	同上	4	13.3
9Cr2W	同上	同上	同上	2.5	8.3
9Cr4W	同上	同上	同上	1.4	4.7
10 % Cr-0.003 % N	1050℃ (1h)	600	creep	1.08	2.5
10 % Cr-0.020 % N	750℃ (2h)	650	同上	1.76	4.1
10 % Cr-0.045 % N	同上	600	同上	1.2	3.2
10 % Cr-0.079 % N	同上	650	同上	1.25	3.4
10 % Cr-0.093 %N	同上	600	同上	0.95	3
同上	同上	650	同上	1.25	4.0
同上	同上	600	同上	0.85	3
同上	同上	650	同上	1.35	4.8
同上	同上	600	同上	0.77	1.87
X12CrMoWVNbN 10-1-1	1050℃ (7h)	600	PF	0.8	2
同上	750℃ (10h)	同上	RF	1.5	3.8
同上	690℃ (10h)	同上	同上	同上	同上
12Cr-2W	1050℃ (1.7h)	650	RF	0.93	2.1
同上	770℃ (6h)	同上	同上	同上	同上
P91	1060℃ (1h)	600	creep	$0.85 \leqslant d \leqslant 0.95$	$1.4 \leqslant R \leqslant 1.6$
同上	750℃ (2h)	同上	同上	同上	同上
T91	1050℃ (15min)	600	creep	0.6	1.5
同上	750℃ (1h)	650	同上	1.1	2.7
P92	1070℃ (2h)	600	creep	1.5	3.75
同上	775℃ (2h)	同上	同上	同上	同上
P91	1038℃ (1h)	593	PF	0.85	2.8
同上	760℃ (1h)	同上	RF	1.1	3.7
X20	1050℃ (1h)	600	creep	0.41	1.2
同上	750℃ (4h)	650	同上	0.55	1.6
9Cr-2W	950℃ (1h)	600	creep	2	4
同上	750℃ (2h)	同上	同上	同上	同上
P91	1040℃ (1h)	600	RF	$0.8 \leqslant d \leqslant 4.5$	$2.7 \leqslant R \leqslant 15$
同上	760℃ (1h)	同上	同上	同上	同上
X20	1050℃ (1h)	650	creep	0.79	2.1
	750℃ (1h)	同上	同上	同上	同上

续表

钢种	热处理	试验温度/℃	载荷	亚晶尺寸/μm	亚晶尺寸变化率 R/%
12CrMoV	1030℃(1h)	600	PF	0.9	—
同上	700℃(2h)	同上	同上	同上	同上
P91	1060℃(1h)	600	creep	1.8	2.5
同上	750℃(2h)	同上	PF	2.7	3.7
T91	1050℃(10min)	600	creep	$0.55 \leqslant d \leqslant 2$	$1.8 \leqslant R \leqslant 6.7$
同上	765℃(30min)	同上	同上	同上	同上

creep：蠕变；RF：松弛疲劳；PF：纯疲劳；d：平均亚晶尺寸；R：初始亚晶尺寸与最终亚晶尺寸比值

表 6-5　疲劳和蠕变-疲劳试样中位错密度变化[47]

样品	位错密度/m^{-2}
参考值	$1.1\times10^{14} \leqslant \rho \leqslant 1.6\times10^{14}$
RF 样品夹持端 $\Delta\varepsilon_{fat}$=0.6，保载时间 90min	$1.4\times10^{14} \leqslant \rho \leqslant 1.8\times10^{14}$
PF 样品标距端 $\Delta\varepsilon_{fat}$=0.6%	$5.4\times10^{13} \leqslant \rho \leqslant 6.8\times10^{13}$
RF 样品标距端 ($\Delta\varepsilon_{fat}$=0.6%，保载时间 90min)	$2.8\times10^{13} \leqslant \rho \leqslant 3.4\times10^{13}$

6.3.2　蠕变-疲劳断裂物理特征

基于实验室的马氏体耐热钢的蠕变-疲劳研究报道已经很多 [1,46,47,48]。如前所述，9-12Cr 马氏体耐热钢高温下的疲劳和蠕变-疲劳都会引起疲劳软化现象，这和材料的马氏体亚结构演变或不稳定相关。从工程意义上来说，蠕变-疲劳过程出现的循环软化不仅仅是个物理现象，可能会促进蠕变进程，加速蠕变。前面有关疲劳蠕变和纯蠕变试验结果也反映出来这种促进作用。表 6-6 给出一些马氏体耐热钢在 550℃下纯疲劳和疲劳蠕变作用下材料中亚晶尺寸 d 和位错密度的变化。可见，蠕变-疲劳作用下引起更明显的亚晶结构变化，这与长期蠕变演变行为相似。疲劳蠕变也会造成材料硬度下降、亚结构粗化、位错密度下降、相邻板条取向增大等蠕变损伤现象。相对于蠕变现象，蠕变-疲劳行为会造成亚晶尺寸提高一倍以上，位错密度下降两个数量级，而蠕变试验结果是亚晶尺寸提高 50%左右，位错密度下降一个数量级[49,50]。

以上有关疲劳或蠕变-疲劳试验，没有看到第二相有明显变化，这应当和试验进程相关。相对长期蠕变过程，疲劳和蠕变-疲劳时间短，热力学变化过程不足以引起第二相的明显变化。

表 6-6　部分马氏体耐热钢在 550℃下疲劳及疲劳蠕变作用下的亚组织结构变化参数[51]

钢种	新材料		纯疲劳		蠕变疲劳	
	d/μm	$\rho/10^{14}m^{-2}$	d/μm	$\rho/10^{14}m^{-2}$	d/μm	$\rho/10^{14}m^{-2}$
P91	0.37	1.3	≤0.7	0.6	1.1	0.3
P92	0.43	2	0.7	1	—	—
VY2	0.18±0.05	6.7	2.54±0.26	3.5	2.12±0.74	5.1
Ti1	0.26±0.06	8.4	2.16±1.04	2.3	1.08±0.32	3.8
10Cr	0.43	—	—	—	—	—
10CrN	0.28	—	—	—	—	—

对于马氏体耐热钢蠕变-疲劳过程中裂纹扩展速度研究认为[51,53]，高频下疲劳作用占主导，裂纹扩展速度和 Paris 规律相符，裂纹扩展速度对频率大小不敏感。在 0.1Hz 附近的中间频率范围是蠕变-疲劳共同作用区，如图 6-17 所示。而低频下的蠕变-疲劳裂纹扩展数据明显处于蠕变区，明显是蠕变占主导作用。蠕变-疲劳在不同作用状态下，材料的破坏方式有明显差异，蠕变主导的断裂以晶间断裂为主，疲劳蠕变共同作用下的断裂以晶间和解理混合断裂为主，疲劳为主的断裂以穿晶断裂为主。断裂方式差异和蠕变形变与疲劳形变机理相关。蠕

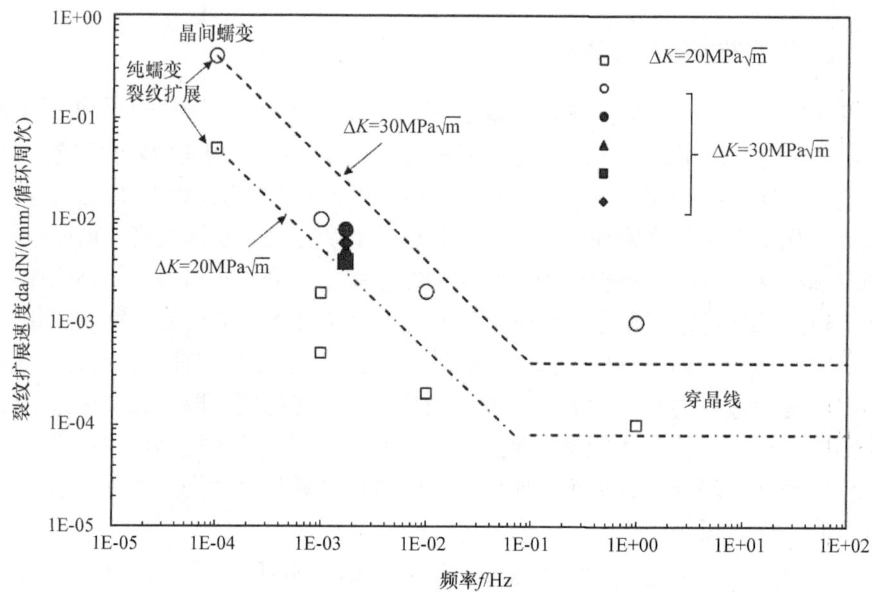

图 6-17　P91 耐热钢疲劳相关的裂纹扩展速度[52]

变形变后期和蠕变空洞相联系，蠕变主导的形变，裂纹扩展源于空洞的集聚而导致晶间断裂。疲劳主导条件下，裂纹尖端的应力显著高于蠕变状态下的应力，易于产生穿晶断裂。

6.3.3 蠕变-疲劳裂纹扩展断裂力学模型

蠕变-疲劳交互作用下的失效行为，具有蠕变和疲劳共同的特征。蠕变现象一般取决于时间因素，具有时间相关性，疲劳决定于周期应力及其加载方式，具有周期性。所以蠕变-疲劳也称为时间相关的疲劳。一般地，疲劳损伤是在材料局部萌生疲劳裂纹，蠕变损伤往往在材料内部晶界出现空洞，蠕变损伤和疲劳损伤机制完全不同。疲劳裂纹与蠕变空洞同时存在下就会相互促进，导致疲劳裂纹扩展速率加快。当疲劳穿晶裂纹与晶界蠕变空洞相遇时，循环载荷加快晶界蠕变空洞的成核长大，蠕变空洞增多，同样蠕变空洞处的应力集中促进疲劳裂纹的萌生与扩展。蠕变-疲劳裂纹扩展有两种预测模型，一种是基于循环相关分量和时间相关分量的裂纹扩展速率叠加的线性累加机制，另一种为基于循环相关分量和时间相关分量最大速率值的蠕变-疲劳裂纹扩展竞争机制。

描述马氏体耐热钢疲劳裂纹扩展速率的常用模型主要有 Dimopulos 模型、Saxena 模型和 Lee 模型。

1. Dimopulos 模型

蠕变-疲劳扩展速率(CFCGR)可分解为循环相关扩展速率 $(\mathrm{d}a/\mathrm{d}N)_f$ 和时间相关扩展速率 $(\mathrm{d}a/\mathrm{d}N)_t$，总的裂纹扩展速率为二者的叠加[54]。

$$\frac{\mathrm{d}a}{\mathrm{d}N}=\left(\frac{\mathrm{d}a}{\mathrm{d}N}\right)_f+\left(\frac{\mathrm{d}a}{\mathrm{d}N}\right)_t \tag{6-2}$$

其中纯疲劳裂纹扩展速率可用有效应力强度因子 ΔK_{eff} 或 ΔJ 积分来表征，即

$$\left(\frac{\mathrm{d}a}{\mathrm{d}N}\right)_f=C(\Delta K_{\mathrm{eff}})^{m_0}=C_1(\Delta J)^m \tag{6-3}$$

其中 C、C_1、m 和 m_0 是材料常数。而时间相关裂纹扩展速率可用蠕变裂纹扩展速率表示为

$$\left(\frac{\mathrm{d}a}{\mathrm{d}N}\right)_t=A(K_1)^a \tag{6-4}$$

其中 K_1 是张开型应力强度因子的初始值，A 和 a 是与试验温度、材料有关的常数，试验表明 A 取决于裂纹长度和应力水平的参量。Suresh[55]研究认为，蠕变-疲劳裂纹扩展机制与材料类型、应力水平、温度、保载时间等因素有关。Nikbin[56]研究

发现，加载频率(f >1Hz)较高时疲劳机制占主导作用，低频加载和引入保载时间时，蠕变机制占主导作用。Dimopulos 等[57]研究发现，当循环频率很低时，修正 J 积分 C^*与蠕变-疲劳裂纹扩展速率有很好的关联性。图 6-18 显示 2.25Cr-Mo 钢在 0.001～0.01Hz 频率范围内蠕变-疲劳裂纹扩展速率与 C^*的相关性很好，并且与纯蠕变裂纹扩展速率(CCGR)很接近，表明蠕变-疲劳的蠕变裂纹扩展分量的控制参数是 C^*。C^*参量适用于大范围蠕变的情况，当裂纹尖端处于小范围蠕变或过度蠕变情况时，C^*参量不再适用。在蠕变-疲劳交互作用显著的频率范围内，可将式(6-2)改写成如下具体表达式

$$\frac{\mathrm{d}a}{\mathrm{d}N}=C(\Delta K_{\mathrm{eff}})^{m_0}+\frac{A(C^*)^a}{f} \tag{6-5}$$

式中 f 是频率，C^*是在峰值应力下的试验值。根据这一结果，Dimopulos 指出可以通过静态蠕变试验和高周疲劳试验来求得蠕变-疲劳裂纹扩展的疲劳分量和蠕变分量，并利用式(6-5)计算出材料的蠕变-疲劳裂纹扩展总速率。

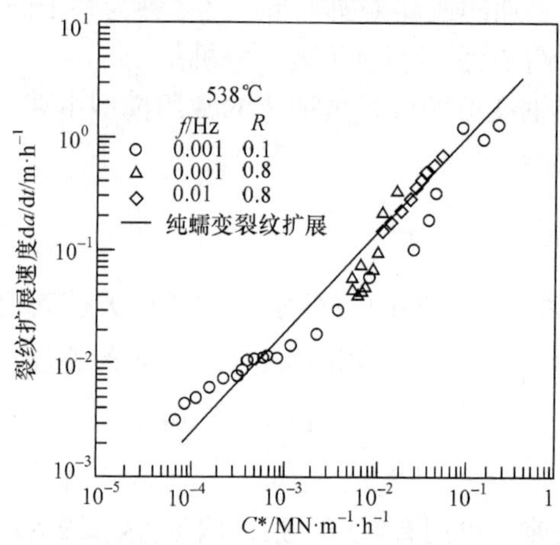

图 6-18 C^*与蠕变-疲劳裂纹扩展速率的关联性

2. Saxena 模型

Saxena[58]考虑蠕变机制和疲劳机制的影响，提出了一个含有三项的裂纹扩展模型

$$\frac{\mathrm{d}a}{\mathrm{d}N}=C_0\left(\Delta K\right)^{n_0}+C_1 f\left(K_{\mathrm{h}},t_{\mathrm{h}}\right)+C_2\int_{t_{\mathrm{inc}}}^{t_{\mathrm{h}}}\left(\frac{\mathrm{d}a}{\mathrm{d}t}\right)\mathrm{d}t \tag{6-6}$$

等式右侧第一项是单纯疲劳机制的贡献，第二项代表了蠕变-疲劳之间的交互作用，第三项代表了纯蠕变载荷引起的裂纹扩展。该模型有一定局限性，首先，该模型的第二项和第三项都考虑了保载时间的影响，重复计算了蠕变机制的贡献，

致使每一循环中裂纹扩展预测值偏大。其次 t_{inc}(蠕变裂纹孕育时间)的选定存在困难，工程中 t_{inc} 值采用特定材料在特定温度下的试验结果，显然不能推广应用到其他情况。针对以上问题，Saxena 和 Gieseke[59]修正了三项式模型，提出了新的两项式模型：

$$\frac{\mathrm{d}a}{\mathrm{d}N}=\left(\frac{\mathrm{d}a}{\mathrm{d}N}\right)_{\mathrm{cycle}}+\left(\frac{\mathrm{d}a}{\mathrm{d}N}\right)_{\mathrm{time}} \tag{6-7}$$

式中右侧第一项表示循环相关裂纹扩展速率，第二相表示保载期间的裂纹扩展速率，也叫时间相关裂纹扩展速率。Saxena 等[60,61]提出，在裂纹尖端小范围蠕变条件下裂尖应力应变场以及裂纹扩展速率是 $C(t)\propto K^2/t$ 的函数，蠕变-疲劳裂纹扩展速率的蠕变分量可用下式表示：

$$\left(\frac{\mathrm{d}a}{\mathrm{d}N}\right)_{\mathrm{time}}=b\left(\frac{K^2}{t}\right)^p=b_1\left[C(t)\right]^p \tag{6-8}$$

式中 K 为应力强度因子，b 和 p 是材料常数。蠕变-疲劳裂纹扩展速率为

$$\frac{\mathrm{d}a}{\mathrm{d}N}=\left(\frac{\mathrm{d}a}{\mathrm{d}N}\right)_{\mathrm{cycle}}+\int_0^{t_{\mathrm{h}}}b\left(\frac{K^2}{t}\right)^p\mathrm{d}t \tag{6-9}$$

对式(6-9)中右边第二项进行积分，使蠕变裂纹扩展速率转化为每周期扩展速率，积分结果可得

$$\frac{\mathrm{d}a}{\mathrm{d}N}=C_0(\Delta K)^{n_0}+B(\Delta K)^{2p}t_{\mathrm{h}}^{1-p} \tag{6-10}$$

图 6-19 是 P91 马氏体耐热钢在 625℃，保载时间分别是 0s、60s 和 600s 的蠕变-疲劳试验结果，利用图中的 0s 和 60s 的试验数据拟合可得到公式(6-10)中的各常数 C_0、n_0、B 和 p，从而得到马氏体耐热钢在蠕变-疲劳过程中裂纹尖端小范围蠕变条件下的裂纹扩展速率。但上述试验中的保载时间很短，所以蠕变-疲劳裂纹扩展速率的蠕变分量不大，疲劳分量的贡献很大，故总裂纹扩展速率受ΔK 控制是合理的。Saxena[62,63]研究了保载时间较长条件下蠕变-疲劳裂纹扩展速率与平均 $C(t)$ 的关系，将式(6-7)中的时间相关裂纹扩展速率 $(\mathrm{d}a/\mathrm{d}N)_{\mathrm{time}}$ 转换为保载时间内的平均裂纹扩展速率 $(\mathrm{d}a/\mathrm{d}N)_{\mathrm{avg}}$。

$$\left(\frac{\mathrm{d}a}{\mathrm{d}N}\right)_{\mathrm{avg}}=\frac{1}{t_{\mathrm{h}}}\left(\frac{\mathrm{d}a}{\mathrm{d}N}\right)_{\mathrm{time}}=\frac{1}{t_{\mathrm{h}}}\left[\frac{\mathrm{d}a}{\mathrm{d}N}-\left(\frac{\mathrm{d}a}{\mathrm{d}N}\right)_{\mathrm{cycle}}\right] \tag{6-11}$$

式中 t_{h} 是保载时间，$(\mathrm{d}a/\mathrm{d}N)_{\mathrm{cycle}}$ 是保载时间为零的纯疲劳裂纹扩展速率。

P91 马氏体耐热钢在 60s 和 600s 保载时间内的平均裂纹扩展速率和平均 $C(t)_{\mathrm{avg}}$ 的关系如图 6-20 所示。保载时间 600s 下的蠕变-疲劳裂纹扩展速率相比 60s

时减小，这种变化主要由于裂纹尖端依赖于时间的损伤机制。Saxena 等[54]研究表明，在较长保载时间下，蠕变变形和孔洞是导致损伤的主要原因。当蠕变起主导作用时，蠕变孔洞的合并将导致沿晶裂纹的萌生扩展。在较短保载时间下，裂纹尖端的平均应力由于较短的应力松弛作用而增大，蠕变孔洞的形成率降低而导致穿晶裂纹的扩展。Saxena 模型公式(6-7)为蠕变、疲劳线性相加形式，适用于频率较大加载条件。当加载频率较小时，不计入蠕变的影响可能会带来误差。尽管蠕变断裂参量 $C(t)_{avg}$ 考虑了循环关联因素对时间相关因素引起裂纹扩展的影响，但该模型并未考虑蠕变-疲劳共同作用机制引起裂纹扩展的贡献。

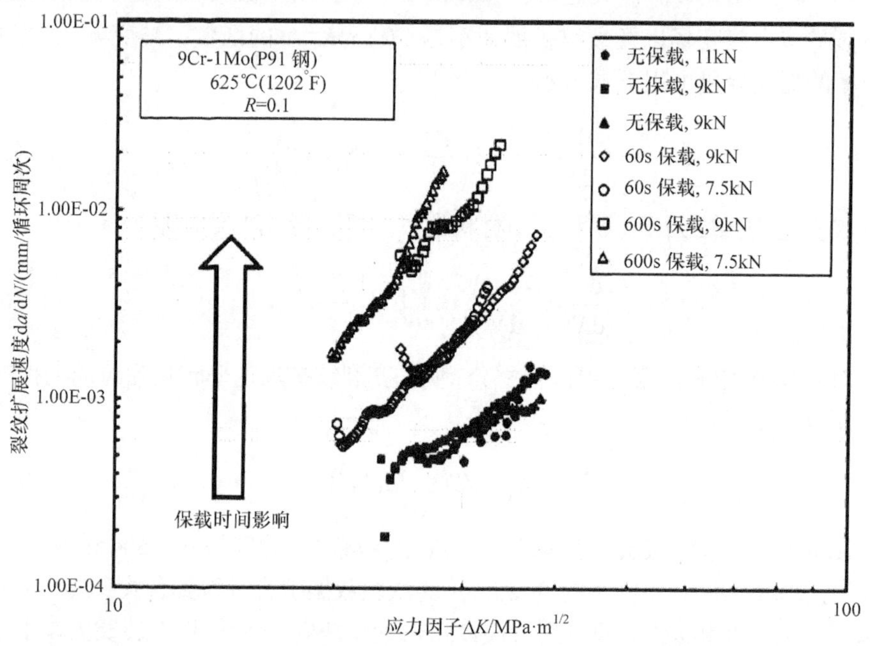

图 6-19　马氏体耐热钢不同保载时间下的蠕变-疲劳裂纹扩展速率[61]

3. Lee 模型

Lee 等[64]提出蠕变-疲劳裂纹扩展速率由机械疲劳产生的循环相关裂纹扩展速率 $(\mathrm{d}a/\mathrm{d}N)_{\text{cycle}}$，升载过程中蠕变导致的时间相关裂纹扩展速率 $(\mathrm{d}a/\mathrm{d}N)_{\text{creep/rise time}}$ 和保载过程中蠕变导致的时间相关裂纹扩展速率 $(\mathrm{d}a/\mathrm{d}N)_{\text{creep/hold time}}$ 三部分组成，即：

$$\frac{\mathrm{d}a}{\mathrm{d}N}=\left(\frac{\mathrm{d}a}{\mathrm{d}N}\right)_{\text{cycle}}+\left(\frac{\mathrm{d}a}{\mathrm{d}N}\right)_{\text{creep/rise time}}+\left(\frac{\mathrm{d}a}{\mathrm{d}N}\right)_{\text{creep/hold time}} \tag{6-12}$$

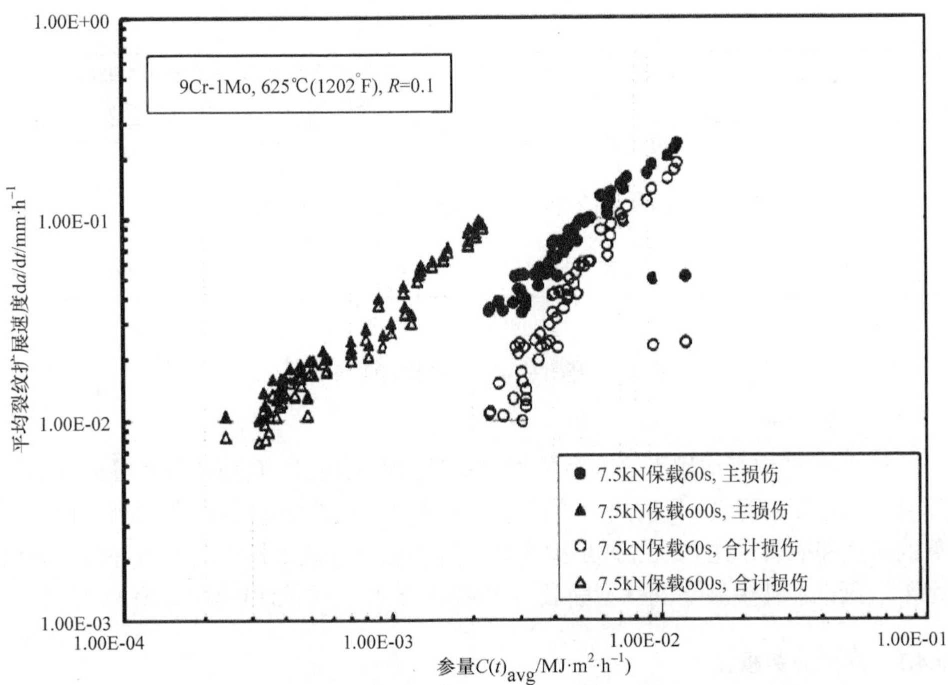

图 6-20　马氏体耐热钢不同保载时间下的平均蠕变-疲劳裂纹扩展速率 [61]

式中右端第一项可用应力强度因子范围参量ΔK 关联，第二项用修正的蠕变断裂力学参量$(C_t)_r$ 关联，第三项则用平均蠕变断裂力学参量$C(t)_{avg}$ 关联。在升载过程中$(C_t)_r$ 随着加载时间的延长而逐渐增大。

为提高设备的寿命与评价可靠性，发达国家纷纷开展了含缺陷完整性评定技术研究，并制定了相应的规程规范。目前著名的缺陷评定规范如英国 R5[65]和BS7910[66]，法国的 RCC-MR[52]，以及日本的 JNC 方法[51]等都增加了蠕变-疲劳交互作用下的评定内容，这些方法和技术均吸收了时间相关断裂力学的研究成果，评定精度明显提高。上述各规程关于蠕变-疲劳裂纹扩展评定的方法汇总于表 6-7 中。

表 6-7　缺陷评定规程蠕变-疲劳裂纹扩展方法

规程名称	蠕变-疲劳交互作用下的裂纹扩展评定	疲劳分量的裂纹扩展表征参量	蠕变分量的裂纹扩展表征参量
R5 规程	裂纹尖端处在弹性区域内：分开计算、线性相加	$(\mathrm{d}a/\mathrm{d}N)_{\text{fatigue}} = C\Delta K_{\text{eff}}^{m}$	根据不同情况分别选用 C^*，$C(t)$ 和 $\overline{C}^*$
	裂纹完全处于构件表面的周期塑性区域内：将保载时间内的蠕变损伤与高应变的疲劳裂纹扩展结合得到总的裂纹扩展速率	$(\mathrm{d}a/\mathrm{d}N)_{\text{fatigue}} = Ba^{Q}$	D_C^{Surf}

续表

规程名称	蠕变-疲劳交互作用下的裂纹扩展评定	疲劳分量的裂纹扩展表征参量	蠕变分量的裂纹扩展表征参量
BS7910	分开计算，线性相加	$(\mathrm{d}a/\mathrm{d}N)_{\text{fatigue}}=A(q\Delta K)^n$	C^*
A16	分开计算，线性相加	$(\mathrm{d}a/\mathrm{d}N)_{\text{fatigue}}=\sum_{n=0}^{n}CDK_{\text{eff}}^m$	$\bar{C}_{\mathrm{S}}^*$
JNC 方法	分开计算，线性相加	$(\mathrm{d}a/\mathrm{d}N)_{\text{fatigue}}=K_F\Delta J_F^R$	$J_c(t)$

6.4 蠕变-疲劳寿命预测

蠕变-疲劳交互作用下的寿命预测方法对构件的设计、合理选材及寿命评估等具有非常重要的意义，目前国内外针对马氏体耐热钢蠕变-疲劳寿命预测进行了大量的研究和探索，建立了各种预测模型，其中主要有基于累积损伤的寿命分数模型[67]、延性损耗模型[52]和基于断裂力学模型[26,35]，下面给出简单介绍。

6.4.1 寿命分数模型

蠕变-疲劳交互作用可以看成是由与时间无关应变幅决定的疲劳寿命损伤部分和依赖于时间的蠕变寿命损伤部分相叠加。其中一个循环的蠕变损伤分数定义为：

$$d_c=\int_0^{t_{\mathrm{H}}}\frac{\mathrm{d}t}{t_R(\sigma,T_{\text{abs}})} \tag{6-13}$$

其中 d_c 是每一循环的蠕变损伤，t_{H} 是保载时间，$t_R(\sigma,T_{\text{abs}})$ 是与应力、绝对温度有关的材料蠕变断裂时间，通过纯蠕变试验获得。而一个循环的疲劳损伤分数定义为：

$$d_f=\frac{1}{N_{f_0}(\Delta\varepsilon,\dot{\varepsilon},T_{\text{abs}})} \tag{6-14}$$

其中 $N_{f_0}(\Delta\varepsilon,\dot{\varepsilon},T_{\text{abs}})$ 是与应变幅值、应变率和绝对温度有关的纯疲劳寿命，通过纯疲劳试验获得。ASME、RCC-MR 和 DDS 等规范[5,6,69]给出了蠕变-疲劳交互作用下的损伤极限值。如图 6-21 所示是 P91 钢蠕变-疲劳交互作用下的损伤图，用于预测马氏体耐热钢的剩余蠕变-疲劳寿命。若材料的损伤值落在损伤曲线上方认为材料失效，若落在损伤曲线下方则认为是安全的。

蠕变-疲劳作用下的疲劳剩余寿命 N_f 表达为：

$$N_f=\frac{\bar{D}_c}{(1-\bar{D}_f)d_c+\bar{D}_c d_f}\quad (d_f/d_c\geqslant\bar{D}_f/\bar{D}_c) \tag{6-15}$$

$$N_f = \frac{\bar{D}_c}{(1-\bar{D}_c)d_f + \bar{D}_f d_c} \quad (d_f / d_c < \bar{D}_f / \bar{D}_c) \tag{6-16}$$

$\bar{D}_c$ 和 $\bar{D}_f$ 分别是图中两条直线交点对应的蠕变损伤和疲劳损伤。累积损伤法只有在蠕变或疲劳过程中某种方式占优才能得到较好的预测结果，有一定的局限性。这是由于疲劳裂纹通常发生在表面，并多以穿晶方式向内传播。蠕变裂纹则发生在晶界，以孔洞形核长大、相互连接的机制导致最终破坏。可见，由于断裂机制和途径的不同，采用线性叠加并不十分合理。

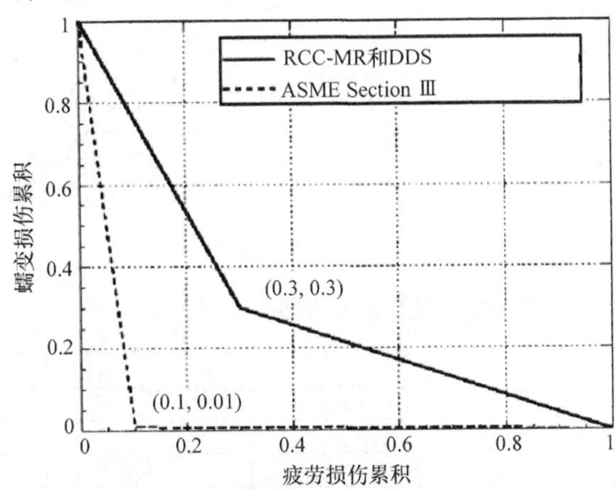

图 6-21　P91 马氏体耐热钢寿命分数法蠕变-疲劳损伤图[68]

6.4.2　延性损耗模型

延性损耗模型认为非弹性应变是控制蠕变损伤的主要因素，故每个循环的蠕变损伤分数定义为：

$$d_c = \int_0^{t_H} \frac{\dot{\varepsilon}_{in}}{\delta(\dot{\varepsilon}_{in}, T_{abs})} dt \tag{6-17}$$

其中 $\dot{\varepsilon}_{in}$ 是非弹性应变率，δ 是蠕变伸长率，由于在一个循环保载时间内，最初保载时的损伤比后期保载时的损伤小，故公式(6-17)可修正为：

$$d_c = \int_0^{t_H} \left[\frac{\dot{\varepsilon}_{in}}{\delta(\dot{\varepsilon}_{in}, T_{abs})} - \frac{\dot{\varepsilon}_{in}}{\delta_0(T_{abs})}\right] dt \tag{6-18}$$

其中 δ_0 是未发生损伤初始材料的断面伸长率。该延性损耗模型是从 Coffin-Manson 公式出发经推导而得到的，其寿命预测公式如下所示：

$$N_f = \frac{1-\{d_f / [d_f + (\alpha-1)d_c]\}^{1/(\alpha-1)}}{d_c} \quad (\alpha \neq 1) \tag{6-19}$$

其中 α 是 Coffin-Mason 公式中的疲劳延性指数。图 6-22 是 α 值变化对蠕变-疲劳损伤的影响规律。图 6-23 是典型马氏体耐热钢蠕变-疲劳交互作用下的损伤图和寿命预测图，从图中可以看出试验值分布在该模型的预测值 2 倍因子分散带内。

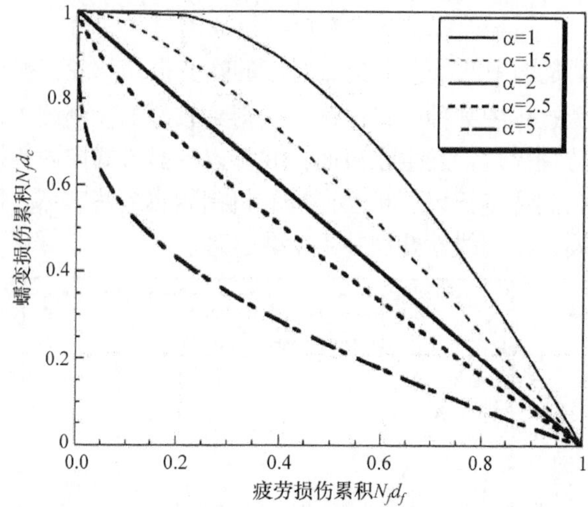

图 6-22　蠕变-疲劳损伤随 α 值的变化[68]

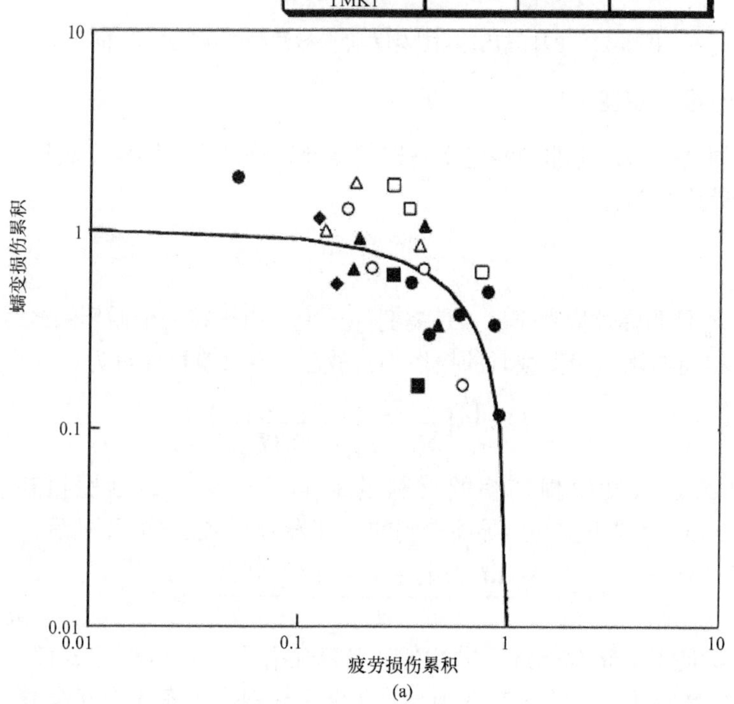

(a)

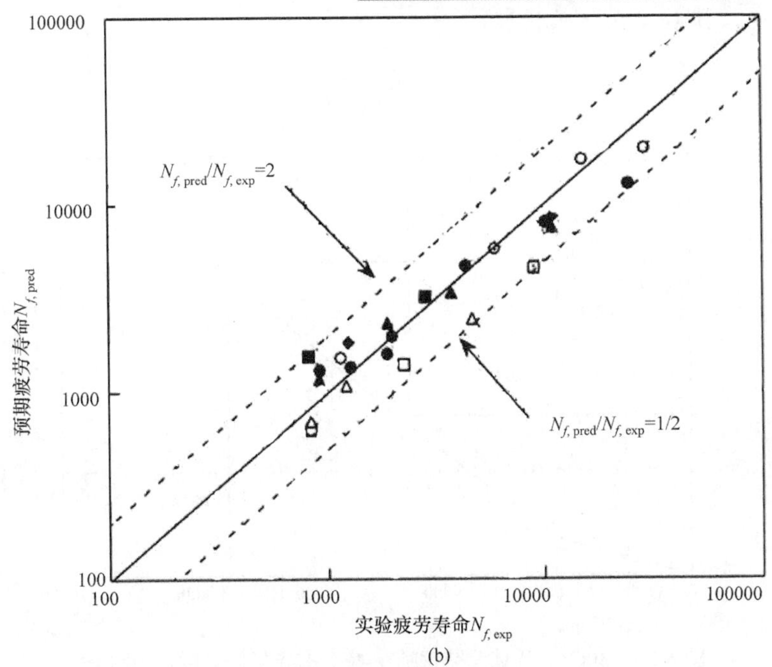

图 6-23　典型马氏体耐热钢延性损耗模型[70]

(a) 损伤图；(b) 寿命预测图

6.4.3　断裂力学模型

Granacher 等[28]基于断裂力学的观点提出了马氏体耐热钢的寿命预测模型，每一个循环的蠕变-疲劳裂纹扩展速率为：

$$\left.\frac{\mathrm{d}a}{\mathrm{d}N}\right|_{cf}=\left.\frac{\mathrm{d}a}{\mathrm{d}N}\right|_{f}+\frac{1}{f}\left.\frac{\mathrm{d}a}{\mathrm{d}t}\right|_{c}\tag{6-20}$$

其中 $\left.\frac{\mathrm{d}a}{\mathrm{d}N}\right|_{cf}$ 是蠕变-疲劳裂纹扩展速率；$\left.\frac{\mathrm{d}a}{\mathrm{d}N}\right|_{f}$ 是疲劳裂纹扩展速率，可由 Forman 公式表述；$\frac{1}{f}\left.\frac{\mathrm{d}a}{\mathrm{d}t}\right|_{c}$ 是蠕变裂纹扩展速率；f 是循环频率。当频率在 0.01～10Hz 范围内时，对裂纹萌生周次的影响可忽略不计。图 6-24 是含 Cr1%的 30CrMoNiV4-11 铁素体耐热钢蠕变-疲劳裂纹扩展长度的预测图，根据断裂力学模型预测得到蠕变-疲劳裂纹扩展长度 $\Delta a'_{cf}$ 由疲劳部分 $\Delta a'_{f}(t)$ 和蠕变部分 $\Delta a'_{c}(t)$ 构成，预测结果和试

验结果吻合度较好。

Fournier 等[35]提出了一种蠕变-疲劳寿命预测模型，该模型认为材料在蠕变-疲劳交互作用下的寿命 N_f 由两部分组成，即形成裂纹的循环数 N_i 和裂纹扩展的循环数 N_p。其中 N_i 由下式计算：

$$N_i = \frac{\beta}{d}\left(\frac{1}{\Delta\varepsilon_p^2}\right) \tag{6-21}$$

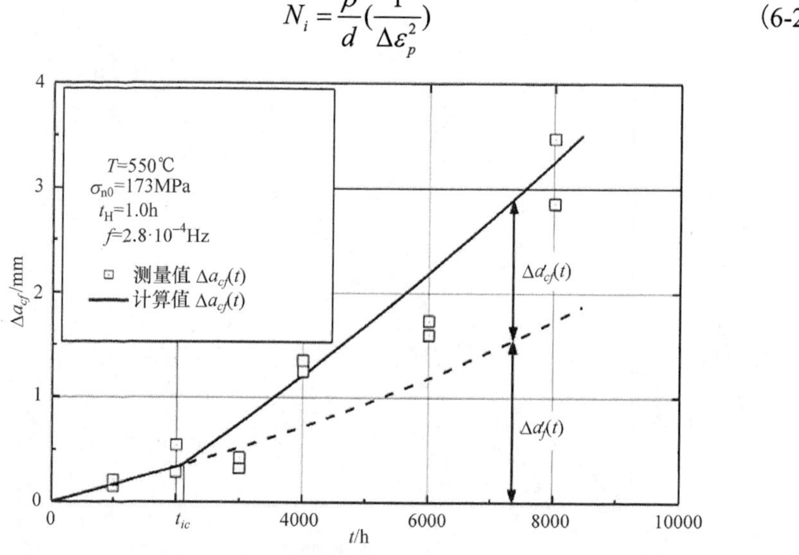

图 6-24　30Cr 马氏体耐热钢蠕变-疲劳裂纹扩展长度预测图[28]

σ_{n0} 为纯蠕变开裂名义应力；t_H 为保载时间

其中β是与温度相关的常数，d 是晶粒尺寸，$\Delta\varepsilon_p$ 是第一个循环或 $N_{50}/2$ 个循环时测量得到的塑性应变幅值。而 N_p 由裂纹的扩展速率来计算：

$$N_p = \int_{a_0}^{a_c} \frac{\mathrm{d}a}{\mathrm{d}a/\mathrm{d}N} \tag{6-22}$$

其中 a_0 是初始裂纹尺寸，a_c 是裂纹扩展的极限尺寸，图 6-25 为采用该模型预测的马氏体耐热钢的蠕变-疲劳寿命试验值与预测值的对比，当应力幅和塑性应变幅取自第一周时，模型的预测结果更准确。

蠕变-疲劳寿命决定于过程的蠕变损伤、疲劳损伤及其相互作用。有关损伤力学相关数学模型的表达都是建立在一定材料参数的基础上，但材料的微观结构在蠕变-疲劳过程中是不断演变的。特别是马氏体耐热钢长期在高温服役条件下，随着服役时间延长，马氏体组织的粗化和回复现象等持续进行，以上表达蠕变-疲劳相互作用的材料参数也是在变化当中。如果高温设备运行于波动载荷状态，载荷既不是恒应力蠕变状态也不是单纯的疲劳状态。经典的蠕变理论或疲劳理论已经无法描述实际工况下设备服役行为，需要考虑疲劳机制、蠕变机制及蠕变-疲劳交互作用对裂纹扩展的影响。因此，一般具有线性累积意义的损伤表达式难以准确地表达实际损伤过程，需要考虑蠕变-疲劳交互作用所导致寿命降低。

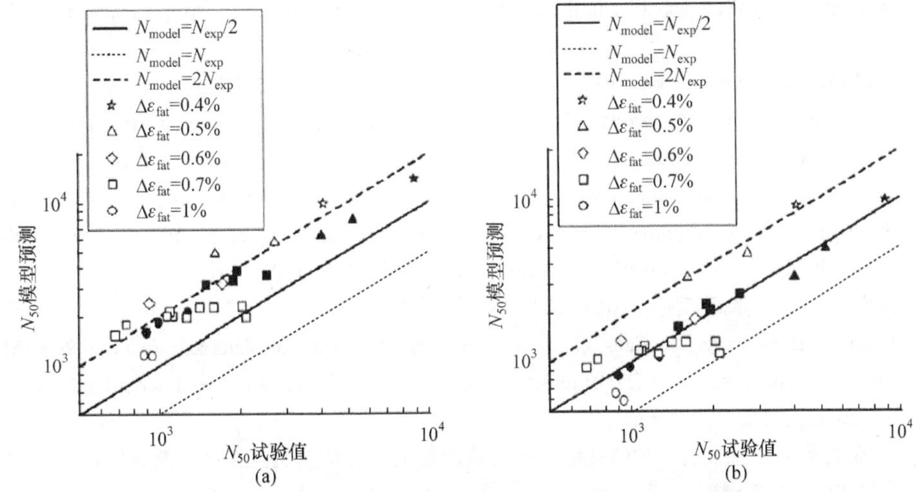

图 6-25　马氏体耐热钢断裂力学模型寿命预测图[34]

(a)第 $N_{50}/2$ 周; (b)第一周

目前，确定蠕变-疲劳寿命的方法主要是通过试验方法测定材料的蠕变-疲劳裂纹扩展规律，继而利用力学方法进行寿命分析。针对构件的蠕变-疲劳试验费时费力，更难以进行服役状况下全尺寸结构的蠕变-疲劳裂纹扩展试验。由于问题的复杂性，尚未形成完善的寿命分析理论，现有的模型或方法计算疲劳寿命的精度也有待提高。随着研究的深入，有关蠕变-疲劳裂纹扩展数值模拟理论方面已经取得一定进展，大型有限元分析软件结合有限元方法计算实施实验室试样乃至全尺寸结构在服役状况下的蠕变-疲劳裂纹扩展规律成为可能，因此数值模拟蠕变-疲劳裂纹扩展规律将具有深远意义。

从工程意义上来说，电站结构设计和制造方面充分考虑了消除疲劳的可能影响，如支吊架的缓冲结构、运行参数的稳定性控制、启动和停机的温度梯度控制等，因此，工程上即使存在疲劳因素，一般对蠕变的作用也是微弱的。如果疲劳因素占据明显的影响的话，设备的寿命会达到缩短而处于异常失效状态。因此，正常工况下，电站设备的失效蠕变作用是主因。

参 考 文 献

[1] Fournier B, Dalle F, Sauzay M, et al. Comparison of various 9-12%Cr steels under fatigue and creep-fatigue loadings at high temperature. Materials Science Engineering A, 2011, 528: 6934-6945.

[2] Mnnan S L, Valsan M. High-temperature low cycle fatigue, creep-fatigue and thermomechanical fatigue of steels and their welds. International Journal of Mechanical Sciences, 2006, 48:160-175.

[3] Webster G. Fracture mechanics in the creep range. The Journal for Engineering Design, 1994, 29: 215-223.

[4] ASME Boiler and Pressure Elevated Temperature Service. Part III,ASME, NY 2004.

[5] Japan Atomic Power Company. High temperature structural design guideline for fast breeder demonstration reacto. 1999.

[6] AFCEN（French Association for the Rules Governing the Design, Construction and Operating Supervision of the Equipment Items for Electro Nuclear Boilers）. Design and construction rules for mechanical components of FBR nuclear islands. RCC-MR, 2002.

[7] 张俊善. 材料的高温变形与断裂. 北京: 科学出版社, 2007.

[8] Fournier B, Sauzay M, Caës C, et al. Creep-fatigue-oxidation interactions in a 9Cr-1Mo martensitic steel. Part Ⅰ: effect of tensile holding period on fatigue lifetime. International Journal of Fatigue, 2008, 30: 649-662.

[9] 陈国良,杨王玥,束国刚. 12Cr1MoV 钢主蒸汽管道疲劳蠕变交互作用及断裂模式. 金属学报,1991,27:137-143.

[10] Mottot M, Noblecourt M. Durée de vie en fatigue des aciers 9Cr-1Mo//Interaction Fatigue-fluage, Avancement Des Etudes au 01 /01 /2004. Note Technique CEA/DEN/DMN/ SRMA/LC2M/NT/ 2004-2613, 2004.

[11] Tavassoli A A, Mottor M, Bretherton I, et al. Fatigue and creep-fatigue failure in wrought modified 9Cr-1Mo ferritic steel. Report AEA Technology-AEAT-0539, 1997.

[12] Gieseke B G, Brinkman C R, Maziasz P J. The influence of thermal aging on the microstructure and fatigue properties of modified 9Cr-1Mo steel. Microstructures and mechanical properties of aging material. The Minerals, Metals & Materials Society, 1993:197.

[13] Kim S, Weertman J R. Investigation of microstructural changes in a ferritic steel caused by high temperature. Metallurgical and Materials Transactions A, 1988, 19: 999-1007.

[14] Aoto K, Komine R, Ueno F, et al. Creep-fatigue evaluation of normalized and tempered modified 9Cr-1Mo. Nuclear Engineering and Design, 1994, 153: 97-110.

[15] Hecht R L. Mechanisms operating during high-temperature fatigue with hold periods in two chromium ferritic steels. Northwestern University, 1992.

[16] Asada Y. Effect of air environment on creep-fatigue behavior of some commercial steels//High Temperature Service and Time-dependent Failure. ASME, PVP Conference, 1993.

[17] Asada Y, Ueta M, Dousaki K, et al. Creep, Fatigue and creep-fatigue properties of modified 9Cr-1Mo steel weldments//American Society of Mechanical Engineers, Pressure Vessels and Piping Division, 1996.

[18] Shankar V, Valsan M, Bhanu S R K ,et al. Low cycle fatigue behavior and microstructural evolution of modified 9Cr-1Mo ferritic steel. Materials Science Engineering A, 2006, 437:413-422.

[19] Riou B. Creep-fatigue evaluation procedures for modified 9Cr-1Mo. Unpublished Framatome ANP Report, 2006.

[20] Ruggles M, Ogata T. Creep-fatigue criteria and inelastic behavior of modified 9Cr-1Mo steel at elevated temperatures. Unpublished Report, Electric Power Research Institute. Research Project 3030-10（DOE-ERD-86-5860）, 1994.

[21] NRIM. Data sheets on elevated-temperature,time-dependent low-cycle fatigue properties of ASTM A387 Grade 91（9Cr-1Mo）. Steel Plate for Pressure Vessels. 1993.

[22] Mottot M. Presentation des donnees japonaises obtenues en fatigue oligocyclique. Note Technique CEA/DEN/DMN/SRMA/2001-2445, 2001.

[23] Shankar V, Valsan M, Raoa K B S, et al. Low cycle fatigue behavior and microstructural evolution of modified 9Cr-1Mo ferritic steel. Materials Science Engineering A, 2006, 437: 413-422.

[24] Gopinath K, Gupta R K, Sahu J K, et al. Designing P92 grademartensitic steel header pipes against creep-fatigue interaction loading condition: damage micromechanisms. Materials and Design, 2015, 86: 411-420.

[25] Lee H Y, Lee S H, Kim J B, et al. Creep-fatigue damage for a structure with dissimilar metal welds of modified 9Cr-1Mo steel and 316L stainless steel. International Journal of Fatigue, 2007, 29: 1868-1879.

[26] Hamata N L M, Shibli I A. Creep crack growth of seam-welded P22 and P91 pipes with artificial defects.Part Ⅰ: experimental study and post-test metallography. International Journal of Pressure Vessels and Piping, 2001,78 : 819-826.

[27] 郝玉龙. 钢蠕变特性及蠕变-疲劳交互作用研究. 成都:西南交通大学, 2005: 91.

[28] Granacher J, Klenk A, Tramer M, et al. Creep fatigue crack behavior of two power plant steels. International Journal of Pressure Vessels and Piping, 2001,78 : 909-920.

[29] Ji J D , Zhang L C , Ren J , et al. Creep-fatigue interaction and cyclic strain analysis in P92 steel based on test. Journal of Materials Engineering and Performance, 2015,24:1441-1451.

[30] Zhang G D, Zhao Y F, Xue F. Study of life prediction and damage mechanism for modified 9Cr-1Mo steel under creep-fatigue interaction. Journal of Pressure and Vessels Technology, 2013,135:041402.

[31] Shankar V, Mariappan K, Sandhya R, et al. Effect of W and Ta on creep–fatigue interaction behavior of reducedactivation ferritic-martensitic（RAFM）steels. Fusion Engineering and Design, 2015,100:314-320.

[32] Goswami T. Dwell effects in isothermal and thermo-mechanical fatigue of advanced materials. ISIJ International, 1996, 36: 461-466.

[33] Goswami T. Low cycle fatigue- dwell effects and damage mechanisms. International Journal of Fatigue, 1999, 21: 55-76.

[34] Fournier B. Fatigue-fluage des aciers martensitiques a 9-12%Cr comportement et endommagement. PhD thesis, France: Ecole des Mines de Paris, 2007.

[35] Fournier B, Sauzay M, Caes C, et al. Creep-fatigue-oxidation interactions in a 9Cr-1Mo martensitic steel. Part III Lifetime prediction. International Journal of Fatigue, 2008, 30:1797-1812.

[36] Kim B J, Lim B S. Effect of loading frequency on fatigue crack growth behavior and microstructural damage in P92 HAZ. Solid State Phenomena, 2007, 120: 21-24.

[37] Holdsworth S R. Materials for high temperature power generation and process plant applications// Strang A. IOM, CRC Press, 2000:177.

[38] Babu M N, Sasikala G, Shashank Dutt B, et al. Investigation on influence of dynamic strain ageing on fatigue crack growth behaviour of modified 9Cr-1Mo steel. International Journal of Fatigue, 2012,43: 242-245.

[39] Aboumoua L D , Henaffa G, Arzaghia M, et al. Influence of temperature and long term ageing on the fatigue crack growth in a precipitation hardened martensitic stainless steel. Procedia Engineering, 2013,66: 226 -232.

[40] 张振，胡正飞. 温度对 P92 耐热钢高温水中应力腐蚀开裂行为的影响. 材料热处理学报，2015,36:121-125.

[41] Zhang Z, Singh P M, Hu Z F, et al. The Corrosion behavior of P92 martensitic heat-resistant steel in water and chloride environment. Journal of Engineering Materials and Technology, 2015, 137, 031009.

[42] Duquette D J, Uhlig H H. Effect of dissolved oxygen and NaCl on corrosion fatigue of 0.18% carbon steel. Transactions of American Society for Metals, 1968, 61: 449-456.

[43] Nogami S, Takahashi M, Hasegawa A, et al. Effect of helium on fatigue crack growth and life of reduced activation ferritic/martensitic steel. Journal of Nuclear Materials, 2013, 442: S43-S47.

[44] Wang K, Dai Y, Spätig P. Microstructure and fracture behavior of F82H steel under different irradiation and tensile test conditions. Journal of Nuclear Materials, 2016, 468:246-254.

[45] Swenson M J, Wharry J P. The comparison of microstructure and nanocluster evolution in proton and neutron irradiated Fe-9%Cr ODS steel to 3 dpa at 500℃. Journal of Nuclear Materials, 2015, 467: 97-112.

[46] Muramatsu M, Suzuki T, Nakasone Y. Effects of microstructure on material properties of modified 9Cr-1Mo steel subject to creep-fatigue. Journal of Mechanical Science and Technology, 2015, 29: 121-129.

[47] Fournier B, Sauzay M, Barcelo F, et al. Creep-fatigue interactions in a 9pct Cr-1pct Mo martensitic steel: part II. Microstructural Evolutions. Metallurgical and Materials Transactions A, 2009, 40: 330-341.

[48] Bassi F, Foletti S, Conte A L. Creep fatigue crack growth and fracture mechanism at T/P91 power plant steel. Materials at High Temperatures, 2015, 32:250-255.

[49] Lim R, Sauzay M, Dalle F, et al. Microstructural and structural evolution of long term creep specimens of modifed 9Cr-1Mo steel. Creep 2011 Conference, Kyoto, Japan, 22-27 June, 2011.

[50] Aghajani A, Somsen C, Eggeler A G. On the effect of long-term creep on the microstructure of a

12% chromium tempered martensite ferrite steel. Acta Materialia, 2009, 57: 5093-5106.

[51] Wakai T, Poussard C, Drubay B. A comparison between Japanese and French A16 defect assessment procedures for creep-fatigue crack growth. Nuclear Engineering and Design, 2003, 224: 245-252.

[52] Hales R. A method of creep damage summation based on accumulated strain for the assessment of creep-fatigue endurance. Fatigue & Fracture of Engineering Materials & Structures,1983,6:121-135.

[53] Razak N A, Davies C M, Nikbin K M. Creep-fatigue crack growth behaviour of P91 steels. Procedia Structural Integrity, 2016, 2: 855-862.

[54] Saxena A. A model for predicting the effect of frequency on fatigue crack growth behavior at elevated temperature. Fatigue Engineering and Materials Structure, 1981,3:247-255.

[55] Suresh S. Fatigue of materials. Cambridge University Press, 1988.

[56] Nikbin K, Webster G. Prediction of crack growth under creep-fatigue loading conditions// Solomon H, Halford G, Kaisand L, et al. Low Cycle Fatigue. ASTM International, West Conshohocken, PA: 1988: 281-292.

[57] Dimopulos V, Nikbin K, Webster G. Influence of cyclic to mean load ratio on creep/fatigue crack growth. Metallurgical and Materials Transactions A, 1988, 19: 873-880.

[58] Saxena A. Fracture mechanics approaches for characterizing creep-fatigue crack growth. JSME International Journal, 1992, 36:1-20.

[59] Saxena A, Gieseke B, Transients in elevated temperature crack growth. High Temperature Fracture Mechanisms Mechanics, 1987:291-309.

[60] Saxena A, Williams R S, Shih T T. A model for representing and predicting the influence of hold time on fatigue crack growth behavior at elevated temperature//Robert R. Fracture mechanics, Philadelphia: American Society for Testing and Materials, 1981: 86-99.

[61] Narasimhachary S B, Saxena A. Crack growth behavior of 9Cr_1Mo（P91）steel under creep-fatigue conditions. International Journal of Fatigue, 2013, 56:106-113.

[62] Saxena A. Recent advances in elevated temperature crack growth and models for life prediction//Salama K, Rovi-Chandar K, Taplin D M R, et a. Advance in fracture research. New York: Pergamon Press, 1989:1675-1688.

[63] Saxena A. Limits of linear elastic fracture mechanics in the characterization of high-temperature fatigue crack growth//Wei R P, Gangloff R P. Basic questions in fatigue. Volume, ASTM STP 924, Philadephia: ASTM,1988: 27-40.

[64] Lee J H, Kim Y J, Yoon K B. An interpretation of the Ct parameter for increasing load conditions. Fatigue & fracture of engineering materials & structures, 1999, 22: 859-867.

[65] Goodall I W, Ainsworth R A. An assessment procedure for the high temperature response of structures, creep in structure// Dr. hab. Michał Życzkowski. Proceeding of 4th International Union of Theoretical and Applied Mechanic, part II, 1990: 303-311.

[66] BS7910. Guidance on methods for assessing the acceptability of flaws in metallic structures.

London, UK: British Standards Institution, 1999.

[67] Association des.femmes commercantes. entrepreneurs du Niger（AFCEN）. RCC-MR design and contruction rules for mechanical components of FBR nuclear islands, 2002, 20-156.

[68] Takahashi Y. Study on creep-fatigue evaluation procedures for high-chromium steels-Part I: test results and life prediction based on measured stress relaxation. International Journal of Pressure Vessels and Piping, 2008,85:406-422.

[69] American Society of Mechanical Engineers. Boiler and Pressure Vessel Code. Section Ⅲ, Subsection-NH, 2005.

[70] Takahashi Y. Study on creep-fatigue evaluation procedures for high-chromium steels-part II: sensitivity to calculated deformation. International Journal of Pressure Vessels and Piping, 2008,85: 423-440.

第 7 章 马氏体耐热钢长期服役组织结构演变与寿命相关性

在役高温设备的安全性及其系统完整性是设备日常管理工作的重点。如热电厂为确保设备安全运行，电力行业建立一系列标准规范设备的运行、维护和评估。设备的安全运行和在役设备本体材料的力学性能及组织结构密切相关。早在 20 世纪 70 年代，Arnswald 等[1]对热电厂高温部件的寿命和组织结构方面的研究认为，受到蠕变应力作用的部件其寿命是有限的。在高温、应力作用下，耐热材料受到蠕变作用，材料组织结构会发生分解、第二相球化、蠕变孔洞形成等组织结构蠕变损伤现象，不仅导致设备寿命有限，严重情况下会导致服役寿命迅速下降，实际使用寿命远小于设计寿命，甚至出现灾难性事故。

耐热钢材料的高温服役寿命和相应的显微结构变化关系研究方面已经有很多的报道，人们清楚的认识到蠕变寿命和材料结构的演变是紧密相连的。试图建立起微观结构变化与材料寿命间的相关性，一直是材料应用和材料工程领域科研工作者的研究目标之一。准确了解材料在服役状态下的性能退化和组织结构演变相关性、掌握其寿命规律，是保障设备安全运行、延长设备使用寿命、充分发挥在役设备的工程价值、降低运行成本，节约资源和提高效益的关键依据。但作为材料本身冶金因素的复杂性，服役状态下的物理化学环境差异等给问题的认识带来诸多困难和不确定性。如何从物理本质上认识寿命和组织结构相关性还有待科研工作者进一步探索。

本章内容就是针对材料组织结构和寿命评价方面的问题作一个回顾，特别是应用于寿命评价材料组织结构研究的应用方法，介绍该领域的通行准则，本章有关微观结构演变和寿命关系，主要参考文献来于欧洲蠕变合作委员会 ECCC 的报告[2]。

7.1 铁素体耐热钢组织结构演变与分级物理基础

可以在高温环境下长期工作是耐热钢的基本要求，就是要在高温条件下有足够的强度、疲劳强度和持久强度。在高温条件下钢部件易氧化腐蚀，所以还要求耐热钢具有高温化学稳定性。电站设备长期服役会产生损伤和失效。正常工况下，材料因蠕变发生连续、缓慢的形变，造成失效和断裂。长期在高温和应力共同作用下组织结构变化是材料性能退化的主要因素，研究材料的组织结构演变行为与材料寿命相关性一直是本领域探索的重要内容之一。根据多年的实验室探索和工程实践研究，有关耐热钢材料蠕变过程的组织结构演变相关性，以上各章节已经给出比较详细的叙述。从组织结构角度去认识马氏体耐热钢的蠕变性能和寿命减损，一般从以下几个方面考虑。

(1) 显微结构转变：马氏体回复和分解，包括板条马氏体板条结构粗化和取向改变、位错密度下降等。

(2) 碳化物演变：碳化物粗化和新相析出，包括碳化物尺寸、碳化物间距、合金碳化物或第二相化合物种类和组分变化等。

(3) 晶界孔洞的形成：晶界蠕变孔洞形成。

7.1.1　铁素体耐热钢的微观组织演变分级

研究表明，多数的铁素体耐热钢蠕变中的微观结构变化和温度十分密切，亦和负载或应力有一定关系，特别是高合金马氏体耐热钢关系更为密切。一般铁素体耐热钢组织结构退化最明显的定性标志包括：珠光体、基体晶粒内部和晶界沉淀相粗化与球化，低合金耐热钢的碳化物粗化致使相界无碳化物界面增多。这些微观结构演变现象体现在材料韧性变化，韧性下降、脆化趋向明显，说明材料在高温下服役寿命减损。

近年来得到广泛应用的有关蠕变作用下的部件延长寿命指导性参考文件[3]，给出了碳钢或低合金钢微观组织演变的分级标准，如图 7-1，共分为 A、B、C、D、E、F 等 6 级。

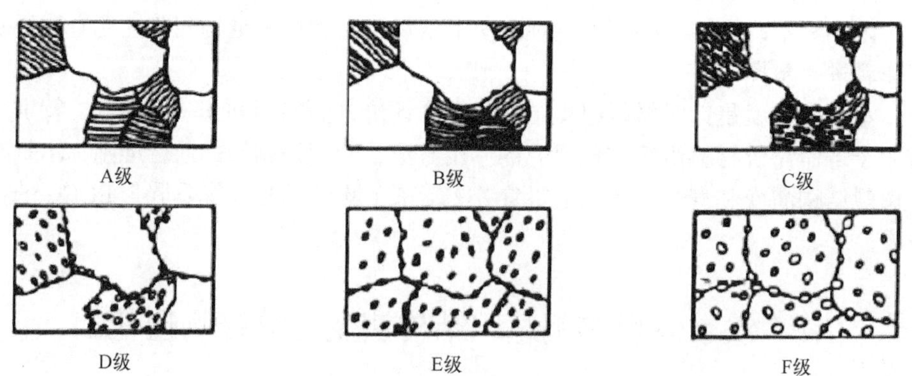

图 7-1　铁素体耐热钢微观结构演变 ISPESL 分级图

A 级：铁素体+片状珠光体；B 级：出现球化现象+晶界碳化物沉淀；C 级：中等球化组织，珠光体部分球化但仍为片层状结构；D 级：珠光体完全球化但碳化物仍处于原始珠光体晶内；E 级：碳化物均匀分布（看不出原始的铁素体+珠光体组织结构）；F 级：碳化物均匀分布，部分融合粗化

工程技术人员和试验研究者对这一问题的讨论仍在进行中。特别是一些材料为满足标准要求进行不同热处理所表现的微观结构并不严格和 A 级一致，但组织结构的演变和其他级别相像。

7.1.2　碳化物粗化和粗化系数

早在 20 世纪 70、80 年代，有些研究试图通过第二相粒子平均尺寸和 CrMoV 钢的剩余寿命分数相联系[4]。低合金钢中特别关注类似于 VC 碳化物的尺寸变化[5,6]。尽管不同的研究者得到碳化物的绝对尺寸不同，但碳化物的平均粒子大小和具体温度条件下的服役时间两者的对数呈很好的线性关系，如图 7-2 和图 7-3 所示。碳化物颗粒尺寸绝对大小主要是受到观测统计方法的影响，如准确的测量放大倍率、观察样品的制备方法(薄膜样品、碳复型萃取)。

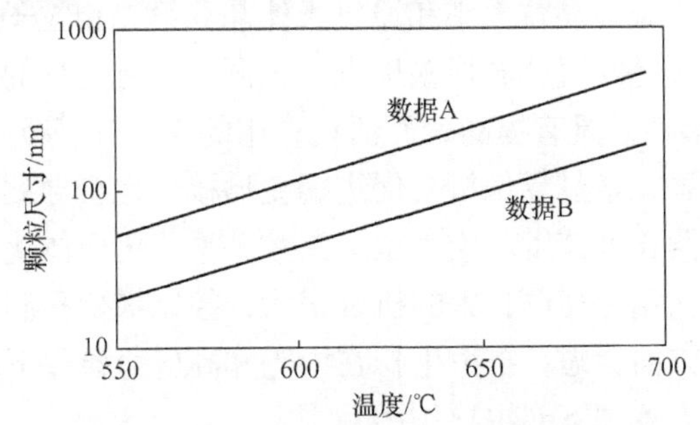

图 7-2　碳化物颗粒度大小和温度关系

不同温度下 1000h 平均尺寸，其中数据 A 和数据 B 为两组不同的统计结果

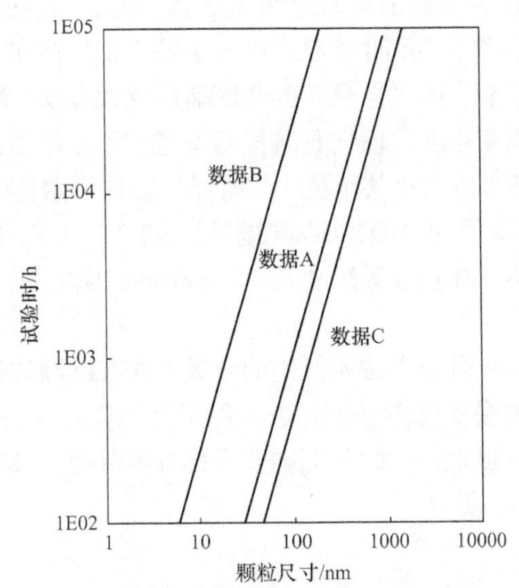

图 7-3　第二相颗粒尺寸和服役时间相关性

7.1.3　晶界孔洞形成与分级

孔洞的概念是在 20 世纪 70 年代提出的，认为韧性材料的断裂是与孔洞的形核、合并长大相关。在晶界、孪晶界、夹杂、沉淀相、滑移带交叉和空位积聚区等，因应力集中而产生并积聚长大[7]。关于微裂纹的形成和生长的理论研究[8]，得到一些有针对性的结论值得关注。一般而言，从蠕变孔洞形核来说，低合金钢随蠕变时间延长，单位面积晶界上孔洞密度增长和时间呈线性关系，随应力的增加，孔洞密度增加，呈指数关系，应力和时间在一定条件下，孔洞密度随温度的提高而增加。

从材料的形态对孔洞形成的影响来看，高纯度铸件材料孔洞形核速度最小，寿命最大。从热处理角度来看，奥氏体化温度提高，孔洞形核速度会增加，寿命下降。从组织结构来说，晶粒大小和原奥氏体晶界第二相粒子性质影响到孔洞形成。晶界第二相往往是蠕变孔洞形核地点。孔洞和所有类型的碳化物相关，但可能优先在 M_2C 处形核。具有提高表面活化作用的 P、Sn 等元素使孔洞形核更容易。特别是这些有害元素晶界偏析会促进蠕变形核，也会导致晶界脆化。从孔洞长大角度来说，孔洞长大速度和应力也呈指数关系，奥氏体化温度提高会导致孔洞生长速度增加。从蠕变孔洞长大的机理来看，控制蠕变孔洞长大应从扩散生长和限制性生长两个方面考虑，扩散生长在中等和高应力条件下起决定性作用，而限制性生长在低应力条件下起主导作用。

作为耐热钢来说，因蠕变而形成晶界蠕变孔洞是耐热钢蠕变或服役过程损伤的重要现象，根据这一现象出现的时间和形态，形成了在欧洲国家广泛接受的 Neubauer 寿命分级标准及其衍生方法。该方法基于耐热钢在高温蠕变作用下，在断裂前会出现蠕变孔洞。这些空洞互连会逐渐形成微裂纹，最终启动断裂。孔洞的大小和密度随着蠕变由Ⅱ阶段向Ⅲ阶段转变进程不断增加。孔洞的尺寸和材料类型相关，一般在微米级大小甚至更小，所以一般称为微孔洞。由于其很小的尺寸，一般传统的非破坏方法 NDT 难以观察到，如 PT、UT、MT、RT，需要采用金相学方法。首次蠕变损伤分级尺寸是由 Neubauer 提出的，表 7-1 给出了分级原则。

此后，由 Neubauer 分级方法所衍生的分级方法在欧洲的多个国家均存在，出现了从简洁到详尽的蠕变损伤分级方法。如意大利应用的一个简单的 Neubauer 分级标准 IS PESL Guidelines 002，把蠕变损伤程度分为 5 级[3]。这 5 级分级标准及其损伤形态如表 7-2 所示。

表 7-1　微观结构演变评价的 Neubauer 分级标准

损伤演变等级	金相组织评估法
0	新部件正常组织
1	服役条件下正常组织，初步产生一些结构转变或第二相沉淀
2	蠕变载荷持续
	a) 晶界形成链状碳化物
	b) 个别微孔（晶界孔洞）随机分布
	c) 一些微孔（晶界孔洞）随机分布
3	初期蠕变损伤
	a) 微孔（晶界孔洞）垂直于主应力方向定向排列
	b) 晶界分离（一个晶粒长度）
4	蠕变损伤加剧出现微裂纹（几个晶粒长度）
5	结构松散（晶粒分解）出现宏观裂纹（毫米级）

在瑞士及其他北欧国家，根据蠕变孔洞密度变化趋势所建立的改进 Neubauer 分级标准如表 7-3。

表 7-2　ISPESL 简易分级

级别	微观结构	图例
0	新材料	—
1	正常（无孔洞）	—
2	出现个别微孔洞	
3	出现微孔洞定向排列	

续表

级别	微观结构	图例
4	出现微裂纹	
5	出现宏观裂纹	

表 7-3　SAQ 改进 Neubauer 分级标准

等级	定义	级别	孔洞密度
1	无孔洞	—	——
2	个别孔洞	2b	轻微程度（1~100 孔洞/mm²）
		2c	中等程度（100~1000 孔洞/mm²）
		2d	更大程度（>1000 孔洞/mm²）
3	链状孔洞	3b	少量孔链+2b 孔洞
		3c	少量孔链+2c 或 2d 孔洞
		3d	许多孔链+2d 孔洞
4	微裂纹 < 0.1 mm	4a	再热裂纹
		4b	少量微裂纹+蠕变损伤 2b, 3b
		4c	少量微裂纹+蠕变损伤 2c, 2d, 3c, 3d
		4d	许多微裂纹+蠕变损伤 2c, 2d, 3c, 3d
5	宏观裂纹 > 0.1 mm	5a	再热裂纹
		5b	一个宏观裂纹（<1mm）+蠕变损伤 2b, 3b, 4b
		5c	宏观裂纹（<5mm）+蠕变损伤 2c, 3c, 4c
		5d	宏观裂纹（<5mm）+蠕变损伤 2d, 3d, 4d 或蠕变裂纹>5mm

还有一个德国的 Neubauer 分级标准 VGB-TW507（Guidelines for the Assessment of Microstructure and Damage Development of Creep Exposed Materials for Pipes and Boiler Components）。相对而言是比较新的分级标准，如表 7-4 所示。

表 7-4　VGB-TW507 分级标准

评价等级	结构损伤条件
0	原始新材料
1	蠕变，无孔洞
2a	持续蠕变，个别孔洞
2b	进一步蠕变，许多无序孔洞
3a	蠕变损伤，许多定向排裂孔洞
3b	持续蠕变损伤，链状孔洞或晶界分离
4	进一步蠕变部分，微裂纹
5	更大程度蠕变损伤，宏观裂纹

蠕变孔洞现象很好地印证了材料的蠕变损伤，但尚难以从这一现象准确表达设备寿命问题。这和蠕变孔洞形成时间不一致性及其分布不均匀性相关。

当然，对低合金耐热钢来说，蠕变孔洞现象、蠕变孔洞形核长大行为是该类合金钢工程应用状态下蠕变损伤的重要现象，也是该类合金钢设备应用寿命评估的重要依据。虽然理论上提出根据产生孔洞的晶界分量建立低合金钢剩余寿命数学模型，但这样的关系式尚未很好地应用到工程实际中去。对马氏体耐热钢而言，无论是蠕变试验还是工程应用实践，出现蠕变孔洞的现象并不像低合金钢那么普遍，或者说马氏体耐热钢的高温损伤行为并不以蠕变孔洞形成为主要特征，或者说蠕变孔洞形成标志材料的寿命接近耗尽。所以，从组织结构损伤来说，研究者多关注其他组织结构的演变行为。

7.1.4　蠕变空洞晶界比例 *A* 参数

电站高温构件在长期高温高压服役中，材料的组织结构和性能发生演变和退化，出现原始组织结构分解，碳化物粗化及蠕变孔洞形成等现象。一般通过设备表面复型金相观察，根据已知构件材料组织结构变化和寿命间存在的定量关系来评价其寿命，比较著名的评价方法有蠕变孔洞形成和晶界比参数确定服役寿命。A 参数或晶界比例法是由英国中央电力局于 1984 年提出，其方法是沿主应力方向画一条参考线，计算参考线截过的含有孔洞晶界数目 N_c 与晶界总数 N_t 比值即为 A 参数[9]：

$$A = \frac{N_c}{N_t} \tag{7-1}$$

根据计算结果，参比已知材料的 A 参数与蠕变寿命的关系，评价实际材料的残余寿命。如美国电力研究所根据 1Cr0.5Mo 钢的蠕变试验建立了 A 参数与寿命的关系，在 550℃试验温度下有如下关系：

$$A = 0.5\frac{t}{t_r} - 0.095 \tag{7-2}$$

其中，t 和 t_r 分别为蠕变运行时间和蠕变断裂时间。剩余寿命 t_{rem} 表示为：

$$t_{\text{rem}} = t(\frac{t_r}{t} - 1) \tag{7-3}$$

这样，参数 A 和剩余寿命关系如下：

$$t_{\text{rem}} = t(\frac{0.51}{A - 0.095} - 1) \tag{7-4}$$

依据孔洞约束成长模式，进一步得到如下关系：

$$t_{\text{rem}} = t[\frac{1}{1\text{-}(1\text{-}A)^{n\lambda/(\lambda-1)}} - 1] \tag{7-5}$$

其中，n 为蠕变指数，$\lambda = \frac{\varepsilon_r}{\varepsilon_s}$，$\varepsilon_r$ 和 ε_s 分别为蠕变断裂应变和蠕变第二阶段应变。该方法对 CrMo 钢有较好的使用经验，在美国、日本等国家得到了广泛应用。该方法具有实际可操作性，但评价结果偏于保守[10]。与 A 参数类似的组织结构分析方法还有孔洞面积率分析法、晶粒形变法以及微观结构分级法等[11,12]。

根据蠕变孔洞现象及其参数 A 或 A^*和残余寿命评价相联系，有研究者[13]给出了 CrMoV 转子的寿命关系图，如图 7-4 所示，但尚未见到成功应用于实际部件的评价实例。

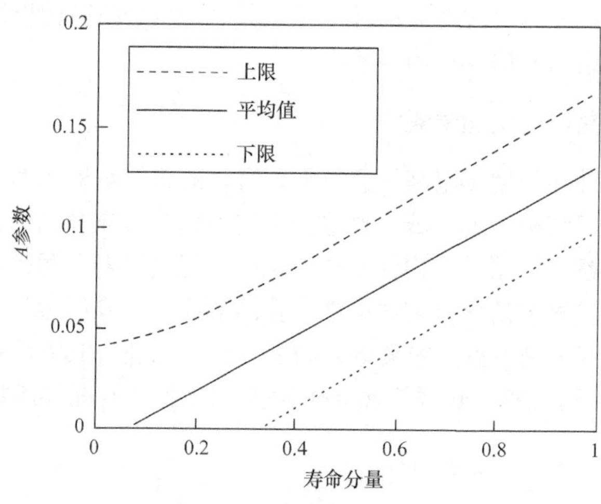

图 7-4 A 参数和寿命分量

A 参数能够简洁计算且与寿命关系具有很好的相关性，但 *A* 参数计算可能引入明显误差。不仅有空洞甄别问题(如将夹杂物和碳化物位置看成孔洞)，另外，孔洞形成不是均匀的，即使是同一个构件中的不同部位，因自身的冶金因素和服役环境因素的不均匀性造成孔洞生长的不均匀性，从而影响准确性。更重要的是，该方法首先是从低合金耐热钢试验研究得到的经验理论，所以此方法应当更适用于低合金铁素体耐热钢，因为这些材料晶界蠕变孔洞形成往往在材料蠕变寿命中期就会形成。如前所述，马氏体耐热钢往往是在寿命最后阶段才会形成蠕变孔洞，所以该方法就难以评价材料蠕变损伤过程。于是人们又引入根据构件蠕变形变进行评价的蠕变变形测量法、根据材料服役过程硬度下降评价的硬度法、根据蠕变寿命和组织结构演变关系的寿命分级方法等，这些方法已经应用到了马氏体耐热钢构件的寿命评价，后面将继续探讨。

7.2　微观组织演变损伤图谱与 Neubauer 分级

在 Neubauer 分级等文献中，首先报道在蠕变过程中出现孔洞现象，是在蠕变的第Ⅱ阶段后期，在晶界上开始形成孔洞。此后文献发表了代表性的蠕变曲线(时间和应变关系)，以及相应的 Neubauer 分级损伤参考图片，图 7-5 显示蠕变损伤分级与蠕变曲线关系示例。有些文献报道发电厂实际设备的损伤情况，也采用图片说明应采用的措施。尽管这些文献例子所给出的关于蠕变曲线的损伤分级并不完全具有普适性，但达到 4、5 级标准就可以认为是第Ⅲ蠕变阶段，而 3 级看成是

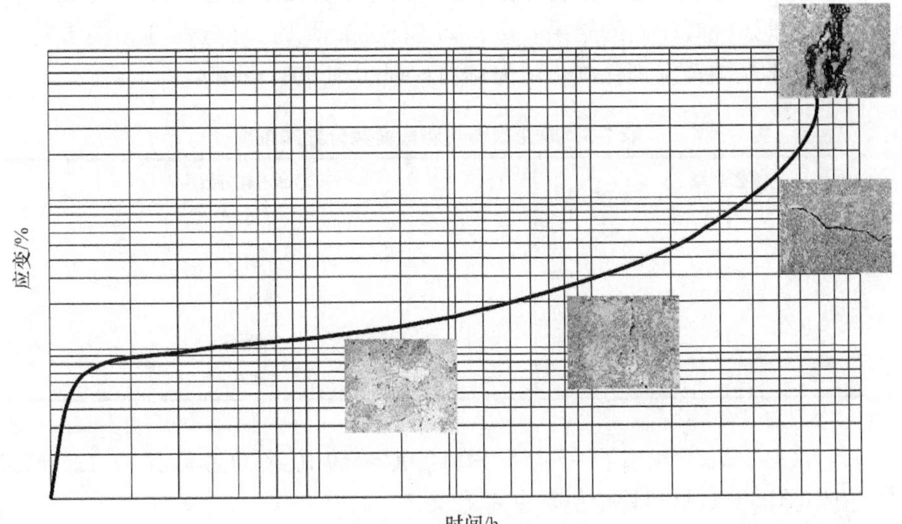

图 7-5　蠕变损伤分级与蠕变曲线关系

蠕变第Ⅱ、Ⅲ阶段转折点。2 级可认为是蠕变第Ⅱ阶段，此阶段又可以进一步分为不同子阶段。

还有一些研究者根据对低合金钢焊接热影响区实验分析结果，提出一个关于利用微孔洞损伤评价残余寿命的方法[14]，总结相应的损伤水平和寿命消耗量如图 7-6 所示。

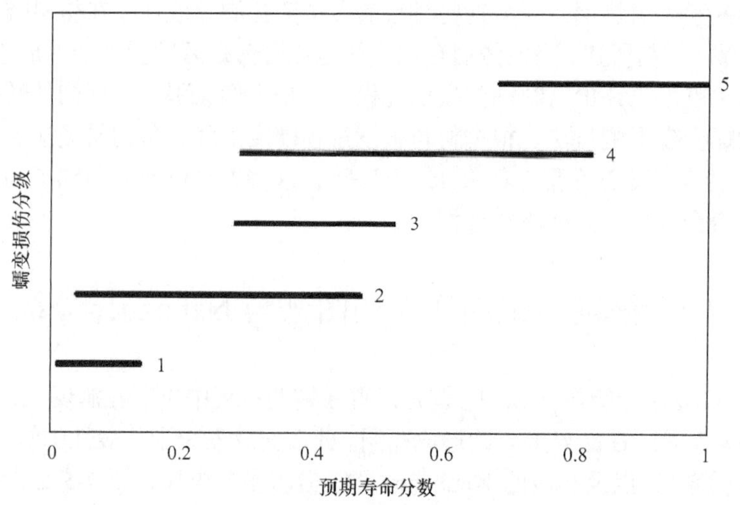

图 7-6 蠕变损伤分级与寿命耗损关系

Fossati 等[15]给出了一个关于电厂设备更全面的综述分析，表 7-5 给出了一个简要的关于损伤分级和寿命损耗分数的关系表，此表给出的关系是十分保守的估计。这和其他研究者得出的结果一致，如 Bendick 等对 14MoV6-3 损伤研究[15]，首次通过光学显微镜发现孔洞，认为寿命耗损达到 50%～60%。

表 7-5 蠕变损伤与寿命消耗分数关系

损伤等级	寿命消耗分数
1	0.181
2	0.442
3	0.691
4	0.889
5	1.000

标准 VGB-TW507 给出了一些实际材料(10CrMo9-10, X20CrMoV12-1, 13CrMo4-4 等)的损伤图谱，对材料评价更具参考意义。

7.3　性能减损和结构演变与寿命相关性

马氏体耐热钢的相关寿命问题和性能与组织结构关联性一直是研究的重点内容。两者之间的关联性问题至今没有得到很好地解决。

7.3.1　关于马氏体耐热钢材料寿命问题的研究

寿命预测一直是马氏体耐热钢研究的重要方面。传统寿命预测方法主要是通过力学行为的表象理论，即所谓的试验外推法。即通过提高应力和温度得到短时区的断裂时间与应力、温度之间的关系，再推出长时区断裂时间与应力、温度之间的关系。试验外推法的主要理论依据是 Larson-Miller 方程以及 Monkman-Grant 方程与 Norton 方程的结合形式，即可由部件的应力水平确定出材料的使用寿命 t_r。

试验外推法并不涉及材料蠕变过程中的微观结构变化，一定程度是实际经验的结果，因此其预测精度受到很大限制。由于蠕变机理的问题，高应力下的短时试验无法推导出低应力下的长时数据。实际应用表明：Larson-Miller 方程参数法外推寿命应小于最长试验点时间的 3 倍，而使用 Monkman-Grant 方程与 Norton 方程的结合形式合理外推的寿命时间通常应小于最长试验点时间的 10 倍。多年的实践证明，传统的外推法评估高温部件剩余寿命方法是不可靠的，原因在于持久强度试验是在单一应力条件下的高温加速试验，和真实应力状态不符。长期高温高压服役材料的宏观性能和微观结构状态都会发生变化。所以，高温结构材料的寿命评估和损伤评价，结合材料的状态的寿命评价方法或模型更具现实意义。过去提出的通过蠕变孔洞晶界数与总晶界数的比值得到参数 A 评价剩余寿命的方法，可靠性明显提高。但作为破坏性方法，实践上也不具备可操作性，所处理的缺陷的尺度已经达到寿命接近耗尽的宏观量级，无法从整个寿命周期评价服役材料所处的状态。事实上，马氏体耐热钢即使在破坏形态下，其晶界也很少形成蠕变空洞，所以该方法难以评价马氏体耐热钢的失效状态。也有人提出根据材料内部碳化物发生球化程度对实际寿命损耗关系评估剩余寿命，因不同材质、同一材质不同批次材料中的碳化物有明显差异，而且仅仅从碳化物尺寸因素探讨与寿命之间的关系，显然没有体现微观结构演变最突出的因素和根本问题。蠕变性能和材料的物理本质改变密切相关，而材料性能和物理结构的改变是在长期服役条件下的渐变过程，所以，简单的短时间试验参数外推无法得到反映客观服役状态的性能和组织结构退化。通过材料的持久强度试验，结合亚组织结构变化等建立马氏体耐热钢寿命评价方法才更具有准确性，得出的寿命预测方法才具有较高的准确度。

高铬耐热钢主蒸汽管道经长期运行后，材质会发生一定的损伤，所表现的特征及性能的退化和材料 Cr 含量多少相关，这方面已有一些专论和报道[17,18]。总的来看，由于成分和热处理工艺的差异，蠕变试验及经长期服役后测试结果显示，不同的 9-12Cr 马氏体耐热钢材料的性能和显微组织也表现出一定的差异。9-12Cr 马氏体耐热钢材料经长期高温服役后，虽然不少报道认为材料高温性能下降，组织结构退化等，但高温性能没有超出规范要求。服役后材料主要性能变化主要集中于不同程度的脆化和软化倾向。这里的脆化是指常温下的脆性下降明显，如 X20 钢经十几万小时运行后，室温下韧性只有原始材料的 30%左右[19,20]。需要强调的是，虽然长期服役后材料室温性能明显脆化，但在没有出现严重的材料损伤现象之前，仅凭这一现象不足以认为材料已经失效而对设备判废，因为材料的高温性能尚好，没有显著的性能退化，微观组织结构的观察也没有明显的损伤出现。12CrMoVNb 和 9Cr 马氏体耐热钢经长期高温时效后会出现不同程度的软化现象[21,22]，显微组织的研究认为是材料中在晶界出现逆转奥氏体，晶界和亚晶界出现粗大的 $M_{23}C_6$ 沉淀，相应地，材料中弥散细小强化相 M_2X 和 MX 溶解。Alberry 和 Gooch[23,24]对 12Cr 马氏体耐热钢进行了较好的总结。

一般地，材料力学性能发生不同程度的退化与相应的显微组织结构变化密切相关，诸如材料基体的位错密度下降，第二相碳化物粗化。显微结构方面最明显的变化是晶界碳化 $M_{23}C_6$ 粗化，合金元素在碳化物中富集，致使基体合金元素一定程度上产生贫化。马氏体结构粗化、不稳定的细小弥散的沉淀强化相如 MX、M_2X 等碳氮化合物会回溶并向其他结构碳化物转化而失去应有的强化作用。还有金属间化合物 Laves 相产生[25,26]，且随时效温度的提高，沉淀的 Laves 相显著增多。Laves 相的存在，虽具有强化作用，但降低材料的蠕变强度。有的由于 Si、P 等杂质元素含量相对较高表现出明显的有害作用或因偏聚而弱化晶界[19,21,27]。这些现象造成材料的强度和蠕变强度下降，减损材料的使用寿命。

由于材料长期处于高温、高压等复杂的恶劣环境条件下，材料性能退化和失效是不可避免的。在役设备的寿命评价往往需要根据运行工况的具体实际情况、材料显微组织结构分析和工程技术分析等进行综合评价。人们也一直试图探索符合实际的评价方法，对高铬耐热合金钢构造的主要部件进行相关技术监督。

7.3.2　硬度变化和寿命关系

无论是蠕变试验还是工程实践，耐热钢长期高温高应力作用下，材料的硬度会发生变化和减退，这和材料状态、温度、应力等相关[13]。相应的给出了一个经验公式：

$$\mathrm{HV}/\mathrm{HV}_0 = aP + bP^2 + c \tag{7-6}$$

其中，P 是 Larson-Miller 参数：$P = T(A + \log t)$

这里 T 是热力学温度，t 是时间，HV_0 是材料的初始硬度。a, b, c 和 A 是和材料相关的常数，a 在 1.25×10^{-3} 到 1.6×10^{-3} 范围，b 在 3.91×10^{-8} 到 4.97×10^{-8} 范围，c 在−11.99 到−8.94 之间，A 在 7.8 到 15.82 之间，往往简单地将 A 取为常数 20。这个和硬度相联系的公式置信水平不高或置信界限太宽。

关于马氏体耐热钢蠕变寿命和硬度关系，有人给出比较系统的研究结果[28]。马氏体耐热钢蠕变过程中的组织结构变化是十分复杂的，不仅有碳化物的析出、粗化和演变问题，还有马氏体亚结构的回复和蠕变损伤行为。特别是蠕变形变造成马氏体板条尺寸变大，位错密度下降。马氏体板条的粗化现象认为是板条界迁移造成的，和蠕变应力和应变相关。而马氏体亚晶尺寸和材料蠕变强度密切相关，在应变达到 0.1 范围内，最小蠕变速度和亚晶尺寸三次方成比例[29,30]。马氏体耐热钢的硬度变化认为是和板条或亚结构粗化密切相关。研究表明，低位错密度和大尺寸亚晶结构导致硬度下降[31]。马氏体板条粗化，因板条迁移，位错消失于亚晶界，势必降低了沉淀相和位错的相互作用。Hall-Pitch 公式表明，马氏体板条尺寸和强度成反比关系，因此板条结构粗化致使硬度下降。

如图 7-7 是 P91 不同温度下长达 30000h 蠕变试验得到的硬度和蠕变寿命关系图。蠕变时间和硬度呈良好的线性关系：

$$\mathrm{H}/\mathrm{H}_0 = 0.98 - 0.15t/t_r \tag{7-7}$$

其中，H 为硬度，H_0 为初始硬度，t 和 t_r 分别为蠕变时间和最终蠕变断裂时间。图 7-8 给出了不同温度下蠕变应变和硬度的关系，和蠕变温度相关的蠕变寿命分数可表达为：

$$t/t_r = \frac{1}{0.15\left\{0.98 - \dfrac{\mathrm{H}}{\mathrm{H} + \exp[K_s T(20 + \log t)]}\right\}} \tag{7-8}$$

其中，K_s 是常数，高应力下 K_s=0.35，低应力下 K_s=0.25。

根据不同服役时期 X20 的性能和微观组织的比较研究认为[32]，马氏体耐热钢的晶界强度及其演变是材料性能下降的关键。以晶界硬度作为数值分析依据，可以得到如下关系：

$$\mathrm{H}/\mathrm{H}_0 = 1.001 - 0.2339t/t_r \tag{7-9}$$

其中，H 为硬度，H_0 为初始硬度，t 和 t_r 分别为服役时间和最终断裂时间。这个结果和试验室蠕变试验有关硬度变化规律的研究结果[28]相比，硬度下降的变化趋势要平缓得多。可见，一般试验室短时间蠕变试验得到的规律和材料在实际服役状态下的表现存在明显差异。

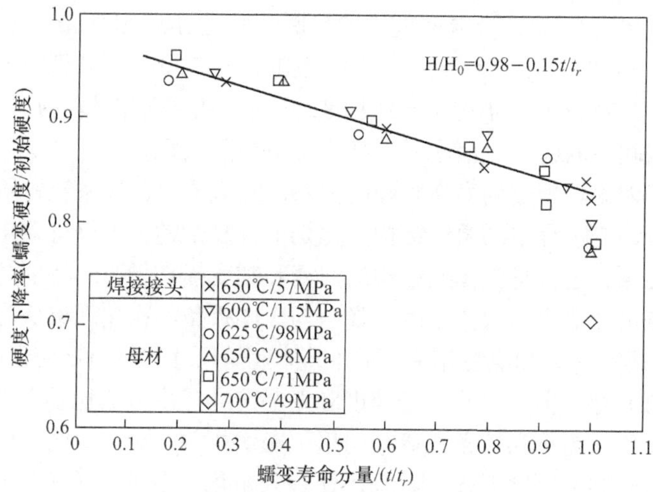

图 7-7　P91 蠕变寿命和硬度的关系[28]

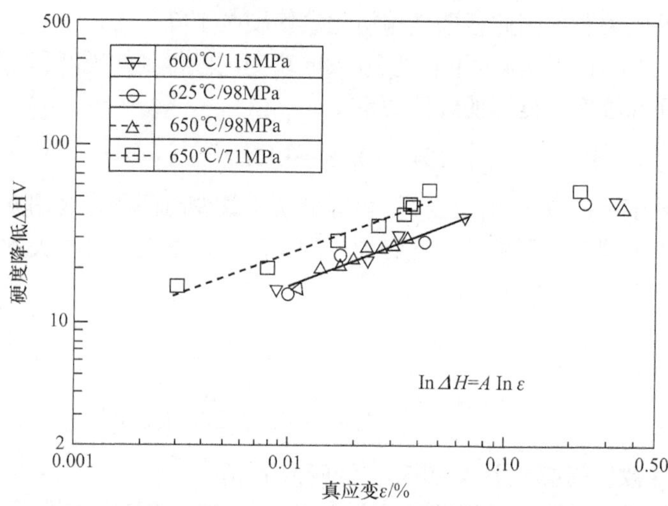

图 7-8　P91 蠕变应变和硬度的关系[28]

7.3.3　晶格常数

耐热钢长期服役或蠕变条件下,因外在条件的热力学原因产生组织结构演变。在长期的演变过程中，伴随的是持续的合金元素扩散行为，尤其是第二相的演变行为造成基体中合金元素固溶度下降或贫化，马氏体组织结构的方正度下降等，引起马氏体结构的晶格常数产生变化。所以晶格常数的变化也从侧面反映了马氏体组织高温损伤行为。

材料的晶格常数可通过 X 射线衍射(XRD)方法精确测量。图 7-9 为 T91 耐热钢在 650℃高温下持久试验样品的 XRD 测试结果[33]。从图中可以看出长时间蠕变试样（75MPa/12343h）相对于短时间试样（140MPa/115h），其衍射峰向低角度方向移动。根据 X 射线衍射原理，晶面指数 d 与半衍射角度θ之间满足布拉格方程，实验中$\lambda=1.54056\times10^{-10}$m（Cu/Kα）。如认为 T91 耐热钢的晶体结构属于立方晶系，其晶面间距指数 d 与点阵常数 a 之间满足关系式：

$$d=\frac{a}{\sqrt{h^2+k^2+l^2}} \tag{7-10}$$

式中 h, k, l 为晶面指数，本实验衍射中为α-Fe 的（200）和（211）晶面。

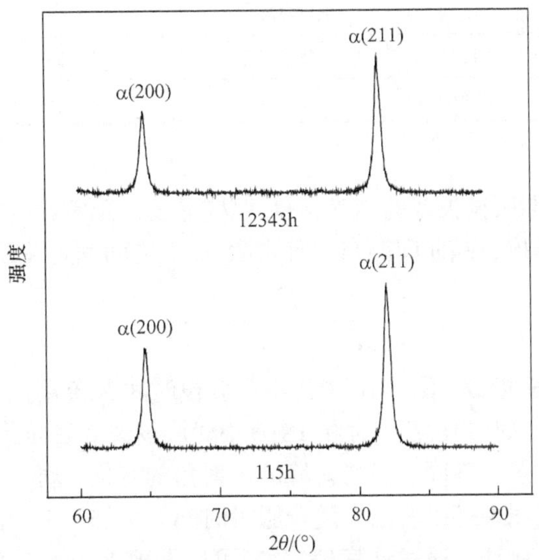

图 7-9　T91 耐热钢 650℃持久试验样品的 XRD 实验结果

具体计算点阵常数 a 的结果如表 7-6 所示。首先根据布拉格方程计算晶面间距 d，随后根据式（7-10）计算点阵常数 a，为减小实验误差，测试中分别计算两个不同晶面的晶面间距 d。并对不同晶面 d 值计算出的晶面间距 a 取平均值。从表 7-6 可以看出短时间（115h）蠕变断裂试样的点阵常数 a 大于长时间（12343h）蠕变断裂试样。

XRD 测试结果显示，上万小时高温持久试验后，T/P91 耐热钢点阵常数明显减小，这一定程度上反映了 T91 耐热钢在长时间高温蠕变过程中微观结构的退化，具体而言与材料中 $M_{23}C_6$ 相的长大和马氏体组织的分解有直接关系。首先，T/P91 马氏体时效钢中强化相 $M_{23}C_6$ 一般存在于晶界处，结构为（Cr, Fe, Mo）$_{23}C_6$，长时间蠕变过程中 $M_{23}C_6$ 相的长大必然使原本存在于马氏体点阵结构中造成点阵畸变的 Cr, Mo 和 C 元素大量析出脱溶，从而使点阵常数 a 下降。其次，由于马氏体是 C 在α-Fe 中的过饱和固溶体，马氏体结构的分解，使材料点阵结构从体心正方变回为体心立方，正方度减小，点阵常数 a 下降。此外，长时间蠕变试验过程中 MX 可能逐步转变为 Z 相，Z 相的迅速长大也消耗了部分 Mo、V、Nb 元素从而进一步降低了点阵常数 a，同时削弱了 T/P91 的蠕变性能。

表 7-6　点阵常数计算

试样	晶面指数	$2\theta/(°)$	晶面间距 $d/10^{-10}$m	点阵常数 $a/10^{-10}$m	点阵常数 a 平均值/10^{-10}m
115h	(200)	64.680	1.439932	2.87986	2.8782
	(211)	81.920	1.174338	2.87653	
12343h	(200)	64.920	1.435188	2.87038	2.8709
	(211)	82.160	1.172221	2.87134	

注：α-Fe 标准点阵常数 $a = 2.8665(2)\times10^{-10}$m

又如 X20 长期服役失效的 X20 耐热钢样品的点阵常数测定[34]，马氏体结构如看成体心正方结构，晶面间距与点阵常数 a、c 之间满足关系式：

$$\frac{1}{d_{hkl}^2}=\frac{h^2+k^2}{a^2}+\frac{l^2}{c^2} \tag{7-11}$$

式中 h、k、l 为晶面指数。图 7-10 中为不同服役时间 X20 耐热钢过热器炉管的原始管及经过 13 万小时、16 万小时和 18 万小时服役失效后样品的 XRD 图谱。为了能更清晰地比较各个不同晶面衍射峰的衍射角的变化，将三个峰分别独立到三幅图中。从这三幅图中可以看出，随着服役时间的增加，三个晶面衍射峰的位置都在往高角度方向移动，通过计算(表 7-7)可以发现 X20 耐热钢的晶格常数发生了变化，a 增大，c 减小，正方度减小，逐渐向立方晶系转变。

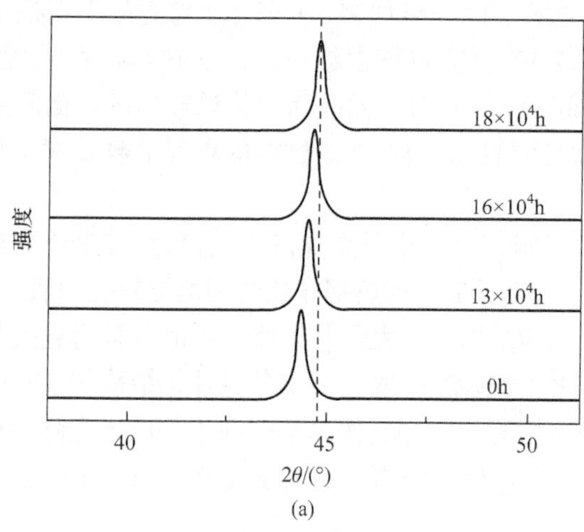

(a)

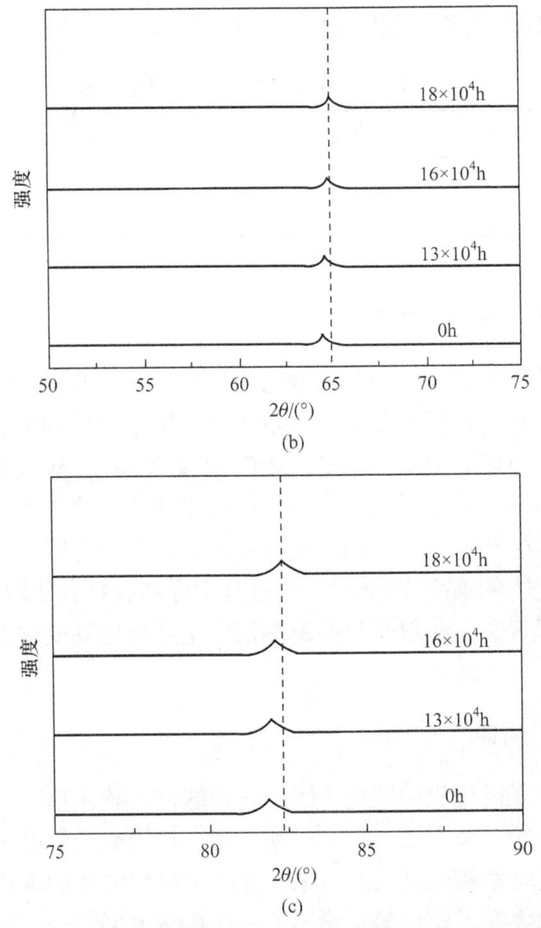

(b)

(c)

图 7-10　不同服役时间的 X20 耐热钢的 XRD 衍射结果

(a) (220) 晶面衍射峰；(b) (200) 晶面衍射峰；(c) (211) 晶面衍射峰；图中数字代表服役时间

X20 耐热钢是典型的回火马氏体组织，一般认为马氏体是过饱和的铁素体结构，其结构为体心正方，尺寸由点阵常数 a、c 表征。通过对比表 7-7 中的结果可以发现两者发生着相反的变化，正方度明显减小，这说明了马氏体的体心正方结构在服役过程中发生了转变，两个点阵常数逐渐趋于相等，可以很好地说明其正在向体心立方的结构转变。在高温高压条件下服役，马氏体组织发生回复，碳化物不断粗化，基体组织发生明显退化，导致其晶体结构也发生了相应的改变。首先是因为 X20 耐热钢的马氏体组织在服役过程中发生了分解，基体合金元素和碳元素不断脱溶，过饱和固溶体结构逐渐发生分解，必然导致其结构逐渐由体心正方向体心立方转变。其次，X20 耐热钢中的析出相粗化明显，尤其是晶界处的 $M_{23}C_6$，基体中大量的 Cr、C 元素不断脱溶往晶界扩散，促进了 $M_{23}C_6$ 的粗化。

随着这些元素的不断脱溶，马氏体的点阵畸变减小，从而使正方度下降。

表 7-7　X20 马氏体耐热钢的晶格常数

服役时间/10^4h	$a/10^{-10}$m	$c/10^{-10}$m	正方度/(c/a)
0	2.8672	2.8996	1.0113
18	2.8796	2.8843	1.0016

7.3.4　碳化物演变与寿命相关性

对于蠕变条件下碳化物的演变问题已经进行了许多有意义的研究，常常通过碳化物的离析和粗化来衡量蠕变损伤。耐热合金钢中重要的碳化物或析出相主要有：$M_{23}C_6$、M_6C、MC、M_2C、M_3C、M_7C_3 以及 Z 相、Laves 相等。耐热钢中出现析出相的类型和材料的化学成分及热处理制度相关。这方面的试验研究已有不少报道，但对实际生产进行的持续研究方面的报道十分有限，有些报道是电厂实际服役设备中碳化物的演变规律[35,36]，通过复型样品或打孔等取样方法监测研究，研究结果较具工程意义。一般来说，耐热钢中主要碳化物变化的典型特征是粗化行为。

1. 碳化物颗粒间距

铁素体耐热钢服役过程中碳化物因粗化和球化，碳化物颗粒间距随服役时间的变化是观察研究的一个方面。往往根据金相、扫描或透射电镜图片进行统计计算。早期是根据实验室蠕变试验的结果，建立了蠕变曲线和碳化物间距模型，包括蠕变和粗化碳化物间距模型等，给出了一些数学模型[35,37]。图 7-11 是 12Cr 耐热钢(X20)加速蠕变后，将材料中的碳化物分为大尺寸的粗化碳化物及细小碳化物两类分别统计，得到很好的线性关系。粗化的 $M_{23}C_6$ 碳化物间距随蠕变时间增长而下降，细小弥散的碳化物 MX 间距随蠕变时间的变化下降不明显。研究还进行了蠕变试样平行端和夹持端的比较。平行端因蠕变形变变化更为明显。统计方法是利用单位面积碳化物颗粒的总数 N 估算碳化物间距 d：

$$d = \sqrt{N} \tag{7-18}$$

可见，铁素体耐热钢在蠕变或服役过程中，出现组织结构演变和微观结构变化存在一定的规律性，随着力学性能的劣化，出现原始组织结构退化、碳化物粗化、碳化物中合金元素富集等，直至形成蠕变孔洞和宏观裂纹。甚至也有人从材料的导电性下降、基体组织的晶格常数变化等角度考察材料微观结构损伤，通过这些研究，人们希望能够通过材料组织变化特征去掌握材料整个寿命过程的规律性，特别是准确掌握材料寿命减损和组织结构特征的相关性，由此指导高温高压设备服役过程中的安全生产和寿命评价。显然，因为冶金材料组织结构及其演变的复杂性，和材料寿命相关的一个或几个组织结构演变的现象或特征去定量表达寿命的方式还显得力不从心，至少目前尚未得到具有一定普适性的、较为准确表述两者关系的模型。

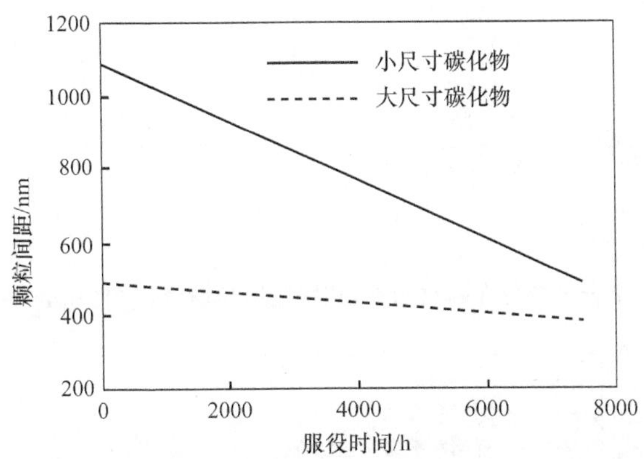

图 7-11　X20 耐热钢基体中碳化物间距和蠕变时间关系

2. 碳化物粗化与合金元素富集

Benvenuti 等[35,38]比较详尽研究了高温服役条件下低合金钢中碳化物组分和演变趋势。低合金钢中碳化物(M_3C, M_7C_3, $M_{23}C_6$ 和 M_6C)及其标定、演变、统计分布规律的监测已经成为蠕变过程重要的微观变化指标。分析的内容包括分析沉淀碳化物的形态、基体中弥散碳化物、相当数量统计得到的化学成分等。图 7-12 给出低合金钢原始材料和服役后材料中碳化物合金成分变化相图。相同标准的原始材料，尽管显微结构特征有一定变化，但碳化物组分的分布离散性不明显。由此研究，根据 P22 蒸汽管道在服役条件下的碳化物组分变化，得到了一般的趋势变化，$M_{23}C_6$ 中 Cr 富集。在 540℃条件下，Cr/Fe 原子数比和服役时间 t 之间呈立方根关系：

$$\mathrm{Cr/Fe} = 0.32843 + 0.01653\,t^{1/3} \tag{7-12}$$

作者在后来的研究 T=540℃条件下 P22 耐热钢中 $M_{23}C_6$ 碳化物的 Cr/Fe 原子数比得到相似的关系式：

$$\mathrm{Cr/Fe} = 0.33362 + 0.01516\,t^{1/3} \tag{7-13}$$

图 7-13 给出了以上研究结果的总结图，在置信水平为 90%条件下给出变化率的上下限。

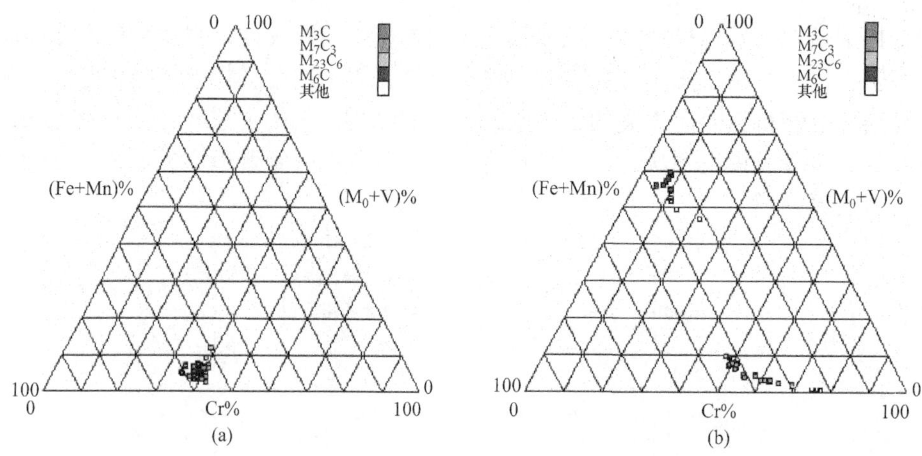

图 7-12 碳化物中合金成分在新材料(a)和服役后(b)材料中的差异(后附彩图二维码)

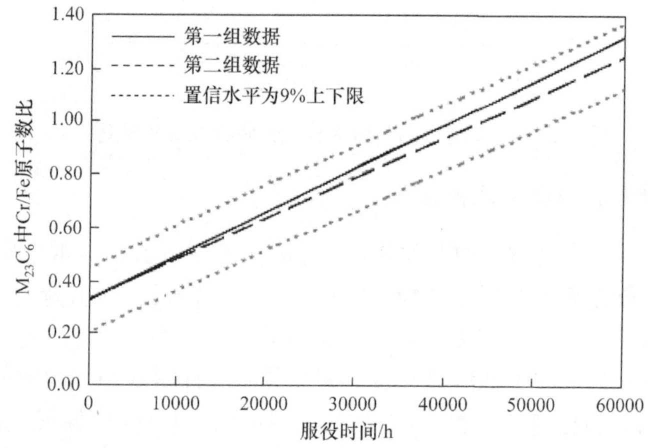

图 7-13 P22 耐热钢中 $M_{23}C_6$ 碳化物合金元素 Cr/Fe 原子数比随服役时间变化

马氏体耐热钢服役过程中蠕变性能的下降与组织结构的变化密切相关。长期服役后耐热钢中的碳氮化合物沉淀相也会发生变化，特别是 $M_{23}C_6$ 粗化降低了材料的蠕变断裂强度。组织结构演变行为典型的现象包括晶界碳化物的粗化及形态变化，以及晶界表面的碳化物及杂质元素偏析的覆盖度。从球化度和晶界覆盖度来看，由于不同部位材料中碳化物的尺寸、形态和化学组分差异较大，难以以简单的方式表征材料碳化物演变和材料性能下降之间的关系。微观结构观察可知，材料中的碳化物在长期的服役过程中的演变行为明显，直观的来看，主要碳化物 $M_{23}C_6$ 形态在整个服役过程中大颗粒尺寸明显增大，但该类碳化物形态各异，大小分布范围较宽泛，难以利用尺寸因素描述其变化。但随服役时间的延长，其化学成分表现出明显的合金元素含量的富集，作为 Cr 的碳化物，Cr 的富集行为明显。对 P91 同样的研究，给出了蠕变样标距及夹持段分析数据，图 7-14 给出 $M_{23}C_6$ 碳化物的 Cr/Fe 原子数比和 Larson-Miller 参数间的关系图。图 7-15 给出 X20 中 $M_{23}C_6$ 碳化物的 Cr/Fe 原子数比统计结果变化规律。

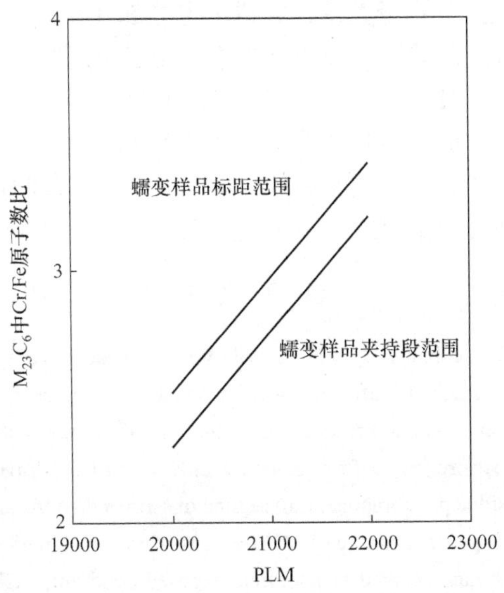

图 7-14　P91 耐热钢中 $M_{23}C_6$ 碳化物合金元素 Cr/Fe 原子数比与 PLM 关系

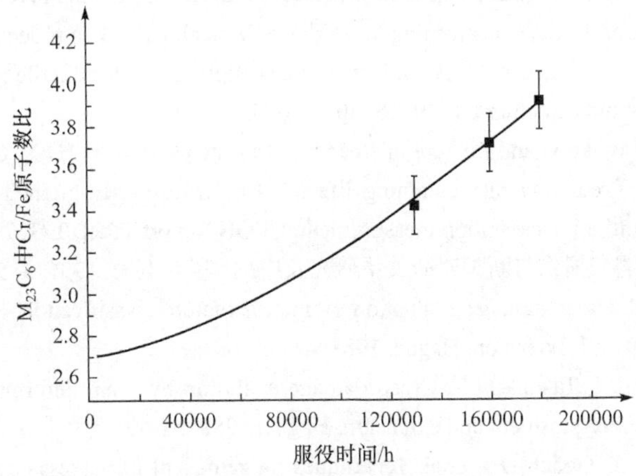

图 7-15　$M_{23}C_6$ 碳化物中 Cr/Fe 原子比变化规律[39]

根据 X20 长期服役行为的跟踪和微观结构分析[32,39]，从单一 $M_{23}C_6$ 碳化物颗粒粗化过程中化学成分变化是其粗化过程的延续，以简单的球形沉淀相长大规律描述此富集行为，拟合方程表示如下：

$$Cr/Fe = 2.71 + 1.58\times10^{-8}\, t^{3/2} \tag{7-14}$$

上式关系很好地吻合材料的服役行为。要说明的是，根据碳化物中合金元素比率变化随蠕变条件和时间而变化现象，可作为蠕变损伤和微结构变化的指标之一。由试验研究建立的关系往往是特定条件下的实验结果，尤其是短时间的高温时效或蠕变实验所建立的定量关系，如碳化物中 Fe/Cr 比率和时效时间关系满足立方根关系等，这样的结果不足以由此外推应用于长期服役状态下部件中碳化物中合金元素比率动力学变化的实际状态。实际服役过程中往往难以建立碳化物微观结构演变和剩余寿命间的定量关系，因为此关系的建立，必须清楚实际材料初始状态中碳化物的结构，而相同类型的材料不同产品部件间可能有显著的差别，所以结论往往仅对研究对象有效，不具普适性。

参考文献

[1] Arnswald W, Blum R, Neubauer B, et al. Einsatz von Oberflächengefügeuntersuchungen für die prüfung zeitstandbeanspruchter kraftwerksbauteile. VGB Kraftwerkstechnik, 1979, 59: 581-593.

[2] ECCC recommendation. Residual life assessment and microstructure. 2005, 6.

[3] ISPESL（Istituto Superiore per la Prevenzione e la Sicurezza del Lavoro）. Linee guida per la valutazione di vita residua per componenti in regime di scorrimento viscoso, Circ. 48, 2003.

[4] Williams K R. SPESL guidelines circ 48/03Microstructural examination of several commercial ½Cr½Mo¼V casts in the as received and service, exposed conditions. CEGB research laboratory report, 1979.

[5] Silcock J M. Note on VC coarsening in ferritic steels. CEGB confidential note, 1981.

[6] Crispin T P, Silcock J M. VC coarsening in ½Cr½Mo¼V steel. CEGB confidential note, 1981.

[7] Horstemeyer M F, Gokhale A M. A void_crack nucleation model for ductile metals. International Journal of Solids and Structures, 1999, 36: 5029-5055.

[8] Needham N G. Cavitation and fracture in creep resisting steels. EUR8121EN, Luxembourg, 1983.

[9] Shammas M S. Predicting the remaining life of 1Cr1/2Mo coasen-grained heat affected zone material by quantitative cavitation measurement. CEGB Report TPRD/L/3199/R87, 1987.

[10] 周顺深. 国外蠕变损伤与断裂寿命关系研究及应用. 华东电力, 1995, 5: 50-52.

[11] Sudo Y, Saito S. Creep damage evaluation by microstructure classificaiton//Proc. Inter. Conf. in Life Assessment and Extension, Hague, 1988: 48-53.

[12] Ishizaki S, Shoji T, Takahashi T. Creep damage evalution by grain deformation method//Proc. Inter. Conf. in life assessment and extension, Hague, 1988: 54-60.

[13] Lyell G, Strang A, Gooch D J, et al. Techniques for remanent life assessment of 1CrMoV rotor forging Cavitation assessment. National Power Confidential note, 1990.

[14] Etienne C F, Prij J. Optimisation of lifetime of creep loaded structures - results of projects of the Netherlands institute of welding//Int. Conf. Life Assessment and Extension, The Hague, June 13-15, 1988.

[15] Fossati S. Determinazione del periodo di ulteriore esercibilità prima del successivo controllo per un componente soggetto a scorrimento viscoso, Seminar in Siracusa I, 2001.

[16] Criteria for prolonging the safe operation of structures through the assessment of the onset of creep damage using non-destructive metallographic measurements // Int. Conf. on Creep and Fracture of Enginering Materials and Structures, Swansea, UK, 1981.

[17] Strang A, Cawley J, Greenwood G W. Microstructural stability of creep resistant alloys for high temperature plant applications. London: The Institute of Materials, 1998.

[18] Mughaei H. Microstructural and mechanical properties of metallic high-temperature materials: research report. Deutsche Forschungsgemeinschaft, Weinheim, Germany, 1999.

[19] Hahn B, Bendick W. Erfahrungen aus der Zustandsbewertung eines FD-und HZÜ-Rohrleitungssystems aus dem Werkstoff X20CrMoV12-1 nach einer Betriebszeit von über 180000 h. VGB KraftwerksTechnik, 2000, 11: 85-90.

[20] Borggreen K, Mortensen P B. Long-term properties of X20CrMoV121. The Danish Corrosion Center, 1989, 11.

[21] Bianchi P, Bontempi P, Benvenuti A, et al. Microstructural evolution of P91 steel after long term creep tests// Strang A, Cawley J, Greenwood G W. Microstructural evolution of P91 steel after long term creep tests in microstructure of high temperature materials. London: The Institute of Metals, 1998: 107-116.

[22] Maruyama K, Armaki H G, Chen R P, et al. Cr concentration dependence fover estimation of long term creep life in strength enhanced high Cr ferritic steels. International Journal of Pressure Vessels and Piping, 2010, 87: 276-281.

[23] Alberry P J, Gooch D J. 12CrMoV - A status review: part 1. Welding and Metal Fabrication, 1985, 53: 332-335.

[24] Alberry P J, Gooch D J. 12CrMoV - A status review: part 2. Welding and Metal Fabrication, 1986, 54: 33-34.

[25] Shaw M L, Cox T B, Leslie W C. Effect of ferrite content on the creep strength of 12Cr-2Mo-0. 08C boiler tubing steels. Journal of Materials for Energy Systems, 1987, 8: 347-355.

[26] Korcakova L, Hald J, M. A J, et al. Quantification of laves phase particle size in 9CrW steel. Materials Characterization, 2001, 47: 111-117.

[27] Gieseke B V, Maziasz P J, Brinkman C R. The influence of thermal ageing on the microstructure and fatigue properties of modified 9Cr1Mo steel// Liaw P K, Viswanathan R, Murty K L, et al. Inter. Conf. on Microstructures and Mechanical Properties of Ageing Materials, The Minerals, Metal & Materials Society, 1993: 197-205.

[28] Masuyama F. Hardness model for creep-life assessment of high-strength martensitic steels. Materials Science Engineering A, 2009, 510-511: 154-157.

[29] Orlowa A, Bursik J, Kucharova K, et al. Microstructural development during high temperature creep of 9%Cr steel. Materials Science Engineering A, 1998, 245: 39-48.

[30] Endo T, Masuyama F, Park K S. Change in hardness and substructure during creep of mod. 9Cr-1Mo steel. Tetsu-to-Hagane, 2002, 88: 526-533.

[31] Sawada K, Maruyama K, Hasegawa Y, et al. Creep life assessment of high chromium ferritic steels by recovery of martensitic lath structure. Key Engineering Materials, 2000, 171-174: 109-114.

[32] 王岗, 胡正飞, 何大海, 等. 12Cr 马氏体耐热钢长期服役条件下碳化物演变与寿命相关性研究. 材料热处理学报, 2014, 35: 102-106.

[33] 张斌, 胡正飞, 王起江. 国产 T91 耐热钢 650℃蠕变断裂微观机理. 金属热处理, 2010, 35: 41-46.

[34] 陆传镇, 吴细毛, 胡正飞, 等. 超期服役 F12 耐热钢断裂失效与组织结构的相关性. 动力工程学报, 2011, 31: 239-242.

[35] Benvenuti A, Ricci N, D'Angelo D, et al. Microstructural changes in long term aged steels Microstructures and mechanical properties of ageing material. The Mineral, Metals, & Materials Society, 1993.

[36] Benvenuti A, Ricci N. Evaluation of microstructural parameters for the characterisation of 2½ Cr 1Mo steel operating at elevated temperature//Proceeding of Swansea Conference, 1990.

[37] Battaini P, Angelo D D, Marino G, et al. Interparticle distance evolution on steam pipes 12%Cr steel during power plants' service time//Proceeding of Swansea Conference, 1990.

[38] Role of carbides in low-alloy creep resisting steels (Woodhead-Quarrell/University of Sheffield). Journal of the iron and steel institute, 1965.

[39] Hu Z F, He D H, Mo F. Carbides Evolution in 12Cr martensitic heat-resistant steel with life depletion for long-term service. Journal of Iron & Steel Research International, 2015, 22: 250-255.

第 8 章　马氏体耐热钢的寿命评价与失效

早在 20 世纪 70 年代，人们对热电厂高温部件的寿命和微结构方面的研究就认为，受到蠕变应力作用的部件，其寿命是有限的。在高温和应力作用下，受到蠕变作用的材料组织结构产生退化，最终导致性能下降，造成设备服役寿命耗损而产生失效。

本章内容针对马氏体耐热钢服役断裂失效行为，特别是对该类材料在服役过程中产生的失效现象及其研究作一个回顾。

8.1　高温蠕变寿命及一些预测理论

在一定温度和应力作用下，蠕变的变形情况可以用蠕变曲线表示，即材料伸长率随时间变化的曲线。如前所述，蠕变变形 ε 与时间 t 的关系可分为三个阶段，即蠕变起始阶段的第Ⅰ阶段，蠕变速度达到最小值并维持恒定的第Ⅱ阶段，蠕变变形加速直至破坏的第Ⅲ阶段。不同材料和不同蠕变条件下的蠕变曲线形态可能不同，曲线形态主要取决于蠕变过程中材料内部进行过程的物理复杂程度。温度及应力只影响各个阶段的持续时间及变形大小。温度较低，应力较小时，第Ⅱ阶段的时间长一些，温度较高，应力较大时，第Ⅱ阶段较短。当减小应力或降低温度时,蠕变曲线的第Ⅱ阶段增长,当加大应力或提高温度时,蠕变第Ⅱ阶段随之缩短甚至完全不出现。

针对蠕变试验曲线，人们提出了许多经验方程，以及根据一定的蠕变形变机制提出的蠕变方程，这些方程所描述的对象往往是有条件的或者是反应蠕变某个阶段的趋势。

为预测耐热钢的蠕变寿命，研究蠕变随时间、应力和温度变化的关系，建立符合试验结果的数学模型一直是高温材料研究的内容之一。传统寿命预测方法主要为试验外推法，一般是通过温度和高应力条件下的持久试验得到上万小时短时断裂时间与应力、温度之间的关系，再外推出长时区断裂时间与应力、温度之间的关系。不少人提出了描述蠕变的经验公式或方程，如 Norton 公式、MIKORA 模型、Larson-Miller 参数以及基于连续损伤模型及改进模型等[1,2]。下面介绍一些常用的模型或理论。

蠕变速度和蠕变时间或蠕变应变关系显示，蠕变可分为两个区域，即蠕变速度随时间减小的初始短期蠕变区，蠕变时间或应变和最小蠕变速度成反比关系，另一是蠕变速度随时间增加区，如图 8-1 所示。

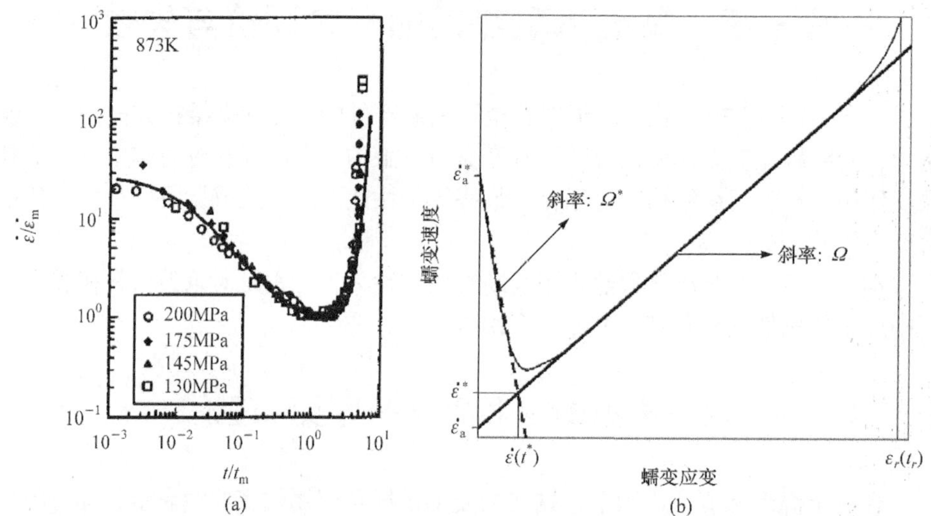

图 8-1　9Cr1Mo 耐热钢在 600℃下蠕变速度与断裂时间归一化关系(a)和简单图示(b)

Monkman-Grant 方程提出了蠕变断裂时间和蠕变应变ε及蠕变最小速度之间的关系[3]：

$$t_r = C_{\text{MG}} / \dot{\varepsilon}_{\min}^{m} \tag{8-1}$$

这里，m 是常数，C_{MG}是 Monkman-Grant 常数。

根据图 8-1 蠕变速度和蠕变应变关系，Park 等[4]给出如下关系：

$$\varepsilon = (1/\Omega)\ln[1/(1-\Omega\dot{\varepsilon}_0 t)] \tag{8-2}$$

其中，$\dot{\varepsilon}_0$是初始蠕变速率，Ω 是蠕变速度系数，即图 8-1(b)中曲线的斜率。该模型也给出了很好的预测结果。

利用相对短时持久试验外推法模型并不涉及材料的微观组织结构演变的物理本质问题，一定程度是唯象理论或经验公式，因此其预测精度受到很大限制。Abe[5,6]观察蠕变过程的典型组织结构现象，认为蠕变加速和马氏体亚结构、板条粗化相关，分布于板条界的 $M_{23}C_6$起到阻碍板条界弯曲迁移而延迟蠕变加速的作用，亚晶粗化或板条界迁移通过吸收位错而加速，或者说位错迁移或马氏体组织回复促进了蠕变速度的增加。于是提出了 Monkman-Grant 方程改进关系：

$$t_r = C_{\text{MMG}} / [\dot{\varepsilon}_{\min}(\text{d}\ln\dot{\varepsilon}/\text{d}\varepsilon)] \tag{8-3}$$

C_{MMG}是 Monkman-Grant 改进常数，该常数从试验数据拟合得到。两方程表达式和试验温度无关。方程和试验数据比较如图 8-2 所示，方程(8-2)与数千小时相对短时蠕变数据吻合，但随着持久试验时间延长则出现明显偏差。改进方程(8-3)和上万小时的试验数据相吻合。前一方程仅利用最小应变速度表达持久时间，显然没有反映材料蠕变过程中组织结构演变对蠕变速度变化造成的影响。后一方程包含了应变和应变速度，相应地会提高方程的准确性，但方程普适性也有待于检验。

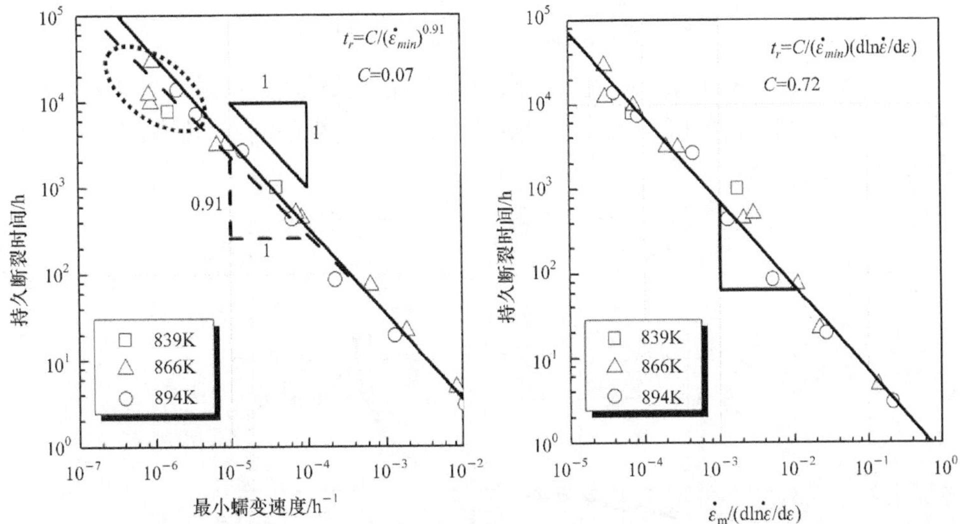

图 8-2　10%Cr 马氏体耐热钢持久试验数据及 Monkman-Grant 方程和改进方程关系[7]

一些学者研究了 9Cr 马氏体耐热钢蠕变寿命和微观组织结构的关系，并在此基础上提出了结合热力学概念新的蠕变寿命预测方法。如考虑到 9Cr 马氏体耐热钢在实际使用过程中还受到交变热应力的作用，疲劳损伤也是影响材料寿命的重要方面，基于损伤力学的裂纹扩展和蠕变疲劳交互作用研究逐渐引起人们重视。

依据连续损伤模型，给出蠕变寿命过程的模型：

$$\dot{\varepsilon}=\dot{\varepsilon}_0'\exp(-Q_C/RT)\sinh\frac{\sigma-\sigma_B}{\sigma_0} \tag{8-4}$$

这里，Q_C是蠕变活化能，$\dot{\varepsilon}$是蠕变应变速度，$\dot{\varepsilon}_0'$是和可动位错密度相关的常数，σ是加载应力，σ_0是参考应力，和活化体积相关，σ_B是亚晶界弯曲引起的背应力。依据马氏体耐热钢的特殊结构，考虑其关键组织结构因素对蠕变行为的影响，可以认为，晶内 MX 类型碳化物演变和亚晶粗化行为是影响蠕变行为的关键。根据长期试验组织结构演变观察和统计数据分析，结合经典的第二相粗化 Ostwald 理论、Hall-Petch 公式、连续损伤模型(continuum damage mechanics model, CMD)等，建立了一系列方程，预测第二相粗化、亚结构变化及蠕变损伤系数关系[8]：

第二相粗化 Ostwald 规律：

$$d_p^{\ 3} - d_i^3 = k_p \exp(-Q_p/RT) \tag{8-5}$$

其中，d_i、d_p 分别是第二相平均尺寸和初始尺寸，Q_p 是析出活化能，k_p 是指数因子。

亚晶粗化速度：

$$\dot{S} = \dot{\varepsilon} K_{S1} + K_{S2} \exp(-Q_S/RT) \tag{8-6}$$

其中，$\dot{\varepsilon}$ 是蠕变应变速度，K_{S1} 和 K_{S2} 分别是亚晶生长温度无关系数和温度相关系数，Q_S 是亚晶长大活化能。结合 CDM 模型，计算得到的蠕变曲线和试验值比较吻合，如图 8-3 所示。

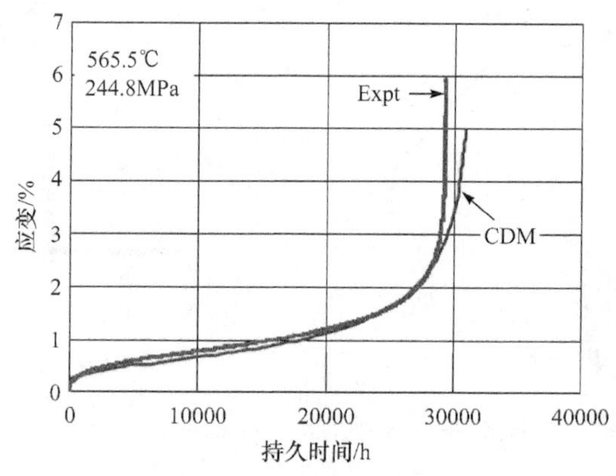

图 8-3　CDM 模型计算蠕变曲线和持久试验数据对比[8]

考虑变形的多晶体中存在位错、其他缺陷及其运动和相互作用为基础建立了蠕变结构理论。金属中位错及其他晶体缺陷的形成、运动及相互作用是决定蠕变规律的根本因素。根据这些因素建立的描述蠕变规律的理论称为蠕变结构理论。

在外力的作用下金属晶体中的位错会发生运动而引起范性形变。位错可以在金属结晶时形成，也可以在范性形变时形成。晶体中两端被钉扎的位错可以成为位错源，即 Frank-Read 源。要使位错源增殖新的位错，必须在位错源所在的滑移面内对位错施加一切向应力 $\tau = G\boldsymbol{b}/L$。该式表明形变阻力与柏氏矢量 $\boldsymbol{b}$、切变模量 G 和位错源长度 L 有关，其中 b 与 L 随温度的变化不大，而切变模量 G 随温度的变化是影响形变阻力的主要因素。

在实际晶体中，位错及其他晶体缺陷之间的相互作用还与合金基体相的结构(晶格类型及参数、晶粒大小及形状)、第二相的结构、尺寸和分布等有密切的关系。由于存在各种缺陷和障碍，位错作用的机制远比这复杂。当存在点缺陷(空位、间隙原子和基体晶格的固溶体原子等)时，这些缺陷可阻滞位错的增殖和运动。另外，随着温度的升高和涨落及扩散过程的进行，位错有可能挣脱这些障碍而继续运动。位错的阻滞和解脱过程组成了位错运动的基本过程。第二相的存在构成面型缺陷的稳定性和对位错的阻碍作用大大超过点缺陷。位错不能单凭热涨落越过这样的障碍，而只能靠下述途径解脱：障碍本身的迁移；位错穿过或越过障碍。位错越过障碍所需的能量要比穿过时所需的能量少得多。同样，蠕变过程仍然取决于这些障碍对位错的阻滞及位错自这些障碍解脱的过程。

当存在体积性障碍时(例如溶解于位错周围的溶质原子组成的气团)，位错在这种障碍性气团中难以运动，从而提高了蠕变阻力。然而在与温度和应力相应的某一蠕变速度范围内，气团的阻滞作用达到最大。高于这一范围时，气团的扩散速度大于位错的运动速度，低于这一范围时，位错的运动速度显著地大于气团的扩散速度，位错可以甩脱气团。这两种情况均对位错没有明显的阻滞作用。Cottrell 计算出气团与位错一起运动的临界速度范围约为 10^{-6}/s，可见气团的阻滞作用只有在这种蠕变速度比较大的情况下才有作用。

此外，在晶体中还存在位错之间的相互作用。例如分布在平行平面上的同号位错，可以形成稳定结构，可以互相吸引而形成垂直行列，引起多边化。两个异号位错也可以形成稳定结构，使位错互相之间成为运动的障碍。

根据实际晶体中位错运动的各种模型可以推出各种不同的蠕变规律。Mott 和 Nabarro 提出“位错耗竭”理论并导出α蠕变律；Weertman 从面角位错及多边化和位错塞积群理论出发，导出了第Ⅱ阶段蠕变速度与应力之间成三次幂关系：$\dot{\varepsilon}=A\sigma^3$ (A 为常数)。Mott 还利用位错攀移机制导出了蠕变的抛物线律，即 β 蠕变律。

ОДИНГ 认为蠕变过程中位错有两种状态，一是新位错的产生及遇到障碍时的受阻，二是受阻位错从障碍中解脱而重新运动。在每一时刻，都有一定数量的位错准备运动，蠕变速度取决于这种准备运动的位错数。设蠕变速度与准备运动的位错数 $W(t)$ 成正比：

$$\frac{\mathrm{d}\varepsilon}{\mathrm{d}t}=AW(t) \tag{8-7}$$

式中，A 为与温度和应力有关的系数。并设 $W(t)$ 的函数形式为：

$$W(t)=W_0(1+\alpha t)^m \tag{8-8}$$

则：

$$\frac{\mathrm{d}\varepsilon}{\mathrm{d}t}=AW_0(1+\alpha t)^m \tag{8-9}$$

式中：W_0 为起始时准备运动的位错，α 为与材料及应力有关的系数，m 为常数。当 $m<0$，表明准备运动的位错在蠕变过程中逐步减少，有：

$$\varepsilon = \frac{AW_0}{\alpha(m-1)}[1 - \frac{1}{(1+\alpha t)^{m-1}}], (|m|>1) \tag{8-10}$$

$$\varepsilon = \frac{AW_0}{\alpha}\ln(1+\alpha t), (|m|=1) \tag{8-11}$$

$$\varepsilon = \frac{AW_0}{\alpha(1-m)}[(1+\alpha t)^{1-m} - 1], (|m|<1) \tag{8-12}$$

当 m=0，表明准备运动的位错保持不变，积分得第Ⅱ阶段公式：

$$\varepsilon = AW_0 t \tag{8-13}$$

当 m>0，表明准备运动的位错逐渐增加，得蠕变第Ⅲ阶段公式：

$$\varepsilon = \frac{AW_0}{\alpha(m+1)}[(1+\alpha t)^{m+1} - 1] \tag{8-14}$$

以位错理论为基础的蠕变结构理论把蠕变三个阶段的不同变化规律统一起来。这些公式与实验结果相符合。

众所周知，蠕变过程组织结构演变是复杂的。以上模型仅探讨了 MX 相粗化、亚晶粗化的动力学模型，主要沉淀相 $M_{23}C_6$ 仅看做晶界迁移的阻力。蠕变过程出现的其他沉淀相被忽略，如 Laves 相析出现象及其对蠕变进程的影响。还有 Z 相沉淀，也没有合适的动力学模型描述其变化，虽然这些析出相析出行为及其模型化已经开始尝试[9]，但以上方程没有考虑到这些因素。如能建立这些组织结构演变因素的动力学模型并结合到连续损伤模型中去，对进一步准确预测材料蠕变的长期行为提供了可能性。

不论何种模型和理论，目的是建立蠕变过程的应力、温度和时间之间的相关性。也正因为蠕变是长时间的缓变过程，存在组织结构演变和力学性能减退，给描述蠕变过程的模型建立带来很大的困难。其中一些经验性模型广为接受，如基于相对短时间蠕变试验数据外推材料长期蠕变强度的经验公式 Larson-Miller 参数，近年来还有一些研究相继提出了针对外推法的修正理论，以及针对外推法可靠性和安全性进行统计分析法等，这将在后面进一步探讨。

基于材料服役过程组织结构演变和硬度下降的评价方法，包括硬度法、*A* 参数法和根据蠕变寿命和组织结构演变关系的寿命分级方法等，已经很好的应用到电站寿命评价中去，这在前 7 章中已经讨论。下面针对应力分析常用的持久强度试验评价技术进行分析。

8.1.1　持久强度计算及其可靠性问题

持久强度的概念是最早用于衡量材料在高温和应力长期作用下材料抗塑性断裂能力的高温强度特性指标。一个世纪以来，对高温材料的高温性能的评价和材料的选用，一直是以材料的持久强度和蠕变极限为基础。需要强调的是，持久强度设计理论是建立在材料无缺陷存在的基础上，是一种静态的强度设计理论，对于有缺陷的材料这种理论并不完全适用。

确定使用期限很长的材料的持久强度是很困难的，这要求找到应力与使用期限之间的可靠关系以满足外推的要求。持久强度是材料在规定的蠕变断裂条件（一定的温度和规定的时间）下保持不失效的最大承载应力。通常，以试样在恒定温度和恒定拉伸载荷下达到某规定时间发生断裂时的蠕变断裂应力来表示持久强度，记为σ_{τ}^{T}，单位为 MPa。例如$\sigma_{10^5}^{600}$表示 600℃、100000h 的持久强度。

持久强度试验是一种测定试样断裂时间的试验，是在专门的蠕变或持久强度试验机上进行的。试验期间使试样承受恒定温度和恒定拉伸负荷，测定其到达断裂所需的时间。试验时，在一定温度 T 和不同应力水平下测出各个试样的断裂时间 t，作出对应温度下的 σ-t 曲线，再根据曲线外推出各种温度下到达规定断裂时间的应力，即持久强度。利用试验数据在双对数坐标上建立应力 σ 随断裂时间 t_r 的变化关系曲线称为持久强度曲线。

在一定温度下，持久强度曲线的应力σ与断裂时间 t_r 关系可表达为：

$$t_r = A\sigma^B \tag{8-15}$$

其中，A 和 B 是材料常数。取对数得：

$$\log t_r = \log A + B\log\sigma \tag{8-16}$$

上式表示断裂时间和应力水平的对数关系为线性。所以，根据试验数据拟合参数 A 和 B。利用公式外推，可以得到相应应力水平下的断裂时间。

在寿命计算值，根据持久强度曲线数据的分散范围的下限和平均中线，可表述为最小理论寿命和平均理论寿命两种方式：

最小理论寿命：

$$\lg\frac{t_{\min}}{10^5} = \frac{\lg(0.8\sigma_{10^5}^{t} / \sigma_{zs})}{\lg(\sigma_{10^4}^{t} / \sigma_{10^5}^{t})} \tag{8-17}$$

或

$$\lg\frac{t_{\min}}{2\times10^5} = 0.301\times\frac{\lg(0.8\sigma_{2\times10^5}^{t} / \sigma_{zs})}{\lg(\sigma_{10^5}^{t} / \sigma_{2\times10^5}^{t})} \tag{8-18}$$

平均寿命理论：

$$\lg\frac{t_{\mathrm{mid}}}{10^5} = \frac{\lg(\sigma_{10^5}^{t} / \sigma_{zs})}{\lg(\sigma_{10^4}^{t} / \sigma_{10^5}^{t})} \tag{8-19}$$

或

$$\lg\frac{t_{\text{mid}}}{2\times10^5}=0.301\times\frac{\lg(\sigma^t_{2\times10^5}/\sigma_{\text{zs}})}{\lg(\sigma^t_{10^5}/\sigma^t_{2\times10^5})}\tag{8-20}$$

式中：$t_{\min}$ 最小理论寿命(h)，t_{mid} 平均理论寿命(h)，σ_{zs} 设备工作应力(MPa，根据设备内压折算)，$\sigma^t_{10^4}$ 服役温度下 10^4h 持久强度平均值，$\sigma^t_{10^5}$ 服役温度下 10^5h 持久强度平均值，$\sigma^t_{2\times10^5}$ 服役温度下 2×10^5h 持久强度平均值。

当前，在持久强度试验基础上的剩余寿命计算没有统一方式，有的采用最小理论寿命，有的采用平均理论寿命，有的直接利用外推公式计算。

持久强度理论寿命估算仍然是目前设备寿命评价的主要工具之一。对其可靠性提出了明确的看法。如周顺深先生多次发表论著[10-12]从实例说明其不可靠性并对其原因作了深入分析。在一些断裂、爆管事故中，设备的使用期限远小于设计寿命。对其取样进行持久强度试验，结果完全符合材料的标准要求。在这些案例分析中，持久强度试验结果及其外推计算给出的结果往往会得到不合理的结论。如图 8-4 是 10CrMo910 在 540℃下运行 29800h、50000h 材料和原始管试验结果得到的持久强度曲线。可以看出，试验条件下，在 2×10^4h 附近，三者持久强度曲线发生交叉，也就是说，在此交叉点下方应力相对较小，同时往往也是材料服役条件下的应力范围。试验结果显示，接近服役应力条件，服役材料的寿命将高于未服役材料的寿命，而且随应力的降低这种差异也越明显。这一现象直接反应了短时持久试验外推法的不可靠性。

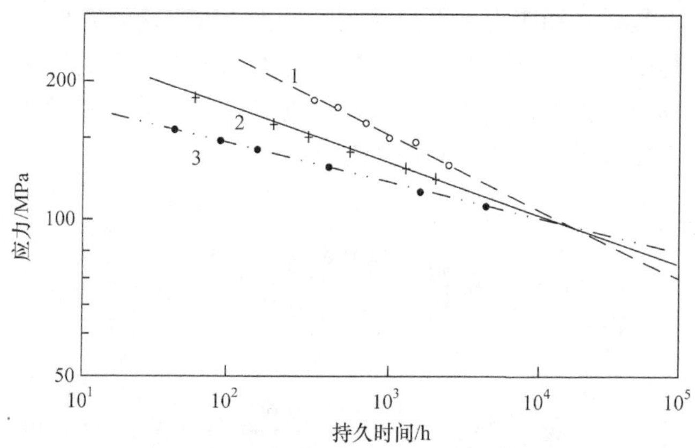

图 8-4　10CrMo910 在 540℃下运行后持久强度试验结果[11]

(1)原始管；(2)经 29800h；(3)经 50000h

评价方法的偏差和结果的可靠性问题也得到人们的一定关注。一方面问题在于试验样品和试验方法。试验样品是从评价部件上截取的材料，通过制作光滑试样进行持久强度试验。试样的代表性存在问题。由于持久强度试验是在单一方向的静态拉伸试验，而设备在服役状态下受力状态十分复杂。可能会存在附加的扭转和弯曲应力，即受到的是多轴应力状态，同时由于运行工况和温度波动因素有可能产生交变应力引起疲劳问题；其次是环境存在的氧化腐蚀等问题会明显影响材料的性能，特别是部件上存在缺口或缺陷问题而引起应力集中，将会大大降低其寿命预期。实践证明，这种方法已经不能适应对材料的评价和设备设计的要求。因为耐热钢或耐热合金在高温及长期应力作用下，会产生蠕变损伤积累，材料的内部显微组织发生变化，表现为蠕变脆性现象。

随着蠕变断裂力学的研究和发展，以及工程实践的需要，对高温结构材料的断裂寿命评价和蠕变损伤评价需要更合理的新依据，蠕变断裂韧性作为高温长期应力作用下材料脆性性能的表征更为恰当。如对蠕变裂纹的开裂和扩展过程的研究，建立起蠕变裂纹扩展速度 $\mathrm{d}a/\mathrm{d}t$ 与其他力学参量的关系，为材料评价和蠕变断裂寿命计算提供了新方法。目前，工程意义上广为接受的一些寿命评价方法或理论有 A 参数、Larson-Miller 参数等。

8.1.2　Larson-Miller 参数

有关传统的时间-温度参数(time temperature parameter，TTP)评价方法中，最为广泛接受的时间-温度参数是 Larson-Miller 参数 P，是基于短时间蠕变试验数据估算耐热钢材料长期蠕变强度的经验公式[13]：

$$P_{\mathrm{LM}} = T(\log t_r + C_{\mathrm{LM}}) \tag{8-21}$$

其中，C_{LM} 为材料参数，T 为绝对温度值，t_r 为蠕变断裂时间。Larson-Miller 参数 P_{LM} 是应力的函数，表达为：

$$P_{\mathrm{LM}}=f(\sigma)= c_1 + c_2 \lg\sigma+ c_3 \lg\sigma^2 + c_4\lg\sigma^3 \tag{8-22}$$

其中 c_1、c_2、c_3 和 c_4 是常数，在一定数据范围内此表达式和试验数据比较吻合，而低应力下明显偏离主曲线。通过对短时加速蠕变试验的持久数据进行统计分析建立 P_{LM} 与应力 σ 的关系，再利用工作温度和应力外推便得到材料的使用寿命 t_r。图 8-5 给出 9Cr1MoV 蠕变试验数据和 L-M 模型计算曲线的关系，显示出很好的相关性。

对大多数的耐热钢的常数 C_{LM} 大小约在 20 左右，但根据蠕变试验结果时间温度线性回归计算[14]，马氏体耐热钢常数 C_{LM} 约为 27。有关 9-12Cr 马氏体耐热钢的常数，Tamura 等[3]进行了深入探讨，认为高蠕变强度的马氏体耐热钢的常数 C_{LM} 大约为 30，但随着马氏体耐热钢长时持久强度的下降，常数 C_{LM} 会下降到和其他耐热钢参数相当，故此被认为该参数高估了马氏体耐热钢的长期强度。

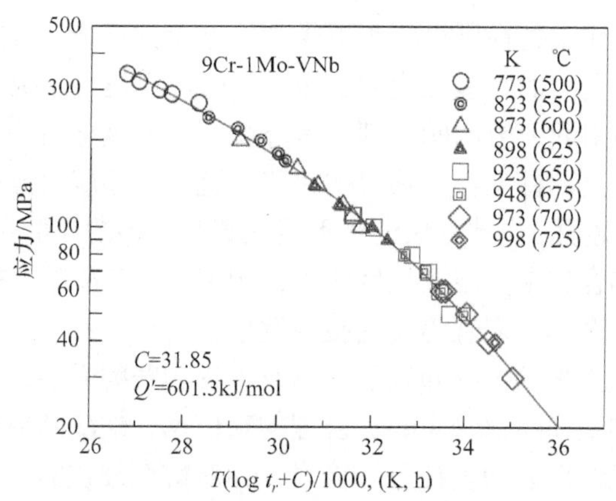

图 8-5　9Cr1MoV 蠕变试验数据和 L-M 曲线(后附彩图二维码)[3]

如前所述，试验时间大于 10^5 小时以上的蠕变试验结果显示，蠕变强度 σ 与服役时间 t 并不呈直线关系而存在一定的台阶。基于以上原因，Larson-Miller 参数方法外推长时蠕变寿命方法往往偏向于高估实际性能。一般认为 Larson-Miller 方程参数法外推寿命应小于最长试验点的 3 倍，使用 Monkman-Grant 方程与 Norton 方程的结合形式合理外推的寿命时间通常应小于最长试验点时间的 10 倍。近年来一些研究相继提出了一系列针对外推法的修正理论，给出更符合试验数据的方法。如蠕变三个阶段相结合 θ 射影法[15]、结合连续损伤机理的 Ω 方法[16]，以及针对外推法可靠性和安全性进行统计分析的 Z 参数法等。

8.1.3　Z 参数

如前所述，目前不同的寿命预测方法都存在不可靠性的问题，因为没有考虑到材料在蠕变过程组织结构演变和性能退化的问题。Z 参数法就是在这样的背景下提出，其含义在于：首先，为实现持久寿命的可靠性评价，利用 Z 参数的数值表示某一状态的材料蠕变数据偏离性能主曲线的程度。根据 Z 参数的分布可表征持久性能数据的分散性，从而向持久寿命的可靠性趋近；其次，Z 参数可实现不同损伤情形下材料寿命的预测。Z 参数的平均值能够直接表征不同服役时间材料性能的劣化趋势。通过参数 Z 确定服役曲线与材料主曲线的相对位置，反映材料高温服役性能的变化，因此 Z 参数可看成与运行状态等因素有关的参数。Z 参数没有具体的表达形式，是通过与其他各种寿命预测的外推法相关联，例如在 Larson-Miller 参数表达式的基础上，Zhao 等[28]提出了一个改进的表达式：

$$P=f(\sigma)=(Z_1-Z)+Z_2\lg\sigma+Z_3\sigma \tag{8-23}$$

其中 Z_1、Z_2 和 Z_3 是常数。图 8-6 所示为 12Cr1MoV 钢的 σ-P 参数关系曲线，

曲线 A、B 分别为公式(8-22)和(8-21)表达的 P 参数，可见，公式(8-21)和(8-22)外推到低应力端和主曲线偏离明显，即多项式拟合的曲线一定程度上偏离试验主曲线。而表达式(8-23)则和主曲线更吻合，即图中曲线 A。这里(8-23)式表达为：$P=Z-2.49\log\sigma-0.01\sigma$。这里 Z 参数代表偏离主曲线的偏离量，和材料微观结构退化相关。对低合金耐热钢 12Cr1MoV 而言，Z 参数和材料中渗碳体的球化程度相关，表达为 Z=27.32-0.54E，其中 E 为球化级别或指数。

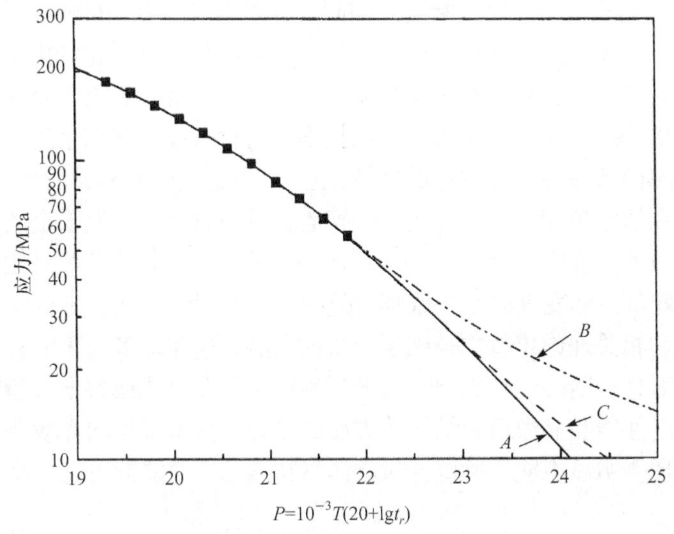

图 8-6　P 参数与应力 σ 关系曲线

Z 参数提高了根据短时蠕变试验数据拟合或所谓外推法蠕变寿命表达式的置信度，即使是外推至低应力区间，参数和应力之间也很好地符合相应的变化趋势。

综上所述，Larson-Miller 参数、Ω 参数、θ 参数、Z 参数等理论并不是直接评价电站设备服役寿命的理论，而是基于实验室蠕变试验数据的处理方法，目的是希望得到更为准确的蠕变试验外推数值，提高寿命预测的准确性。

8.2　电站设备运行安全和寿命评价过程分析

8.2.1　电站运行安全与评价方法

高温高压设备的运行安全至关重要，设备的使用安全和寿命问题是设备管理和监督的重要内容，在日常管理监督中具有举足轻重的地位。由于受高温、高压和应力等综合作用，在服役工况长期运行中，材料会发生组织结构损伤，引起热脆性，材料的持久强度和韧性下降，致使抗断裂能力下降。这些材质的劣化，可能会引发运行中的开裂或爆裂事故，给生产和经营造成重大的经济损失，成为安全生产的一大隐患。因此材料损伤和寿命评价一直是大型电力和石化企业研究的重要课题。电站运行安全与评价方法对确保设备安全运转和延长使用寿命，减少设备更新投资，节省维修费用和提高设备的运行效率等，具有重大的经济意义和社会意义。

电站设备长期服役会产生损伤和失效。正常工况下，材料因蠕变而发生连续、缓慢的形变，造成材料失效和断裂。如同时存在交变应力，材料会同时发生疲劳和蠕变行为。可见，温度和应力的共同作用，是材料性能退化和内部组织结构产生变化的主要原因。另外，在高温环境下，因蒸汽、烟气和大气介质存在也会产生氧化腐蚀等问题。对这些服役构件的损伤、劣化程度及其剩余寿命的评价一直是行业主管部门和业主十分关注的事情，也是材料失效研究领域的重点内容之一。蠕变是金属在恒定负荷或应力作用下的行为，一般认为，高温下金属力学行为的一个重要特点就是发生蠕变[17]。如电厂的高温构件，包括主蒸汽管道、过热管、再热管、联箱等，蠕变现象是导致其失效的主要原因[18]。所以高温构件的蠕变寿命评估方法和相关理论模型也得到了很快的发展，这在诸多论著中有介绍[19]。虽然有人试图对材料断裂问题提出一些概括性的半经验公式或数学模型[20,21]，但由于具体的材料性能和显微组织结构等方面的差异，材料服役的环境条件不同，材料的失效机理会明显不同。所以针对具体材料的蠕变性能的研究，需要更细致的工作。

随着损伤力学的概念得到越来越广泛的应用，对蠕变损伤寿命评价发展了若干个微观损伤参量的本构模型[22,23]，并结合有限元法获得了更接近实际的结果[24]。在实用技术上则开发了各种显微损伤定量化分析、蠕变应变测量以及实时蠕变检测等寿命评定新方法[18,25]。其中显微组织角度评价材料的损伤度一直是可靠的方法，也是这方面研究的重点之一。如根据产生蠕变孔洞的晶界数与总晶界数的比值得到表征参数 A，由 A 参数与寿命损耗分数的主曲线得到构件的剩余寿命[26]。近年来提出的 Z 参数方法也是一个比较有前景的方法[27,28]。长期高温和应力的作用下，材料内部碳化物粗化和球化，通过对实际材料内部碳化物发生球化后颗粒尺寸、碳化物球化率来表征碳化物的球化程度。利用由大量实验建立的构件碳化物颗粒平均尺寸对实际寿命损耗分数的主曲线来评价剩余寿命，并认为是一种较准确的无损评定方法[29]。但事实上，不同材料由于成分差异，同一材料由于加工及热处理条件差异、材料服役环境差异等，尚无法确立一个普适性的标准。

一般地，工程实践上设备寿命的诊断不外乎有以下三种方法。

(1)应力解析方法：是根据诊断对象的几何形状、运行温度、应力分布等，以及材料的性能参数，根据有限元方法解析复杂的应力问题。考虑数据分散性，采用安全系数，该方法往往较严格。计算机技术和有限元软件的强大功能为设备使用状态下的真实应力分析提供了可靠的方法。

(2)破坏试验法：是根据实际运行部件上切割的试样进行多种破坏性试验，根据试验结果推测残余寿命。该方法需要试验周期长，往往是设备停机检修期间进行。因局部割取样品，所以试样选取的代表性不明确。一般运行设备的常规监测方面，无法实施破坏性试验。

(3)非破坏性试验(non-destructive testing，NDS)：可分为组织比较法和组织定量法。组织比较法根据显微组织和析出物的分布与变化，分别和标准组织与寿命损耗率对比，进行综合寿命评价。组织定量法根据蠕变损伤产生的组织变化的各种参数，用试验结果制定的评价曲线进行寿命损耗定量化。如碳化物的析出率或球化率、蠕变空洞面密度等方法。

目前电厂中关键设备的剩余使用寿命的具体评价方法有不少论述和具体实施方法[24,26]。大致可分为以下 5 种。

(1)持久强度法：研究设备材料在运行高温条件下的热强性能，即考察材料持久强度的劣化程度，以估算材料的寿命损耗程度。

(2)硬度标定法：由材料中的碳化物或珠光体组织球化而引起材料显微硬度的变化，来判断材料的老化程度及其寿命。这是适用于低合金钢设备的寿命评价方法。

(3)金相组织法：根据析出的第二相类型，即碳化物的结构、形状及其大小的变化，与标准图谱对比推测材料的老化程度和寿命。

(4) C^*射影法：依据实际管系结构尺寸的蠕变量大小的变化，估算材料的剩余使用寿命。

(5)断裂力学法：根据蠕变裂纹扩展速率及其材料临界值，估算材料的剩余使用寿命。

方法(1)是以常规的长期强度极限的再设计准则为依据，方法(2)与方法(3)是以微观结构损伤为比较准则，方法(4)是以全尺寸宏观结构损伤累积法为准则，方法(5)是在假定材料存在缺陷的前提下用断裂力学的方法并以“合乎使用”(Fitness for Purpose)为原则作为评价依据。因此，方法(1)～(4)是以无缺陷材料强度设计准则为依据的寿命评价法，方法(5)则以有缺陷材料断裂力学的损伤容限设计法为准则的寿命评估法。

由上可以看出，寿命评价方法大体可分为两类，一是建立在构件运行史以及对材料性能和应力分析基础上的宏观方法，但没有考虑材料失效的微观机制。另一类是考察材料显微结构变化，特别是材料中的碳化物的形态变化，同该材料相似设备失效分析历史积累的图谱比较，得出现役设备材料的损伤等级，从而评定设备继续使用是否安全。由于微观结构分析是通过取样观察，而材料的损伤形态是不均匀分布的，和材料所处的部位和环境相关。如何得到具有代表性的、能够反映材料最严重的损伤形态的样品有一定的不确定性。所以，把微观结构、宏观性能和可能的失效机理有机结合的评价方法才是安全可靠并符合工程实际的。

实践上更多的是利用以上几种方法相结合的综合评估办法，以期得到更客观、更准确的评价结果。如日本对火电设备剩余寿命诊断和提高可靠性的措施方面，一些大公司均有一套综合评价方法。在欧洲也有一些著名的公司或机构从事该领域的专业性评价与研究，如意大利国家电力公司（ENEL）、美国电力研究协会（EPRI）等对研究结果会不定期发布具有重要参考价值的准则或报告。有关报道给予了较详细的介绍[30,31,32]。而且以欧洲蠕变合作委员会（ECCC）及其他组织机构针对具体材料给出了许多较为详尽的材料应用和评价文献，主要参考文献也来源于该机构的相关报告。

高温构件的蠕变寿命评定领域已经取得了很大进展，积累了各种材料的蠕变试验数据，发展了包括持久强度试验法、含裂纹体的 C^*和 $C(t)$参数法等多种寿命评定方法，建立了临界 J、临界蠕变延伸率等失效准则[33]。上述方法所处理的缺陷的尺度基本为毫米到厘米的宏观量级，对于许多工程构件而言，如此量级的缺陷已表明其使用寿命行将耗尽。因此，要在较早的时间获得精确的寿命评价，仅靠上述方法是远远不够的，还必须从细微观角度对材料的真实失效过程进行研究，深入了解材料内部显微结构损伤的形核、扩展直至发展为宏观缺陷的过程。目前，这方面的工作有待进一步深入。总的来说，对高温设备的安全性和寿命的评价应建立在材料的性能试验、显微结构和碳化物的分析表征、高温材料的持久强度、外观无损检验和应力分析等一系列工作的基础之上。

8.2.2 设备寿命评价准则和方法比较

对实际电站中服役的设备或部件的安全监测都有一定的指导准则，虽然不同的国家、地区或部门行业有各自不同的规范，但差异不大。如德国的 TRD 508 或 VGB-R 509L 对在役设备监督检查关于复型金相检查提出如下要求[34,35]：

(1) 监督检查开始于蠕变且疲劳寿命损耗低于 60%（纯疲劳寿命达到 50%）；

(2) 耐热钢服役时间达到 100000h（14MoV6-3 的服役寿命达到 70000h）。

在理论寿命损耗达到 100%时，所有构件都要进行监督检查一次，此后定期检查高应力部件。部件应予更换的情况如下：大范围出现规则排列的蠕变空洞；黏弹应变达到 2%，或者是蠕变应变测量达到 1%且寿命损耗达到 60%；由于蠕变和疲劳产生危险的开裂现象。

高温长期服役过程中因应力和应力波动，产生蠕变及蠕变疲劳损伤，这是一个缓慢且不断加速的损伤过程,而且因材料和服役环境差异带来迥异的寿命差异,给设备或构件的寿命评价及理论模型建立带来困难。所以工程上往往需要直接进行损伤检验,以评价和判断其继续服役的可行性及预测其未来服役寿命。一般地,损伤检查物理方法包括破坏性方法、非破坏性方法以及应力数值模拟分析方法,这些方法因存在各自的问题,往往并不能有效并且准确地判断损伤的进程。如前所述,破坏性检查方法因取样所限,结果仅对样品有效,能否代表构件或设备损伤的典型或严重区域,具有不确定性。实验室试验得到的数据也不能反映服役条件下的损伤行为。非破坏性方法虽然简单易行,同样准确性不足,需要更合适的、能准确表达损伤及趋势的新方法。而有限元数值分析方法无法和组织结构损伤相关联。所以,实际寿命评价往往采取以上方法相结合的综合性方法。

在热电厂中高温条件下运行设备的安全性和寿命评价的研究,已经取得了许多引人注目的成果,国际上一些大公司也制定了一些行之有效的具体评定方法。这在前面已有叙述。寿命评价方法包括应力解析方法、非破坏性方法和破坏性方法等,大体可分为两类,一是建立在构件结构、应力分析和材料性能及运行历史基础上的宏观方法,另一类是设备材料的显微结构损伤观察,与同类材料失效分析图谱比较,判断在役设备材料的损伤等级。一般实践上更多的是利用以上数种方法相结合的综合评价办法,以期得到更客观、准确的评价结果。表 8-1 给出了这些寿命评价方法特点及其比较。表中可以看出,针对局部损伤观察、构件寿命评价和损伤程度的评价,因损伤机理不同评价方法应有不同的选择。特别是复杂的蠕变疲劳损伤,单一物理方法是不可行的,必须是多方法结合评价。

表 8-1　寿命评价方法比较[39]

<table>
<tr><th colspan="2">方法</th><th>非破坏性方法</th><th>破坏性方法</th><th>分析方法</th><th>分析方法和非破坏性方法结合</th></tr>
<tr><td colspan="2">特征</td><td>·方便
·不可评价残余寿命</td><td>·可评价残余寿命
·需测试样品</td><td>·可评价所有区域
·可评价残余寿命</td><td>·评价所有区域
·可评价残余寿命
·可反映材料损伤程度</td></tr>
<tr><td rowspan="2">评价区域</td><td>应力集中区</td><td>可用,但需要技术发展</td><td>可用,但需要技术发展</td><td>适用</td><td>适用</td></tr>
<tr><td>平面区</td><td>适用</td><td>适用</td><td>适用</td><td>适用</td></tr>
<tr><td rowspan="3">寿命评价</td><td>蠕变</td><td>○</td><td>○</td><td>△</td><td>○</td></tr>
<tr><td>低周疲劳</td><td>○</td><td>×</td><td>△</td><td>○</td></tr>
<tr><td>蠕变-疲劳相互作用</td><td>×</td><td>×</td><td>△</td><td>○</td></tr>
</table>

续表

方法		非破坏性方法	破坏性方法	分析方法	分析方法和非破坏性方法结合
损伤评价范围	蠕变	适于蠕变损伤超过 30%	全寿命范围	全寿命范围	全寿命范围
	低周疲劳	缺乏定量关系	不适用	全寿命范围	全寿命范围
	蠕变-疲劳相互作用	不适用	不适用	全寿命范围	全寿命范围

○：适应；△：适应但未反映材料损伤情况；×：不适应

如前所述，对高温材料的高温性能的评价和材料的选用，一直以材料的持久强度和蠕变极限为基础，实践证明这种方法已经不能很好地适应材料的评价。因为钢因服役产生的组织结构演变和蠕变损伤积累到一定程度表现为蠕变脆性，但持久强度和蠕变极限无法衡量材料的高温蠕变脆性断裂，即使材料本身持久强度很高，也会发生蠕变脆性断裂。原因在于持久塑性不是材料常数，而是和试样几何尺寸、应力条件相关的参数，而且持久塑性和缺口的蠕变断裂寿命无明显相关性。随着蠕变断裂力学的研究和发展，以及工程实践的需要，对高温结构材料的断裂寿命评价和蠕变损伤评价，需要更合适的新依据。有关此方面的理论和实践研究、数学模型和评价方法等在第 7 章中已经介绍。

9-12Cr 马氏体耐热钢早期服役设备已经接近或达到设计寿命。关于此类耐热钢的寿命评价研究也越发重要。关于马氏体耐热钢蠕变损伤的特点已进行了不少较为系统的研究[36,37]，如 P91 耐热钢不同批次钢比较显示，相对于韧性偏低的样品来说，高韧性样品更不容易形成蠕变空洞，蠕变韧性和所处温度及材料的批次相关。蠕变损伤现象的长大或增殖在达到蠕变第三阶段时（t/t_r=0.5）是可以通过金相观察到的，第三阶段蠕变始于 $t_{2/3}$ 及 $\varepsilon_{2/3}$。这一结果来源于单轴蠕变试验研究。实际服役材料处于多轴应力状态，可能会有差异。

可见，马氏体耐热钢服役损伤行为具有明显的特殊性，由于马氏体耐热钢蠕变损伤形成空洞现象不明显或形成太晚，必须研究其他更可靠的监测手段。现行的复型金相分析方法仅限于设备表面的组织分析，考虑到服役构件组织结构不均匀性能和实际受到的应力不均匀性，监测需要在结构构件表面不同部位多点实施，从而得到可靠的、具有统计意义的结果。另外，计算机辅助的扫描技术的出现为材料微观结构研究的工程应用提供新的手段，进行材料近表面或内部组织观察[38]。这些方法相对于复型金相来说，观察的面积大，但这些技术可靠性和准确性、以及能够到实际工程现场甚至在线监测尚存在困难。鉴于马氏体耐热钢组织结构蠕变损伤的特殊性，缺乏特别典型的损伤特征，针对此类耐热钢及其设备的技术监督需要新的技术或评价方法。另外，以上方法和理论一般是建立在蠕变损伤基础上的。对于蠕变疲劳交互作用以及氧化腐蚀等损伤形式，复杂的损伤因素给相关损伤评价和寿命评价带来更多的困难和不确定性，往往需要多方法综合评估，特别是组织结构及其演变的考察要做更细致的工作。

8.2.3　寿命评价案例

服役设备的寿命评价一般是根据工程具体实际，通过构件结构作应力分析，经过材料宏观力学性能试验了解性能退化，直接进行组织结构形态损伤检验去发现损伤特征和损伤等级，结合结构实际运行参数和运行历史，经多角度比较综合判断评价对象或材料最薄弱的问题所在，结合关联的标准依据预测其继续服役的可行性及未来服役寿命[39,40,41]。

如 Kiyoshi 等[39]以实际服役的汽轮机转子评价为例，剖析了整个评价过程。对汽轮机转子这种明显带有疲劳性质损伤的设备来说，其寿命评价更具挑战性。图 8-7 给出了汽轮机转子寿命评估流程。利用应力分析和非破坏性检查法进行评价。非破坏性检查法不仅包括硬度、材料的脆性变化检测，还有损伤缺陷观察，特别依据是晶界孔洞特征，如根据 A 参数相关判据判断其寿命损耗，如图 8-8 所示。根据微观结构损伤判断，实际转子设备根据其结构和部位不同，损伤机理有明显差异，结果如表 8-2 所示。所以，对不同部位应采取不同措施，以达到设备延寿的目的。

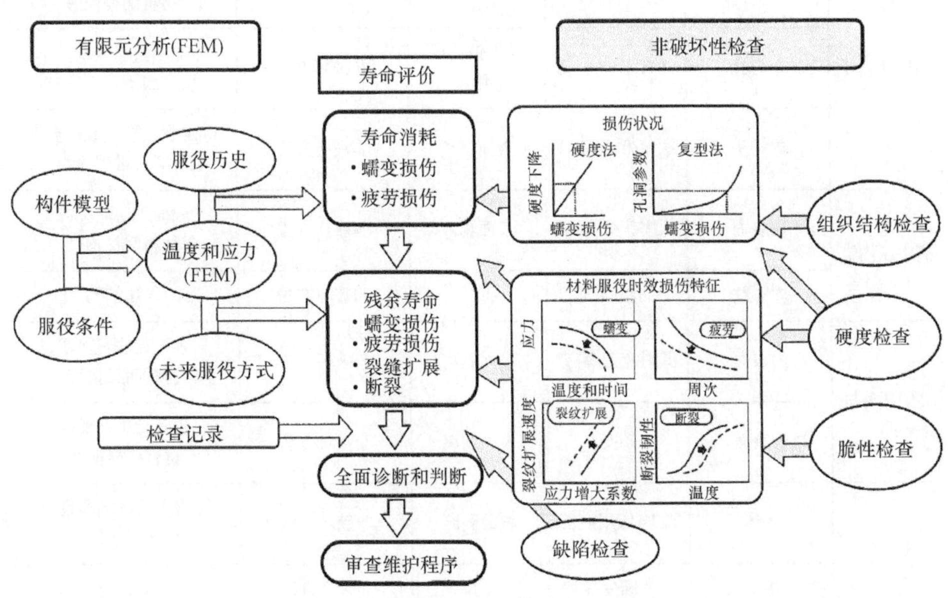

图 8-7　汽轮机转子寿命评估流程图

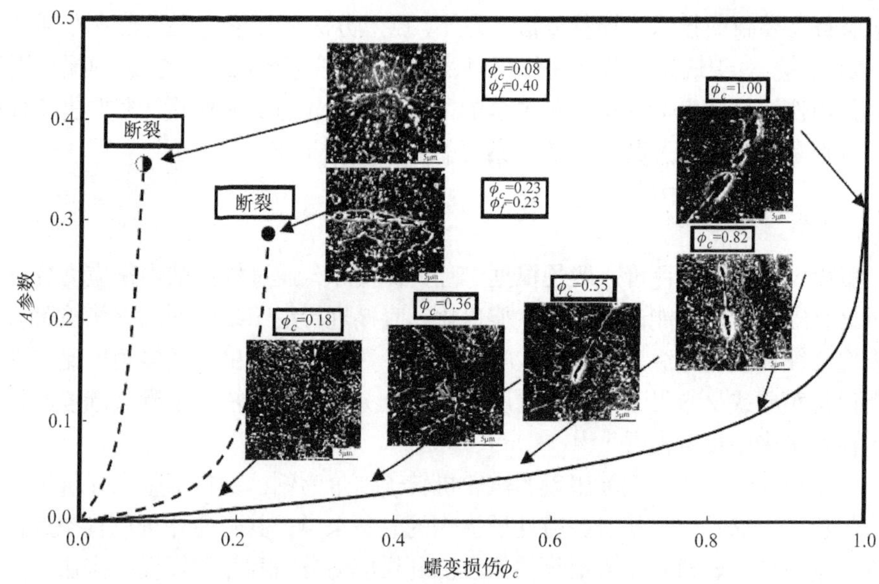

图 8-8　CrMoV 转子蠕变损伤特征和 *A* 参数关系

表 8-2　汽轮机不同部位损伤机理及措施

结构件	部位	典型损伤	修复措施	常规检查方法	服役限制条件
高中压转子	轮槽	低周疲劳	表面剥离	非破坏方法	表面无法剥离或材料明显疲劳
	中心孔	蠕变/低周疲劳	扩大镗孔或更新	非破坏方法	不可修复或检查出不正常现象
	轮榫头	蠕变/低周疲劳	表面剥离	非破坏方法	确定裂纹形式或检查出不正常现象
高中压内缸	内表面	低周疲劳/蠕变	表面剥离	非破坏方法	表面无法剥离或材料明显损伤
	内螺纹	高温蠕变	扩孔	非破坏方法	无法扩孔
高中压外缸	内表面	低周疲劳/蠕变	表面剥离	非破坏方法	表面无法剥离或材料明显损伤
	外表面	蠕变	表面剥离	非破坏方法	表面无法剥离或材料明显损伤
主汽阀	阀体	蠕变/低周疲劳	表面剥离	非破坏方法	表面无法剥离或材料明显损伤
	螺纹	蠕变	扩孔	非破坏方法	无法扩孔

续表

结构件	部位	典型损伤	修复措施	常规检查方法	服役限制条件
中高压叶片	铆头、围带齿型	蠕变/高周疲劳	更新	非破坏方法和目视检查	确认裂纹形成或检查出现不正常现象
高中压喷嘴隔板	隔板	蠕变形变	表面剥离	目视检查	表面无法剥离
中高压套管管螺栓	螺纹	蠕变	更新	非破坏方法	预计裂纹形成

又如某热电厂 X20 马氏体耐热钢主蒸汽管线结合应力分析寿命评价的案例[41]。评价的主蒸汽管道工作状态为管内蒸汽温度 550℃，操作压力 13.73MPa，管道材质为 X20CrMoV12-1 钢，管径尺寸 273×26（mm×mm），累计运行时间 16.5 万小时，远超过其设计使用寿命。考虑到热电厂主蒸汽管道包括弯管，相应的组织结构分析显示，整个管系中弯管的损伤相对较严重[42]，出现常见的 12Cr 马氏体耐热钢组织结构退化特征，但没有出现蠕变空洞、马氏体完全分解等严重损伤的现象。所以应力分析以弯管为研究对象并进行寿命评价。

有限元计算结果第一主应力的分布情况图 8-9 所示。由图可知除去人为引进约束造成的应力极值外，第一主应力最大值为 101MPa。Von Mises 等效应力的分布情况如图 8-10 所示，最大 Von Mises 等效应力为 125MPa，位于弯管内部，靠近弯管与直管的接合部位。即主蒸汽管线在实际配置条件下，当操作工况 T=550℃、p=13.73MPa 时，整个管线的实际最大合应力 $\sigma_T = 125$MPa。

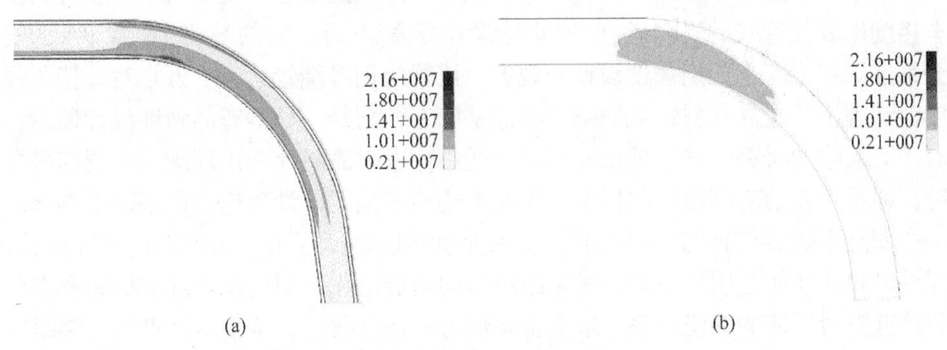

图 8-9　第一主应力分布图

(a) 内表面；(b) 外表面

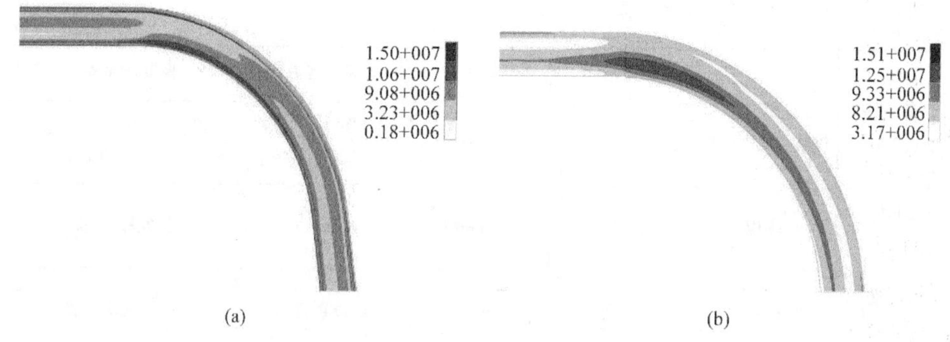

(a)　(b)

图 8-10　Von Mises 等效应力的分布图

(a) 内表面；(b) 外表面

根据 550℃下持久强度试验得到的系列结果，由实验结果外推，可得管材的高温持久应力为 131MPa[41]。高温条件下材料的许用应力存在如下的关系：

$$[\sigma]=\frac{\sigma_{10^5}^{550^\circ C}}{n_1} \tag{8-24}$$

其中，n_1 为长期强度设计的安全系数(1.2～1.65)，这里取 1.5。则主蒸汽管线在 550℃下运行了 23 年后的再设计许用应力值为 87.3MPa。

从长期强度设计观点来看，有限元应力分析计算得出的主蒸汽管线在实际操作条件下的合成应力为：$\sigma_T = 125\text{MPa}$，同高温长期试验测得的主蒸汽管线在运行 23 年后的再设计许用应力值比较，可以得出：

$$\sigma_T = 125\text{MPa} > [\sigma] = 87.3\text{MPa} \tag{8-25}$$

即从再设计的观点来看，已运行 16.5 万小时的主蒸汽管线在理论意义上讲不能满足再继续安全运行 10 万小时的基本条件。所以，根据实际情况引入一个较大的安全裕度以确保管线的安全运行。在理论设计寿命 10 万小时的基础上乘以 0.5 的安全系数。以上基于长期强度设计的观点，该管线仍可继续运行 5 万小时。持久强度设计理论是建立在材料无缺陷存在的基础上，它是一种静态的强度设计理论，对于有缺陷的材料，这种理论并不完全适用。考虑晶界尚未出现蠕变空洞或微孔链，即不存在动态型缺陷前提下，需在上述静态强度设计理论寿命基础上再乘以一个安全系数。综合考虑各种因素，尤其是管线已运行了 16.5 万小时的实际情况，即材料整体性能已明显下降，显微组织结构明显退化，但尚未出现诸如蠕变空洞等接近寿命后期的损伤缺陷。取安全系数为 0.75。所以，该主蒸汽管线可继续安全运行的实际时间为 3.75 万小时。即利用持久强度外推值已不能满足再使用下一个设计周期 10 万小时的基本条件，综合考虑各种因素和管线的实际情况，取 3 倍的安全系数，X20 主蒸汽管线在当前 550℃和 13.73MPa 的操作条件下可继续安全运行的期限为 3.75 万小时。当然这是一个非常保守的评价结果。因为设备安全运行及其寿命评价是个重大的安全性课题，一般评价准则往往要求对超过设计寿命的设备进行定期评价，以保证设备运行的安全可靠性。

8.3　马氏体耐热钢异常服役行为和失效现象

服役材料长期处于高温、高压等复杂的恶劣环境条件下，材料性能退化和失效是不可避免的。由于服役材料的损伤行为及制造和使用的原因，电厂发生爆管严重事故的报道时有所闻。9-12Cr 马氏体耐热钢由于性能和组织结构的特殊性，常服役于高参数电站设备，出现问题的严重性将更具灾难性。如 19 世纪 70、80 年代在丹麦 X20 钢主蒸汽管线有数次爆管事故发生，而且这些管道运行工况正常，实际运行时间仅有数万小时甚至更短。又如 1988～1989 年间，德国一电厂对运行工况为(22MPa，535℃)、运行时间为 120000 小时的主蒸汽管线上 56 个弯管普查发现，有 23 个存在问题，其中 6 个损伤严重，需立即进行更换。损伤原因的研究表明[43,44]，都是由于热处理不当引起的。由于高 Cr 钢相转变的特点，X20 钢的高含铬量使其蠕变强度对热处理条件十分敏感，不当的热处理或热处理没有严格执行工艺条件严重降低材料的蠕变强度。特别是弯管制作时，固溶处理温度不够，没有完全奥氏体化或完全奥氏体化后在没有完全转化为马氏体组织的条件下就进行回火处理，最终得到的是非正常的组织结构。实验研究显示[43]，热处理不当所得到的组织具体表现为非完全马氏体组织，α-Fe 晶粒粗大，易于形成 δ-Fe 铁和 α-铁素体。固溶处理过程中如冶金和热加工过程形成的 $M_{23}C_6$ 未完全回熔，组织中 $M_{23}C_6$ 球化严重，从而显著影响材料的蠕变强度。需要强调的是，经不当的热处理后，材料的力学性能当时仍能满足相关的标准要求，这需要对材料进行显微组织分析才能发现问题。同样，T/P91 也存在因热处理不当致使材料失效所引起的事故，在西方国家已有报道[45]。为确保及延长设备的设计寿命和使用安全，在材料加工、热处理和使用过程中应严格遵循相关加工工艺和操作规程，电站设备失效造成的事故往往是由于在建设阶段或运行过程中违反有关要求所引起的。

另外，电站设备结构加工过程不可避免需要热处理和焊接，往往会成为结构完整性的薄弱环节，构件服役过程中会存在氧化腐蚀现象等，这些都可能形成服役失效的主因。

8.3.1　焊接区失效

完全有理由认为，焊接区存在或多或少的组织结构、化学成分、应力的不均匀性，蠕变损伤在焊缝区分布范围广，出现多种裂纹形态[46,47]。这样的蠕变损伤对接近设计寿命或超期服役的发电设备尤其重要。严密监测应力集中或隐含损伤的关键部位十分重要，特别是会产生早期蠕变损伤的焊接接头部位，这些区域是蠕变断裂最可能产生的区域。焊接接头部位的裂纹按其分布位置一般分为四个类型，如图 8-11 所示。Ⅰ型和Ⅱ型裂纹分布于焊缝内，但后者会生长延伸到热影响区(HAZ)，Ⅲ型裂纹发生于热影响区的粗晶区，Ⅳ型裂纹在热影响细晶区和母材之间的极其狭窄的范围发展。其中热影响区和母材界面认为是蠕变强度低的区域，易于Ⅳ型裂纹形核。实践表明，热电厂管道和联箱的蠕变失效往往发生在这些易于形成高密度蠕变空洞和发生Ⅳ型裂纹区域，关于低合金耐热钢和 9-12Cr 马氏体耐热钢焊缝发生Ⅳ型裂纹都有报道[48,49]。图 8-12 是 T91 耐热钢焊接件蠕变断裂表现出来的Ⅳ型断裂宏观形貌[50]。

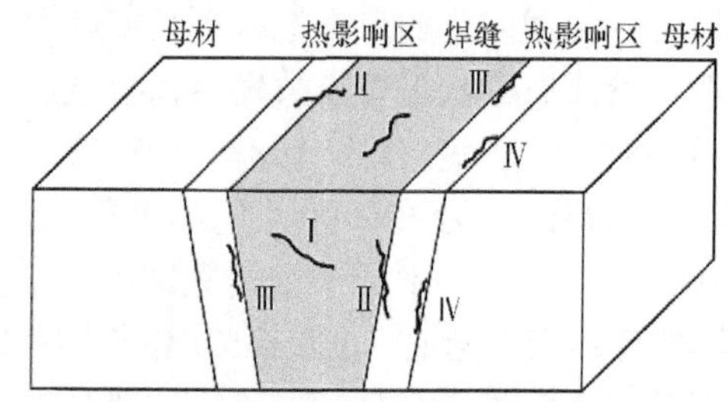

图 8-11　焊接接头区域蠕变裂纹类型示意图

图 8-12　T91 焊接头蠕变断裂形态

图 8-13 是低合金钢和 9Cr 马氏体耐热钢对焊缝区形成的Ⅳ型裂纹。裂纹平行于焊缝融合线，一系列空洞出现在热影响区外缘。

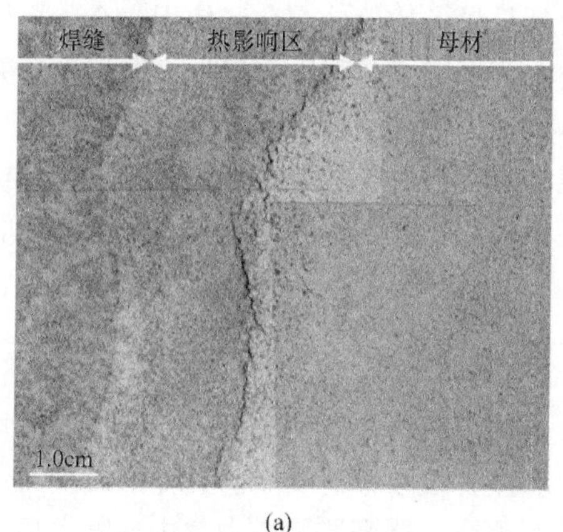

(a)

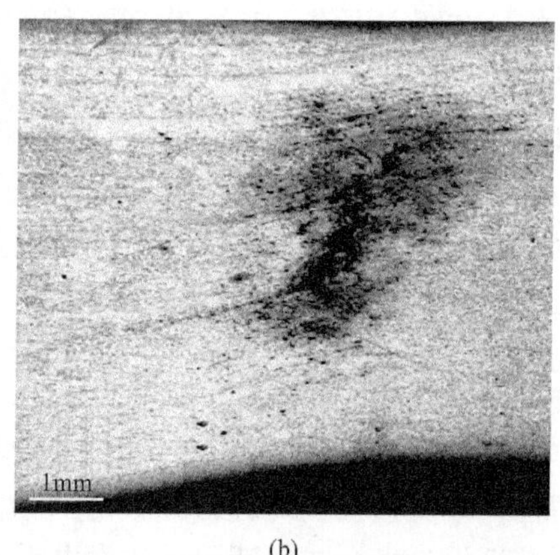

(b)

图 8-13　0.5Cr-0.5Mo-0.25V 钢(a)和 P91 对焊焊缝区形成的Ⅳ类裂纹(b)[50,51]

热影响区从焊缝融合区到未受到影响的母材基体范围可分为粗晶区、细晶区和临界区。临界区为新生奥氏体转变的淬火马氏体和原马氏体组织混合。在焊后热处理中，尽管一定程度消除焊接残余应力，这使原马氏体结构碳化物进一步粗化，而新生奥氏体没有明显造成原有的碳化物回溶，淬火马氏体中碳含量低，回火后形成的沉淀相少而有利于组织结构回复。导致此区域材料软化、硬度低、相应蠕变强度下降，如图 8-14 所示。而在长期蠕变或服役过程中，马氏体组织回复造成亚晶中位错密度低、碳化物粗化严重而有利于向 Z 相转变，从而造成热影响区易于形成蠕变损伤。

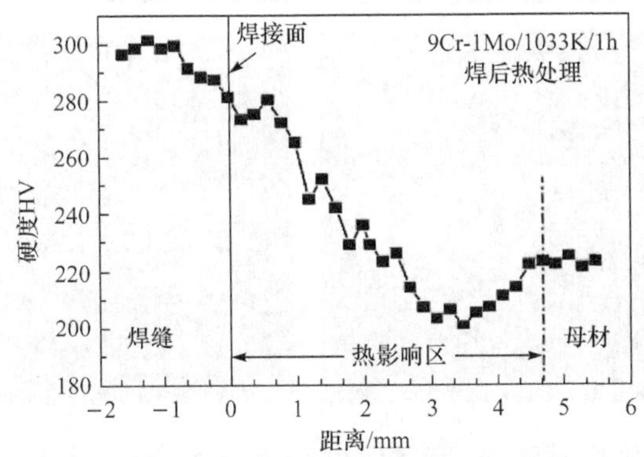

图 8-14　9Cr1MoVNb 焊缝截面硬度变化[50]

有关 9-12Cr 焊缝蠕变试验[52,53]显示，焊缝的蠕变强度相对应基体母材偏低，特别是热影响区的蠕变强度往往只有基体母材的 80%左右，这也是蠕变断裂往往发生在热影响区的原因。微观结构研究表明，严格的焊接操作和焊后热处理，熔合区、热影响区和基体间的组织结构上差异明显。如图 8-15 所示，9Cr 耐热钢焊接头和基体蠕变前后组织结构变化。特别是焊缝热影响区未熔解的残留碳化物存在，在后期的高温蠕变过程中会快速粗化，从而影响热影响区的蠕变强度。

焊缝蠕变强度低的问题，不仅仅和组织结构相关，有时断裂表现为沿晶形态，往往认为和氢脆相关。

8.3.2　高温氧化

高温高压下长期运行的电站设备尤其是锅炉各部分的炉管可能会发生氧化腐蚀现象。锅炉炉管发生氧化腐蚀，包括管道的内壁水蒸气侧氧化腐蚀和外壁向火面腐蚀，会形成氧化腐蚀层，降低热传导效率，导致管壁减薄、管壁温度上升而致使高温高压管道的运行风险提高。

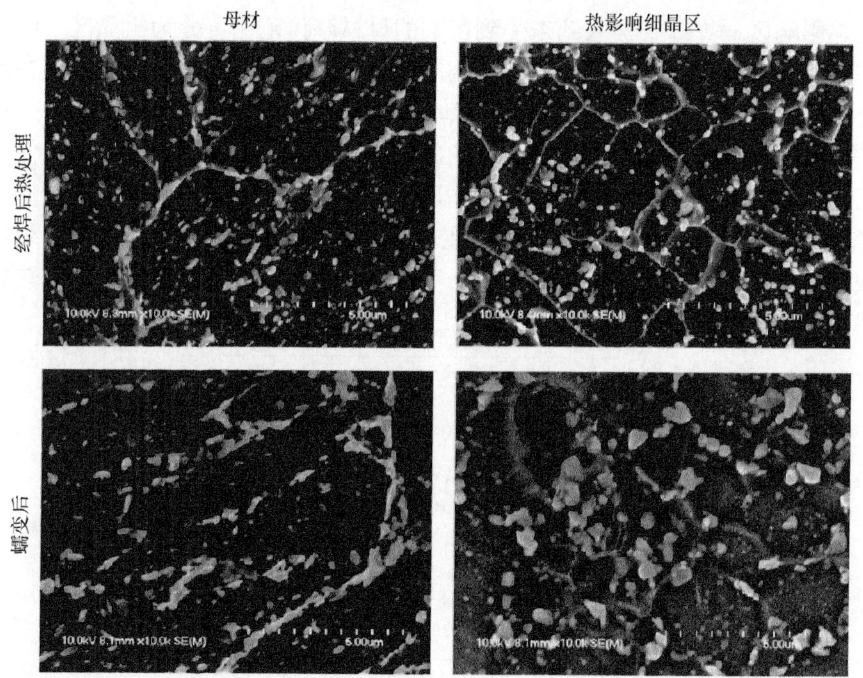

图 8-15　E911 基体和焊后热处理的焊缝热影响区在 600℃蠕变试验前后组织结构的形态[53]

1. 耐热钢的高温氧化

金属的高温氧化是一个十分复杂的物理化学过程，金属与氧反应在金属的表面形成连续的金属氧化膜将金属基体与氧分开，氧化的继续进行将取决于两个步骤：一是界面反应，这其中包括氧化物/氧界面、金属/氧化物界面两个方面；二是传质过程，包括元素在金属基体内的扩散，例如耐热钢中合金元素的扩散，反应物质通过氧化膜和气相物质的扩散。其实金属的氧化过程涉及的问题非常多，例如氧在金属表面的吸附、氧化物的形核与长大、氧化膜结构的影响、氧化过程及氧化膜中的扩散和转变等。

对于耐热钢这类合金表面的吸附，Oudar 等[54]提出：初始的吸附层由氧与合金中最活泼的元素组成，是通过 Cr 元素的选择性氧化而发生的。Cr 与氧气在金属基体表面结合，形成了氧化物晶核，Cr 元素不断向表面迁移导致金属内部的 Cr 流失，形成近表面贫铬区。模型如图 8-16 所示。氧化物在金属表面形核并横向生长，形成氧化物膜。氧化膜将金属与氧气隔离开，反应要想进行，只有反应物质通过

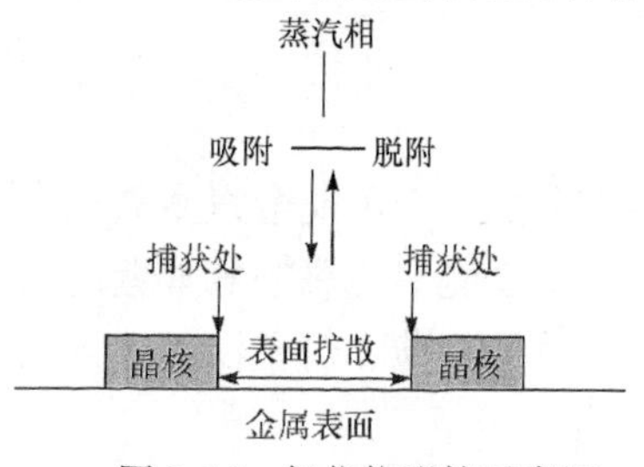

图 8-16　氧化物形核示意图

氧化膜的固相扩散才可能。对于大多数金属来说，初期氧化膜的生长非常迅速，然后会逐渐降低到非常慢的水平。

金属铁在空气中表面会形成结构、成分完全不同的氧化层，氧化层形成的方式和温度相关。图 8-17 是 Fe-O 相图。当温度低于 570℃时，铁氧化后，表面将反应生成 Fe_3O_4 和 Fe_2O_3 组成的氧化层。Fe_3O_4 是磁性氧化物，是具有尖晶石结构的复杂立方晶体，在 1538℃以下它的结构最致密，高温抗氧化性能最佳。氧化铁 Fe_2O_3，它有着 n 型半导体特性，当温度超过 1100℃时开始局部分解。在较低的温度下它具有两种不同的结构，温度低于 220℃时，它是具有磁性且与 Fe_3O_4 相同结构的 γ-Fe_2O_3，温度高于 220℃时会失去磁性，成为具有斜方六面体结构的 α-Fe_2O_3 相。温度低于 570℃时铁的表面氧化层有两层，外层为 Fe_2O_3，内层为 Fe_3O_4。这时候金属铁呈现出优良的高温抗氧化性。而当温度高于 570℃时，随着温度的升高，氧化层中氧化亚铁或维氏体的比重显著增加，其中含有大量的阳离子空位，结构属于 p 型半导体。这时候氧化层为三层结构，外层为 Fe_2O_3，中层为 Fe_3O_4，内层为 FeO。抗腐蚀性迅速变差。

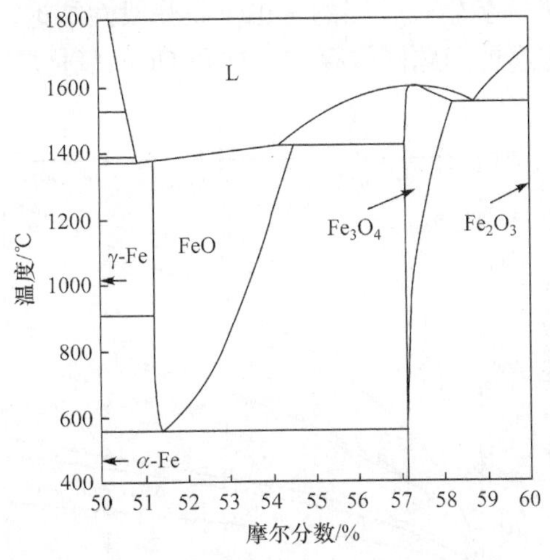

图 8-17　Fe-O 相图

普通碳钢的组分决定了它的抗氧化性与纯铁相似。它的高温氧化产物也是 FeO、Fe_2O_3、Fe_3O_4。不同的是，微量碳加入后，使钢中出现了多种结构组织。渗碳体 Fe_3C 的出现，渗碳体处于稳定状态温度区间的表面活性区减少，而使碳钢相对于纯铁的氧化速度降低。当温度超过 300℃时，氢气会和碳钢中的渗碳体发生氢腐蚀反应，使得碳钢脱碳。当温度超过 700℃时，碳钢脱碳严重，加速了金属基体的氧化。

低合金耐热钢的抗高温氧化性能要明显好于碳钢。通常加入的合金元素有固溶于铁中的 Mn、Cu、P、稀土元素和易形成碳化物的 Ti、V、Nb 等，总含量一般不会超过 5%。这类钢的高温腐蚀产物和纯铁的腐蚀产物是相同的。但是低合金钢会按照 Wagner 的碳原子价效应使纯铁腐蚀产物产生的缺陷密度有所变化。这种微观结构的变化会影响到抗蚀性。例如 12CrMoV 钢的使用温度可以达到 550～580℃。稀土元素的加入增大氧化物与基体间的结合力，提高金属对高温热应力的抵抗力。

低合金耐热钢的使用温度一般不会超过 600℃。超过 600℃的高温空气环境中，需要含有高合金的 Cr、Al、Si 和少量稀土元素的合金钢，可以生成致密的氧化皮(Cr_2O_3、Al_2O_3、$FeCr_2O_4$、$NiCr_2O_4$)来保证高温抗氧化性。这也是 9-12Cr 马氏体耐热钢使用温度高于低合金耐热钢的原因之一。因此奥氏体钢因含有更高的 Cr、Ni 而具有更好的抗高温氧化性[55–57]，Fry 等给出了很好的总结[58]，图 8-18 给出了不同 Cr 含量耐热合金钢氧化性能的比较。随着 Cr 含量的提高，合金钢的抗氧化性迅速提高。研究表明[59]，在 Cr 含量达到或超过 25%的条件下，表面能够形成连续致密的 Cr 氧化层而阻止 Fe^{2+}或 Fe^{3+}向外扩散形成铁的磁性氧化物，显著降低氧化皮的进一步生长。当然这也仅是一般性结论，对含量达到 25%Cr 的奥氏体钢高温氧化腐蚀问题同样存在，这和 Cr 的氧化层不能形成均匀致密的结构相关。

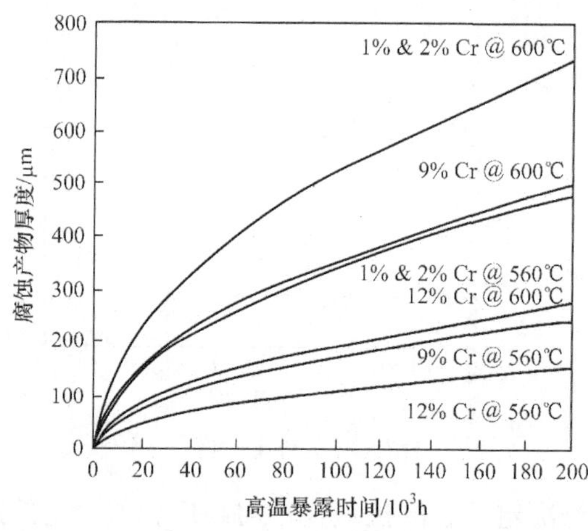

图 8-18　不同 Cr 含量耐热合金钢氧化产物的厚度、温度与时间的关系[57]

管壁中的铁与杂质之间产生电位差，形成无数个微腐蚀电池。电极电位低的铁为腐蚀电池的阳极，电极电位高的杂质为腐蚀电池的阴极，阳极发生氧化反应，即铁失去电子形成 Fe^{2+}进入表面水膜中。溶解氧得到电子与水结合生成 OH^-，Fe^{2+}和 OH^-结合生成 $Fe(OH)_2$附在铁的表面上，铁很快遭到腐蚀。

氧化环境同样会影响氧化速度。如水蒸气存在与否对氧化速度的影响，结论有一定的矛盾性。总的来说，600℃以下，水蒸气存在会降低氧化速度，而 700℃附近，水蒸气存在与否对腐蚀速度没有明显影响，而大于 800℃，水蒸气明显促进腐蚀速度。这些结论是实验室对低合金钢的研究结果。工程研究表明，耐热钢材料在含水蒸气环境中的氧化速度要比在干燥氧气环境中快得多，这对随 Cr 含量高的合金钢来说更为显著[60]，氧化膜更容易发生破坏。当然，水蒸气的存在及其压力、流速、应力环境等也存在一定影响[61]。

高 Cr 钢在含水蒸气环境中的加速氧化问题可以简单做如下解释[62,63,64]：

$$Fe(s)+2H_2O(g) \rightarrow Fe(OH)_2(g)+H_2(g) \tag{8-26}$$

$$3Fe(s)+4H_2O(g) \rightarrow Fe_3O_4(s)+4H_2(g) \tag{8-27}$$

$$3Fe(OH)_2(g) \rightarrow Fe_3O_4(s)+2H_2O(g)+H_2(g) \tag{8-28}$$

$$Cr_2O_3+O_2+H_2O \rightarrow 2CrO_2(OH)(g) \tag{8-29}$$

$$2Cr_2O_3+H_2O \rightarrow 2CrO_2(OH)(g)+1/2O_2(g) \tag{8-30}$$

简单地说，铁离子和氧离子分别向氧化物和金属界面处扩散，在水蒸气的作用下，分别发生式(8-26)和式(8-27)的反应，生成的 $Fe(OH)_2$ 会再次发生分解。经过一系列反应，生成 Fe_3O_4。在高 Cr 钢中，会发生式(8-28)及式(8-29)的反应，这带来的直接后果就是原本生成的 Cr_2O_3 氧化膜遭到了破坏，进而使得水蒸气更容易进入金属基体，从而加速了氧化腐蚀的进程。水中的溶解氧不仅直接腐蚀锅炉金属，而且破坏金属表面 $Fe(OH)_2$ 保护膜的致密性，因此金属腐蚀速度与氧的浓度成正比。

2. 马氏体耐热钢氧化腐蚀形态和特征

高温氧化是耐热钢的重要问题，特别是锅炉炉管，往往是热电厂运行突发事故的主要因素。尤其是实际使用温度达到或超过推荐使用温度。历史数据统计表明，热电厂运行失效事故发生常常与过热器、再热器、联箱等炉管长期过热运行相关[65]。因为过热运行状态下，蒸汽管中会因氧化产生的沉积物，往往来源于炉管内部氧化物剥离脱落，沉积物的存在和堆积会明显降低蒸汽流速，影响水蒸气对炉管的降温作用。特别是内壁或外壁产生氧化腐蚀层，会严重影响热传导性能，降低锅炉内外壁热传导效率，导致炉管温度超过名义运行温度而过热运行。氧化腐蚀产物 Fe_3O_4 的导热系数只有 0.592(W/m·℃)[66]，氧化腐蚀层的导热系数只有耐热合金钢的 1/60。随着炉管内壁氧化腐蚀层形成和厚度的增加，炉管的导热效率会显著下降，致使管壁温度升高，远远超过设计的使用温度。管壁金属温度升高，自然会加速组织结构退化和氧化腐蚀加速。

特别是局部区域高温，水蒸气与炉管发生反应生成氧化物腐蚀层，不仅影响了管壁的传热效果，而且随着氧化层的不断生长变厚和剥落，剥落的氧化层进入管路和水蒸气循环系统，阻碍蒸汽流的流动，致使局部工作压力提高，温度上升，随着氧化程度不断提高，管壁变薄从而发生爆管泄漏事故。剥落氧化层还可能会被水蒸气带入汽轮机中，冲蚀汽轮机叶片，带来更大的安全隐患[67]。另外，炉管内外壁腐蚀氧化层的形成会明显降低炉管的蠕变特性而产生破坏作用[68]。

过去的研究表明，水蒸气与接触炉管内壁的表面反应，这种水蒸气氧化腐蚀是炉管主要氧化腐蚀过程，在内壁表面形成一层以铁为主的金属氧化膜。长期处于高温高压服役状态下，在运行一段时间后，炉管内壁生成具有双层结构的氧化皮产物。氧化皮生长到某个厚度，往往外层结构较为疏松，会出现分层及外层氧化剥落现象，如堆积在过热器管的 U 形弯曲部位，会阻塞水蒸气回路，发生过热而引起爆管事故的发生。

锅炉管的氧化产物或氧化皮结构往往为两层结构。两层氧化产物晶体结构均为尖晶石结构，外层由铁磁性的 Fe_3O_4 和 Fe_2O_3 组成，内层由含 Fe、Cr 的氧化物 $(FeCrMo)_3O_4$ 组成非磁性层。往往以不连续的微裂纹将内壁氧化层大体分为内、外两层。内层质地致密、外层相对比较疏松。这和低合金耐热钢高温氧化层的结构类似。两层的界面相当于炉管内壁的原始表面。也可能出现三层结构，外表面出现薄的最外层以充分氧化的 Fe_2O_3 形态出现。合金元素成分差异的原因在于氧化腐蚀层生成过程以扩散方式进行，由于 Cr 元素的扩散速率远小于 Fe 元素，所以 Cr 元素基本上会留在靠近基体的内层，形成 Cr 元素富集的内层氧化产物。

锅炉结构中各类炉管的外壁往往处于烟气腐蚀环境中，其氧化腐蚀形态可能和内部类似。特别之处往往是向火面，会因为形成复杂的腐蚀产物及未燃烧的碳灰分等沉积在表面而加速腐蚀[69]。这和表面沉积物中含有腐蚀性高温熔盐相关，燃烧烟气中存在 Cl、S、NO_x 等有害气氛，一定程度上加速了炉管的失效进程。而减少高温气氛腐蚀气氛含量和热涨落效应至关重要[70]。工程应用相关研究一般认为[71]，内壁腐蚀主要是和水蒸气的含氧量及给水不当的 pH 值相关，外壁腐蚀与燃烧过程的腐蚀气氛含量和水汽含量及管道工作温度相关，往往通过管壁温度超过结露点并防止表面沉积产生而达到减轻腐蚀外壁腐蚀的目的。

3. 氧化腐蚀的一般规律和预测

过去的研究表明[72]，合金钢的高温氧化动力学关系，即氧化层的厚度或单位面积质量 y 和高温服役时间 t 一般都遵守抛物线 $y^n = Kt$ 或对数规律。一般地，在形成连续的氧化层前为线性关系，而形成连续氧化层后，氧化层的厚度变化和时间接近二次抛物线关系。有关氧化动力学的描述只是简单的表象理论，金属在现实中的氧化动力学是非常复杂的，不同的金属在相同温度下或者相同金属在不同温度下其氧化动力学曲线都是不一样的。一般认为，温度影响明显，在相对低温下表现为抛物线关系，而高温氧化速度加快，甚至接近线性关系。

对 9-12Cr 马氏体耐热钢的有关氧化实验研究结果[73]，如图 8-19 所示。仅从氧化速度而言，9Cr1Mo 抗氧化性能好于 T91 和 T92，但不如 12Cr 耐热钢。可见，耐热钢中微量合金元素 W、Ni、Nb 等可能不利于抗氧化性的提高。

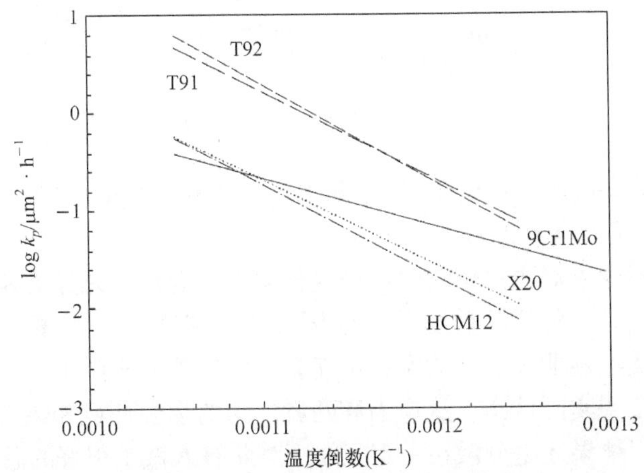

图 8-19　马氏体耐热钢氧化速度抛物线关系指数和温度的关系

氧化环境同样会影响氧化速度。如水蒸气存在与否的研究表明，在 600℃以下，水蒸气存在会降低氧化速度，而 700℃附近，水蒸气存在与否对腐蚀速度没有明显影响，而大于 800℃，水蒸气明显促进腐蚀速度。当然，水蒸气存在及其压力和流速等也存在一定影响。

在实际工程应用中，承载高温高压的水蒸气管网构件内表面氧化膜常发生开裂或剥落，这与氧化层形成过程和受到应力作用密切相关。取决于氧化产物相对于金属基体体积增大形成的内应力，以及氧化物/金属界面、氧化层各层间、其自身的相对断裂强度[74]。在漫长的氧化过程中存在扩散行为，氧化层结构存在大量的微裂纹或空洞缺陷和分层现象，减小其抗断裂强度。设备在停车降温、周期性调温运行过程中，因为氧化皮和金属基体间热膨胀系数差异形成的剪切应力，都可能造成氧化皮裂纹扩展、起皱和剥落[75]。

这一失效过程将对其抗氧化性能产生不利的影响，因为它破坏氧化层内已建立的各种化学态动态平衡，从而影响腐蚀层内的物质传输过程、氧化膜与基体界面间的反应气氛分压及界面处的微观结构。开裂或剥落引起的表面氧化膜抗氧化性能丧失，局部产生快速氧化。

耐热钢管道蒸汽侧高温氧化腐蚀问题得到了比较深入的研究。特别是早期主要关注的是低合金珠光体耐热钢，根据管道内壁氧化腐蚀产物的厚度和服役温度及材料的常数关联，得到了和工程实际比较吻合的经验公式。由内壁氧化皮腐蚀层厚度可以估算炉管在运行状态下的实际温度。对于含 1%～3%Cr 低合金耐热钢来说，蒸汽侧的氧化层厚度和 Larson-Miller 参数相关联[76,77]，所以，可根据服役时间、温度和 Larson-Miller 参数表达式估算炉管管壁实际运行温度 T:

$$\log(\frac{X}{0.0254}) = 0.00022P - 7.25 \tag{8-31}$$

$$(\frac{9}{5}T + 492)(C + \log t) = P \tag{8-32}$$

其中，X 是蒸汽侧氧化层厚度，P 是 Larsen-Miller 参数，t 是炉管实际运行时间，C 为常数(近似等于 20)。

事实上，不少人对耐热钢氧化产物生长动力学进行研究分析和总结[75]。无论是实验室试验还是工程实际现场观察均表明，氧化物生长和温度、时间密切相关，但数据显示其离散性明显。实验室并不能真正模拟工程实际工况，或者说实验室结果无法代替工程实际状态，这应当和两者之间的物理环境和热力学环境差异相关。但各种数据结果还是分散在一定区间，对此有人做了很好的总结[78]。图 8-20 给出了不同耐热钢氧化物产物生长速度和时间、温度及 LMP 参数的相关性。

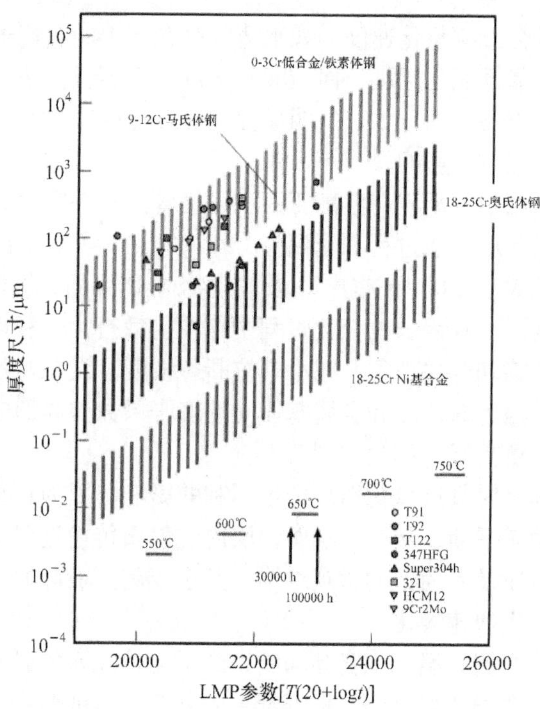

图 8-20　蒸汽侧氧化产物厚度和温度、时间及 LMP 之间的关系[75]

对耐热钢氧化动力学问题，有人给出一个基本表达式[79]：

$$X = Ae^{-\frac{Q}{RT}}t^n \tag{8-33}$$

其中，Q 是控制氧化速度的活化能，T 是金属绝对温度，R 气体常数，A 是 Arrhenius 常数，n 是氧化速度指数，对铁素体钢来说，一般在 1/2～1/3 范围。在氧化物生长为抛物线关系条件下，文献中给出了不同类型耐热钢高温不同区间的活化能 Q 和常数 A 的参数[79,80]。

有关马氏体耐热钢的相关研究还没有一些理论公式表达氧化物和温度与时间的关系。T91 钢在高温水蒸气环境下氧化服从抛物线规律，日本学者[81]用下式表示了 540～570℃时的氧化皮厚度 X(mm) 与时间 t(h) 之间的关系：

$$X = 3.59 \times 10^{4\sqrt{t}} \tag{8-34}$$

但随着时间的延长，氧化皮厚度随时间的变化逐渐偏离此关系式。

事实上，因为服役材料所处的力学和热力学环境是复杂的，包括水蒸气压力、水蒸气溶解氧含量及其他成分存在、材料自身组织结构都可能影响其氧化腐蚀的动力学过程。一个相对准确的动力学理论也并不是真正具有普适性。根据我们过去对工程服役材料的相关研究，12Cr 炉管即使服役超过 230000 小时，炉管内壁也没有明显腐蚀产物的存在。而低合金钢服役数千小时就发生氧化腐蚀失效。和氧化腐蚀问题密切相关的因素主要在于服役温度。使用材料达到和超过该材料推荐的最高使用温度往往会造成明显的高温氧化，特别是超温运行会产生严重的氧化腐蚀现象。尤其是锅炉构件中的炉管局部高温现象往往是事故频发的关键因素。温度是最重要的氧化腐蚀因素。

不同材料使用温度不同，正确的选材是避免氧化腐蚀的关键。研究表明，600℃以上，Cr 含量大小明显影响材料的氧化腐蚀速度。常见的 T/P91 和 T/P92 马氏体耐热钢使用温度不应超过 600℃，否则会出现明显的氧化腐蚀问题[82]。不同材料的腐蚀速度差异明显，图 8-21 给出了不同材料氧化抛物线规律的腐蚀速度系数。低合金钢的氧化腐蚀速度是 9-12Cr 马氏体耐热钢的数倍，奥氏体钢耐氧化性更好。

氧化腐蚀问题往往集中于锅炉部件。因为服役环境的特殊性，不仅炉管内壁有蒸汽侧氧化腐蚀问题，炉管外壁也存在高温氧化现象，同时还受到烟气腐蚀的叠加效应。而燃煤、燃油和燃气锅炉烟气中的腐蚀气氛(NO_x、SO_2、CO_2)，以及管壁上沉积物富集的盐、碱类成分在高温下处于熔融状态，都可能产生严重的外壁化学腐蚀，出现坑蚀现象，造成管壁减薄严重而爆管。

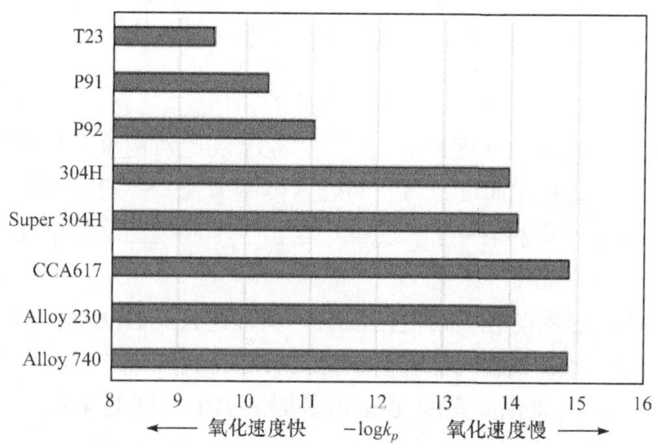

图 8-21　不同耐热钢蒸汽氧化腐蚀速度系数[83]

8.3.3　氢脆

合金钢氢脆或氢损伤是应力环境下氢的存在导致材料抗断强度下降而断裂的现象，是环境致脆现象之一。有关氢脆的基本模式有以下一些典型的破坏方式，包括因氢产生内部微裂纹、形成氢化物和氢致脆现象。在应力和氢存在环境下，固溶在金属中的氢作为间隙原子溶于金属基体中，易于聚集在位错附近。作为小尺寸氢原子在晶格内扩散或随位错运动向应力集中区域富集。氢和金属原子之间的交互作用使金属原子间的结合力变弱，氢高浓度富集构成局部压力高过临界值而萌生裂纹并扩展，即氢致开裂(hydrogen induced cracking, HIC)。特别是高温高压条件下，氢渗入钢中，甚至与碳发生化学反应生成甲烷，在钢中夹杂物或晶界等处形成气泡不断增多并产生局部压力过高导致损伤。材料中存在着很多的微裂纹，氢向裂纹聚集，吸附在裂纹表面使表面能下降，降低材料的断裂韧性和延展性，造成断裂，这是简单的氢脆现象。

而与氢有较强亲和力的某些金属如 Ti、Zr 可以与氢形成氧化物，如过饱和氢与金属原子结合生成氢化物，或高浓度聚集的氢与金属原子结合生成氢化物。氢化物是一种脆性相组织，在外力作用下往往成为断裂源，从而导致脆性断裂，也是一种氢脆现象。

对耐热钢来说，电站高温高压设备构件建造或焊接过程中，氢致开裂现象是常见的损伤之一。这方面失效现象的报道有不少。如 Khlefa 主编的 *Handbook of case histories in failure analysis* 一书中给出了不少案例[84–86]，包括锅炉中的水冷壁管道、过热器管道、汽轮机转子、紧固件等。

热电厂氢致开裂往往和残余张应力及焊接时的氢吸附相关。而氢来源于焊接时焊接材料的潮气、空气或保护气中的水汽、焊剂及药芯焊丝、焊条有机涂层、焊料中的氢及腐蚀产物等。一般来说，焊接强度越高，焊接接头对 HIC 抗力越低。相对韧性高的结构抗 HIC 能力强[87]。而耐热钢一般含有 Cr、Mo 合金元素，焊缝及热影响区硬度高，对 HIC 敏感。像 9Cr 耐热钢如没有实施焊后热处理(PWHT)，连接基体附近的热影响区则易发生氢致开裂及晶间腐蚀[88,89]，如图 8-22 所示的热影响出现的 HIC 裂纹。

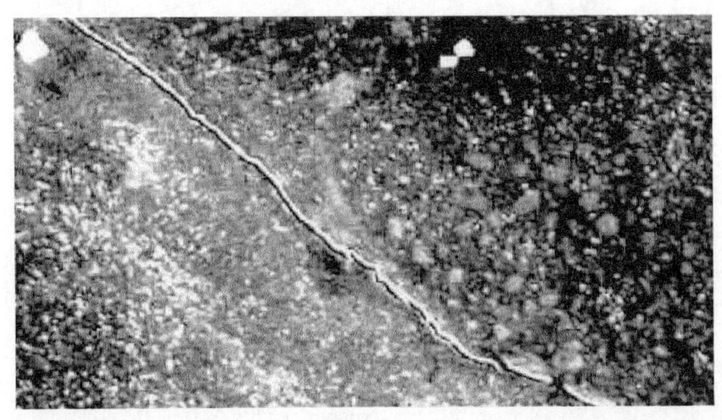

图 8-22　9Cr1Mo 耐热钢修复焊接未焊后热处理产生的热影响区边际产生的 HIC

钢铁材料的氢脆现象，涉及到氢在材料中的传输和陷阱捕获过程。从氢分子在表面吸附到形成氢原子进入晶内成为固溶元素无疑要经过一个复杂的反应过程，而氢原子在晶内扩散过程则受到扩散动力学控制，包括浓度梯度、应力梯度和温度等影响。温度影响显然很明显，如图 8-23 所示。所谓陷阱捕获是指氢在晶体中扩散会集于结构缺陷处，如晶界、位错、第二相粒子界面及微裂纹或空洞处，阻碍氢的继续扩散。而缺陷的陷阱作用和其能量相关，往往温度高条件下陷阱的捕获能量下降，有的陷阱中氢会脱附。所以低温下氢的陷阱密度高，高温下氢易于脱附，相应的陷阱密度低。这就是为什么在铁素体中氢的表观扩散系数在高温下接近其晶格扩散系数。

针对热电厂发生有关氢致开裂问题，有人做了相关总结[91,92]，由氢脆引起的相关问题主要是电站设备消除和减轻氢损伤问题。首先是严格材料标准，减少材料中的氢含量，包括真空熔炼、除气处理、足够凝固时间消除氢陷阱以减少氢的固溶度。其次是消除氢侵入钢材的可能性，包括表面涂层处理(可降低氢扩散各类金属及无机材料涂层)。除此之外，表面改性的研究显示，利用离子注入或喷涂 Ti、P、N 等方式形成表面陷阱或复合结构阻止氢扩散到基体内。当然这些方法距实际工程应用尚远，如因此构成表面原电池而引起腐蚀的问题则得不偿失。表面喷丸处理，造成表面压应力存在而阻止氢扩散也是工艺选项之一。材料中添加其他稀有元素，通过元素在表面富集钝化表面而降低氢向内部扩散的可能性。

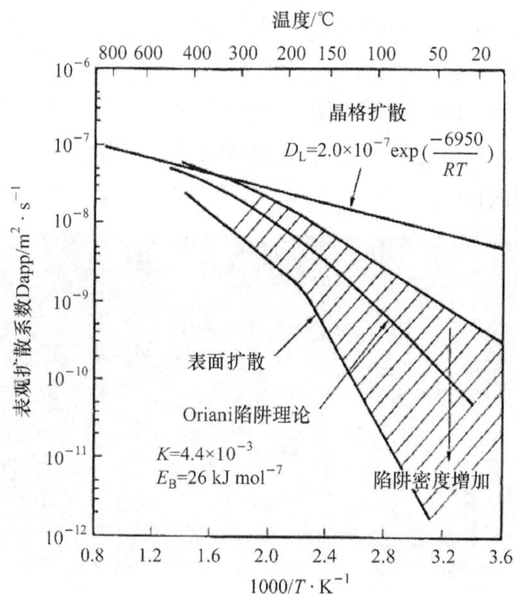

图 8-23 氢原子在α-Fe 中扩散系数和温度关系[90]

设备制造安装过程中的焊接显然十分关键。焊接中通过利用清洁、低氢含量的焊材以减少氢的存在。焊条、焊丝和焊接设备及焊接工艺参数等对减少氢的引入都十分重要。焊接工序中的预热可减小降温速度而有利于氢的逸出扩散。工艺上如采用多道次焊接，如能够进行机械热处理工艺，细化热影响区晶粒，达到提高其断裂韧性的目的，则可很好控制热影响区的脆性[50,93]。这一方法可很好改善晶界组织，得到低能量晶界的稳定结构，减少脆性成分在晶界偏聚的可能性。

电站材料的氢脆问题不仅在铁素体耐热钢中涉及到，在奥氏体耐热钢和镍基合金工程应用中同样存在。在核电材料在辐照损伤下尤为突出[94]。

8.3.4 异常服役行为及其破坏性

随着马氏体耐热钢工程应用实践的不断深入，材料服役性能和寿命问题越来越受到关注。有关马氏体耐热钢的服役失效研究，过去人们一直关注服役高温条件下材料的失效行为，包括蠕变、疲劳、氧化腐蚀以及在役设备安全性评价等。马氏体耐热钢的工程应用研究表明，正常服役条件下，材料的使用寿命完全可满足设备的设计寿命[18]。正常服役条件下蠕变现象是导致材料失效的主要原因，蠕变损伤在设计寿命使用范围内是安全的，安全容限范围内寿命也是可以预测和评价的[95]。但事实上，无论是国内还是国外，马氏体耐热钢高温高压设备(如锅炉炉管和主蒸汽管)爆管事故时有发生，设备实际运行时间远小于设计寿命。相关的研究表明，事故的发生往往都归咎于一些特殊的损伤现象[43,44]。这些失效现象主要是指：一是在机组正常运行工况条件下发生的损伤，往往和管网结构不合理引起的应力集中、高温超限及其氧化腐蚀等相关；二是指锅炉构件常处于高温、高压水蒸气环境及腐蚀性烟气环境，设备还会经历调峰运行、停机检修过程，存在降温、升温及停机等特殊服役时期，往往会引起复杂的损伤积累，造成设备在设计寿命范围内的失效或爆管事故等非正常服役失效行为。这些失效现象在实际工程中并不鲜见，而且是威胁发电机组安全服役的主要因素。如果说通过热力管网合理布局和运行过程中严格技术监督，第一类失效现象是可控的话，那么第二类非常服役条件下的失效现象往往更为普遍，会大大降低设备的使用寿命，且具有不可预测性和破坏性。显然，这些失效现象会对设备长期服役的稳定性和可靠性产生显著影响，严重威胁设备的安全运行。特别是我国以火电为主的电站设备寿命明显低于国际先进水平，而由此引起的失效行为更为严重，应当给予足够重视。

9-12Cr 马氏体耐热钢是为运行参数不断提高的热电机组的建造需要应运而生的，有关马氏体耐热钢的失效行为的研究显示，这些非常服役行为往往是多种因素叠加产生的。服役高温条件下存在高温氧化腐蚀现象，管道氧化减薄会造成环向应力增加，同时氧化腐蚀产物会降低热传导性能、影响热交换而提高金属本体的实际运行温度，进而引起蠕变性能下降和蠕变失效加剧。而一定厚度的腐蚀产物在设备停车及峰谷调整运行期间还会剥离堵塞管道而发生爆管事故、引起汽轮机叶片冲蚀等。有关超临界水环境下各类耐热钢高温腐蚀行为有人给出了很好的总结[58,96]。一般认为，铁素体耐热钢的抗蒸汽氧化性能和材料化学成分密切相关。1-3Cr 低合金铁素体耐热钢在超临界水中的氧化腐蚀产物厚度的预测已经有很好的经验公式[77,97]。相对于低合金耐热钢，9-12Cr 马氏体耐热钢抗氧化性能得到显著提高。有关 9-12Cr 马氏体耐热钢在高温高压环境下的氧化腐蚀研究认为[80,98]，长期氧化腐蚀速率和时间呈指数关系，溶解氧浓度对腐蚀形态和速度有一定关系。氧化产物结构和常见铁素体耐热钢氧化产物双层结构相似，即具有磁性的 Fe_2O_3 外层和尖晶石结构 $(Fe, Cr)_4O_3$ 内层，这和腐蚀产物形成过程中的合金元素扩散速度相关[98]。氧化腐蚀问题往往是和设备的超温服役相关。有关一定介质环境下的腐蚀问题也有一定探讨，如研究管道在烟气向火面的腐蚀行为，相对于干空气、含水及腐蚀性烟气分下材料的腐蚀十分严重[99]。有关离子环境对马氏体钢腐蚀性的影响报道较少，如对 13Cr 马氏体不锈钢在常温下腐蚀行为的研究报道[100]，常温下 13Cr 具有很高的 SCC 敏感性，SCC 起源于表面点蚀坑处，Cl^-浓度的增加明显增加 SCC 敏感性。常温下 13Cr 马氏体不锈钢材料在 5%的 NaCl 溶液中发生应力腐蚀断裂主要由于歧化反应产生的氢脆现象。9-12Cr 马氏体耐热钢应力腐蚀性能也有一定的研究工作，如 Hwang 等[101]研究了不同马氏体和奥氏体耐热钢在

500～600℃高温、pH 为 6.5 和溶解氧 10μg/L 这一特定超临界水环境中的应力腐蚀问题。600℃下马氏体耐热钢腐蚀速度显著提高，并认为实验条件下马氏体耐热钢没有表现明显的应力腐蚀不敏感性。也有研究认为 P92 马氏体钢在 550℃和 600℃高温下腐蚀差异明显，在 600℃下表现为沿晶开裂[102]。高溶解氧含量会使试样表面发生剧烈的氧化反应，直接导致材料的延伸率降低。Ampornrat 等[103]对三种 9-12Cr 马氏体耐热钢 T91、HCM12A、HT-9 在超临界水环境中研究溶解氧含量对 SCC 影响，结果表明含氧量的增加会导致材料延伸率的显著降低，材料的应力腐蚀敏感性随溶液中含氧量的升高而增大。低于服役温度温度区间的有关实验发现，马氏体耐热钢存在明显的应力腐蚀倾向[104,105]。如图 8-24 是 P92 马氏体耐热钢从室温到 320℃范围内在去离子水中慢应变拉伸试验(slow strain rate test, SSRT)，应变速度 $1.0\times10^{-6}\ s^{-1}$，结果及断口附近未颈缩部分表面形貌。随温度的升高，不仅材料脆性增加，断裂方式发生明显的改变，在 320℃条件下显示出沿晶开裂，表现出明显的应力腐蚀敏感性。

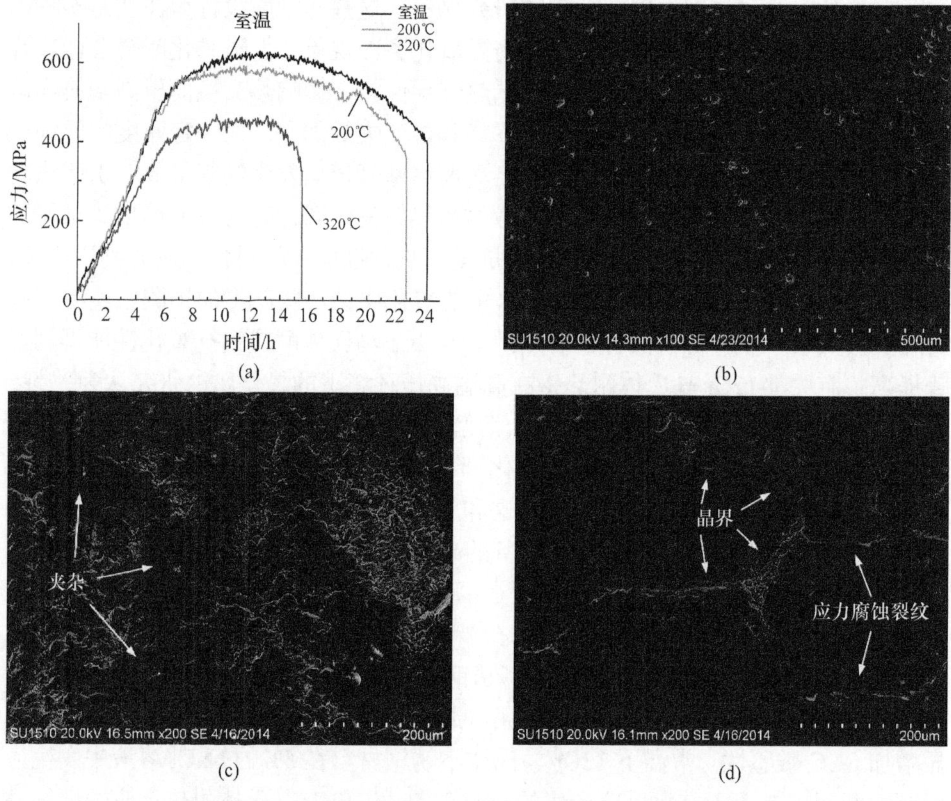

图 8-24　P92 钢不同温度下慢应变速率拉伸试验结果[42,43]

(a)试样断口未颈缩区域表面形貌；(b)室温；(c)200℃；(d)320℃

耐热钢材料高温水环境下的应力腐蚀的理论发展不仅表现在试验研究手段和理论，在数学模型和预测方面也有显著进展。SCC 理论多样化也造成理论模型多样化，诸如氧化膜破裂模型（oxide film rupture model）、环境断裂耦合模型（coupled environment fracture model）、强化表面运动模型（enhanced surface mobility model）、内部氧化模型（internal oxidation model）等，如常用的 Ford-Andresen 模型（氧化膜破裂模型）[106,107]，裂纹扩展速率可表示为：

$$\frac{\mathrm{d}a}{\mathrm{d}t}=\frac{Mi_0}{\rho zF(1-m)}(\frac{t_0}{\varepsilon_f})^m(\dot{\varepsilon}_{ct})^m \tag{8-35}$$

其中，M 为原子量，ρ 为密度，z 为溶解过程中的电荷变化，F 为法拉第常数，m 为钝化曲线的斜率，i_0 和 t_0 为相关新鲜金属表面在环境中的溶解常数，ε_f 为裂尖表面氧化膜的断裂应变，$\dot{\varepsilon}_{ct}$ 为裂尖应变速率。该模型显示出裂纹扩展速率主要是由新鲜金属在介质环境中的溶解（氧化）过程和裂尖应变速率所决定。但是，公式中的裂尖应变率 $\dot{\varepsilon}_{ct}$ 非常难以获得。在此基础上，日本东北大学 Shoji 等建立了 FRI 模型（裂尖应变率模型）[108]，裂尖应变速率表示为：

$$\frac{\mathrm{d}\varepsilon_{ct}}{\mathrm{d}t}=\beta(\frac{\sigma_y}{E})\frac{n}{n-1}(2\frac{\dot{K}}{K}+\frac{\dot{a}}{r})[\ln(\frac{\lambda K^2}{r\sigma_y^2})]^{\frac{1}{n-1}} \tag{8-36}$$

其中 β 为无量纲常数，σ_y 为屈服强度，E 为弹性模量，r 为至裂尖距离，n 为应变硬化指数，R_P 为塑性区尺寸，$R_P=\lambda(K/\sigma_y)^2$，$K$ 为应力强度因子，λ 为约束因子。该模型给出了裂纹扩展速率与材料裂纹尖端氧化膜以及裂纹尖端应变速率之间的定量关系式，以分析各种环境、材料和力学因素对环境致裂扩展速率的影响。一般认为，材料在高温水环境下的应力腐蚀开裂是由裂纹尖端的腐蚀环境、应力和材料共同作用下的电化学阳极反应造成的。

异常服役行为大大降低设备的服役寿命，是材料失效和设备运行安全的主要隐患。我国电力工业经历了近三十年的快速发展，形成世界上最庞大的机组数量和装机容量，有关设备运行安全、设备寿命和失效问题应成为研究重要方向。我国以火电为主的电站往往因开工不足、运行水平低下，电站设备寿命明显低于国际先进水平，相应材料和设备失效现象突出，这对机组运行完整性和安全构成主要威胁。因此，关注工程实际应用背景下马氏体耐热钢材料与环境因素的交互作用，对引起 9-12Cr 马氏体耐热钢在设计寿命范围内失效行为进行研究，理解非常服役条件下马氏体耐热钢腐蚀失效规律性，这对材料工程应用、降低或避免材料非正常失效，提高设备使用寿命，确保设备安全运行和寿命延长等具有重要的经济意义和社会意义。

参考文献

[1] Kimura K. Creep and fracture in high temperature components-design and life assessment issues//Shibli I A, Holdsworth S R, Merckling G. Lancaster, Pa: Des Tech Publications, 2005, 1009-1022.

[2] Semba H, Dyson B F, Mclean M. Creep and fracture in high temperature components-designand life assessment issues//Shibli I A, Holdswortheds S R. Lancaster, Pa: Des Tech Publications, 2005: 419-427.

[3] Tamura M, Abe F, Shiba K, et al. Larson-miller constant of heat-resistant steel, Metallurgical and Materials Transactions A, 2013, 44: 2645-2661.

[4] Park K S, Bae D S, Lee S K, et al. Creep modeling for life evaluation and strengthening mechanism of tungten alloyed 9-12%Cr steel. Metals and Materials International, 2006, 12: 385-391.

[5] Abe F. Effect of quenching, tempering, and cold rolling on creep deformation behavior of a tempered martensitic 9Cr-1W steel. Metallurgical and Materials Transactions A, 2003, 34: 913-925.

[6] Abe F. Stress to produce a minimum creep rate of 10^{-5}%/h and stress to cause rupture at 10^5 h for ferritic and austenitic steels and superalloys. International Journal of Pressure and Vessels and Piping, 2008, 85: 99-107.

[7] Lee K-H, Suh J-Y, Hong S-M, et, al. Microstructural evolution and creep rupture life estimation of high-Cr martensitic heat-resistant steels. Mater. Charact. 2015, 106: 266-272.

[8] Ramkumar, Mallikarjun K, Srinivasan S. A comprehensive creep model for advanced 9-10%Cr ferritic steels. Procedia Engineering, 2013, 55: 727-734.

[9] Spigarelli S. Microstructure-based assessment of creep rupture strength in 9Cr steels. International Journal of Pressure and Vessels and Piping, 2013, 101: 64-71.

[10] 周顺深. 火电厂高温部件剩余寿命评估. 北京：中国电力出版社， 2006.

[11] 周顺深. 用持久强度计算高温部件剩余寿命的不可靠性（上）. 华东电力, 1995, 3: 1-6.

[12] 周顺深. 用持久强度计算高温部件剩余寿命的不可靠性（下）. 华东电力, 1995, 4: 5-7.

[13] Larson F R, Miller J. A time-temperature relationship for rupture and creep stresses. Transaction ASME, 1952, 74, 765-771.

[14] Rcc-Mr code design and construction rules for mechanical components of FBR nuclear islands and high temperature applications section 2: Materials, Rm 0146. 421, Afcen, Paris, September 2007.

[15] Evans R W, Parker J D, Wilshire B. The theta projection concept-a model-based approach to design and life extension of engineering plant. International Journal of Pressure and Vessels and Piping, 1992, 50: 147-160.

[16] Prager M. The omega method- an engineering approach to life assessment. Journal of Pressure Vessels Technology, 2000, 122: 273-280.

[17] Cahn R W. 物理金属学. 北京钢铁学院金属物理教研室, 译, 北京: 科学出版社, 1984.
[18] Westwood H J, Clark M A. Metallographic methods for creep life assessment of plant components. Materials at High Temperatures, 1995, 13, 147-154.
[19] 周顺深. 近代高温强度研究进展//第一届中国机械工程学会材料学会论文集, 1988, 441-446.
[20] Goods S H, Brown L M. The nucleation of cavities by plastic deformation. Acta Metallurgica, 1979, 27: 1-15.
[21] Wilkinson D S, Vitek V. The propagation of cracks by cavitation: a general theory. Acta Metallurgica, 1982, 30: 1723-1732.
[22] Hayhurst D R. The use of continuum damage mechanics in creep analysis for design. Journal of Strain Analysis, 1994, 29: 233-241.
[23] Timmins R, Aplin P F. Long term creep ductility minima in 12% CrMoV steel// Cocks A C F, Ponter A R S. Mechanics of creep brittle materials 2, . Netherlands: Springer, 1991: 146-159.
[24] Tu S T, Gong J M, Ling X. The mechanical behavior of laboratory crossweld specimen and its relation with the practical cases at elevated temperature//Proceedings of Third Sino-Japan Bilateral Symposium on High Temperature Strength of Materials, 1998.
[25] Cane B J. Remaining creep life estimation by strain assessment on plant. International Journal of Pressure and Vessels and Piping, 1982, 10: 11-30
[26] Ishizaki S, Konno K, Murayama K, et, al. Non-destructive residual life evaluation techniques on boiler materials//Int. Conf. on Life Assessment and Life Extension, The Hague, June 13-15, 1988.
[27] Melzer B, Seliger P, Illmann W. Verbesserte lebensdauerabschaetzung kriechbeanspruchter rohrbogen mittels bauteilspezifischer kennwerte. VGB Kraftwerkstechnik, 1993, 73: 394-398.
[28] Zhao J, Han S-Q, Gao H-B, Wang L. Remaining life assessment of a CrMoV steel using the z-parameter method. International Journal of Pressure and Vessels and Piping, 2004, 81: 757-760.
[29] 新田見実雄, 岡昌彦. 火力設備の定期検査時期変更承認等の運用. 火力原子力発電, 1989, 40: 4-11.
[30] Henry R E, Townsend A S, Cane et, al. Metallographic techniques for estimation of residual creep life. Materials Science And Engineering, 1980, 46: 231-239
[31] 火力原子力発電技術協会 编. 火力设备の余寿命诊断と耐力向上对策. 东京: 火力原子力発電技術協会, 1993.
[32] Bicego V, Lucon E, Crudeli R. Integrated technologies for life assessment of primary power plant components. Nuclear Engineer and Design, 1998, 182: 113-121.
[33] British Standards Institution: Guidance on methods for assessing the acceptability of flaws in welded structures. Published Document Pd6493, 1991
[34] Vgb-R 509l: Wiederkehrende pruefungen an rohrleitungsanlagen in fossilbefeuerten waermekraftwerken. Vgb Kraftwerkstechnik Gmbh, Essen, 1989.

[35] Trd 508: Zusaetzliche pruefungen an bauteilen, berechnet mit zeitabhaengigen festigkeitskennwerten. Beuth Verlag Gmbh, Juli 1986.

[36] Lenk P, Proft D, Kussmaul A, et al. Einfluss der mehrachsigkeit der belastung auf die kriechporenbildung und die zeitliche schaedigungsentwicklung bei typischen kraftwerksbaustaehlen. Forschungskuratorium Maschinenbau E. V. , Heft 2000: 251.

[37] Bendick W, Hahn B, Schendler W. Development of creep damage in steel grades X10crmovnb9-1（P/T91）and X20crmov12-1-results from the VGB-research project 160. VGB Power Tech, 2001, 12: 98-101.

[38] Hanke R, Fuchs T, Uhlmann N. X-Ray based methods for non-destructive testing and material characterization. Nuclear Instruments and Methods in Physics Research Section A, 2008, 591: 14-18.

[39] Kiyoshi S, Akira S, Masstaka F. Recent life assessment technology for existing steam turbines. JSME International Journal, 2006, 49: 192-197.

[40] Ray A K, Tiwari Y N, Sinha R K, et, al. Remnant life assessment of service-exposed pendent superheater tubes. Engineering Failure Analysis, 2002, 9: 83-90.

[41] Hu Z F, Yang Z G, He G-Q, Chen C-S. Damage and residual life assessment of bends for X20crmov12.1 main steam pipe after long term service. Journal of Failure Analysis and Prevention, 2008, 8: 41-47.

[42] 胡正飞，杨振国. 长期高温时效的 F12 耐热合金钢中碳化物形态和组分变化，金属学报，2003, 38: 131-137.

[43] Barraclough D R, Gooch D J. Effect of inadequate heat treatment on creep strength of 12Cr-Mo-V steel. Journal of Materials Science Technology, 1985, 1: 961-967.

[44] Wachterm O, Musch H, Bendick W. Creep damage in new steam pipeline component of steel X20CrMoV12. 1. VGB Kraftwerkstechnik, 1991, 71: 971-979.

[45] Senior B A, Noble F W. Annealing behaviour of deformation-induced voids in 9Cr-1 Mo steel. Journal of Materials Science Technology, 1985, 1: 968-971.

[46] Gooch D J. Remnant Creep life prediction in ferritic materials// Saxena A. Comprehensive structural integrity. Amsterdam: Elsevier, 2003, 5: 309-359.

[47] Uller H J Sc, Hagn L, Woitscheck A. Risse im schweißnahtbereich von formstücken aus hei dampfleitungen-werkstoffuntersuchungen. Der Maschinenschaden, 1974, 47: 1-13.

[48] Budden J. Analysis of the type iv creep failures of three welded ferritic pressure vessels. International Journal of Pressure and Vessels and Piping, 1998, 75: 509-519.

[49] Francis J A, Mazur W, Bhadeshia H K D H. Type IV cracking in ferritic power plant steels. Journal of Materials Science Technology, 2006, 22: 1387-1395.

[50] Raj Baldev, Saroja S, Laha K, et, al. Methods to Overcome embrittlement problem in 9Cr1Mo ferritic steel and its weldment. Journal of Materials Science, 2009, 44: 2239-2246

[51] Sposito G, Ward C, Cawley P, et al. A Review of non-destructive techniques for the detection of creep damage in power plant steels. NDT & E International, 2010, 43: 555-567.

[52] Letofsky E, Cerjak H. Metallography of 9-12Cr steel power plant weld microstructures. Science and Technology of Welding and Joining. 2004, 9 : 31-36.

[53] Mayr Peter, Cerjak Horst. The impact of welding on the creep properties of advanced 9-12% Cr steels. Transactions of the Indian Institute of Metals, 2010, 63: 131-136.

[54] Oudar J, Barbouth N, Jacques C. Influence of the chemically adsorbed sulfur on the surface dechromatization of The Iron-Chromium Alloys. Comptes Rendus de l'Académie des Sciences, 1980, 290c: 421-424.

[55] Solberg H L, Hawkins G A, Potter A A. Corrosion of unstressed steel specimens by high temperature steam. American Society of Mechanical Engineers, 1942, 64: 303-316.

[56] Eberle F, Anderson C H. Scaling Behaviour of superheater tube alloys in ASME high-temperature steam research tests at 1100-1500F. ASME Journal of Engieering Power, 1962, 84: 223-257.

[57] Sumitomo Metal Industries Ltd. Steam oxidation on Cr-Mo-steel tubes. 1989, 1443A: 805.

[58] Fry A, Osgerby S, Wright M. Oxidation of alloys in steam environments-A Review//NPL Report. Matc (A) 90, NPL Materials Centre, Sept. 2002.

[59] Otsuka N, Fujikawa H. Scaling of austenitic stainless steels and nickel-base alloys in high-temperature steam at 973 K. Corrosion, 1991, 47: 240-248.

[60] Gambier D. Thèse de docteur. université de technologie de compiégne, France, 1997.

[61] Bueno L O, Marino L. High-temperature oxidation behaviour of 2¼Cr-1Mo steel in air-part 2: scale growth, metal loss kinetics, and stress enhancement factors during creep testing. Journal of Pressure Vessel Technology, 2001, 123: 97-104.

[62] Fujii C T, Meussner R A. Mechanism of the high-temperature oxidation of iron- chromium alloys in water vapor. Journal of the Electrochemical Society, 1964, 111: 1215-1221.

[63] Surman P L, Castle J E. Gas phase transport in oxidation of Fe and steel. Corrosion Science, 1969, 9: 771-777.

[64] Armanet F, Vejux A, Beranger G. High temperature corrosion of pure Niekel and Ni-Cr, Fe-Ni-Cr Or Co-Cr-W-Ni Alloys// Kirman I. Influence of water vapor contents. behavior of high temperature alloys in aggressive environments. Eur-6814, London: The Metals Society, 1980: 423-434.

[65] Port R D, Herro H M, The nalco guide to boiler failure analysis. Nalco, Chemical Company, Mcgraw-Hill, 1991.

[66] French D N. Metallurgical failures in fossil fired boilers. New York: John Wiley And Sons, 2000.

[67] Tu S-T, Zhang H, Zhou W-W. Corrosion failures of high temperature heat pipes. Engineering Failure Analysis, 1999, 6: 363-370.

[68] Jones D R H. Creep failures of overheated boiler. Superheater and reformer tubes. Engineering Failure Analysis, 2004, 11: 873-893.

[69] Viswanathan R, Bakker W. Materials for ultrasupercritical coal power plants -boiler materials. Journal of Materials Engineering and Performance, 2001, 10: 81-95.

[70] Davis C J, James P L, Pinder L W, et, al. Effects of fuel composition and combustion parameters on furnace wall fireside corrosion in pulverised Coal-Fired Boilers. Materials Science Forum, 2001, 369-372: 857-964.

[71] Mobin M, Malik A U, Al-Hajri M. Investigation of the failure of economizer tubes in a high pressure boiler. Journal of Failure Analysis and Prevention, 2008, 8: 69-74.

[72] Laverede D, Gomez-Acebo T, Castro F. Continuous and cyclic oxidation of T91 ferritic steel under steam. Corrosion Science, 2004, 46: 613-631.

[73] Mongomery M, Karlsson A. Survey of oxidation in steamside conditions. VGB Kraftwerkstechnik, 1995, 75: 235-240.

[74] Rehn I M. Corrosion problems in coal fired boilers superheater and reheater tubes: steamside oxidation and exfoliation//Review and results of laboratory tests. Final Report, ASM 82-00, April 1981: 143-162.

[75] Viswanathan R, Sarver J, Tanzosh J M. Boiler materials for ultra-supercritical coal power plants steamside oxidation. Journal of Materials Engineering and Performance, 2006, 15: 255-274.

[76] Rehn I M, Jr W R A, Stringer J. Controlling steamside oxide exfoliation in utility boiler superheaters and reheaters. Materials Performance, June 1981, 6: 27-31.

[77] Purblaksono J, Khinani A, Rashid A Z, et al. Prediction of oxide scale growth in superheat and reheater tubes. Corrosion Science, 2009, 51: 1022-1029.

[78] Osgerby S, Fry A. Simulating steam oxidation of high temperature plant under laboratory conditions: practice and interpretation of data//NPL, U. K: Personal Communication, June 2003.

[79] Wright I G, Pint B A. An assessment of the high-temperature oxidation behavior of Fe-Cr steels in water vapor and steam//NACE Corrosion 2002, Paper 02377, Denver, Co, April 2002.

[80] Ampornrat P, Was G S. Oxidation of ferritic martensitic alloys T91, HCM12A and HT-9 in supercritical water. Journal of Nuclear Materials, 2007, 371: 1-17.

[81] 諸石大司, 鈴木繁. ボイラ過熱器管の水蒸気酸化スケール対策の研究, 火力原子力発電. 1975, 26: 1-12.

[82] Fleming, Maskell R V, Buchanan L W, Wilson T. Material developments for supercritical boilers and pipework// Strang A . Materials for high-temperature power generation and process plant applications. London: IOM Communications Limited, 2000: 32-77.

[83] Goodstine S L, Nava J C. Use of surface modification of alloys for ultra supercritical coal-fired boilers// Viswanathan R, Gandy D, Coleman K . Advances in materials technology for fossil power plants. ASM International, 2005.

[84] Antonio C D. Failure of high pressure steam pipe. handbook of case histories in failure analysis//Khlefa A E. Oh: ASM International Materials Park, 1993, 2: 181-184.

[85] Hahn S J. Hydrogen damage of waterwall tubes// A. E. Khlefa. Handbook of case histories in failure analysis. Oh: ASM International Materials Park, 1993, 2: 490-492.

[86] Speidel M O, Atrenes A. Corrosion in power generating equipment. New York: Plenum, 1984.

[87] Dolby R E. The weldability of low carbon structural steels. Welding Institute Research Bulletin, 1977, 18: 209-216.

[88] Parvathavarthini N, Dayal R K, Gill T P S. Characterization of 9%Cr-1%Mo ferritic steel weldment for susceptibility to corrosion during hydrogen charging and repair welding. Indian Welding, 1995, 28 : 9-21.

[89] Parvathavarthini N, Saroja S, Dayal R K. Influence of microstructure on the hydrogen permeability of 9Cr-1Mo ferritic steels. Journal of Nuclear Materials, 1999, 264: 35-47.

[90] Yurioka N, Sazuki H. Hydrogen assisted cracking in C-Mn and low alloy steel weldments. International Materials Reviews, 1990, 35: 217-249.

[91] Dayal R K, Parvathavarthini N. Hydrogen embrittlement in power plants. Sadhana, 2003, 28: 431-451.

[92] Cwiek J. Hydrogen degradation of high strength steels. Journal of Achievements in Materials and Manufacturing Engineering, 2009, 37: 193-212.

[93] Moitra A, Sreenivasan P R, Parameswaran P, et, al. Dynamic deformation and fracture properties of simulated weld heat affected zone of 9Cr-1Mo steel from instrumented impact tests. Journal of Materials Science Technology, 2002, 18: 1195-1200.

[94] Yamamoto S. Hydrogen embrittlement of nuclear power plant materials. Materials Transaction, 2004, 45: 2647-2649.

[95] Hu Z F. Heat-Resistant Steels, Microstructure evolution and life assessment in power plants// Mohammad Rasul. Thermal Power Plan.　Intech, 2012: 195-226.

[96] Vaillant J C, Vandenberghe B, Hahn B, et, al. T/P23, 24, 911 and 92: new grades for advanced coal-fired power plants-properties and experience. International Journal of Pressure Vessels and Piping, 2008, 85: 38-46.

[97] Hu Z F, He D H, Wu X M. Failure analysis of T12 boiler re-heater tubes during short-term service. Journal of Failure Analysis and Prevention, 2014, 14: 637-644.

[98] Je H, Kimura A. Stress corrosion cracking susceptibility of candidate structural materials in superciritical pressurized water. Journal of Nuclear Materials, 2014, 455: 507-511.

[99] Hansson A. N, Montgomery M, Somers M A J, Oxidation of X20 in water vapour: the effect of temperature and oxygen partial pressure. Oxidation of Metals, 2009, 71: 201-218.

[100] Zucchi F, Trabanelli G, Grassi V. Stress corrosion cracking of 13% Cr martensitic steels in sodium chloride solutions in the presence of thiosulphate. Materials and Corrosion, 2000, 51: 207-212.

[101] Hwang S S, Lee B H, Kim J G, Jang J. SCC and corrosion evalutions of the F/M steels for a supercritical water reactor. Journal of Nuclear Materials, 2008, 372: 177-181.

[102] Yin K, Qiu S, Tang R, et, al. Corrosion behavior of ferritic/martensitic steel P92 in supercritical water. Supercritical Fluids, 2009, 50: 235-239.

[103] Ampornrat P, Gupta G, Was G S. Tensile and stress corrosion cracking behavior of ferritic-martensitic steels in supercritical water. Journal of Nuclear Materials, 2009, 395: 30-36.

[104] 张振, 胡正飞. 温度对 P92 耐热钢高温水中应力腐蚀开裂行为的影响. 材料热处理学报, 2015, 36: 121-125.

[105] Zhang Z, Singh P M, Hu Z F. The corrosion behavior of P92 martensitic heat-resistant steel in water and chloride environment. Journal of Materials Science Technology, 2015, 137: 031009.

[106] Huang X, Zhang Y, Mei M, Yuan D. A quantitative prediction model of SCC rate for nuclear structure materials in high temperature water based on crack tip creep strain rate. Nuclear Engineering and Design, 2014, 278: 686-692.

[107] De Almeida L H, May I L, Emygdio P R O. Mechanistic modeling of dynamic strain aging in austenitic stainless steel. Materials Characterisation, 1998, 41: 137-150.

[108] Choudhary B K. Influence of strain rate and temperature on serrated flow in 9Cr1Mo ferritic steel. Journal of Materials Science and Engineering A, 3013, 564: 303-309.

彩图二维码

图 3-11

图 3-22

图 4-11

图 4-19

图 7-12

图 8-5